资助：
国家重点基础研究发展计划项目（973 计划）“全球气候变化对气候灾害的影响及区域适应研究”（No. 2012CB955903）；
中国气象局气候变化专项“气候变化影响评估培训和气象灾害风险评估方法指南编写”（CCSF201343）；
中国气象局气候变化专项“气候变化综合影响评估”（No. CCSF201810）
中国气象局精细化暴雨灾害风险普查项目。

气象灾害风险评估技术指南

主　编：姜　彤　王艳君　翟建青
副主编：王国复　许红梅　高　歌　王国杰　李修仓

气象出版社
China Meteorological Press

内容简介

本书是一本介绍气象灾害风险评估方法和技术的指导手册。

随着全球气候变暖，各类气象灾害的频率和强度有所增大，气象灾害的风险评估越来越引起中外防灾、减灾领域的普遍重视。本书在气象、科研、高校和业务等单位为国民经济各行各业气象灾害风险评估服务的基础上，总结和归纳了4篇36章，内容涉及区域规划、重大工程以及各类气象灾害风险评估技术。

本书注重实际业务应用，根据气象灾害风险形成机理，详细分析和阐释了致灾因子、暴露度和脆弱性在风险识别、计算、评估和区划中的意义及具体处理方法与技术。在每一种气象灾害风险评估技术介绍后均附有评估案例，用具体应用实例进行介绍和讨论，使读者对各种评估技术的应用有更为深刻的理解。

本书不仅可以为气候和气候变化影响综合评估工作提供思路和方法，亦可为从事各类灾害风险评估和预警工作的读者提供有用的参考和借鉴，同时也可作为相关领域科研、业务和大专院校师生的参考用书。

图书在版编目(CIP)数据

气象灾害风险评估技术指南 / 姜彤，王艳君，翟建青主编. — 北京 ：气象出版社，2018.8(2019.12 重印)

ISBN 978-7-5029-6820-5

Ⅰ.①气… Ⅱ.①姜… ②王… ③翟… Ⅲ.①气象灾害-风险评价-指南 Ⅳ.①P429-62

中国版本图书馆 CIP 数据核字(2018)第 179577 号

气象灾害风险评估技术指南

Qixiang Zaihai Fengxian Pinggu Jishu Zhinan

出版发行：气象出版社

地　　址：北京市海淀区中关村南大街 46 号　　**邮政编码**：100081

电　　话：010-68407112(总编室)　010-68408042(发行部)

网　　址：http://www.qxcbs.com　　**E-mail**：qxcbs@cma.gov.cn

责任编辑：张锐锐　王凌霄　　**终　　审**：吴晓鹏

责任校对：王丽梅　　**责任技编**：赵相宁

封面设计：博雅思企划

印　　刷：三河市君旺印务有限公司

开　　本：787 mm×1092 mm　1/16　　**印　　张**：19.5

字　　数：500 千字

版　　次：2018 年 8 月第 1 版　　**印　　次**：2019 年 12 月第 2 次印刷

定　　价：190.00 元

《气象灾害风险评估技术指南》
编 委 会

主　编： 姜　彤　王艳君　翟建青

副主编： 王国复　许红梅　高　歌　王国杰　李修仓

编　委： 樊高峰　曹丽格　钟　军　刘　波　张自银
吴　滨　於　琍　李耀辉　姚玉壁　王　莺
张存杰　侯　威　宋艳玲　廖要明　殷剑敏
郭　军　李明财　陈　静　孙赫敏　温姗姗
尹宜舟　王先伟　王喜娜　苏布达　叶殿秀
陈鲜艳　于宏敏　田　红　李　莹　李喜仓
白美兰　邸瑞琦　杨　晶　高志国　孟玉婧
王安乾　蹇东南　黄金龙　张飞跃　罗岚心
景　丞　王豫燕　刘绿柳　黄浩辉　许遐祯
陈　兵　黄世成　高正旭　胡铁鑫　韦小丽
陈正洪　白永清　赵春雨　姜创业　陈　莉
方　玉　王景红　赵　晶　刘倖霞　陈　雪

前　言

当前全球气候正经历着一次以变暖为主要特征的显著变化。2013 年，政府间气候变化专门委员会(IPCC)公布的第五次评估报告(简称 IPCC AR5，下同)指出，最近 100 多年(1880—2012 年)，全球平均地表气温升高了 0.85℃。而这 100 多年来，人类活动对气候变暖起主导作用。过去的 3 个连续 10 年比之前自 1850 年以来的任何一个 10 年都暖。预计到 21 世纪末，全球平均气温将升高 0.3～4.8℃。随着经济的高速发展，人类生产生活对天气、气候条件的依赖程度进一步加深，气象灾害对人类社会的影响不断扩大，特别是全球气候变暖导致极端天气、气候事件发生的频率和强度也呈增大趋势，给工农业、自然生态系统和水资源等带来了一系列挑战，甚至给人类社会带来灾难性的后果。

当前，中国经济社会发展正步入一个新的历史时期，应对气候变化工作面临的形势更为严峻，任务更加艰巨。随着温室气体浓度的升高，未来气象灾害风险将显著增加。气象灾害风险的升高不仅取决于极端气象事件自身的特征，承灾体的暴露度和脆弱性亦同样重要。这造成在极端天气、气候事件发生时，发达国家经济损失更大，而发展中国家除了高经济损失外，人员伤亡亦很大。中国作为世界上极端天气、气候事件和灾害种类最多、影响范围最广、发生频率最高和灾害强度最大的区域之一，灾害风险一直高于全球绝大多数国家，死亡人口多和经济损失大是中国气象灾害风险高的两个主要表现。提高气象灾害防御能力，需要统筹气象防灾、减灾的当前和长远工作，既要重视气象灾害来临的应急防御，更要重视长远的气象灾害风险防范，培育气象灾害风险意识，树立气象灾害风险管理的理念。

气象灾害风险评估是对一定时期内的风险区域遭受不同程度气象灾害的可能性及其可能造成的后果进行定量的分析和评估。研究气象灾害危险性、承灾体脆弱性和气象灾害风险评估的方法和评估模型，制定风险等级标准和风险区划工作规范等是做好风险评估的前提。《国家气象灾害防御规划(2009—2020 年)》对开展全国气象灾害风险调查工作进行了具体阐述，提出建立气象灾害风险数据库、编制气象灾害风险区划、完善气象灾害防御措施等内容，为建立气象灾害风险评估和气候可行性论证制度奠定基础，为经济社会发展布局和编制气象灾害防御方案等提供依据。目前，中外气象灾害风险评估已有研究成果的可操作性不高，尚处于试验阶段，气象灾害预警业务应用的案例还较少，而且具体的气象灾害风险评估工作又牵涉到多个部门和不同的单位，因此，制定具体、可操作的技术指南十分关键。在中国气象局减灾司、科技与气候变化司和国家气候中心领导的关心与支持下，《气象灾害风险评估技术指南》编委会依托国家重点基础研究发展计划项目(973 计划)“全球气候变化对气候灾害的影响及区域适应研究”项目和中国气象局精细化暴雨灾害风险普查和气象灾害风险区划等项目的支持，组织全国力量，编写了《气象灾害风险评估技术指南》，从区域规划、气象灾种、重大工程等角度出发，总结、参考气象部门及相关科研业务部门的已有研究成果，涵盖风险识别、计算、评估和区划等诸多方面内容，并在此基础上优化组合各种风险管理技术。可以预计，本指南的出版将有助于推动正在全国范围内开展的气象灾害风险普查、风险区划和预警业务工作，为实现“十三五”防灾、减灾目标，尤其是对灾害风险普查、致灾气候阈值的确定，风险评估和区划等提供技术支撑。

本指南虽组织大量相关领域专家参与编写，但由于风险预警业务涉及面广，特别是风险评估方法本身的不确定性和复杂性，不足之处在所难免，恳请相关专家和广大读者批评指正和反馈意见，也希望广大读者在具体应用中提出修改意见或补充本地应用案例，以便能够进一步改进和完善。

《气象灾害风险评估技术指南》编委会

2017 年 12 月

目 录

第1篇 区域规划篇

第 2 篇　气象灾种篇

第3篇　工程篇

第 4 篇 其他篇

0 绪论

姜彤、翟建青、苏布达(国家气候中心)
王艳君、王国杰(南京信息工程大学)

0.1 中外灾害损失现状

随着经济的快速发展,人类活动对天气、气候条件的依赖程度进一步加深,气象灾害(天气、气候以及水文灾害)对人类社会的影响也越来越大,特别是全球气候变暖导致极端天气、气候事件发生的频率和强度也呈增大趋势,给经济安全、国防安全、粮食安全、生态安全和环境安全等带来了一系列挑战。这些灾害包括干旱、洪涝、风暴、热带气旋、风暴大潮、极端气温、滑坡、野火以及由气象或水文条件所引起的传染病和病虫害(图 0.1)。天气、气候以及水文灾害每年都会造成大量的人员伤亡和经济损失(图 0.2)。据统计,1980—2015 年,全球范围内约有 2.4 万场重大自然灾害,总共导致了约 270 万人丧生,经济损失约达 4.0 万亿美元。其中"90%的自然灾害、72.5%的死亡人数以及 73%的经济损失",均是由天气、气候以及水文灾害

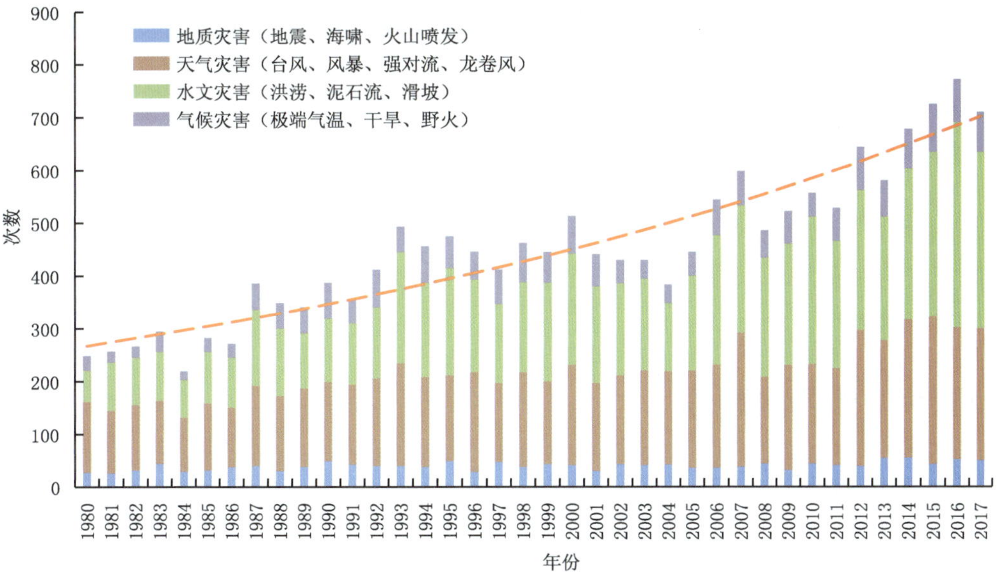

图 0.1 1980—2017 年全球重大自然灾害变化
(数据来源:慕尼黑再保险公司)

引起的。研究表明，目前全球范围内气象、水文灾害引发的经济损失虽然在不断上升，但随着前期风险评估、预防以及紧急灾害预警管理的实施，人员伤亡却显著下降，如2005年人员伤亡约降至20世纪50年代的十分之一。

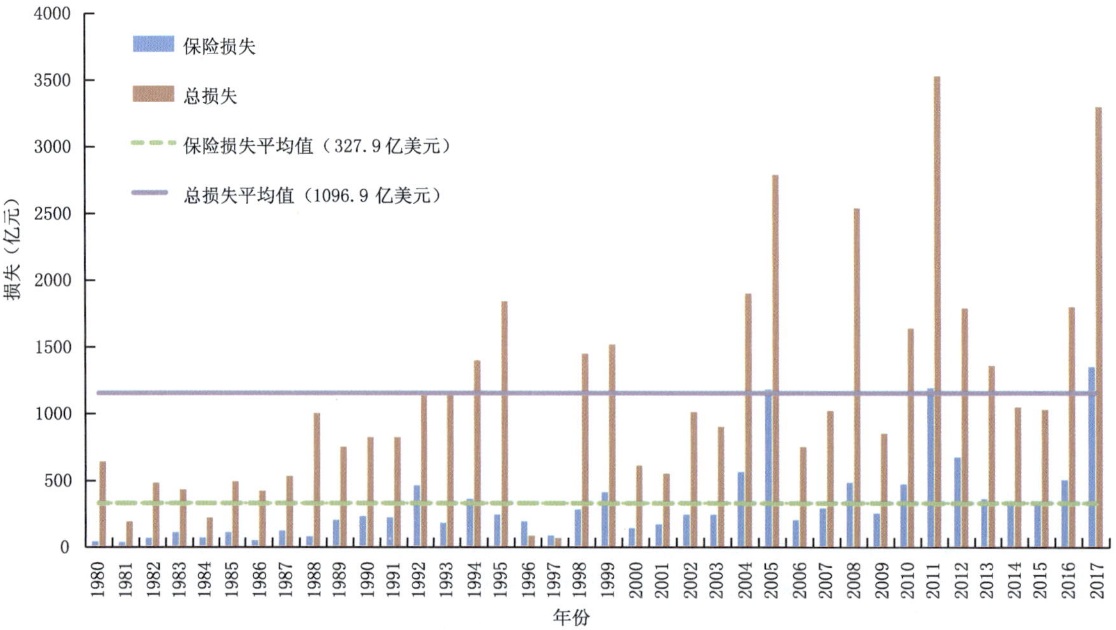

图 0.2　1980—2017年全球各类自然灾害及其经济损失和保险损失
（数据来源：慕尼黑再保险公司）

中国是世界上受气象灾害影响最严重的国家之一，全社会应树立起高度的防灾、减灾意识。资料显示，1984—2015年，每年因各种气象灾害造成的农作物受灾面积达5000余万 hm^2，受影响的人口达4亿余人·次，因灾死亡人数约4000人，造成的经济损失1900多亿元，占国内生产总值的0.4%～6.3%（图0.3）。在气象灾害中，以旱涝灾害影响最为显著，1984—2015年，干旱和洪涝灾害损失约占气象灾害损失的74%，旱灾造成的经济损失，最高年约1200亿元（图0.4）。近年来，超强台风、特大暴雨洪涝、特大干旱、低温雨雪冰冻、暴风雪等灾害性天气频发，越来越严重地影响到经济社会可持续发展，影响到人民群众的生产、生活和安康福祉，影响到国家安全和重大工程建设。为了更好地实现中国的可持续发展，减轻风险是其实现道路上必不可少的条件之一。

0.2　国际灾害风险管理

国际上，各国均极为重视灾害风险评估和防御研究与政策制定。迄今为止，国际减灾大会已经召开过上百次，涉及灾害风险管理的国际和区域性评估报告已发表数十份，为应对气候风险和减轻灾害风险做出了大量和卓有成效的贡献。

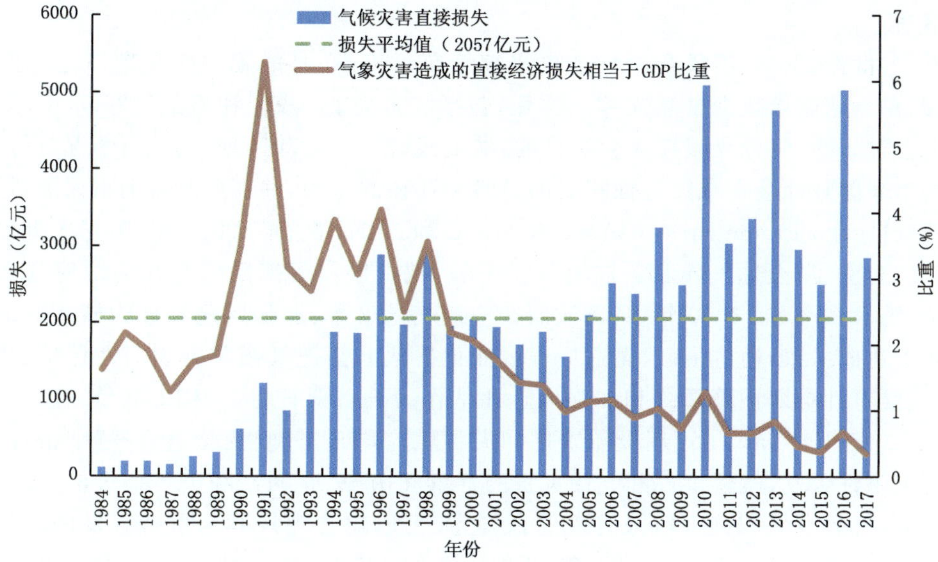

图 0.3 1984—2017 年中国气象灾害直接经济损失及占 GDP 比重
（数据来源：慕尼黑再保险公司）

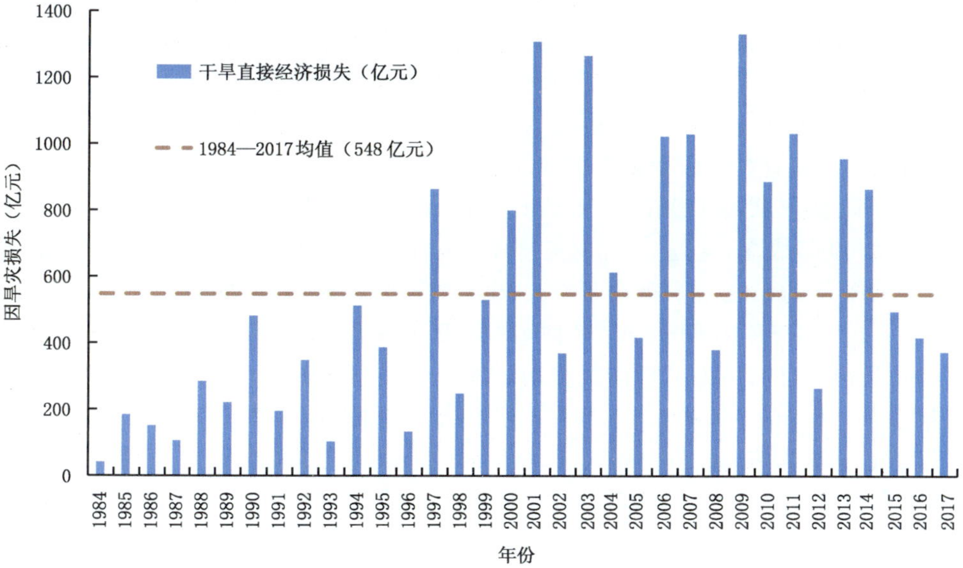

图 0.4 1984—2017 年中国因旱灾粮食损失
（数据来源：慕尼黑再保险公司）

0.2.1 国际减灾大会与灾害评估报告

1989 年 12 月，第 44 届联合国大会通过了经社理事会关于国际减轻自然灾害十年的报告，决定从 1990 年至 1999 年开展“国际减轻自然灾害十年”活动，规定每年 10 月的第二个星期三为“国际减少自然灾害日”(International Day for Natural Disaster Reduction)。1990 年

10 月 10 日是第一个“国际减灾十年”日，联合国大会还确认了“国际减轻自然灾害十年”的国际行动纲领。

进入 21 世纪，2001 年联合国大会决定继续在每年 10 月的第二个星期三纪念国际减灾日，并借此在全球倡导减少自然灾害的文化，包括灾害防止、减轻和备战。2005 年，第二次世界减灾大会对 1994 年世界减灾大会制订的《横滨战略及其行动计划》的执行情况进行了审查，总结了多年来国际社会在减灾方面积累的经验和存在的差距，并在此基础上审议通过了《兵库行动框架》(Hyogo Framework of Action, HFA)和《兵库宣言》。2009 年，第三次世界气候大会(WCC-3)建立了“全球气候服务框架”(GFCS)，把气候灾害风险管理作为适应气候变化的核心范畴，纳入 GFCS。2010 年，各国政府在应对气候灾害、加强风险管理为核心的适应气候变化问题上达成一致，通过了《坎昆适应气候变化框架》，并把气候灾害脆弱性评估、建立灾害性天气、气候事件早期预警系统和加强风险评估作为其首要任务。2012 年，政府间气候变化专门委员会(IPCC)发布了《管理极端事件和灾害风险，推进气候变化适应》特别报告，报告详细阐释了灾害性天气、气候事件和气候灾害的背景和历史、脆弱性和灾害损失的观测和预估、对极端天气、气候事件和灾害风险管理的认知、灾害风险管理及其与可持续发展的相互作用等。2013 年，减轻灾害风险全球平台第四次会议在日内瓦召开，此次会议的主题为“投资今天，共筑更加安全的明天：有复原力的人、有复原力的星球”，意在通过国际社会的协同努力，减少自然灾害给人类带来的损失。2015 年，联合国主办的第三次世界减灾大会通过《仙台减灾框架(2015—2030 年)》，把以早期预警系统为核心的减轻灾害风险列入未来 15 年全球减灾四个优先行动事项；世界气象组织(WMO)为落实《仙台框架》目标，随之制定了《WMO 减轻灾害风险路线图》，2016 年 5 月，该减灾路线图获得 WMO 的正式批准实施。2015 年年底，近 200 个缔约方一致同意通过《巴黎协议》，协议达成将气温上升严格控制在 2℃以内，并尽量限制在 1.5℃以下的目标，以应对气候变化带来的气候风险。

联合国国际减灾战略(United Nations International Strategy for Disaster Reduction, UNISDR)于 2000 年成立，这是“国际减灾十年”(International Decade for Natural DisasterReduction, IDNDR)活动后的一个重要延续。国际减轻灾害风险评估报告(Global Assessment Report on Disaster Risk Reduction)简称 GAR，是由联合国国际减灾战略秘书处(UNISDR)主导编写的，最初的目的是为了贯彻执行国际减灾战略(ISDR)。迄今为止，UNISDR 已分别在 2009 年、2011 年、2013 年和 2015 年发布了共计 4 份报告，具体内容是：GAR09，《GAR：气候变化下的风险与贫穷》报告；GAR11，《GAR：揭示风险、重新界定发展》报告；GAR13，《GAR：从共受风险到共享价值：灾害风险减轻的商业案例》报告；GAR15，报告主题是“保障发展的可持续：灾害风险管理的未来”。

联合国政府间气候变化专门委员会(Intergovernmental Panel on Climate Change, IPCC)是世界气象组织(World Meteorological Organization, WMO)和联合国环境规划署(United Nations Environment Programme, UNEP)于 1988 年共同建立的进行气候变化评估的政府间科学机构，旨在定期为决策者提供气候变化科学基础、影响与未来风险、适应与减缓选择的评估报告。迄今为止，IPCC 分别于 1990 年、1995 年、2001 年、2007 年和 2013—2014 年发布了五次评估报告。此间还编写了一系列与气候变化相关的特别报告、技术报告和方法学报告等，如《管理极端事件和灾害风险推进气候变化适应特别报告》(Managing the Risks of Extreme Events and Disasters to Advance Climate Change Adaptation, SREX)，其内容中就气象灾害和气候变化风险评估与管理进行了系统地阐述。这些报告已经成为国际社会建立应对气候变化制度、采取应对气候变化行动最重要的科学基础，也是各国政府制定本国应对气候变化政策、采取应对措施的主要科学依据。同时，IPCC 针对气候变化背景下的极端气候事件组织了专项小组，其系统总结了当前气候变化下极端气候事件的影响以及不同区域和尺度下的灾害风险管理。

0.2.2 风险管理理论

在很多学术专著中，自然灾害及其管理与相应的研究方法都有详细论述。近期已发表的论文主要集中讨论了在当前气候急剧变化下如何有效地进行灾害风险评估、减灾和管理。此外，还有许多针对气候灾害风险评估、减灾和管理工作方面的平台与机构，如 Community Risk Assessment Toolkit (Provention)，Climate Guide (红十字协会/红新月协会)，Community Based Adaptation Exchange (国际环境与发展研究所)，weADAPT (斯德哥尔摩环境研究所)，UNFCCC Nairobi Work Programme 和 ISDR System thematic platforms 等，它们提供和发布了相应的指南手册准则，如《气候脆弱性与应对能力分析工具书》《气候风险综合评估研讨班培训手册》等。

在实践上，许多发达国家针对不同类型和区域的气象灾害风险评估已经有完善的评价体系和详细标准。欧洲，各个国家都有各自的一套风险评估办法，如：2005 年对全欧洲范围的自然和人为技术灾害风险开展了非常详细的评估工作，即 ESPON 1.3.1 项目，并将部分结果在发表的同时编纂成册。美国，对于自然和气候灾害的风险评估工作主要以州为单位，不同地方其评估对象和侧重点各有不同。多数的发展中国家，在自身的努力及联合国和其他发达国家的帮助下也开始开展相关的工作。但目前对于自然和气象灾害，尤其是气候变化引发的灾害评估仍比较零散，其多以小流域等特定区域为主，如越南、印度、巴基斯坦和非洲一些国家等。典型的案例如：气候灾害智能风险管理项目(Climate Smart Disaster Risk Management)在湄公河流域、印度的 Orissa 农村、斯里兰卡的 Batticaloa 等地开展的相关工作。在理论方面，Blaikei 从致灾因子、孕育环境和承载体综合作用的角度阐述了资源开发与自然灾害的关系，并提出是承载体脆弱性与致灾因子综合作用的结果。

除了上述对气象灾害进行评估的工作外，国际上也早有气象灾害高发国家就气象灾害防御出台了相关法律，例如：美国的《美国联邦灾害紧急救援法案》《防洪法》《灾害救助法》《洪水灾害防御法》《联邦灾害法》《沿海区域管理法》，日本的《气象灾害对策法》《气候变暖对策法》《气象业务法》，法国的《气象灾害防御法》等，对提高气象灾害防御技术能力、定期修改灾害防御计划并开展气象灾害风险管理等提供了法律保障，使得气象灾害防御工作有法可依，成效显著。

0.3 中国灾害风险管理

0.3.1 灾害风险管理的发展

中国的自然灾害管理工作起步较晚，最初的自然灾害研究主要侧重于灾害的自然属性，20 世纪 90 年代以来灾害的社会经济属性逐渐引起广泛关注，灾害研究从重视灾害的自然属性，逐步过渡到重视灾害的社会经济属性，其中定量评估造成的直接和间接损失与影响成为热点。灾害损失与影响研究逐渐发展起来，同时灾害社会属性研究的范畴不断扩展。近年来，在进行灾害评估和实践的同时，自然灾害评价理论、方法和技术得到了日益加深的探讨和总结。

中国气象灾害风险管理工作最早始于 20 世纪 50 年代，其中以洪涝和干旱等灾种为主要研究对象。90 年代以后，包括洪水、干旱、暴风雪以及台风等在内的气象灾害评估也开始受到重视。气象灾害风险评估主要包括气象灾害风险评级概念研究、气象灾害风险分类研究、气象灾害风险属性研究、气象灾害风险指标体系研究、气象灾害风险形成机理研究等。如：覃志豪等对中国主要农业气象灾害的成灾机理进行了总结，李克让对中国旱灾进行了分类、分级危险度评价，谭宗琨对广西农业气象灾害，乐肯堂对风暴潮灾害，牛叔超等对暴雨灾害等分别建立了风险评估模型，对各种气象灾害进行风险评估。

从 20 世纪 60 年代或更早，中国就已经开始在工程中利用气候参数；改革开放以后，基础设施建设加快，公路、桥梁、核电站、大型水利设施等工程，也都开始进行前期气象条件论证；特别是 2000 年 1 月 1 日《中华人民共和国气象法》施行以来，长江三峡工程、杭州湾跨海大桥、北京市建设总体规划等特大项目的工程建设和规划主管单位都主动联系气象部门要求对气候适宜性展开论证，这其实都是为了规避气象灾害风险，可以归于气象灾害风险评估的范畴。只是，因缺乏对这项工作的规范管理，以致无法全面铺开，不能完全发挥应有的防灾、减灾作用。于是，2007 年，国务院办公厅下发了《关于进一步加强气象灾害防御工作的意见》；2008 年 11 月 25 日还公布了《气候可行性论证管理办法》，指出要对与气候条件密切相关的规划和建设项目进行气候适宜性、风险性以及可能对局地气候产生影响的分析、评估活动：2010 年 1 月，中国第一部规范气象灾害防御工作的综合性行政法规《气象灾害防御条例》正式颁布实施，然而，《气象灾害防御条例》作为行政法规，与气象灾害防御工作系统性强、涉及面广、要求高、影响大等特点还有差距，难以保证气象灾害防御工作的常态化投入，难以应对突发性和灾害性极端气象灾害，特别是对开展气象灾害风险管理的法律责任缺乏法律依据。

2011 年 5 月，根据《气候可行性论证管理办法》(中国气象局令第 18 号)和《气候可行性论证机构确认管理暂行办法》(气发〔2009〕451 号)的有关规定，中国气象局公共气象服务中心、南京市城市气象服务中心、宁波市气候中心和深圳市国家气候观象台等 4 个单位通过了中国气象局的评审，被确认为气候可行性论证机构。《气候可行性论证管理办法》中第三条指出，国务院气象主管机构组织、管理全国的气候可行性论证工作，地方各级气象主管机构在上级气象主管机构和本级人民政府的领导下，组织、管理本行政区域内的气候可行性论证工作。根据上述条款，地方可获得气象灾害风险管理评估资质，2011 年中国气象局预报与网络司组织了三批，共对 32 个机构的气候可行性论证做确认评审，并颁发中国气象局认可的确认书。地方根据在《气候可行性论证管理办法》基础上建立的气候可行性论证机构确认制度，制订了《气候可行性机构确认管理暂行办法》(气发〔2009〕451 号)，以行业管理方式，初步解决了气候可行性论证能力认定问题，促进了气候可行性论证业务的发展。如：2010 年 6 月，四川省气候中心被中国气象局确认为气候可行性论证机构，并颁发了《气候可行性论证确认书》。近一年来，在中国气象局的指导下，完成了“四川省风能资源补充监测网建设”“四川省太阳能资源监测网建设”“四川省主要气象灾害风险区划”项目，起草了“雷击风险评估业务工作指南”，完成《广元市风能太阳能资源初步调查评估》报告和《宜宾机场气象条件可行性论证》报告等。另外，目前一些省、市和地区也已经建立了灾害评估试点和评估管理办法，如：在 2011 年 3 月 30 日，来自国家气候中心、安徽省气象局、淮河流域气候中心的气候专家就阜南县建立暴雨洪涝灾害实时评估试点项目进行了研讨，这是中国首家以县级为单位的气象灾害风险评估项目；2011 年 3 月，安徽省政府法制办组织召开讨论了《安徽省气象灾害风险评估办法（草案）》等。

总结 2011 年及以前气象部门在灾害风险评估或气候可行性论证方面的工作，2005—2009 年共开展 703 项气候可行性论证，领域主要集中在风能、太阳能电站选址，核电，城乡规划，交通设施，火电空冷等领域，其中风能、太阳能电站选址所占比重最大，占总数的 38%，核电占 11%，地方政府行业规划、城乡规划、交通设施各占 9%。2010 年各省共开展 285 项气候可行性论证项目，气候可行性论证涉及城市规划、能源、交通等多个领域，其中北京、天津、河北、吉林、江苏、安徽、福建、湖南、海南、四川、重庆、甘肃共 12 个省（市）拓展了新领域。气象部门还开展了多项标准和规范建设，如《核电厂气象观测规范》（国家标准，待批），《光伏电场太阳能资源评估规范》（行业标准，陕西），《重大建设项目气候可行性论证技术规范》（地方标准，广西、贵州），《辽宁省城镇规划气候可行性论证技术规范》。总之，目前大部分气象或者气候灾害风险评估和论证工作的实施主要集中在省级气候中心，山西、江西、湖南等省的气象科学研究所也有不同程度的参与。现在各省级气候中心承担的主要任务包括：14 省开展了生态、农气和遥感业务，5 省具有乙级环评资质证书，开展了环评业务。国家级业务单位实际开展的论证工作不多，主要进行了像三峡工程、青藏铁路、南水北调等跨地域、国家重点工程的气候分析。市、县级气象部门开展气候可行性论证工作主要集中在建筑设施的雷电灾害或论证技术要求不高的气候可行性论证项目。由于地域优势，市、县级也会承担部分大型项目的气候可行论证任务，但受论证能力限制，多数会选择和省级业务部门合作开展，配合省级单位开展辅助性观测和资料的分析工作。

2012 年起，中国气象局在暴雨洪涝灾害风险管理和精细化降水预报业务试点基础上，开展了暴雨诱发中小河流洪水、山洪、城市内涝和地质灾害气象风险预警服务业务；与此同时，相继制定了一系列的技术规范和指南，包括《中小河流洪水和山洪灾害风险普查技术规范》《泥石流和滑坡风险普查技术规范》《山洪灾害实地调查指南》《暴雨洪涝灾害风险普查数据质量控制规范》《城市内涝灾害风险普查数据采集指南》《暴雨洪涝灾害致灾临界面雨量技术指南》和《台风灾害风险区划技术指南》等，出版了《气象灾害风险预警服务业务技术指南》丛书，为气象灾害风险管理业务的开展提供了技术支持。目前，已形成一套由气象灾害风险普查、科学确定致灾阈值、灾害风险区划、基于阈值和定量化风险评估的风险预警、业务检验和效益评估技术体系，并初步建立了国家、省、市、县四级气象灾害风险预警服务业务体系。截至 2015 年年底，中国共完成了 2190 个县（占总数的 90%），5860 个中小河流流域、17759 条山洪沟、66027 个地质灾害点的普查工作，北京、天津等 11 个城市完成了 728 处易涝点的城市内涝风险普查。共确定致灾临界（面）雨量 120040 个。建立了覆盖中国 2300 余县近 30 年的历史气象灾情数据库，涉及干旱、暴雨洪涝、台风、低温冷害、高温热浪、雪灾等 28 种气象灾害，逐步建立包括风险普查信息、承灾体脆弱性曲线以及致灾临界（面）雨量在内的灾害风险数据库。在福建、广东等 16 省开展了气象灾害风险区划工作，同时在 31 个省、343 个市、2154 个县级气象局安装部署了中小河流洪水和山洪地质灾害气象风险预警服务业务平台并投入业务运行。

2015 年，中国极端天气、气候事件和灾害风险管理与适应国家评估报告（Chinese Managing the Risks of Extreme Events and Disasters to Advance Climate Change Adaptation，CSREX）发布。报告由秦大河院士担任主编，张建云院士、闪淳昌教授、宋连春研究员担任副主编，对中国在气候灾害风险管理及相关领域取得的最新科学、技术和政策等方面的进展进行了系统评估。报告共分 6 章，其主要结论有：中国极端天气、气候事件种类多，频次高，强度大，影响面广；中国群发性或区域性极端天气、气候事件的频次增加；20 世纪 50 年代以来，总体上气候灾害的影响范围逐渐扩大，程度日趋严重，直接经济损失不断增加；随着气候灾害影响范围扩大，人口数量和经济总量增大，各类承灾体面对气候灾害的暴露度不断增大；中国人口老龄化和高度密集化，社会公众的灾害风险防范意识相对薄弱，以及社会财富的快速积累等，使得各类气候灾害承灾体的脆弱性趋于增大；预估 21 世纪中国高温热浪和强降水事件将呈增多趋势。

0.3.3　灾害风险管理发展趋势

国家经济发展“十二五”规划纲要明确指出，坚持减缓和适应气候变化并重，充分发挥技术进步的作用，完善体制、机制和政策体系，提高应对气候变化能力。在增强适应气候变化能力一节中特别强调“在生产力布局、基础设施、重大项目规划设计和建设中，充分考虑气候变化因素。要加强适应气候变化特别是应对极端气候事件能力建设”。国务院关于落实政府工作报告中也强调加强适应气候变化特别是应对极端气候事件能力建设，完善防灾、减灾应急预案。正在编制的国家应对气候变化规划纲要（2010—2030 年）中适应气候变化部分也着重强调了气候风险管理的重要性。气象事业发展“十二五”规划提出，“加强气象灾害风险管理，完善气象灾害风险管理数据库，开展气象灾害和极端天气、气候事件风险评估和风险区划，提高全社会气象灾害风险管理水平”。中国气象局将应对气候变化列入工作重点，提出开展国家适应行动计划与战略研究，加强关键领域的影响脆弱性评估，强化早期预警系统和减灾机制建设，提升对极端天气、气候事件风险评估与管理水平，提高气候系统观测、气象数据整理分析和模拟评估能力。

0.4　技术指南适用范围

本技术指南既可以为各级气象部门及相关科研业务部门技术人员提供参考，也可以作为高等院校自然灾害风险评估相关课程的教学参考书。

0.5　技术指南编写结构

本技术指南编写结构为区域规划、气象灾种、重大工程和其他等四个部分，涵盖风险识别、风险预测、风险评价多方面内容，并在此基础上优化组合各种风险管理技术。区划规划篇从气象灾害风险区划技术出发，内容涵盖主体功能区、流域、城市规划、海岸带和生态系统五方面的气象灾害风险评估技术；气象灾种篇涵盖干旱、流域洪水、城市内涝、台风、高温热浪、寒潮、低温冷害、冰雹、雾霾和雪灾等 10 个灾种的气象灾害风险评估技术；重大工程篇包括大型水利工程、核电工程、大型桥梁工程、输变线路工程、输变线路工程、城市能源系统和高速铁路工程等的气象灾害风险评估技术；其他篇包括气象指数保险技术、苹果气象指数保险技术以及柑橘冻害风险评估技技术。

参考文献

乐肯堂,2002. 我国风暴潮灾害及防灾减灾战略[J]. 海洋预报,19(1):9-15.

李克让,尹思明,沙万英,1996. 中国现代干旱灾害的时空特征[J]. 地理研究, 15(3):6-15.

牛叔超,刘月辉,王延贵,1998. 气象灾害风险评估方法的探讨[J]. 山东气象, 18(1):14-18.

秦大河,张建云,闪淳昌,等,2015. 中国极端天气气候事件和灾害风险管理与适应国家评估报告[M]. 北京:科学出版社.

覃志豪, 徐斌, 李茂松,等,2005. 我国主要农业气象灾害机理与监测研究进展[J]. 自然灾害学报,14(2):61-69.

谭宗琨,1997. 广西农业气象灾害风险评价及灾害风险区划[J]. 广西气象,18(1): 44-50.

IPCC,2012. Managing the risks of extreme events and disasters to advance climate change adaptation: a special report of working groups I and II of the Intergovernmental Panel on Climate Change[M]. Cambridge and New York: Cambridge University Press.

第1篇

区域规划篇

第1章

气象灾害风险评估技术

樊高峰(浙江省气候中心)
高歌(国家气候中心)

1.0 引言

气象灾害风险评估是一项在灾害危险性、承灾体暴露度和脆弱性、减灾能力分析及相关的不确定性研究的基础上进行的多因子综合分析工作。开展灾害风险评估有助于决策者科学地制定防灾、减灾策略，提高灾害风险管理的能力和水平，是防灾、减灾领域的一项基础工作，在减灾规划与预案制定、国土规划利用、重大工程建设、金融投资、灾害风险管理、灾害保险、防灾减灾效益评估、法律法规制定等方面都起着重要作用，在社会经济建设中有着重要的科学和应用价值，而且也是科学决策、管理、规划的重要内容。因此，灾害风险评估被认为是目前国际上防灾、减灾和灾害管理较先进的措施和模式，也受到了中外学术界和灾害管理者的重视，并成为灾害科学、地球科学的发展方向、重点领域和前沿课题。灾害风险评估从来都是和灾害理论联系在一起的。20世纪20年代，地理学家对自然灾害进行研究，将灾害与"致灾因子"相联系，研究一些特定致灾因子如洪水、地震、干旱等，形成了致灾因子论，其风险评估主要集中在致灾因子的重现率、超越概率的计算。后来的学者发现灾害损失与年俱增，其原因在于区域及全球环境的变化，对灾害的研究开始注重孕灾环境的变化，形成了孕灾环境论，其风险评估也考虑到区域自然环境的动态变化。也有学者认为，没有承灾体就没有灾害，他们关注人类及其活动所在的社会和资源，形成承灾体论，这时候的风险评估在对承灾体分类的基础上，进行承灾体的脆弱性(也称为易损性)评价。随着灾害研究的深入，人们逐渐从系统观念出发，将灾害作为一个整体来研究。Blaikie等从致灾因子、孕灾环境和承灾体综合作用的角度认为，灾害是承灾体与致灾因子综合作用的结果。马宗晋等强调灾害的综合调查和系统研究。史培军提出了灾害系统论，他认为自然灾害的灾情是由孕灾环境、致灾因子、承灾体三者之间相互作用造成的，其程度由孕灾环境的稳定性、致灾因子的风险性及承灾体的脆弱性共同决定，其自然灾害风险评估就包括致灾因子风险、承灾体、孕灾环境的各个方面。也有学者认为，风险分析的内容应该扩展到风险管理的层面，指出风险分析不但包括灾害系统的各个方面，也包括减灾措施和减灾规划等。Kenneth Hewitt 则强调在综合分析和处理各种影响因素，充分发挥政治、经济、管理和政策等方面的作用，调动人的应对和调整能力。在综合风险评估中，IIASA在对风险区内个人、企业、政府和保险公司对灾害的各种应对行为情景模拟的基础上，从财政收益的角度，进行灾害的最优化投入管理。总的来看，灾害风险评估一般有广义和狭义两种理解。广义的灾害风险评估，是对灾害系统进行风险评估，包括致灾因子风险分析、承灾体脆弱性评价、孕灾环境稳定性评估等方面。狭义的风险评估则主要是针对致灾因子进行风险评估，即从对危险的辨识，到对危险性的认识，进而开展风险评估，它通常是对风险区遭受不同强度灾害的可能性及其可能造成的后果进行定量分析和评估。刘新立等参考国际有关文献，提出风险可通过将致灾因子发生的概率与可能发生的灾情相乘的方式来计算。随着自然灾害保险领域的不断拓宽，对自然灾害风险评估的研究也更深入。美国全国洪水保险计划、瑞士再保险公司对洪水保险计划，Partner Re 对美国飓风的保险计划，逐步形成了一套可操作的风险评估方案。中国在对自然灾害保险方面，也开展了对灾害风险评估的探索性研究。水利部、中国科学院建立了实时洪水监测系统及水灾风险评估系统，中国科学院与中国气象局初步建立了实时台风、暴雨洪涝灾害信息及减灾系统，北京师范大学在湖南省洞庭湖区进行了洪灾风险分析与保险的试点研究等。黄崇福提出的模糊信息扩散理论，是解决保险中经济数据常遇到的小样本问题的有效途径之一。王劲峰等尝试利用空间统计学的一些理论，结合地理信息系统(GIS)技术进行自然灾害保险精算研究。近年来，自然灾害风险评估也越来越重视土地利用结构与格局的调整对灾情的影响。Petak 等详细论述了风险分析的内容，将其概括为相互联系的三个环节：风险辨识、风险估算和风险评价。风险辨识着重于描述可能的问题对系统的负作用或影响，而风险估算则着眼于定量的描述处于风险中的人口分布，阐明事件的成因、发生的概率、相对应于不同强度的后果，并将这些强度及事件的概率统计作为风险的定量结果。这些研究工作对于灾害损失评估、制定应急方案等方面，都起到了积极作用。综合这些研究，从灾害系统论的观点来看，自然灾害的风险是由致灾因子强度及频率、孕灾环境的敏感性、承灾体的暴露度及脆弱性等共同决定。自然灾害的综合风险评估应该属于广义风险评估的范围，在对致灾因子危险性、孕灾环境敏感性、承灾体暴露度和脆弱性的分析和评价、灾情损失评估的基础上，对自然灾害的相对风险等级或绝对风险进行计算，在此基础上进行自然灾害风险的区划以及灾害风险管理等。

1.1 概念和范围

气象灾害是一个特殊的变异系统，它是由孕灾环境、致灾因子、承灾体和灾情四部分组成。自然的变异并不等于灾害，只有这种变异对人类社会及其生存环境、资源等形成危害或造成损失时，才能视为灾害。在一个特定地理区域内，孕灾环境一般具有相对稳定性，然而随着全球气候变化和人类活动的影响等，孕灾环境在一定程度上也会发生变化。致灾因子是在孕灾环境中，自然变异的具体体现，致灾因子对灾情的形成有着重要作用；而灾情的形成决定于致灾因子对承灾体的影响，同样的致灾因子作用于不同的承灾体，会形成不同的灾情。人类及其创造的文明社会，在气象灾害系统中扮演承灾体的角色，人类活动不仅能改变承灾体，同时影响到孕灾环境和灾情构成。

1.1.1 孕灾环境

一个地区特定的孕灾环境基本决定了该地区灾害的种类，而气象灾害的孕灾环境主要由地质条件、地理环境、水系条件、生态环境(植被)和气候背景等因素构成。广义的孕灾环境还包括了人文社会背景。地形、地貌是影响天气系统的重要因素，主要包括海拔、高差、走向、形态等；水文条件主要指流域、水系、水位变化等条件；植被条件对灾害产生强度有很大的影响，主要涉及植被类型、覆盖率、分布等。大气环流和天气系统，主要包括影响该地区各个时期的环流系统和各种尺度的天气系统。

1.1.2　致灾因子

人们将可能导致灾害的因素称为致灾因子。中国陆域极端天气、气候事件对中国陆域气象灾害的引发起主导作用，认识和研究气象灾害的变化规律，必须弄清天气、气候背景及其演变规律。中国主要的气象灾种有：台风、暴雨洪涝、干旱、冰雹、龙卷风、大风、大雾、雷暴、低温霜冻、冰雪等。一个灾种的出现往往会引发其他的灾种，产生次生灾害或衍生灾害，但是在灾情的调查和统计中，通常难以准确地把具体的灾种和灾情对应起来。灾害研究者根据各自着眼点不同，在灾情的归类上有不同的做法。例如，有的研究者将热带气旋引发的风暴潮灾害直接归入热带气旋；同样，对于主要由暴雨引发洪涝的地区，有的研究者将洪涝灾害归入暴雨灾害。另外，气象灾害致灾因子的出现具有群发性、连锁性、季节性等特点，这也是给防灾、减灾工作带来困难的关键所在。

1.1.3　承灾体

承灾体是致灾因子作用的对象，是蒙受灾害的实体。承灾体的性质和结构基本决定其受灾的易损性。中国人口多、经济正快速发展，由于沿海与内陆地区经济发展水平存在差异，各地的产业结构和人员分布不甚相同，这就形成中国承灾体分布的差异。以县（区）为空间单元，人均国内生产总值（GDP）最大地区是最小地区的数倍。随着产业结构的调整，中国逐渐从一个农业国，发展成为科技为先导，服务为基础，工贸商农齐头并进的多产业的国家。随着产业的调整，气象灾害对农业造成的损失占灾害总损失的比例有一定的下降，而对城市、基础工程等方面的损失比例在上升。近年来，中国政府投入巨资开展气象灾害工程型措施建设，为提高气象灾害防灾能力，减轻承灾体脆弱性发挥极其重要的作用。

1.1.4　灾情

在特定的孕灾环境中，承灾体遭受致灾因子作用形成的生命、资源和物质财富损失情况就成为灾情，灾情是体现自然与人类社会两大系统相互作用的一种结果，对中国而言，致灾因子和承灾体是决定灾情的两个主要方面。气象灾害灾情信息来源部门有民政、水利、气象、地矿、地震、海洋、农业、保险等，由于对灾情统计没有统一标准，各部门对同一灾害过程的灾情统计结果有较大出入。近几年，民政部门灾情统计较规范，统计项目较过去增加了许多。在历史灾情记录构成中，农业灾情占据了重要地位，如灾情统计项目中的受灾面积、成灾面积、绝收面积、减产程度等。灾情是灾害研究最基本的依据和素材，它反映了灾害对人类社会的影响，然而要研究这种影响的程度时，还必须考虑到社会经济的发展因素。也就是说，承灾体在发生变化，同样的致灾因子作用于不同的承灾体，其影响的程度必然不同。

1.2　基于灾害风险指数的气象灾害风险评估方法

从灾害成灾机理的角度，形成气象灾害必须具有以下条件：(1)诱发气象灾害的致灾因子，如登陆台风带来的狂风、暴雨和风暴潮，形成低温雨雪冰冻的大雪、低温等；(2)形成气象灾害的孕灾环境，包括地形地貌、水系分布、植被覆盖等因子。从致灾因子的角度看，孕灾环境对于致灾因子的危险性具有放大或缩小的作用。例如，地形对降雨的汇流作用、植被对风速的削减作用等；而从承灾体的角度看，孕灾环境又是决定承灾体暴露度大小的重要因素，对洪涝而言，地处河流下游村庄的暴露度要高于上游的村庄，而位于河流两侧村庄的暴露度又高于距离河流较远的村庄；(3)致灾因子的作用对象—承灾体，包括人口、经济等要素，其数量和在孕灾环境中的空间分布决定了承灾体在台风致灾因子作用下的暴露度大小，而其脆弱性程度又决定着致灾因子对承灾体造成破坏的程度；(4)致灾因子与承灾体的相互作用。气象灾害主要是通过风、雨、雪、雾等形式来对承灾体产生直接或者间接影响。气象灾害又是通过狂风、暴雨、风暴潮的共同作用等灾害链形成的，常见的灾害现象有大风、巨浪、暴雨、洪涝以及台风引起的地质灾害，如：滑坡、泥石流等，以及水土流失、土地盐渍化、海水污染等生态灾害链。所造成的影响包括直接造成人员伤亡、房屋倒塌和受损、直接经济损失、农作物减产和绝收、道路交通中断、影响国民经济的正常运行、生态环境更加脆弱。

基于上述气象灾害成灾机理，气象灾害风险(R)是致灾因子危险性(H)、暴露度(E)以及承灾体脆弱性(V)等因素综合作用的结果。参考国际上有关学者提出的自然灾害风险指数模型，构建气象灾害风险评估模型如下：

$$R = H \times V \times E \tag{1.1}$$

具体计算时，考虑这三个因子对灾害风险的决定程度，采用如下的公式：

$$R = H^{\alpha} \times E^{\beta} \times V^{\delta} \tag{1.2}$$

式中，α,β,δ 分别为致灾因子危险性、承灾体暴露度和承灾体脆弱性三个评价因子的权重。而这三个评价因子则通过选取相应的评价指标分别计算得出，图 1.1 给出了气象灾害风险评估与区划的指标体系。

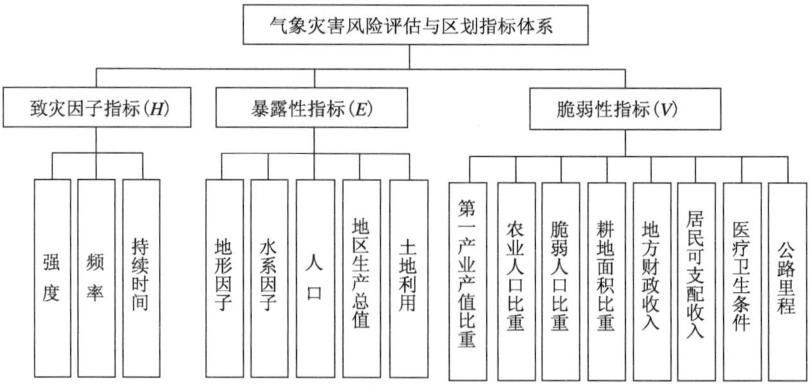

图 1.1　气象灾害风险评估与区划指标体系

利用自然灾害风险指数模型对灾害风险进行评估经常需要对各指标进行相加或相乘计算，而由于各指标对于计算结果的作用或贡献大小存在差异，因此，需要对各指标赋予一定的权重。以往的研究多基于研究者的经验进行主观赋值，但其主观随意性太强，因此很多学者对如何将专家经验转化为客观权重进行了大量的研究。目前层次分析法(Analytic Hierarchy Process，简称 AHP 法)是被广泛认可的一种方法，它是美国运筹学家 L. Saaty 在 20 世纪 70

年代提出的一种定量与定性相结合的多目标决策分析方法。这一方法的核心是将决策者的经验判断给予量化，从而为决策者提供定量形式的决策依据，在目标结构复杂且缺乏必要数据的情况下更为实用。应用AHP方法计算指标权重系数，实际上是在建立有序递阶的指标系统的基础上，通过指标之间的两两比较对系统中各指标予以优劣评判，并利用这种评判结果来综合计算各指标的权重系数。具体步骤如下：

1. 构造判断矩阵

对指标两两重要性进行比较和分析判断矩阵用以表示同一层次各个指标的相对重要性的判断值，它由若干位专家来判定。考虑到专家对若干指标直接评价权重的困难，根据心理学家提出的"人区分信息等级的极限能力为7±2"的研究结论，AHP方法在对指标的相对重要程度进行测量时，引入了九分位的相对重要的比例标度，构成一个判断矩阵 $\boldsymbol{B}$。矩阵 $\boldsymbol{B}$ 中各元素 b_{ij} 表示横行指标 C_i 对各列指标 C_j 的相对重要程度的两两比较值。b_{ij} 表示甲指标与乙指标相比的重要性如表1.1所示。

表1.1　层次分析法指标评价值

甲指标与乙指标比	极重要	很重要	重要	略重要	相等	略不相等	不重要	很不重要	极不重要
甲指标评价值	9	7	5	3	1	1/3	1/5	1/7	1/9
备注	取8,6,4,2,1/2,1/4,1/6,1/8为上述评价值的中间值								

根据判断矩阵 $\boldsymbol{B}$ 中指标两两比较的特点，明显地有 $b_{ij}>0$；$b_{ii}=1$；$b_{ij}=1/b_{ji}$，$i=1,2,3\cdots n$。因此，判断矩阵 $\boldsymbol{B}$ 是一个正交矩阵，每次判断时，只需要作 $n(n-1)/2$ 次比较即可。

2. 对各指标权重系数进行计算

AHP方法的信息基础是判断矩阵，利用排序原理，求得矩阵排序矢量，可计算各指标权重系数，计算过程为：

(1)计算判断矩阵 $\boldsymbol{B}$ 的每一行元素的积 M_i：

$$M_i = \prod_{j=1}^{n} b_{ij}, i = 1,2,3,\cdots,n \tag{1.3}$$

(2)计算各行 M_i 的 n 次方根值：

$$\overline{W_i} = \sqrt[n]{M_i}, \qquad i = 1,2,3,\cdots,n \tag{1.4}$$

式中，n 为矩阵阶数。

(3)将向量 $(\overline{W_1},\overline{W_2},\overline{W_3},\cdots,\overline{W_n})^T$ 归一化，计算如下：

$$w_i = \frac{\overline{W_i}}{\sum_{j=1}^{n}\overline{W_j}} \tag{1.5}$$

w_i 即为所求的各指标的权重系数值。

(4)求判断矩阵的最大特征根

$$\lambda_{\max} = \frac{1}{n}\sum_{i=1}^{n}\frac{\sum_{j=1}^{n} b_{ij}w_j}{w_i} \tag{1.6}$$

3. 对判断矩阵 **B** 进行一致性检验

与其他确定指标权重系数的方法相比，AHP 方法的最大优点在于通过一致性检验，保持专家思想逻辑上的一致性。所谓判断思维的一致性是指专家在判断指标重要性时，当出现 3 个以上的指标互相比较时，各判断之间协调一致，不会出现内部相互矛盾的结果。如指标 a，b，c 之间两两比较，在 a 比 b 略重要，b 比 c 略重要的情况下，如出现 c 比 a 略重要的评价，则称专家思维非一致，出现矛盾。出现这类不一致性的矛盾。在多阶判断中，极容易发生，只不过不一致性的程度不同而已。

(1)计算判断矩阵的一般一致性指标 I_C，$I_C=(\lambda_{max}-n)/(n-1)$；

(2)查找相应的随机一致性指标 I_R，对 $n=1,2,3,\cdots,9$，Saaty 给出了 I_R 的值，如表 1.2 所示；

(3)计算一致性比例 R_C：$R_C=I_C/I_R$。

当 $R_C<0.10$ 时，认为判断矩阵的一致性是可以接受的，否则应对判断矩阵作适当修正。

表 1.2　随机一致性指标 I_R 的数值

n	1	2	3	4	5	6	7	8	9
I_R	0	0	0.5194	0.8931	1.1185	1.2494	1.3450	1.4200	1.4616

当多个专家分别给定判断矩阵，分别通过一致性检验后，运用几何平均法将专家意见综合平均，即可得到最终的指标评价判断矩阵。

1.3　基于灾情的气象灾害风险评估方法

在获得大量历史资料的前提下，人们通常使用概率统计方法来进行灾情风险的评估。然而，在中国气象灾害研究中，最困难的问题就是历史灾情资料严重不足且各部门统计保存的资料存在较大出入。尤其对县(市)级的历史灾情资料，可供使用的资料年限更加短缺，但可靠计算风险值的传统概率方法必须依靠大样本。因此，人们常常不得不在信息不完备的条件下，对气象灾害系统进行风险分析，导致很难假定出合适的概率模型来描述复杂的自然灾害风险系统的随机不确定性。信息扩散的模糊数学方法通过用适当的方式体现风险值的模糊不确定，有效提高了自然灾害风险评估质量。这一方法主要是针对气象灾害系统的复杂性和数据资料的不完备性而提出的风险评估体系，通过优化利用样本模糊信息，对样本进行集值化的模糊数学处理，弥补信息不足，其优越性在于能表达概率估计的模糊不确定性，通过寻找合适的图形化方式如 GIS 绘图来绘制区划图，为政府决策提供尽可能多的风险信息。

信息扩散理论为：

设某区域内过去 m 年内各年的自然灾害指标实际记录分别为 $y_1,y_2,y_3,\cdots,y_m$，则：

$$Y=\{y_1,y_2,y_3,\cdots,y_m\} \tag{1.7}$$

式中，y 为观测样本集，$y_j(j=1,2,\cdots,m)$ 为灾害样本。如定义历年某县农作物受灾面积占播种面积比例为作物受灾率，把作物受灾率作为灾害指标，每一年的作物受灾率即为一个灾害样本。

信息扩散方法可以将一个只有一个观测值的样本，变为一个模糊集，或是把一个单值样本变为集值样本。最简单的模型是正态扩散模型。

设灾害指数论域为：

$$U=\{u_1,u_2,\cdots,u_n\} \tag{1.8}$$

第 j 个样本 y_j 依下式可将其所携带的信息扩散给 U 中的所有点：

$$F_j(u_i)=\frac{1}{h\sqrt{2\pi}}\exp[\frac{(y_j-u_i)^2}{2h^2}] \tag{1.9}$$

式中，h 称为扩散系数，可根据样本中的最大值(b)与最小值(a)及样本个数(m)确定，其计算公式为：

$$h=\begin{cases}1.6978(b-a)/(m-1) & 1<m\leqslant 5\\ 1.4456(b-a)/(m-1) & 6<m\leqslant 7\\ 1.4230(b-a)/(m-1) & 8<m\leqslant 9\\ 1.4208(b-a)/(m-1) & 10\leqslant m\end{cases} \tag{1.10}$$

令

$$C_j=\sum_{i=1}^{n}F_j(u_i) \tag{1.11}$$

相应的模糊子集的隶属函数为：

$$\mu_{y_j}(u_i)=\frac{F_j(u_i)}{C_j} \tag{1.12}$$

称 $\mu_{y_i}(u_i)$为样本 y_j 的归一化信息分布。

对 $\mu_{y_i}(u_i)$按以下步骤进行处理，可得到一种效果较好的风险评估结果。

令

$$q(u_i)=\sum_{j=1}^{m}\mu_{y_i}(u_i) \tag{1.13}$$

其物理意义是：由$\{y_1,y_2,y_3,\cdots,y_m\}$经信息扩散推断出，如果灾害观测值只能取 $u_1,u_2,\cdots,u_n$ 中的一个，在将 y_j 看作是样本代表时，观测值为 u_i 的样本个数为 $q(u_i)$个。显然 $q(u_i)$通常不是一个正整数，但一定是一个不小于零的数。

再令

$$Q=\sum_{i=1}^{n}q(u_i) \tag{1.14}$$

Q 事实上是各 u_i 点上的样本数的总和，从理论上来讲，必有 $Q=m$，但因计算时四舍五入的误差，Q 与 m 之间略有差别。

易知

$$p(u_i)=\frac{q(u_i)}{Q} \tag{1.15}$$

$p(u_i)$这就是样本落在 u_i 处的频率值，可作为概率的估计值。

一般情况下需要计算的是自然灾害指标 X 的实际值 x，在论域里超越某一元素 u_i 的超越概率，则 x 超越 u_i 的超越概率应为

$$P(x\geqslant u_i)=\sum_{k=i}^{n}p(u_k) \tag{1.16}$$

$P(x\geqslant u_i)$就是所求的风险估计值。

1.4　评估案例

1.4.1　基于风险指数的长江三角洲台风灾害风险评估

1. 致灾因子危险性评估

以 1961 年以来登陆或影响长江三角洲(下简称长三角)的台风为分析对象,对台风影响期间各气象观测站的风、雨资料进行分析,来刻画长三角各地台风致灾因子的危险性。

将台风登陆或影响期间的风速、日雨量、过程雨量作为衡量台风致灾因子危险性的三个主要因素,风速方面考虑极大风速、8 级、9 级、10 级、11 级、12 级、≥13 级大风日数等指标;日雨量考虑最大日雨量、暴雨日数、大暴雨日数、特大暴雨日数等指标;过程降水量考虑最大过程降水量、100～200 mm 次数、200～300 mm 次数、≥300 mm 次数等指标。在计算得到各气象站点的上述指标后,经过归一化处理,将风速、日雨量、过程雨量三个要素综合为台风致灾因子危险性指标,三个要素的权重采用层次分析法分别确定为 0.4,0.4 和 0.2。

2. 承灾体暴露度分析

承灾体的暴露度由两方面因素决定,首先是承灾体的数量,直接决定着承灾体暴露度的大小;其次是孕灾环境,由于承灾体分布于孕灾环境之中,孕灾环境敏感性的高低对于承灾体的暴露度大小也有着很大的影响。因此,对于承灾体暴露度的分析,选取了与孕灾环境有关的地形、水系、土地利用等因子,以及与承灾体数量有关的人口、地区生产总值等指标。

暴露度指承灾体在孕灾环境中暴露于致灾因子的程度,暴露度越高,则风险越高。暴露度的高低由两方面因素共同决定:一是孕灾环境的敏感性,孕灾环境对于致灾因子越敏感,承灾体的暴露度就越大;二是承灾体在孕灾环境中的分布数量,单位面积上的承灾体越多,暴露度越大。

对于孕灾环境敏感性,主要考虑地形和水系两个因子。地形因子包括高程和地形变化两方面。一般而言,地形越平坦,对台风的影响越小,台风危险性也就高;地形越起伏,对台风的影响越大,台风危险性也就越低。此外,海拔越高的地区相对不易出现大范围积水,而海拔较低的地区发生渍涝的概率较大。洪涝是否容易发生除了与海拔高度有关外,还受到地形起伏的影响。如果地形起伏较大,说明局地地势有高有低,地表径流可以向沟壑汇集并排出,不容易形成大面积水淹现象;如果地形起伏程度较小,则说明局地地势相对平坦,一旦径流超过局地排泄,则很可能出现大面积积水和洪涝。

承灾体数量方面考虑三个因子:人口、地区生产总值和土地利用。其中人口和地区生产总值基于各县(市、区)相关统计数据和土地面积分别计算得到人口密度和地均 GDP,并进行标准化处理。土地利用类型分布图能够反映社会经济价值与自然生态价值在空间上的分布。按照不同土地利用类型所附属的社会与自然价值高低,并考虑台风对其影响度,赋以相应的数值,作为土地利用类型暴露度计算的指标。

3. 承灾体脆弱性分析

承灾体脆弱性反映承灾体遭到致灾因子打击时的脆弱程度,脆弱性越高,则风险越高。在灾害风险领域,通常将行政单元视为承灾体,其脆弱性通常以能够反映其人口结构、社会经济结构、医疗卫生水平等的社会统计指标通过建立模型计算得到。

4. 台风灾害风险指数计算

基于气象灾害风险指数计算公式，利用 ArcGIS 软件的图层运算功能对致灾因子危险性、承灾体暴露度和脆弱性等评价因子进行计算，得到台风灾害风险指数栅格图层，然后再进行台风风险的区划，并结合历史台风灾情和实际情况等做相应修正，最后，根据气象灾害风险区划原则和方法，在 ArcGIS 软件中使用自然断点分级法将长三角地区的台风灾害风险指数分为五个等级，分别对应为高风险区、较高风险区、中等风险区、较低风险区和低风险区。

1.4.2　基于信息扩散理论的灾情评估应用

以浙江省为例，对浙江省 1997—2009 年台风、洪涝、干旱及总灾情气象灾害直接经济损失来进行概率风险评估，定义直接经济损失占当年 GDP 比例为经济损失率，建立样本序列。

定义经济损失指数论域为：

$$U = \{u_1, u_2, \cdots, u_{50}\} = \{0, 0.002, 0.004, \cdots 1\} \tag{1.17}$$

通过信息扩散理论计算后，计算表明损失率达到 1% 的概率为 75%，为 1.3 年一遇；损失率达到 2% 的概率为 50%，为 2 年一遇；损失率达到 3% 的概率为 25%，为 4 年一遇；损失率达到 5% 的概率为 10%，为 10 年一遇。各灾种气象灾害中台风与洪涝造成的损失最重，其中台风损失明显高于其他灾害，热带气旋损失率达到 3% 的概率为 20%，为 5 年一遇，洪涝造成的损失也较重，洪涝损失率达到 2% 的概率为 12%，为 8 年一遇(图 1.2)。

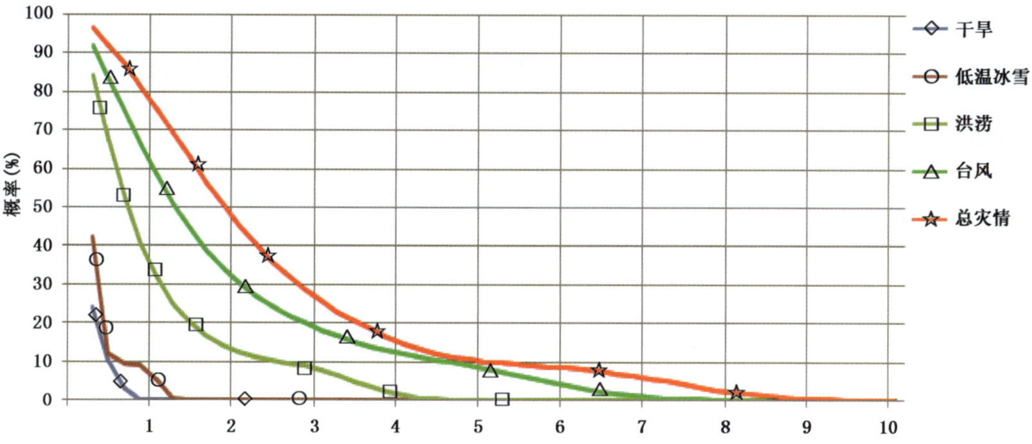

图 1.2　浙江省各灾种直接经济损失占 GDP 比例风险概率(单位：%)

参考文献

黄崇福，王家鼎，1995. 模糊信息优化处理技术及其应用[M]. 北京：北京航空航天大学出版社.

黄崇福，2001. 自然灾害风险分析[M]. 北京：北京师范大学出版社.

刘新立，2000. 空间不完备条件下的区域自然灾害风险评估[D]. 北京：北京师范大学.

刘新立，黄崇福，史培军，1998. 对不完备样本下风险分析方法的改进及应用——以湖南省农村种植业水灾为例[J]. 自然灾害学报，7(2)：10-16.

马宗晋，李闵峰，1990. 自然灾害评估、灾度和对策[C] //中国减灾自然灾害研究(全国减轻自然灾害研究讨论会论文集). 北京：中国科学技术出版社.

潘耀忠，史培军，刘慧平，等，1997. 面向保险业的大面积自然灾害防灾核损信息系统研究[J]. 自然灾害学报，

6(1)：1-7.

史培军，1991. 灾害研究的理论与实践[J]. 南京大学学报(自然科学版)，自然灾害研究专辑：37-41.

史培军，1996. 再论灾害研究的理论与实践[J]. 自然灾害学报，5(4)：6-17.

史培军，2002. 三论灾害研究的理论与实践[J]. 自然灾害学报，11(3)：1-9.

史培军，王静爱，杨明川，等，2003. 中国自然灾害系统地图集[M]. 北京：科学出版社：140-143.

王劲峰，柏延臣，朱彩英，等，2001. 地理信息系统空间分析能力探讨[J]. 中国图象图形学报，6A(9)：849-853.

张俊香，李平日，黄光庆，等. 2007. 基于信息扩散理论的中国沿海特大台风暴潮灾害风险分析[J]. 热带地理，27(1)：11-14.

张星，张春桂，吴菊薪，等，2009. 福建农业气象灾害的产量灾损风险评估[J]. 自然灾害学，18(1)：9-15.

赵阿兴，马宗晋，1993. 自然灾害损失评估指标体系的研究[J]. 自然灾害学报，2(3)：1-7.

BLAIKIE P, CANNON T, DAVIS I, et al, 1994. At Risk: Natural hazards, people's vulnerability and disasters[M]. London: Routledge.

BURBY R J, 1998. Cooperating with Nature: Confronting natural hazards with land-use planning for sustainable communities[M]. Washington: Joseph Henry Press.

CARRARA A, GUZZETH F, 1995. Geography information system in assessing natural hazards[M]. New York: Springer.

PARK C, 1995. Environment issues[J]. Progress in physical geography, 19(3): 379-390.

PETAK W J, ATKINSSON A A, 1982. Natural hazard risk assessment and public policy[M]. New York: Springer-Verlag.

SHI P, WANG J, ZHOU J, et al, 2003. A new strategy for the land use and management of flood risk conflicts in China[C]//Proceedings of world congress on risk, Brussels, Belgium, June 22-25, 2003.

TUCKER B E, ERDIK M, HWANG C N, 1994. Issues in urban earthquake risk[M]. Dordrecht: Springer.

TURNER B L, MEYER W B, 1991. Land use and land cover in global environmental change: consideration for study[J]. International social science journal, 43(4): 668-679.

第 2 章

主体功能区气象灾害风险评估技术

曹丽格、李修仓(国家气候中心)
钟军(南京信息工程大学)

2.0 引言

党的十七届五中全会将建设主体功能区提升到国家战略高度,与区域发展总体战略共同构成中国区域发展的完整战略。2010 年年底,国务院印发了《全国主体功能区规划》。十一届全国人大第四次会议通过的“十二五”规划《纲要》,对未来五年中国推进主体功能区建设的任务做了具体部署。实施主体功能区战略,就是要根据不同区域的资源环境承载能力、现有开发强度和发展潜力,统筹谋划人口分布、经济布局、国土利用和城市化格局,确定其主体功能,并据此明确开发方向,控制开发强度,形成人口、经济、资源环境相协调的国土空间开发格局。在主体功能区的规划和开发中,需要考虑不同的气象风险。

将适宜大规模,高强度工业化、城市化开发的国土空间确定为优化开发或重点开发的城市化地区,其原因在于聚集全国主要的经济活动和大部分人口,需要高度关注自然灾害风险分布,特别是暴雨洪涝、干旱、台风、高温、低温冷冻害、雷电、冰雹、大雾、冰冻等灾害的分布。因此利用已建立气象灾害风险评估的评价因子指标体系、数据库、评估模型等,对区域内灾害进行科学风险区划,针对区域重点发展方向,提供有针对性的气象参数参考值,从而达到优化配置资源、有效规避风险的目的。

将不适宜大规模,高强度工业化、城市化开发的国土空间确定为限制开发或禁止开发的重点生态功能区,这需要关注历史极端灾害情况和气候变化风险,同时收集整理当地的高分辨率的气候背景值,特别是极值相关情况,以期能为有关自然文化资源保护和生态保护提供基础数据和依据。

2.1 四类功能区的气象风险评估思路及重点

目前,国家级层面的规划已经基本定型,在省级的主体功能区的规划和实施当中,针对四种类型的区域,可以开展不同的灾害风险服务型工作。

表 2.1 功能区分类、脆弱性及评估

功能区分类	主要的脆弱性	气象风险评估的重点及评估产品
(1)优化开发区域(经济比较发达、人口比较密集、开发强度较高、资源环境问题突出,应该进行优化开发的城市化地区。)	城市化和人类活动带来的相关风险,主要为气象灾害影响,特别是暴雨洪涝、干旱、台风、高温、低温冷冻害、雷电、冰雹、大雾、冰冻等灾害的分布。	为防灾、减灾规划服务,为城市基础设施建设的有关标准提供气象数据支撑,特别是涉及暴雨、冰冻等灾害的设施建设标准。 根据暴雨洪涝、干旱、台风、高温、低温冷冻害、雷电、冰雹、大雾、冰冻等灾害风险分布,为城市规划和发展提供针对性的材料。
(2)重点开发区域(有一定经济基础、资源环境承载能力较强、发展潜力较大、集聚人口和经济的条件较好,应该进行重点开发的城市化地区。)	农产品主产区如东北平原、黄淮海平原、长江流域、汾渭平原、河套灌区、华南和甘肃新疆等需要关注农业气象灾害风险;另外,农产品的区域化布局、专业化生产和规模化经营中离不开有关农业气象指数保险的服务,需要做好相关基础数据。	根据当地经济发展方向,加强气象专业化服务,气象风险评估应当侧重当地的农业气象灾害,考虑粮食主产区和重要的商品粮基地的主要种植品种,为农业做好服务。考虑一些极端灾害对农业生产的影响,分析气象分灾种的灾害对当地主要作物的影响。 在 23 个优势农产品产业带,并且根据相关水热资源的分布,以及气象条件和灾害的情况,为优势农业带发展提供区划数据和灾害分布。
(3)限制开发区域(包括农产品主产区和重点生态功能区两类,是应当限制大规模、高强度工业化城市化开发的地区。)	重点生态功能区,包括青藏高原生态屏障、黄土高原—川滇生态屏障、东北森林带、北方防沙带和南方丘陵山地带以及大江大河重要水系中,需要关注气候变化的风险和极端天气、气候事件的影响。	结合已有的气候变化影响评估报告等成果,结合气象风险评估的技术和手段,对当地的气候变化情况进行预估,并制做极端天气、气候事件的有关分布情况。
(4)禁止开发区域(依法设立的各级各类自然文化资源保护区域,以及其他需要特殊保护,禁止进行工业化、城市化开发的重点生态功能区。)	气候变化风险,极端天气气候事件的影响,以及重要自然文化区进行旅游活动的相关气象灾害风险。	做好气候变化相关风险评估,为生态系统和濒危物种保护,提供背景材料。 针对自然文化旅游区,加强灾害风险评估,为景区的规划、活动等提供气象数据。

目前,主体功能区按层级划分可以分为国家级和省级两个层面,国家级规划已经初步完成,省级规划正在进行中。通过气象灾害风险评估可以为合理地规划提供参考,同时有关评估产品和数据,可以为主体功能区的建设提供基础数据和参考标注。

2.2 有关评估技术路线和方法

(1)按照评估区域的具体情况,按照主体功能区的区域划分界限,调查收集历史上发生各类气象灾害的时间、范围、频次、强度、造成的损失以及可能引发次生灾害的因素等,建立气象灾害风险数据库。

(2)根据灾害历史分布情况、易发区域、主要致灾因素等研究重点或主要灾害的风险情况,给出所在区域的主要灾害风险分区。

(3)利用实况资料对灾害风险区划结果进行验证,并进行总结,提供决策性参考资料。

2.3　风险评估的区域格局

按照全国主体功能区规划有关国土空间开发的内容，统筹考虑不同区域人民生产、生活受到气象灾害的不同影响，具体提出各有侧重的风险管理措施，将全国重点区域格局划分为城市化、农业发展和生态安全三类分区，按照城市化地区、农产品主产区和重点生态功能区不同的开发内容，分别制做风险评估路线图，主要考虑致灾因子强度划分、孕灾环境与灾害的关系描述和主要灾害评估模型的建立，最后生成区划产品或决策服务材料。

2.3.1　城市化地区

城市化地区是指人口密度较高，已形成一定规模城市群的主要人口集聚区。按照不同气候和区位条件划分为东部城市化地区、中部城市化地区和西部城市化地区。重点任务是在推进城镇化进程的同时提升城市基础设施适应能力，提高气象灾害防御能力，改善人居环境，保障人民生产、生活安全。

(1)东部城市化地区。合理规划和完善城市河网水系，改善城市建筑布局，缓解城市热岛效应，改造原有排水系统，增强城市排涝能力，构建和完善城市排水防涝和集群区域防洪减灾工程布局，减少不透水地面面积，逐步扩大城市绿地和水体面积，结合城市湿地公园，充分截蓄雨洪，明确排水出路，减轻城市内涝。加强沿海城市化地区应对海平面上升的措施，提高城市基础设施的防护标准，加高加固海堤工程；采取河流水库调节下泄水量、以淡压咸和生态保护建设等措施应对河口海水倒灌和咸潮上溯；完善海港、渔港规划布局，加强防灾型海港和渔港建设。加强对台风、风暴潮、局地强对流等灾害性、转折性重大天气、气候事件的监测预警能力，做到实时监测、准确预报、及时预警、广泛发布；重点加强对城市生命线系统、交通运输及海岸带重要设施的安全保障。根据资源承载力和环境容量，充分考虑气候变化的影响，科学编制城市规划，疏解中心城市人口压力，使城市群与周围腹地的资源环境实现优化配置；逐步调整产业结构，发展节水型经济，建设节水型城市。

(2)中部城市化地区。要求工业生产和城市建设量水而行，建设一批防洪抗旱骨干调蓄工程，加强原有排水系统改造及排水防涝设施建设，增强城市排水防涝能力。加强应对气象灾害能力建设。建立并完善城市健康保障体系，加强对血吸虫等媒介传播疾病的防控；加强对南水北调中线工程的水质监控；合理规划城市群建设，预留适当比例的城市绿地及水体，保护并恢复城市周边湿地；完善城市基础设施和公共服务，提高城市的人口承载能力。

(3)西部城市化地区。限制缺水城市的无序扩张和高耗水产业发展，保护并合理开发利用水资源，采用透水铺装，建设下沉式集雨绿地，补充地下水，促进节水型城市建设；合理考虑城市建设和人口布局，宜建则建、宜迁则迁；加强西北地区城市周边防风固沙生态屏障建设。建立、健全西南地区城市气象、地质灾害的应急防范机制；构建综合监测网，实现部门间信息共享，建立及时高效的城市地质、气象灾害预警系统。

2.3.2　农产品主产区

农业发展地区指人口密度相对较小、尚未形成大规模的城市群，同时具备较好农业生产条件的主要农产品主产区。按不同气候和区位条件划分为东北平原区、黄淮海平原区、长江流域区、汾渭平原区、河套地区、甘肃新疆区和华南区。重点任务是加强气象灾害风险管理，保障农产品安全供给和人民安居乐业。

1. 东北平原区

充分利用热量资源增加的有利条件，在统筹协调农业生产与湿地保护的基础上适度发展水稻种植；建设优质玉米、大豆种植带，着力提高单产；适度提早播种和改用生育期更长的品种，调整种植结构和品种布局；大力推广农田节水技术；加强林业生态建设，减少水土流失；保护土壤肥力，促进黑土地的可持续利用。加强流域水资源管理，在有条件的地区修建必要的水资源配置工程；控制在城市和水稻产区的地下水超采，推广普及节水灌溉栽培技术；加强农作物病虫草害统防统治。加大农村土地整治力度，综合考虑田、水、路、林、村优化布局；加强湿地保护，完成三江平原、东部地区土地整理等重大工程，促进农村环境改善。

2. 黄淮海平原区

加快灌区节水改造，完善田间灌排体系，因地制宜推广管灌、喷灌、滴灌等节水灌溉技术，充分利用雨洪、中水、微咸水等非传统水资源；提高农村居民生活节水意识，加大农村饮用水工程建设力度；控制地下水资源的过度开采；利用雨季回补地下水。调整种植结构，扩大耐旱节水作物品种，北部适当扩大小麦、玉米两茬复种；针对小麦冬旱和春季霜冻加剧，加强保墒防冻管理；充分利用冬春变暖，扩大节水型保护地生产。大力推进重大病虫草鼠害的统防统治；优化农区土地利用，分区整治盐渍化土地；统筹提高农地利用效率，改善农民居住条件。

3. 长江流域区

加强长江中上游水土保持与中游退田还湖力度，推进干支流骨干水库与堤防工程建设，加强蓄滞洪区的建设管理，减轻洪涝灾害损失。加强农田水利建设，因地制宜调整种植制度，提高抗御季节性干旱与冬春湿害的能力。修订养殖设施建设标准，加强防暑降温设施改造，推广健康养殖模式，强化动物疫病防控，加强水产养殖业的水环境保护。加快推进农村房屋改造和洪水灾害高风险区移民工作；加强血吸虫等疫病的防控工作。

4. 汾渭平原区

加强灌区节水设施配套建设，维修完善水利工程；统筹工业、农业和生活用水管理，推广农田节水灌溉和栽培技术，积极推进农村饮水安全项目建设。适度扩大小麦、玉米两茬平作，提高复种指数；加强病虫害综合防治；缺水地区减少小麦面积，扩大耐旱作物种植；提高农村防灾、减灾能力。

5. 河套地区

完善灌区水利工程和灌溉调度；调整种植结构，压缩水稻和小麦等耗水作物，扩大耐旱节水作物种植；推广节水灌溉技术，充分利用秋季其他农区需水不多的时机，及时引水灌溉增加底墒。加强冬末气温预报，适度提早小麦播种期以避开潮塌，适当提早玉米、向日葵播种期和改用生育期更长的品种；充分利用冬季变暖的光热条件适度扩大冬春保护地生产；加强早春凌汛预警，及时破冰泄洪。

6. 甘肃新疆区

充分利用有利的光、热条件，在稳定粮食生产基础上发展棉花、瓜果等特色农业；加强流域水资源综合管理，统筹协调上、中、下游用水矛盾，控制上、中游的过度垦荒规模，超采地区适度关井压田，退耕还林还草；大力推广膜下滴灌、地膜覆盖、垄膜沟灌等农田节水技术；修建拦蓄工程，减轻融雪性洪水灾害，增加可利用水资源。

甘肃东部推广集雨补灌与农田节水技术，扩大种植杂交谷子、马铃薯等耐旱高产作物以及特色林果。加强农林有害生物防控；保护与恢复森林植被；采取综合措施防沙治沙，加强边境地区野生动物疫源、疫病联防联控；加快“安民富民兴牧工程”建设力度，改善贫困人口生活状况。

7. 华南区

充分利用华南气候优势，在稳定粮食生产的基础上扩大热带、亚热带经济作物、果树和冬季蔬菜生产；根据冬季变暖和气候波动状况，合理确定热带、亚热带作物种植北界；加强华南中北部的作物寒害防御；开展迁飞性、流行性病虫害的监控。鼓励山区发展立体农业，农、林、牧、渔业合理梯度布局；加强沿海台风与山区暴雨山洪灾害的预警和防范。宣传普及登革热等媒介传播疾病防控知识，提高农村基层医疗机构防治能力。

2.3.3　重点生态功能区

生态安全地区是指人类活动较少，开发相对有限，但对国家或区域生态安全具有重大意义的典型生态区域。按不同气候和区位条件划分为东北森林带、北方防沙带、黄土高原—川滇生态屏障区、南方丘陵山区、青藏高原生态屏障区。重点任务是保障国家生态安全和促进人与自然和谐相处。

1. 东北森林带

加强高温、干旱、大风、雷电等林火致灾因素和寒潮低温天气的监测预警，充分利用航空航天遥感、雷电监测等高科技手段，及时提供监测、预警信息，排除火灾、冻害隐患。增强森林火灾、冻害防控力度；选用耐火树种营造防火隔离带，提高森林防火道路网密度，完善森林防火设施设备。选用耐旱树种，培育人工混交林，节约生态用水量，提高造林成活率。加强森林抚育经营，调整森林结构，提高森林质量，增强森林生态系统稳定性、适应性和抗逆性。建立森林和湿地退化评估机制，严格控制商业采伐和湿地开垦。

2. 北方防沙带

控制生态脆弱地区的人口规模，制止滥开垦、滥放牧、滥樵采，对暂不具备治理条件的连片沙化土地逐步实行封禁保护；统筹流域水资源配置，保障下游生态用水。保护沙区现有植被，加快沙化土地和退耕地植被恢复，营造防沙林，综合治理退化草原，综合运用生物和工程措施治理沙化土地。

3. 黄土高原—川滇生态屏障区

加强对水土流失、植被状况、湿地面积变化、森林火灾、山地灾害的监测。加强黄土高原丘陵地区和秦巴山区水土流失治理，重点实施 25°以上陡坡退耕还林（草）和林分改造。加强黄土高原区和秦巴山区小流域综合治理，加大坡改梯和淤地坝工程建设力度，推广集雨补灌、保墒耕作等土壤增湿措施。川滇高原山地实行草原封育禁牧；若尔盖草原湿地和甘南黄河水源补给区采取严格的湿地面积管控措施，适度发展生态旅游。

4. 南方丘陵山区

加强封山育林和抚育经营。强化山区地质灾害监测、预警，综合开展防治工程，加快山区避险设施建设。结合生态扶贫工程，加大崩岗、岩溶区水土流失和石漠化综合治理力度，继续实施退耕还林，对生态破坏严重、不宜居住的地区实行生态移民。加强西南地区干旱监测、预警，适时采取人工增雨等手段降低森林火险，减少火灾发生隐患。利用有利地形兴建拦蓄工程，减轻汛期洪水与季节性干旱的威胁。

5．青藏高原生态屏障区

加强青藏高原区草原载畜能力评估，严格控制畜牧业范围和规模；阿尔金草原实施封禁管护；藏西北羌塘地区以修复草原草甸为重点，以草定畜，促进草原植被恢复。强化冰川监测，建立冰川—湿地—荒漠综合管理系统。加大高原植被、湿地和特有物种保护力度；加强天然林保护，开展退耕还林和沙化土地综合治理。充分利用气候变暖有利条件，发展高原河谷农业。

在决策服务建议方面，需要开展重点领域气象灾害风险分析，建设多灾种综合监测、预报、预警工程，健全气候观测系统和预警系统；建立极端天气、气候事件预警指数与等级标准，实现各类预警信息的共享，为风险决策提供依据；重点做好大中城市、重要江河流域、重大基础设施、地质灾害易发区、海洋灾害高风险区的监测、预警工作。同时需要加强灾害应急处置能力建设，建立气象灾害及其次生、衍生灾害应急处置机制，加强灾害防御协作联动；制定气候敏感脆弱领域和区域适应气候变化应急方案；加强人工影响天气作业能力建设，提高对干旱、冰雹等灾害的作业水平；加强专业救援队伍和专家队伍建设，发展壮大志愿者队伍；提高全社会预防与规避极端天气、气候事件及其次生、衍生灾害的能力。

2.4　评估案例：鄱阳湖生态经济区气象灾害风险评估

鄱阳湖流域属于亚热带季风气候区，一年四季天气复杂多变且降水时、空分布不均，干旱、暴雨洪涝、台风、冰冻、高温等极端天气、气候事件均有增多趋势，其引发的重大气象灾害损失亦有加重的趋势。利用鄱阳湖流域79个国家气象站1959—2008年的气温、降水、蒸发等要素的逐日观测数据分析显示，干旱、暴雨洪涝是最主要的气象灾害。从1984—2007年的历年旱涝灾害损失来看，鄱阳湖流域经济损失和农作物受灾面积都呈增多趋势。经济损失最多的是1998年特大洪涝，农作物受灾面积最多的是2003年的特大高温干旱，其次是1998年的特大洪涝，1995年位居第三。如图2.1所示，灾害直接经济损失占国民生产总值的比例也呈弱的上升趋势，其中1998年洪涝灾害造成的直接经济损失占国民生产总值的17.7%，为历年最大。

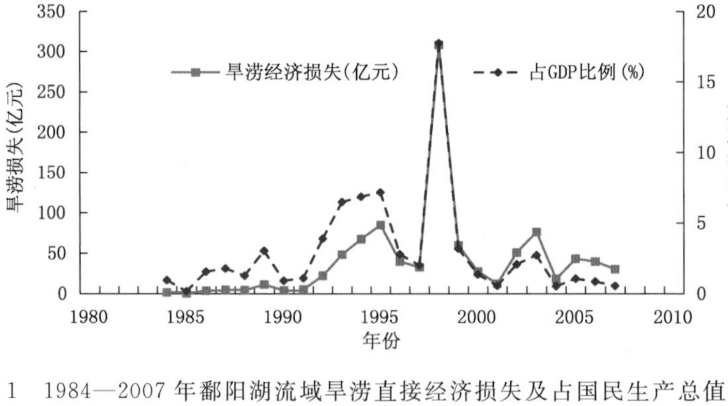

图2.1　1984—2007年鄱阳湖流域旱涝直接经济损失及占国民生产总值的比例

1959—2008年鄱阳湖流域年平均气温呈波动上升趋势，50 a约上升了0.65℃，升温率为北高南低；年降水量略增，变化趋势不明显，但年际波动大，年蒸发量总体呈降低趋势，但1996年以来，在气温明显上升的背景下，年蒸发量呈上升趋势。流域的气温日较差、年较差呈下降趋势，高温日数总体呈波动下降趋势，但是 1996 年以来明显增多；降水强度呈增大趋势，降水日数减少、暴雨日数增多，旱涝发生频率增大，旱、涝、台风、冰冻、高温等极端天气、气候事件呈多发趋势，且强度增大。另外，降水时、空分布不均，导致鄱阳湖流域出现水资源总量减少、枯水期增长、湖泊萎缩等突出问题，威胁着该区域的社会经济发展和生态环境保护。风险评估需考虑：气象灾害防治、洪涝灾害时空变化特征及成因、气候变化对社会经济及人民生活影响等方面。

2.4.1　干旱风险评估

干旱是鄱阳湖流域的主要自然灾害之一，是因长期无雨或少雨，造成空气干燥、土壤缺水的气候现象；干旱对工、农业生产，人民生活等可造成严重影响。鄱阳湖流域干旱发生频率高、分布广，每年都有程度不同的干旱发生；而且一年四季均可出现，主要为伏旱（又称为夏旱）、秋旱，春旱和冬旱的发生相对较少。自有气象记录以来，鄱阳湖流域几乎每年都有不同程度的旱灾出现，少雨年干旱程度较重。20 世纪 60 年代，流域夏、秋季干旱指数为高值期，70 年代至 80 年代中期为相对低值期，80 年代中期至 90 年代初期为相对高值期，90 年代初期至 2002 年为低值期，2003 年后干旱指数呈明显下降趋势。从伏秋期干旱的年代际变化来看，在低值阶段以轻度或无干旱为主，高值阶段以中等或中度干旱为主。如 1986 年、1988 年、1991 年和 2003 年，年降雨量均少于 1550 mm，全省受旱面积均超过 100 万 hm^2；其中 2003 年高温、干旱同时出现，导致全省受旱面积、因旱成灾面积均为 1951 年以来的最多年。历史上鄱阳湖流域曾遭遇过多次严重的干旱过程，均给流域带来巨大的损失，其中 1963 年、1971 年、1978 年、1986 年、2003 年和 2007 年达到气象中旱等级。根据资料记载，1934 年、1963 年、1978 年、1988 年、2003 年和 2007 年是流域百年来影响面广、旱灾严重的年份。有气象观测资料以来的 5 次严重旱灾的气象干旱等级都在中旱等级以上。

2.4.2　暴雨洪涝风险

鄱阳湖流域是暴雨型地质灾害多发区，强降水往往容易引发山洪、滑坡等地质灾害。暴雨洪涝在 20 世纪 60 和 90 年代为相对多发期，出现洪涝的次数和影响站数均较多，70 至 80 年代相对较少。进入 90 年代，大暴雨和特大暴雨站次呈上升趋势，降水不均匀性更加明显，局部短时降水强度增大，导致发生洪涝、积涝灾害的概率增大。多出现在 4 月—7 月上旬（主汛期），有些气候异常的年份也会出现春汛、秋汛和冬汛。从时间分布上看，一般 4 月开始出现洪涝，5 月稍有增加，6 月中旬至 7 月上旬洪涝次数最多，占全年的 61.3%。尤以 1954 年和 1998 年等最为严重，洪涝灾害影响严重的地区是环鄱阳湖地区。根据历年资料分析，鄱阳湖流域的洪涝次数和影响站数在 20 世纪 60 年代和 90 年代更为频繁，而 70 年代和 80 年代相对来说发生次数较少（图 2.2）。全省性洪涝灾害较为严重的前十位就有四年是 90 年代发生的，分别是 1993 年、1994 年、1995 年和 1998 年，而 1998 年出现的洪涝是新中国成立以来最为严重的。

2.4.3　台风风险

鄱阳湖流域地处中国中东部内陆地区，与沿海的广东、福建、浙江省接壤，每年 5 月上旬至 11 月中旬易受从广东、福建、浙江沿海登陆的台风影响。台风常在鄱阳湖流域形成狂风暴雨，给人们生命财产带来重大威胁，但台风对内陆地区也不完全是破坏性的，在伏秋季节，鄱阳湖

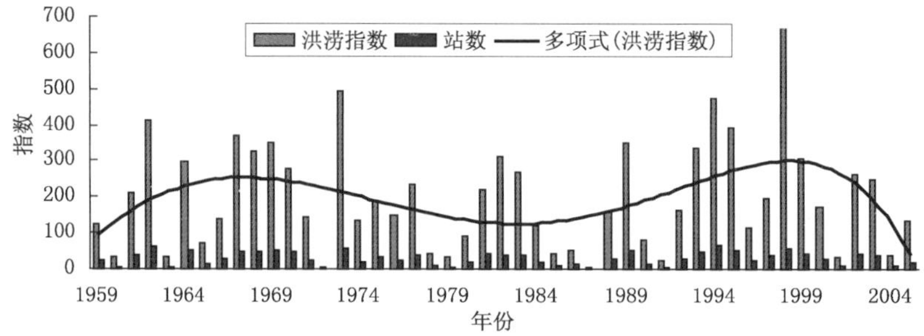

图 2.2 1959—2004 年鄱阳湖流域洪涝指数变化趋势

流域受副热带高压控制，高温少雨，易出现干旱，台风常带来丰沛的降水，是该季节最主要的降水来源之一。根据 1961—2005 年资料统计，鄱阳湖流域台风过程年均降水量为 32.3 mm(彭泽)～162.5 mm(庐山)，台风过程年均降水量占总降水的比例为 1.9%(弋阳)～9.0%(崇义、遂川)，流域平均约为 4.8%。根据 1955—2006 年气象资料统计，鄱阳湖流域共受 232 个台风影响，年平均受影响台风个数为 4.2 个。从图 2.3 中可以看出，20 世纪 50 和 60 年代影响鄱阳湖流域的台风个数较多，其中 1961 年的 9 个为最多，1960 年的 8 个次之；而 70 至 90 年代相对较少，以 1998 年 1 个为最少。1998 年以后，影响流域的台风(热带气旋)个数略有增加。

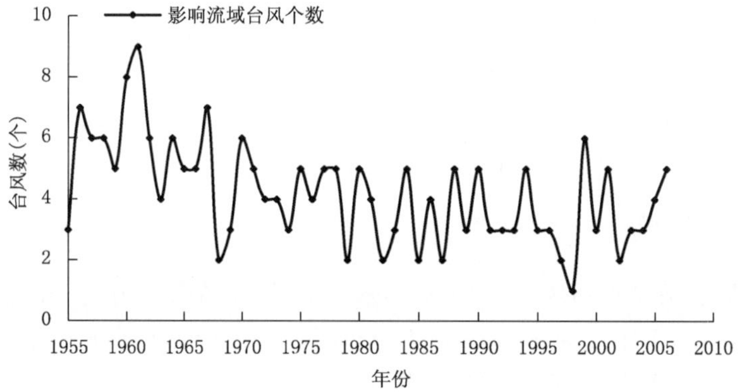

图 2.3 历年影响鄱阳湖流域的台风个数变化趋势

2.4.4 低温冻害风险

鄱阳湖流域冬季气候温和，且无霜期长，冻害发生最严重的年份大多出现在 20 世纪 60 年代至 70 年代中期，之后迅速减少；80 年代以后极端气候事件明显增多，个别年份冻害程度严重，如 1991 年、1999 年和 2008 年。根据 1959—2006 年的气象资料统计，鄱阳湖流域冰冻天数平均为 2.0 d/a，以庐山、井冈山为最多，分别为 40.8 d/a 和 20.8 d/a；乐平、德兴最少，1959 年以来仅观测到 2 d 和 4 d。主要出现在冬季 12 月—次年 2 月，此时段冰冻天数约占全年的 92.8%，其中又以 2 月最多，约占全年的 40.1%；3—4 月、10—11 月在庐山、井冈山等高海拔站也偶有发生，5—9 月则未出现过。

2.4.5　高温风险

鄱阳湖流域的雨季大多数年份在 6 月底至 7 月上旬结束，雨季结束后受西太平洋副热带高压控制，进入晴热少雨的盛夏季节，这时容易出现高温灾害，并且与干旱往往同时出现。流域高温天气主要出现在 7—8 月，大部分地区极端最高气温大都在 37～40℃以上，出现明显的高温酷暑天气。从历年出现的年极端最高气温来看，赣江中上游较高，大部分地区在 40℃以上，修水县最高达 44.9℃；在九江市的西北部地区、景德镇市、上饶地区、萍乡市、宁冈、永新等均出现 40℃以上高温，上饶市区 41.6℃，景德镇市 41.8℃，鄱阳湖区及赣南山区低些。鄱阳湖流域 1959—2008 年平均高温日数为 30 d，1997 年最少，为 5 d，1978 年最多，为 51 d，2003 年次之，50 d。由图 2.4 可见，1959—1995 年，流域高温日数呈波动下降趋势，而 1996 年开始则呈明显上升的趋势，这与年平均气温的变化趋势较为一致。

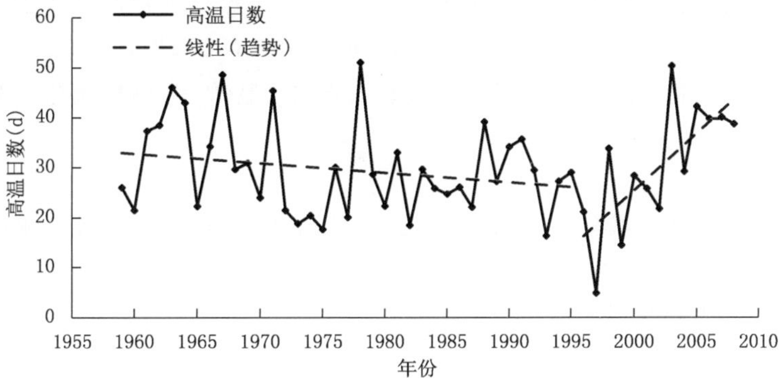

图 2.4　鄱阳湖流域历年平均高温日数变化趋势

2.4.6　近年来典型极端天气、气候事件

1998 年大洪水：1997 年 11 月至 1998 年 3 月，降水偏多，这段时间的降水量创历史同期最高值。汛期洪涝致使鄱阳湖流域 79 个县(市、区)1329 个乡镇受灾。其中有 40 个县(市、区)504 个乡镇重复受灾。受灾人口 2213.14 万人(次)，成灾 1696 万人。农作物受灾面积共 165.40 万 hm^2，成灾 128.26 万 hm^2，毁坏农田 25.76 万 hm^2。倒塌房屋 105.14 万间，其中倒塌住房 94.72 万间，损坏房屋 158.34 万间。因灾死亡大牲畜 49.64 万头(只)。有近 4 万家企业停产或半停产。洪涝灾害造成直接经济损失达 387.14 亿元，其中农业损失 331.62 亿元。

2003 年干旱：受强盛副热带高压持续控制，鄱阳湖流域降水量显著偏少，2003 年 6 月末开始到 9 月上旬流域平均降雨量为 165 mm(含人工增雨量)，创历史同期有记录以来的最低值，持续少雨加上长时间的高温酷暑致使 2003 年干旱异常严重。据计算，2003 年伏旱指数和全年干旱指数均列新中国成立以来第一位。流域有 86%以上的县(市)达到了严重干旱的标准。干旱严重影响了工农业生产和人们的正常生活，赣江水位突破历史最低纪录，不少地区甚至出现人畜饮水困难的现象。鄱阳湖流域受旱面积 203.39 万 hm^2，其中 7—9 月的高温干旱，使全省农田受灾面积达 130 万 hm^2(其中轻旱 68 万 hm^2，重旱面积 470 万 hm^2，干枯 15 万 hm^2)，310 万人饮水困难甚至无水可饮；水库干涸 1833 座，全省直接经济损失 24 亿元，其中农业损失 20.8 亿元。

2004 年台风：受台风"云娜"影响，8 月 12 日晚上开始鄱阳湖流域中北部普降暴雨，局部大暴雨。12 日 20 时至 15 日 08 时流域平均降雨 96 mm，有 39 个县、市雨量超过 100 mm，庐山、永修、新建、进贤、东乡、丰城、余江等 7 个县、市超过 200 mm，以庐山 268 mm 为最大。"云娜"及其减弱成的低气压从 13 日 11 时至 14 日 9 时在赣北共逗留 22 h，从过程降水强度分析，是 1985 年以来对鄱阳湖流域影响最大的台风。"云娜"带来的降水增加了水库塘堰的蓄水，使农业和土壤旱情得到基本解除，并使前期大范围的高温天气得以缓解。同时，"云娜"也给鄱阳湖流域带来了不同程度的灾害。

2008 年初持续低温雨雪冰冻灾害：2008 年 1—2 月，中国南方发生了严重的大范围低温雨雪冰冻天气，影响范围、持续时间均为历史罕见。鄱阳湖流域在这次过程中受灾严重，为历史罕见。据不完全统计，全流域因灾直接经济损失 302.37 亿元（不包括厂矿企业损失），其中农业经济损失 109.79 亿元，林业经济损失 112.69 亿元，交通、电力。教育、卫生、广电等行业，以及城乡居民房屋倒塌和城镇公共基础设施建设损失十分严重。受灾人口达 2210 万人，因灾死亡 7 人，伤病 15.61 万人，紧急转移 71 万人；倒塌房屋 5.2 万间，损坏 23.1 万间；农作物受灾面积 177.47×10^4 hm^2，油菜、蔬菜、柑橘等受灾较为严重，毛竹、湿地松损失率均超过七成。

参考文献

殷剑敏，陈晓玲，苏布达，等，2011. 鄱阳湖流域气候变化影响评估报告[M]. 北京：气象出版社.

中华人民共和国国家发展改革委，2013. 关于印发国家适应气候变化战略的通知（发改气候〔2013〕2252 号）[EB/OL]. http://www.gov.cn/zwgk/2013-12/09/content_2544880.htm.

中华人民共和国国务院，2012. 国务院关于印发全国主体功能区规划的通知（国发〔2010〕46 号）[EB/OL]. http://www.gov.cn/zwgk/2011-06/08/content_1879180.htm.

第3章

流域气象灾害风险评估技术

许红梅、刘波（国家气候中心）

3.0 引言

中国是世界上受气象灾害影响最严重的国家之一。中国气象灾害具有种类繁多，影响范围广、发生频率高、持续时间长、群发性突出、连锁反应显著、灾情重等特点。全球变暖导致极端天气、气候事件发生的频率和强度也呈增加趋势。

流域是由分水线所包围的河流或湖泊的地面集水区和地下集水区的总和。气候是流域内人们的生产和生活的一种重要资源，但同时大气也对人类的生命财产和经济建设等造成了直接或间接的损害。随着流域经济的发展和综合开发，人类生产、生活对天气、气候条件的依赖程度进一步加深，气象灾害的影响也不断扩大。

不同流域因其地理位置不同，气候特征、生态与环境也不尽相同。因此，流域气象灾害发生的特点不同、面临的气象灾害风险也必然不同。开展流域气象灾害风险评估对于加强流域综合管理，防灾、减灾具有重要意义。

3.1 概念和范围

影响流域的主要气象灾害包括台风（热带风暴、强热带风暴）、暴雨（雪）、雷暴、冰雹、大风、沙尘、龙卷、大（浓）雾、高温、低温、连阴雨、冻雨、霜冻、结（积）冰、寒潮、干旱、干热风、热浪、洪涝、积涝等。因为流域地理位置、气候特征的差异，不同流域气象灾害发生的特征不同。关于灾害风险，目前并没有统一的严格定义，但其基本含义是“损失”的“可能性（期望值）”。气象灾害的风险是指气象灾害发生及其给人类社会造成损失的可能性。对特定流域进行气象灾害风险评估，主要关注流域内主要气象灾害的类型。由于防灾能力和防灾措施的不同，这种可能性也有所不同。

风险评估是对风险发生的强度和形式进行评定和估计。

流域气象灾害风险评估的目标是：将流域作为整体评估当前和未来气象灾害风险。流域气象灾害风险评估包含了流域气象灾害风险识别、风险分析和风险评价。

3.2　评估技术路线

首先，对相关数据进行预处理，将矢量数据转换为栅格数据，其次，对处理数据进行规一化，等级划分，生成标准化栅格数据，再次，在 GIS 空间分析基础上，结合层次分析法方法，建立风险评估模型，生成风险分布图，最后进行灾害风险评估研究。技术路线图如图 3.1 所示。

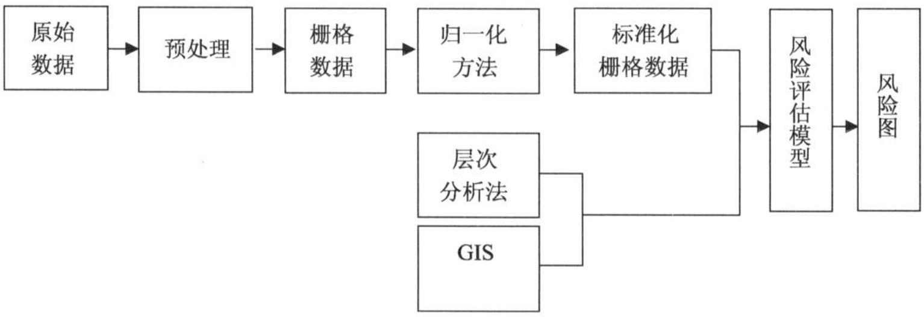

图 3.1　流域气象灾害风险评估技术流程

数据资料的收集不仅受到自然因素的影响，而且还受到社会经济因素的综合作用。因此，要综合考虑影响流域灾害风险的因素，从危险性和社会经济易损性两个角度出发着重从以下两方面收集数据资料：

(1)自然地理数据：相应的气象灾害数据、DEM 数据、1∶25 万地形图、行政区矢量图、河网 1∶25 万矢量数据、1∶100 万土地利用类型图；

(2)社会经济统计数据：GDP 数据、人口统计数据。

由于数据来源计量单位不同，取值范围变幅大，需要对数据进行标准化处理。对降雨栅格、径流量、河网密度、高程、坡度等数据进行标准化处理并赋值给每个评价单元；本研究采用五级划分标准，并以均值的三分之一作为间距划分，等级越高表示该因子的影响越大。赋予的数值 1、2、3、4、5 分别代表低危险性、较低、中度、较高、高限界值。考虑到对于 5 级的划分破坏了数据的连续性，可能影响计算结果的精度，因此通过归一化方法将栅格数据标准化。由于前面的等级划分为 5 级，为了使得到结果具有可比性，在 ArcGIS 中通过地图代数工具对数据进行标准化处理。标准化的公式为：

$$x'_i = \frac{x_i - x_{i\mathrm{min}}}{x_{i\mathrm{max}} - x_{i\mathrm{min}}} \times 5$$

$$x'_i = \left(1 - \frac{x_i - x_{i\mathrm{min}}}{x_{i\mathrm{max}} - x_{i\mathrm{min}}}\right)$$

式中，x_i 为专题指标数据中的统计值或数值，$x_{i\mathrm{max}}$ 表示指标数据中的最大值，$x_{i\mathrm{min}}$ 表示指标数据值中的最小值。

3.3　评估方法

3.3.1　层次分析法

美国运筹学家 Saaty 于 20 世纪 70 年代提出的层次分析法，是从定性分析到定量分析综合集成的典型决策分析方法，它将人们对复杂系统的思维过程数字化，将以人的主观判断为主的定性分析进行定量化，将各种判断要素之间的差异数值化，帮助人们保持思维过程的一致性。运用这种方法，决策者可以将复杂问题分解为若干层次和若干因素，在各因素之间进行简单的比较和计算，就可以得出各要素的权重。洪水灾害风险评估是一个复杂多层次的问题，利用层次分析法，就可以科学合理地确定各指标的权重，目前已经在洪水灾害风险评估理论与实践中得到成功应用。

利用层次分析法确定洪水灾害风险评估各指标之间权重的主要步骤为：(1)明确评估范围、目的、对象、指标体系，(2)构建递阶层次结构模型，(3)确定各因素的重要程度值，(4)构造两两比较判断矩阵，(5)进行权重计算。

3.3.2　空间分析

空间过程是生态环境、社会经济和地理系统的基本运动形式之一，空间分析是指分析、模拟、预测和调控空间过程的一系列理论和技术。空间分析包括空间信息分析、空间图形分析和基于空间过程机理的空间动力学模型。空间分析能够有效地获取、科学地描述和认知空间数据，如绘制灾害风险图；能够理解和解释生成观察地理图案的背景过程；能够调控地理空间上发生的事件，如合理安排救灾避难场所及救灾物资；能够对灾害进行预警预报。地理信息系统具有强大的空间分析功能，能够快速处理各种空间信息。GIS 的空间叠置分析是空间分析的一个重要研究内容，它可将同一区域的多要素、多时相的数据进行叠置，通过对比及综合分析，可发现某一地理对象的相互联系、差异以及动态变化等特征，也可揭示某些自然现象的空间分布规律。图像栅格形式是空间信息主要表示形式之一，栅格具有比较精确的空间位置，研究结果都具有真正空间性的意义。目前大多数 GIS 平台提供栅格分析模块，以栅格作为研究单元，可方便建立各种复杂数学模型，再对各种复杂自然社会现象及系统过程进行模拟。

除了上面的两种方法外，模糊综合评价、专家打分、德尔菲法等方法也在流域气象灾害风险评估中被应用广泛。

3.4　评估案例

3.4.1　淮河流域洪水灾害危险性评价

从洪水灾害危险性角度考虑，主要选取降水、径流量、河网密度、高程、坡度等因素来进行危险性的评价。降水、径流量、河网密度与洪水危险程度密切正相关；高程、坡度与洪水危险程度是密切负相关。基于对指标数据的标准化处理以及对数据的 5 级划分表述各因子指标对洪水危险度的影响：其中高程和坡度两个因子构成地形专题指标数据，根据指标权重确定的原理及方法，确定降雨量、径流量、河网密度、地形各因子的权重 $W=\{0.276, 0.099, 0.277, 0.348\}$，并经过一致性检验。利用 ArcGIS 9.0 的地图代数功能，将参与评价的因子指标图层进行计算分析，得到洪水灾害危险性评价图。淮河流域洪水灾害风险性评价结果表明，危险性等级高值区主要分布在淮河流域中西部地区及部分东部地区。由于该区域河网密集、地势相对平坦、坡度较缓，降雨量充沛，洪水灾害危险性高，社会经济脆弱性大，属于中高风险地区；而在北部及西北部地区，西部南高北低，降水量相对较少，水系均单独入海，地势不易形成洪涝灾害，社会经济脆弱性相对较小，相对风险较低，为中低风险性地区。

3.4.2 湘江流域洪水灾害危险性评价

依据灾害系统理论，在综合考虑致灾因子、孕灾环境和承灾体的基础上，从致灾因子、孕灾环境的自然属性和承灾体的社会属性两方面出发，以县级行政单元为基本评价单元，进行湘江流域洪水灾害的综合风险评价。在综合考虑降雨量、地形以及历史上洪水灾害发生频次等自然因素的条件下，利用地图代数分析得到了湘江流域洪水灾害危险性评价图；在综合考虑人口密度、耕地面积百分比、人均GDP和单位面积水库和塘坝容量等社会经济指标的基础上，利用模糊综合评判法得到了湘江流域洪水灾害脆弱性评价图。在此基础上采取乘法模型的计算公式，即风险＝危险性×脆弱性，将湘江流域洪水灾害风险划分为低、较低、中等、较高、高风险5个等级，并借助地理信息系统软件编制了湘江流域洪水灾害综合风险等级评价图。从最终的洪水灾害综合风险评价图来看，洪水灾害风险高值区主要分布在湘江流域中下游地区，其中洞庭湖平原区的湘阴、汨罗，以及宁乡、长沙、湘潭、株洲、双峰这些湘中红层盆地区域和衡阳、衡东衡攸红层盆地区为风险高值区，这些地区由于洪水灾害危险性高，社会经济脆弱性大，所以洪水灾害风险最大。地势低洼，又靠近主干河道或大型湖泊，同时人口经济密度大是其洪水风险性高的主要原因。而湘江流域西南和东南部广大地区由于地势高，水流疏散快，而且远离主干河道，即使有时暴发山洪，也由于人口经济和耕地密度小，造成的损失也不大，其相对风险较低。

参考文献

卞洁，李双林，何金海，2011. 长江中下游地区洪涝灾害风险性评估[J]. 应用气象学报，22(5)：604-611.

杜鹃，何飞，史培军，2006. 湘江流域洪水灾害综合风险评价[J]. 自然灾害学报，15(6)：38-44.

黄大鹏，刘闯，彭顺风，2007. 洪灾风险评价与区划研究进展[J]. 地理科学进展，26(4)：11-22.

刘家福，李京，刘荆，等，2008. 基于GIS/AHP集成的洪水灾害风险评价——以淮河流域为例[J]. 自然灾害学报，17(6)：110-114.

刘立新，2002. 基于风险形成过程的区域水灾风险因素分析[J]. 经济科学，2：113-121.

刘小艳，孙娴，杜继稳，2009. 气象灾害风险评估研究进展[J]. 江西农业学报，21 (8)：123-125.

毛德华，王立辉，2002. 湖南城市洪涝易损性诊断与评估[J]. 长江流域资源与环境，11(1)：89-93.

史培军，1991. 论灾害研究的理论与实践[J]. 南京大学学报：自然科学版，11(自然灾害研究专辑)：37-42.

唐川，朱静，2005. 基于GIS的山洪灾害风险区划[J]. 地理学报，60(1)：87-94.

田玉刚，覃东华，杜渊会，2011. 洞庭湖地区洪水灾害风险评估[J]. 灾害学，26(3)：56-60.

许有鹏，李立国，蔡国民，等，2004. GIS支持下中小流域洪水风险图系统研究[J]. 地理科学，24(4)：453-457.

万庆，1999. 洪水灾害系统分析与评估[M]. 北京：科学出版社：148-162.

王劲峰，李连发，葛咏，2000. 地理信息空间分析的理论体系探讨[J]. 地理学报，55(1)：92-103.

章国材，2010. 气象灾害风险评估与区划方法[M]. 北京：气象出版社.

张行南，罗健，陈雷，等，2000. 中国洪水灾害危险程度区划[J]. 水利学报，(3)：1-7.

郑国光，2000. 国际防灾减灾面临的一些问题和我国气象防灾减灾工作的基本思路[J]. 江西气象科技，23(4)：1-5.

周成虎，万庆，黄诗峰，等，2000. 基于GIS的洪水灾害风险区划研究[J]. 地理学报，55(1)：15-24.

CRICHTON D, MOUNSEY C, 1997. How the insurance industry will use its flood research[C]// 3rd MAFF conference of coastal and river engineers，131-134.

ISLAM M M，SADO K，2000. Development of flood hazard maps of Bangladesh using NOAA-AVHRR images with GIS[J]. Hydrological sciences journal，45(3)：337-355.

NAYAK P C，SUDHEER K P，RAMASASTRI K S，2005. Fuzzy computing based rainfall-runoff model for real time flood forecasting[J]. Hydrological processes，19(4)：955-968.

YALCIN G，AKYUREK Z，2004. Analyse flood vulnerable areas with multicriteria evaluation[R/OL]. http://www.isprs.org/proceedings/XXXV/congress/comm2/papers/154.pdf.

第4章

城市规划气象灾害风险评估技术

张自银(北京市气候中心)

4.0 引言

随着社会经济的发展,以及人们对生活环境质量要求的提高,创建良好的生态环境城市、实现现代城市的可持续发展已经成为城市建设者追求的目标,同时也是世界各国共同追求的目标。在实施可持续发展战略、建设生态良好城市的进程中,必须从科学角度深刻认识城市发展和生态环境相互影响的规律,制定合理的城市规划。

气候条件对于城市发展、城镇密集地区的大气环境以及人居环境有着十分重要的影响。认识和揭示这些自然界的变化规律,尤其是在全球气候变暖背景下的气象灾害对城市安全的风险,采取科学的方法合理安排城市各项建设布局,避免对自然环境的人为破坏,并促进城市生态系统的良性循环,减轻恶劣气象条件对城市生产、生活的影响,保持正常的局地气候条件,是现代城市规划的一项重要任务。在城市的飞速发展过程中,人类活动造成的气象环境效应以及自然环境本身孕育的气象灾害都是不可避免的,然而对气象灾害风险有足够的认识,进而做出科学合理的功能区布置与城市规划,不仅能在发展中趋利避害、最小化不良后果,更重要的是最终实现人居生态系统的可持续发展。

近年来,在全球气候变暖的大背景下,各种极端天气、气候事件有增多的迹象,世界各国政府都十分重视气象灾害的防灾、减灾工作。据世界气象组织统计,全球气象灾害占自然灾害的86%,中国的气象灾害占自然灾害的50%～70%,平均每年因为气象灾害造成的经济损失占全部自然灾害损失的70%以上。政府间气候变化专门委员会(IPCC)于2012年发表了《管理极端事件和灾害风险,推进气候变化适应》特别报告,介绍了在气候变化背景下降低和管理灾害风险所采取的适应和灾害风险管理方法,这一报告在中国也受到了广泛的关注。可见,气象灾害风险评估是多行业所面临的重要课题,由于城市规划的重要性和对城市发展的深远影响,在城市规划过程中纳入气象灾害风险评估是十分必要的。

4.1 城市规划气象灾害风险评估的内涵与目标

4.1.1 城市规划与气象、气候环境

城市规划是研究城市的未来发展、城市的合理布局和综合安排城市各项工程建设的综合

部署，是一定时期内城市发展的蓝图，是城市管理的重要组成部分，是城市建设和管理的依据，也是城市布局、城市建设、城市运行三个阶段管理的龙头。中国在 1989 年就颁布了《中华人民共和国城市规划法》(下简称《城市规划法》)，明确了城市规划的主要目标是“确定城市的规模和发展方向，实现城市的经济和社会发展目标，合理地制定城市规划和进行城市建设，适应社会主义现代化建设的需要”。《城市规划法》中第六条明确强调“城市规划的编制应当依据国民经济和社会发展规划以及当地的自然环境、资源条件、历史情况、现状特点，统筹兼顾，综合部署”，第十四条规定“编制城市规划应当注意保护和改善城市生态环境，防止污染和其他公害，加强城市绿化建设和市容环境卫生建设，保护历史文化遗产、城市传统风貌、地方特色和自然景观”。可以看出城市规划在中国现阶段国民经济发展中的重要作用，而对自然环境的保护利用、自然灾害的规避都是城市规划过程中应当考虑的重要内容。

天气、气候是自然环境的重要组成部分，气象要素的风、雨、热、云、湿等都会对城市环境有重要影响，关系到城乡居民的日常生活，因此，气象环境及气象灾害是城市规划中需要重点关注的。一个新城的选址、旧城区的改造以及大型工厂和居住区的建造都需要对可能发生的气象灾害有充分的认识，需要对可能发生的气象灾害做全面的评估。同时，要意识到人们生产活动对自然环境的影响以及自然环境对人类活动影响的反馈作用，因此，基于城市气象灾害评估的城市规划是具有前瞻性的，是对城市未来健康发展、可持续发展的基本保障。

4.1.2　城市气象灾害分类

地球上的大气圈、岩石圈、冰雪圈、水圈、生物圈等自然界部分物质的自然运动而产生的不可抗拒的自然力对人类生存环境、物质财富乃至生命活动的直接破坏和戕害，就是自然灾害；发生在大气圈里的自然灾害为气象灾害；而发生在城市里的气象灾害就是城市气象灾害。

灾情的发生，必须具备三个因子，分别是孕灾环境、致灾因子和承灾体。从另一方面来说，自然灾害系统是由致灾因子、承灾体、社会经济体系三者组成，这其中的任何一部分都非常复杂。致灾因子的强度由水圈、大气圈、地形、地貌等决定。承灾体又可以分为宏观承灾体和微观承灾体，宏观承灾体可以是居民区、城市、区域、国家乃至全球等；微观承灾体可以是单个人、建筑物、危险物存储库等。社会经济体系可以涉及到土地利用、财产分布、经济状态、人类活动和心理因素等。

根据中国著名学者马宗晋等对中国灾害发生的统计研究分类，将中国常见的自然灾害归类为：地震灾害、气象灾害(包括洪水灾害)、农作物灾害、海洋灾害、森林生物灾害、地质灾害、其他灾害等。据不同的研究表明，气象灾害占整个自然灾害的 50%～70%。气象灾害是自然灾害的一种，而且是最为常见的自然灾害，各个气象要素都可以成为致灾因子。根据致灾因子及灾害特点可以将气象灾害大致分为以下几类：干旱、洪涝、热带风暴、低温冷冻、局地风暴、连阴雨及其他灾害，如图 4.1 所示。气象灾害的发生有着许多共同的特征，如发生频率高、季节性强、年际变化大、群发性显著、突发性强、危害大和范围广。此外，气象灾害还具有很强的地域差异性，不同的地区常发的气象灾害不同。

4.1.3　城市气象灾害对城市环境的影响

气象灾害的发生会对城市的安全运行及人们的生产、生活带来不利影响，且往往会造成严重的经济财产损失和人员伤亡。以北京市为例，表 4.1 简要介绍了北京地区常见的气象灾害

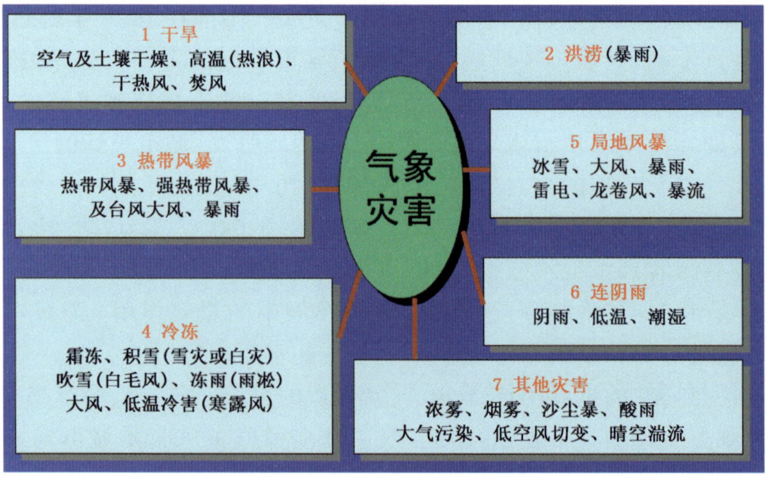

图 4.1　气象灾害分类

及其造成的危害。可以看出，相对其他城市来说，北京地区可能遭受的气象灾害种类还是比较广泛的，包含了大多数常见的气象灾害(除了东南沿海城市常见的台风灾害外)。可以看出，每种气象灾害都会对城市的安全运行、人们的生产生活等造成一定的影响，甚至是严重的经济财产损失和人员伤亡。例如，暴雨引起的城市积涝，往往会造成城市交通的瘫痪；低温雨雪带来的地面湿滑，同样会严重影响城市交通运行，同时低温雨雪还会引起输水管道破裂、输电线路折断等事故，影响城市的供水、供电系统；夏季高温会加重城市用电负荷，威胁城市的电网系统，同时高温热浪天气严重影响人们的身体健康。

表 4.1　北京地区主要气象灾害及影响

灾种	灾害影响	次生灾害
干旱	城市和农村缺水，种植业、林果业、畜牧业受旱成灾	山林和城市火灾、土地沙化
暴雨	山洪暴发、河水泛滥、城市积水、农田被冲、房屋倒塌	泥石流、山崩、滑坡阻断交通
风灾	吹毁农作物、房屋、树木，吹落悬挂物、伤害行人	沙尘暴、扬沙、土地沙化
雹灾	砸坏作物、房屋、路灯，伤害人畜	
雷电	雷击伤亡、击坏击毁建筑物、电力和各种电子设施设备	火灾
高温热害	酷热、闷热、疾病、灼伤、中暑	山林火灾、城市火灾
低温冻害	作物、果树、畜牧冻害，水、油、气管道冻裂	
干热风	农作物正常生长发育受阻，减产	山林火灾、城市火灾
雨凇(冻雨)	电力及通信电线、树枝、路面、铁轨结冰成灾	交通事故
龙卷风	局部毁坏性灾害	
雾害	交通受阻甚至发生事故，雾闪断电、引发人体疾病	交通事故
积雪	路面积雪，交通受阻	交通事故
霜冻	冻死、冻伤农作物幼苗	

4.1.4　城市规划中纳入气象灾害风险评估的重要意义

天气、气候条件对城市规划与建设有着多方面的影响，尤其是在为居民创造适宜的生活环境、防止环境污染与各种气象灾害等方面，关系十分密切。而对于任何一个城市而言，城市规划的制订是其未来发展的蓝图，既确定了宏观层面的产业布局，又在微观层面上给定了每项建设的具体指标要求，例如城市的供水与排水系统建设、道路交通系统建设、绿地与水体建设等。这些建设能否很好地应对各种气象灾害，是在城市规划过程中需要认真考虑的。

如何应对或避免可能发生的城市气象灾害，最大程度地减轻气象灾害发生所造成的经济财产损失、人员伤亡和社会影响，是城市规划中纳入气象灾害风险评估的意义和目标所在。

4.2　城市规划气象灾害风险评估的技术方法

4.2.1　气象灾害风险评估纳入城市规划中的实践过程

气象环境研究纳入到城市规划中的具体实践过程如图 4.2 所示。规划部门确立了一个城市规划项目后，多数情况下需要气象部门的参与来研究规划区内的气候环境背景与气象灾害，尤其是以城市及区域为对象的总体规层面的规划项目。当确立了气象部门参与城市规划的子项目后，气象部门将可按照该流程图来开展工作。

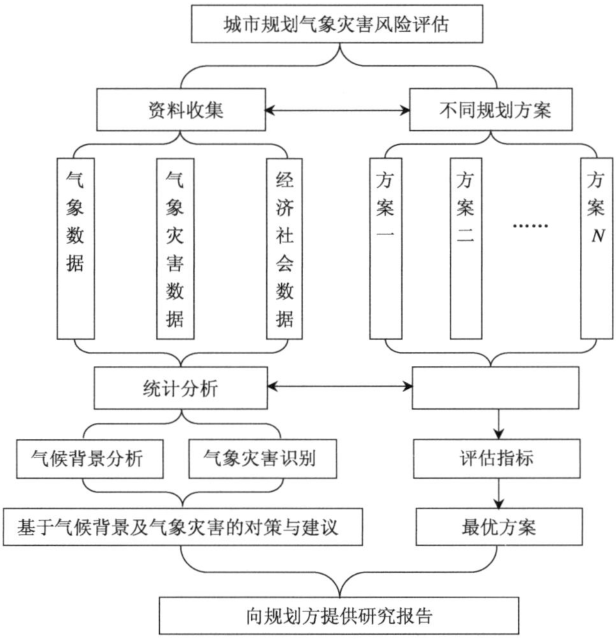

图 4.2　气候环境纳入城市规划的基本技术流程

首先是进行资料的收集，包括气象数据、气象灾害数据、社会经济数据三大类。气象数据主要是逐日或逐月的平均/最高/最低气温、降水、风速与风向、相对湿度、气压、能见度、日照时数等常见的气象要素。若需要进行数值模拟，则还需要模拟时段的逐小时地面观测全要素数据及探空资料等，详细情况应根据所使用的数值模式不同而有差异。气象灾害数据是指规划区内过去所发生的各种气象灾害的灾情数据，发生的时间、造成的经济财产损失、人员伤亡等信息。社会经济数据则范围广泛，主要体现在规划区（城市）的人口、经济总量（GDP）、主要产业、历史、文化等方面。其次，在完成了数据收集之后，就需要对全部信息进行处理分析，给出规划区的气候环境背景特征，识别出规划区内的主要气象灾害种类和灾情特征，分析其各种气象灾害发生的时、空分布特征。最后，根据气候环境背景和气象灾害特征向城市规划部门就城市发展的产业空间布局、大型建筑设施等各方面给出意见和建议。

城市规划部门更多是希望从气象环境的角度去挑选出多种不同规划方案中的最优方案。这就需要根据不同规划区实际情况选用不同的数值模式来进行数值模拟，即在同样的气象、气候环境中，对比每种规划方案的不同气候效应，从而找出哪种规划方案对气象环境的负面影响最小，也就是从气象环境角度来说的最优方案。

4.2.2 城市气象灾害风险评价

自然灾害指自然变异超过一定的程度对人类和社会经济造成损失的事件，自然灾害风险指未来若干年内可能达到的灾害程度及其发生的可能性。虽然城市气象灾害与一般所说的各种单灾种气象灾害有着一定差别，但对城市气象灾害风险性进行评价的思路和方法同其他气象灾害是基本一致的，城市气象灾害风险度的数学表达式为：

$$D = f(H \times E \times V \times R) \tag{4.1}$$

式(4.1)中，D 表示城市气象灾害风险度，H 为危险性，E 为暴露度，V 为脆弱性，R 为承灾体的恢复力，f 则表示几个方面的综合函数。

城市气象灾害是多种单灾种的气象灾害的综合，各个气象因子的异常偏多、偏少、偏高、偏低都可能造成气象灾害，因此综合的城市气象灾害风险度也可以表达为：

$$D = f(p) + f(t) + f(w) + f(v) + f(s) + \cdots \tag{4.2}$$

式(4.2)中，$f(p)$ 是指由降水因子引起的灾害，即降水过多或短时强降水造成的城市积涝灾害，相反长时间的无雨、少雨则造成干旱灾害；$f(t)$ 是指由气温异常引起的灾害，炎热高温对人体健康的影响，异常低温则发生冻害，若伴有降水会造成道路结冰湿滑，影响城市交通系统；$f(w)$ 主要是指大风引起的灾害，但当出现长时间的静风天气时，不利于市区空气污染物的扩散、输送，导致空气质量下降，甚至形成严重的空气污染事件；$f(v)$ 是指大雾天气能见度很低，对公路交通、航空运输都会造成重要的影响，也是近年来常见的气象灾害；$f(s)$ 是指由相对湿度引起的灾害，相对湿度持续性偏低严重影响人体舒适，同时干燥的天气增加森林、草地等火灾发生的风险，相反过高的空气湿度则同样影响人体健康，例如夏季的桑拿天气，冬天南方的低温高湿天气也严重影响人们的体感舒适度。“…”表示还有其他可能造成气象灾害的气象因子。

4.3 评估案例：典型城市气象灾害危险评估技术

4.3.1 风环境在城市规划中的参考意义

风是地表空气流动的现象，通常仅指空气的水平运动分量，包括方向和大小，即风向和风速。对于整个城市生态系统来说，首先，风能够起到净化城市空气的作用，把城市外的新鲜空气输送到城市内，同时把城市内的汽车尾气、工业粉尘等污染物输出到城市外。其次，空气的流通能把城市中心区的热量向外输送，从而减轻中心城区的城市热岛效应。再者，适量的风速有利于人们体表热量的散发，给人们一种舒适的感觉。然而，无风或风速过大都会不利用人居生态系统的良好运行。长时间的无风或风速很低，一方面，无风或微风不利于城区空气污染物的扩散，污染物在城区的长期堆积，往往造成空气污染，严重影响人们的身心健康；另一方面，无风时期，不利于中心城区的热量向往输送，加重城市的热岛效应。

城市的工业用地、居住用地应根据盛行风向而有空间分布上的明显差异，一般情况下，在盛行风向即上风向区域应严禁兴建污染型工业项目，而应该以居住区和商业区等为主，这样有利于减少工业烟尘对城市的污染，从源头上防止污染源扩散。当一个城市有明显的对头盛行风向时，工业用地和居住用地应分散在对头主导风向两侧。

此外，大风（瞬时风速≥17 m/s 的风称为大风）同样是不利于城市的安全运行。大风对高层建筑、电力设施、交通运输、农业生产都有一定程度的危害。大风能破坏房屋、刮倒电线杆、刮坏蔬菜大棚、吹断电线、影响航运、使庄稼倒伏等，往往造成严重的社会经济损失和人员伤亡。大风的种类主要有：寒潮大风、冷锋大风、雷雨大风、龙卷风等，其中以龙卷风和雷雨大风的危险最大。

4.3.2　热环境在城市规划中的参考意义

适宜的温度是人类生存所必须的基本条件之一。目前，地球表面平均温度大约为 15℃，但不同地区、不同的时节温度差异明显。按温度要素来划分，地球上的人居环境可以分为：热带环境、温带环境、寒带环境，而不管是热带、温带还是寒带，目前都有人类住居和从事生产活动，因此，也可以分别称为热带人居生态系统、温带人居生态系统、寒带人居生态系统。每一座城市、每一个住居点都受到其所在地的自然地带性的背景环境影响，普遍具有自然地带性的特征。温度变化，对城市生态系统运行有着重要的影响，冬天低温需要取暖能耗，夏天高温需要降温能耗。此外，极端的高温和低温事件，往往威胁着人们生命财产的安全。

在全球气温升高的背景下，城市热岛效应格外受到人们的关注。城市的热岛效应，是由于城市人工下垫面较自然下垫面热力性质的巨大差异，城市的高楼大厦、水泥和柏油马路等的比热容量比自然下垫面水体、土壤、植被小很多，城区的反射率也相对偏低，同样的太阳短波辐射，城市下垫面快速升温并以长波辐射加热城市近地面大气，使得城市温度高于郊区；在日照减弱及结束之后，由于城市内建筑物、道路等下垫面温度比较高，其强的长波辐射将持续到夜晚，叠加上城市人为热源的排放，所以夜间城市热岛效应也非常明显。此外，城市大气中气溶胶的增多对温室效应也可能起到一定的作用。而河流水体的降温效应在一天当中各个时刻都十分明显，表明水体对缓解和减弱城市热岛效应的显著作用。

例如，图 4.3 显示了北京地区城市热岛效应状况。由图可见，市区温度较高，逐渐向郊区递减。天安门地区由于较开阔，风速较大，温度略低一些。总体上来说，城市化水平较高的地区温度较高，城市化水平较低的地区温度略低，昆明湖等水体和绿化较好的地区温度较低。城市热岛强度（以城、郊温差表示）随着城市的发展而呈渐进性的增强趋势，所以适当控制城市规模（人口规模、城区面积规模）对于缓解城市热岛效应至关重要。

由于中国经济的快速发展，大多数地区都存在明显的城市化过程，多数城市都呈现出了明

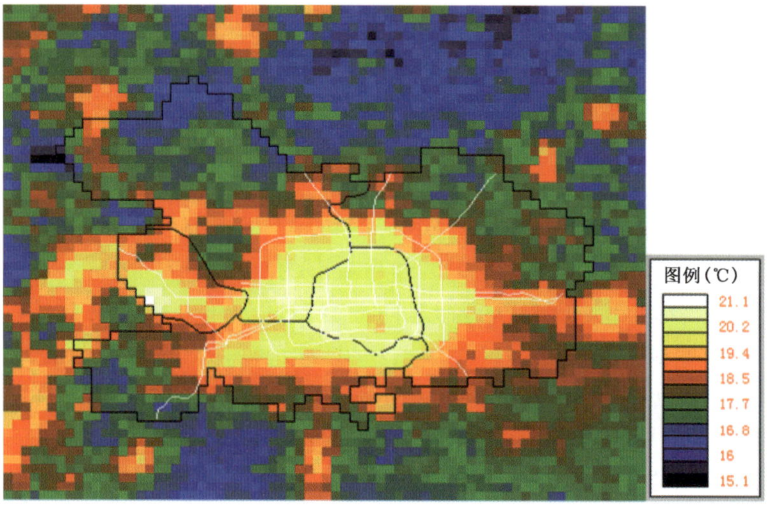

图 4.3 2000 年 7 月 31 日 05 时 32 分北京城区、近郊区热状况卫星遥感监测图

显的热岛效应，因此，适当控制城市规模、限制人口数量是必须的，执行国家节能减排政策，响应“中国应对气候变化国家方案”政策与措施，例如：通过大力植树造林、发展可再生能源（例如风能）、技术创新提高能源利用率、煤改气等措施，减少 CO_2 等温室气体排放都是缓解城市热岛效应的有效措施。此外，在具体的技术层面，应根据各城市的实际情况，采用多种措施，例如：增加城区绿地面积、水体面积和城市风通道建设，以及多采用下凹式绿地建设等；减少市区地面硬覆盖，多普及蜂窝状路面等方面来改善地表热量平衡，增加地面上下水分和热量流通；减少人为热源排放，大量使用清洁能源，例如，推行煤改气，开发可再生能源等；加大热泵技术的开发与普及应用，提高能源的有效利用率和资源的循环利用；推广墙体绿化、屋顶绿化的立体绿化理念；提倡使用高反照率的墙面材料，例如深红色、近红外区涂料等。

4.3.3 洪涝灾害在城市规划中的参考意义

由短时强降雨引起的城市积涝是常见的城市气象灾害之一，因此，城市建设中需要重点考虑的城市气象灾害之一。当然值得注意的是，不是所有的强降雨都会导致城市洪涝灾害的发生，只有当城市的排水系统不能适应时才会发生城市内涝灾害。因此，表面上看是直接由暴雨等强降水造成的，其深层次原因是城市排水系统不完善，不适应。例如，东京、巴黎、伦敦、纽约等国际大城市，都建设了举世闻名的下水道系统，正是这些完善的下水道保证了这些城市抵抗洪涝灾害的能力，所以很少见到巴黎、纽约、东京、伦敦等这些国际化大都市因雨水造成的严重城市洪涝和交通堵塞现象。而在中国，过去几十年城市化发展迅速，取得了可喜的成绩，但城市建设普遍是“重地表，轻地下”，只追求高楼大厦的快速建设，却不重视与之配套的地下排水管道建设。因此，近年来城市洪涝现象愈发严重。

表 4.2 给出了《中华人民共和国标准：防洪标准(GB50201—94)》。根据城市人口和重要程度将城市分为四类，而每类城市对防洪标准建设的要求也是不一样的。属于Ⅰ级的特别重要城市，例如北京、上海等特大城市，对江、河、海潮的防洪要求至少是 200 年一遇的标准，而一般城镇则是 20～50 年一遇即可。位于平原、湖洼地区的城市，当需要防御持续时间较长的江河洪水或湖泊高水位时，其防洪标准可取规定中的较高者。

表 4.2 城市的等级和防洪标准(GB50201-94)

等级	重要程度	城市人口（万人）	防洪标准(重现期/年)		
			河(江)、海潮	山洪	泥石流
Ⅰ	特别重要城市	≥150	≥200	100～50	>100
Ⅱ	重要城市	150～50	200～100	50～20	100～50
Ⅲ	中等城市	50～20	100～50	20～10	50～20
Ⅳ	一般城镇	≤20	50～20	10～5	20

参考文献

陈燕，蒋维楣，徐敏，等，2005. 城市规划中绿化布局对区域气象环境影响的数值试验研究[J]. 地球物理学报，48(2)：265-274.

程江，杨凯，黄民生，等，2009. 下凹式绿地对城市降雨径流污染的削减效应[J]. 中国环境科学，29(6)：611-616.

程明，吉静，2008. 近红外区具有高反射率的建筑节能涂料的研究进展[J]. 化工进展，27(1)：12-15.

姜晓艳，张文兴，张箐，等，2008. 沈阳城市化发展对市区气候影响及根据气候特点进行城市规划的建议[J]. 环境保护与循环经济，(10)：36-40.

高红燕，蔡新玲，贺皓，等，2009，西安城市化对气温变化趋势的影响[J]. 地理学报，64(9)：1093-1102.

侯依玲，陈葆德，陈伯民，等，2008. 上海城市化进程导致的局地气温变化特征[J]. 高原气象，27(增刊)：131-137.

黄民生，朱勇，谢冰，等，2010. 下凹式绿地调蓄净化城市径流[J]. 建设科技，1：65-67.

解修平，周杰，张海龙，等，2007. 基于 Landsat TM 的西安市城市热岛效应研究[J]. 河北师范大学学报(自然科学版)，31(3)：397-399.

李佳，张显，冀曼，等，2009. 西安城区城市森林建设现状及发展建议[J]. 西北林学院学报，24(6)：185-190.

林学椿，于淑秋，2005. 北京地区气温的年代际变化和热岛效应[J]. 地球物理学报，48(1)：39-45.

刘德义，黄鹤，杨艳娟，等，2010. 天津城市化对市区气候环境的影响[J]. 生态环境学报，19(3)：610-614.

刘转年，阴秀菊，2008. 西安城市热岛效应及气象因素分析[J]. 干旱区资源与环境，22(20)：87-90.

鲁渊平，杜继稳，2008. 气候变化与城市发展对城市气象灾害的影响及对策——以西安市为例[J]. 灾害学，23(S0)：7-10.

马宗晋，杨华庭，高建国，等，1994. 我国自然灾害的经济特征与社会发展[J]. 科技导报，7：61-64.

秦大河，陈振林，罗勇，等，2007. 气候变化科学的最新认知[J]. 气候变化研究进展，3(2)：63-73.

邱彭华，徐颂军，张林英，等，2006. 市域绿地系统规划浅析——以广东河源市为例[J]. 华南师范大学学报(自然科学版)，4：113-119.

全国人民代表大会常务委员会，1989. 中华人民共和国城市规划法[Z].

史培军，1991. 灾害研究的理论与实践[J]. 南京大学学报(自然科学版)，11(自然灾害研究专辑)：37-42.

佟华，刘辉志，李延明，等，2005. 北京夏季城市热岛现状及楔形绿地规划对缓解城市热岛的作用[J]. 应用气象学报，16(3)：357-366.

王迎春，郑大玮，李青春，2009. 城市气象灾害[M]. 北京：气象出版社.

王增如，2010. 城市规划大气环境评估探讨[J]. 现代商贸工业，(4)：31.

伍光和，2000. 自然地理学(第三版)[M]. 北京：高等教育出版社，336-338.

尹姗，孙诚，李建平，2012. 灾害风险的决定因素及其管理[J]. 气候变化研究进展，8(2)：84-89.

张继权，冈田宪夫，多多纳裕一，2006. 综合自然灾害风险管理—全面整合的模式与中国的战略选择[J]. 自然灾害学报，15(1)：29-37.

张继权，李宁，2006. 主要气象灾害风险评价与管理的数量化方法及其应用[M]. 北京：北京师范大学出版社.

章国材，2010. 气象灾害风险评估与区划方法[M]. 北京：气象出版社.

郑菲，孙诚，李建平，2012. 从气候变化的新视角理解灾害风险、暴露度、脆弱性和恢复力[J]. 气候变化研究进展，8(2)：79-83.

周淑贞，1994. 城市气候学[M]. 北京：气象出版社.

宗跃光，1999. 城市景观生态规划中的廊道效应研究——以北京市区为例[J]. 生态学报，19(2)：145-150.

IPCC，2012. Managing the risks of extreme events and disasters to advance climate change adaptation：a special report of working groups I and II of the Intergovernmental Panel on Climate Change[M]. Cambridge：Cambridge University Press.

MILETI D S，1999. Disasters by design：a reassessment of natural hazards in the United States[M]. Washington D C：Joseph Henry Press.

第5章
海岸带气象灾害风险评估技术

吴滨(福建省气候中心)

5.0 引言

海岸带是指海洋和陆地的过渡地带，它由岸上部分、潮间带和水下暗坡三个部分组成，一般是指沿海岸线向陆上延伸10 km，向海上延伸至水深15 m的一个狭长地带。中国海岸带北起辽宁鸭绿江口，南至广西北仑河口，全长约1.8万km，沿岸约有6300个大小岛屿，沿海滩涂面积达到2万km^2，其中15 m等深线以上的面积为13万km^2。

中国沿海共有12个省(区、市)及两个特别行政区，汇集了中国70%以上的大、中城市及55%的国民生产总值。海岸线最长的是福建省，达3752 km，其次是广东，为3368 km，再次是山东，为3024 km(表5.1)。

表5.1 中国沿海省(市)海岸线长度

省(区、市)	辽宁	河北	天津	山东	江苏	上海	浙江	福建	广东	广西	海南	台湾
长度(km)	2000	487	154	3024	954	183	2200	3752	3368	1595	1823	1520

由于海洋与大陆是由两种截然不同的物质所组成，其存在明显的辐射与热力学差异，海岸带作为海陆两种不同下垫面急剧转变的过渡地带，必然出现气象要素的急剧变化，且由于海岸带动力作用复杂、自然灾害频繁和破坏力大，使海岸带成为自然环境的脆弱区域。随着中国沿海经济的迅速发展和海上生产活动的日益增多，海岸带气象灾害造成的损失总体呈明显上升趋势。

中国海岸带几乎包容了所有的灾种，包括气象灾害(热带气旋、龙卷风、大风、雾等)，海洋灾害(风暴潮、赤潮、海啸等)，地质灾害(滑坡、地震、地面沉降等)等。海岸带地区特有的气象灾害主要有：

热带气旋：热带气旋和因热带气旋引发的风暴潮是海岸带的首要灾害。西北太平洋是全球发生台风最多的海域，1949—2010年平均每年发生27个，共有429个登陆中国，平均每年7个，最多年份达12个(1971年)，最少的也有3个。台风过境时的狂风、大浪以及由其引发的暴雨洪水，并诱发滑坡、泥石流等一系列灾害，造成的生命财产损失，在各种灾害中居首位。按热带气旋影响的频繁程度来说，台湾排第一，其次是海南、广东、福建、浙江。

暴雨洪涝：暴雨是造成洪涝的直接因素，海岸带地区的暴雨很大程度是由热带气旋引起的。

风暴潮:主要是由热带气旋或温带气旋等灾害性天气所引起的,伴随着大风的海面异常升高现象。它和天文大潮叠加,可使潮位暴涨 1～6 m,导致海水漫溢,伴随大风,酿成大灾。中国沿海地区严重的风暴潮大多是由台风引起的,一次风暴潮过程可影响 1000～2000 km 海岸区域,中国风暴潮灾区遍及沿海地带,风暴潮如与天文大潮遭遇,加上狂风恶浪,溯江河洪水而上,海潮可冲毁海堤江堤,吞噬码头、厂矿、城镇和乡村,潮灾损失更为严重。

沿海大风:中国海岸带的灾害性天气之一,最主要的是由热带气旋引起,此外冷空气南下产生的大风、雷暴大风以及入海高压大风等均可造成沿海大风灾害性天气。

海冰:冬季由于受强冷空气的侵袭,气温急剧下降,致使河口及浅滩地区出现不同程度的冰封现象。北部沿海三个最主要的海冰区为辽东湾、渤海湾及莱州湾。海水结冰给海岸带开发和利用带来一定的影响,对渔业、航运和海上石油作业等各种生产活动均会造成影响。1969 年 2 月中旬至 3 月中旬,渤海发生前所未有的特大冰封,流冰边缘接近渤海海峡,大量船只被困海上,海冰摧毁了圆筒桩柱全钢结构的海上石油平台,塘沽、秦皇岛、葫芦岛、营口和龙口等海港均被海冰堵塞封锁,使海上交通处于瘫痪状态。

沿海大雾:也是海岸带一种灾害性天气现象,其对海上航运、港口作业和渔业生产等均有影响,中国大范围海雾的形成主要是南方暖湿气流在冷海流上空凝结的结果。多雾的季节随纬度的增高逐步后延,整个中国海雾的分布呈南窄北宽的雾带。

5.1 概念和范围

5.1.1 热带气旋

热带气旋是发生在热带或亚热带洋面上的低压气旋,菲律宾以东洋面是全球热带气旋生成最多的地方,中国是受热带气旋影响最多的国家。常年在中国登陆的热带气旋有 7～9 个。热带气旋所经之处伴有狂风暴雨,造成人员及财产的巨大损失。是海岸带地区最严重的气象灾害。

5.1.2 暴雨洪涝

中国气象部门规定,24 h 降水量≥50 mm 为“暴雨”。沿海地区按其降水强度大小分为三个等级,即 24 h 降水量为 50～99.9 mm 称“暴雨”;100～250 mm 为“大暴雨”;250 mm 以上称“特大暴雨”。

暴雨主要出现在 4—9 月,华南及东南沿海暴雨主要分为前汛期暴雨和台风季暴雨,北部沿海主要是梅雨期暴雨、盛夏暴雨及台风引起的暴雨。华南及东南沿海地区不仅暴雨频繁,而且因热带气旋活动所致的暴雨强度往往特别强。暴雨往往造成洪涝灾害和严重的水土流失,引起泥石流、山体滑坡,淹没农田作物、冲毁堤坝等,造成严重的灾害。

5.1.3 风暴潮

风暴潮是由热带气旋、温带气旋、冷锋的强风作用和气压骤变等强烈的天气系统引起的海面异常升降现象,又称“风暴增水”“气象海啸”。风暴潮若恰好与影响海区天文大潮重叠,就会使水位暴涨，海水涌进内陆，造成巨大破坏。虽然风暴潮是主要的海洋灾害，但由于其发生主要是由热带气旋等气象灾害引起的，且大的风暴潮往往是伴随着强热带气旋发生，因此，为海岸带严重的灾害。

5.1.4　大风

海岸带大风指瞬间风速≥17 m/s 或风力≥8 级的风，为沿海地区主要的气象灾害之一，沿海大风主要是由台风造成，除此之外受冷空气、气旋、入海高压、雷暴及龙卷等影响，都有可能带来大风。

5.1.5　海冰

海冰是北方海区特有的自然现象，每年冬季，由于受强冷空气的侵袭，气温急剧下降，致使表层水温降至冰点以下，又兼沿岸低温的江河淡水入海，往往在河口及浅滩地区出现不同程度的冰封现象。通常每年自 11 月中、下旬至 12 月上、中旬在北方沿海地区由北而南先后开始结冰，冰期 2～4 个月。

5.1.6　大雾

大雾是指大气中因悬浮的水汽凝结产生的能见度低于 1000 m 的天气现象。

5.2　评估技术路线

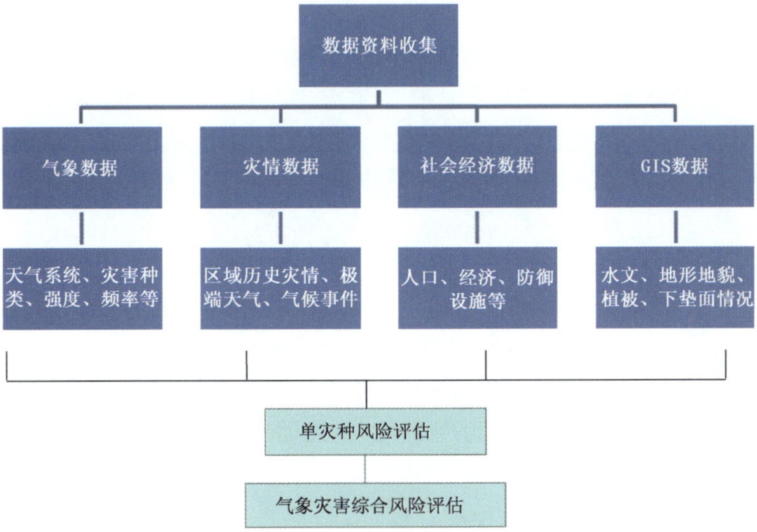

图 5.1　海岸带气象灾害风险评估技术路线

5.3 评估方法

5.3.1 数据收集

1. 气象数据的收集

由于海岸带灾种多样，且灾害强度大、频次高，易形成复杂的灾害链，因此评估的首要因素是收集海岸带各种气象灾害历史数据，包括灾害的种类、灾害的强度序列、频率序列等，分析各种灾害时、空分布特征。

2. 灾情数据

海岸带灾种很多，成因各异，各区受灾程度差别很大，需收集整理历史气象灾害灾情信息，进行广泛的调查研究与分析，如收集灾害的经济损失、受灾人数、受灾面积，死亡人数、倒塌房屋、堤坝溃毁、水产养殖损失等，尤其是所在区域各种气象灾害所造成的损失。

3. 社会经济数据收集

收集海岸带地区人口、经济密度、经济发展状况，气象灾害防御措施，城镇建设规划等信息。

4. GIS 数据

收集海岸带地区水文、地形地貌、植被、下垫面的情况等。

5.3.2 灾害评估

1. 气象灾害分析

对灾害天气历史数据进行统计分析。影响致灾因子的因素主要包括灾害种类、灾害活动规模、强度、频率、承灾范围、灾变等级等。在收集灾害数据的基础上，分析区域主要气象灾害特征，时空分布规律，评估历史上极端气象灾害事件造成的影响，极端气象参数的分析等。按照区域气象灾害的严重程度评估各个灾种气象风险，分析气象灾害可能对海岸带造成的危害及后果。

2. 气象灾害评估

在分析各种气象灾害特征的基础上，采用经验评估或数值评估方法对灾害开展风险评估。

经验评估是在对大量历史资料的数据的统计分析基础上，建立经验统计模型，对各种灾害的周期性、重现期进行计算与分析，并与历史上相似的事件建立相关关系，进行风险评估。

由于近年来对海岸带地区的开发力度非常大，大面积的开展水产养殖、填海造地、围垦滩涂、在沿海地区建立开发区等高密度、大范围的经济开发，增加了海岸带地区对气象风险的脆弱性，同时增加了气象灾害风险损失程度。因此，目前更多引进数值评估方法。采用 GIS 技术，将地理信息数据作为评估基础，同时引入地区人口、经济发展状况、气象灾害防御措施等经济指标对气象灾害进行综合评估。

3. 灾害区划及防御

根据区域气象灾害的特点及评估结果、灾害的危险性开展灾害区划，研究沿海不同地区各种灾害的特性及防灾工程的科学性和经济性。

参考文献

富曾慈，2002. 中国海岸台风、暴雨、风暴潮灾害及防御措施[J]. 水利规划设计，(2)：44-47.

高建华，朱晓东，朱大奎，等，1999. 台风风暴潮对我国沿海地区的影响及其防御对策[J]. 海洋通报，18(3)：14-19.

李杨帆，朱晓东，邹欣庆，2005. 我国海岸带环境灾害的基本特征与减灾对策[J]. 灾害学，20(1)：65-66.

施雅风，1994. 我国海岸带灾害的加剧发展及其防御方略[J]. 自然灾害学报，3(2)：3-15.

宋德众，蔡诗树，等，2007. 中国气象灾害大典：福建卷[M]. 北京：气象出版社.

汪永华，胡玉佳，2003. 海岸带及其边界的确定[J]. 南海研究与开发，(1)：31-35.

王国栋，康建成，闫国东，2010，沿海城市风暴潮灾害风险评估研究述评[J]. 灾害学，25(3)：114-118.

王颖，季小梅，2011. 中国海陆过渡带——海岸海洋环境特征与变化研究[J]. 地理科学，31(2)：129-135.

左书华，李蓓，2008. 近 20 年中国海洋灾害持征、危害及防治对策[J]. 气象与减灾研究，31(4)：28-33.

第6章

生态系统气象灾害风险评估技术

於琍(国家气候中心)

6.0 引言

生态风险评估研究始于20世纪80年代,是伴随着环境管理目标和环境观念的转变而逐渐兴起并得到发展的一个新的研究领域。生态风险评估的最初目标是预测环境中污染物对生态系统或其中某些组分产生不利影响的可能性,从而为环境管理提供决策支持。随着对生态系统风险源认识的扩展和深化以及风险管理的发展,风险的分析也扩展至多风险、多受体的领域,涉及自然灾害和人为事故,如洪水、风暴、地震、滑坡、火灾和核泄漏等,这些事件不仅危及生态系统及其内部组分的安全和健康,而且可能影响到较高层次和较大尺度的生态系统。生态风险评估与一般生态影响评估的重要区别在于强调不确定性因素的作用,并在评估结果中体现风险程度,可为风险管理提供科学依据和技术支持。相对于环境影响评估等确定性的影响评估,生态风险评估充分注意到环境变化的不确定性,更能适应处于不断变化中的自然和社会环境,因而在环境政策制定中扮演着越来越重要的角色。

气候变化是当前生态、环境、可持续发展等领域研究的热点问题,其衍生的风险防范与适应研究因此成为生态风险评估领域中的重要议题。中国幅员辽阔,地理与气候条件复杂,是世界上自然灾害多发的国家之一。近年来,受全球气候变化的影响,突发性气象灾害更加频繁。许多自然灾害,特别是等级高、强度大的自然灾害,不仅使人民生命和财产蒙受巨大损失,生态和环境也遭受巨大破坏。因此,了解和评估自然灾害导致的生态风险水平是非常必要的。

6.1 概念和范围

生态风险评估是评估风险受体暴露于一种或多种压力因子后,可能出现或正在出现的负面生态效应,进而导致当前或未来该系统内部某些要素或其身的健康、生产力、遗传结构、服务功能等降低或遭受破坏的可能性。生态风险评估是评估环境因素及其变化包括人类活动对生态系统造成的潜在负面影响,而生态系统具有个体、种群、群落、景观等不同层次的等级结构,因而生态风险评估涉及层面相当广泛。

以评估终点或评估目的来反映其研究内容,可分为:针对物种的评估、针对栖息地/景观的评估、针对具体环境管理的评估。从不同的学科领域划分,可包括侧重产业角度的生态风险评估，如探讨农业、矿产开发、旅游等生态系统对环境变化的响应和适应；侧重规划角度的生态风险评估；以及从可持续发展角度出发的生态风险评估，分析气候变化和社会经济发展带来的生态环境风险等。依据生态风险评估目的划分，可分为优先权评估，为建立标准和指南而开展的评估，以及为管理而开展的风险评估三类。从评估对象的空间尺度上可分为全球、洲际、国家、地区（区域/流域）、社区尺度的生态风险评估。从气候风险或气象灾害管理的角度分，可分为旱灾、洪涝、风暴潮、台风、以及气象衍生灾害等对生态系统影响的风险评估。

6.2 评估技术路线

20 世纪 90 年代初，美国科学家 Joshua Lipton 等提出了被广泛接受的生态风险评估框架，为生态风险评估的应用提供了全面的理论基础和技术框架。美国国家环境保护局在 1992 年发表了生态风险评估工作框架，1998 年又发布了《生态风险评估指南》，对 1992 年的工作框架进行了完善和补充，成为目前生态风险评估工作中广为参考和接受的基础技术路线。其详细的框架见图 6.1。

在美国国家环境保护局的指南中，生态风险评估包括三大步骤：问题形成，分析和风险表征。同时该指南还要求在正式评估之前，首先要制定一个总体规划，以明确评估目的。该生态风险评估指南所确定的技术流程和基础理论只是一个通用性框架，由于生态系统的多样性和环境压力的复杂性，评估目的和对象也是多种多样的，在实际风险评估工作中，生态风险评估的步骤流程以及内容方法都将根据具体的要求和内容而有所调整。

6.3 评估方法

目前，大多数生态风险评估方法都是基于美国国家环境保护局于 1998 年公布的《生态风险评估指南》，将生态风险评估进一步细化，通常包括四部分主要内容，即危害评估、暴露评估、受体分析和风险表征。其技术路线主要可概括为以下几个步骤：(1)选择评估终点（确定目标）；(2)定性或定量地描述风险源；(3)识别和描述环境效应、参考范围、预期的环境影响；(4)采用适宜的技术方法或可利用的资料评估生态风险暴露的时、空模式；(5)定量计算风险暴露水平与生态效应的相关性；(6)确定最终的生态风险评估结果。这六个步骤产生一个风险评估，以获取灾害对参考环境中评估终点的最终影响，以及根据每一步骤中的不确定性解释这些影响的意义。其中，评估终点的确定是生态风险评估基本而又关键的一步，长期有效的生态管理和自然资源的保护都要求更好地了解环境灾害对生态过程的影响尺度以及对这些影响的监测和检查。生态风险的评估终点必须具有生态学意义或社会意义，以及有清晰的、可操作的定义，便于预测和评估，能反映干扰对生态系统的作用结果及趋势，并且可度量、可观测。

生态风险是一种多风险源、多受体的综合性问题表征，除了包含风险所具备的所有特点外，还具有其自身的特点。首先，生态系统包涵了物种、种群、群落和生态系统等多级层次，每级层次又由许多个体组成，而且相互联系，相互影响，因此，风险因子的干扰即使只作用于某一层次的某一组分，也可能通过它的变化导致生态系统整体功能的改变；其次，由于生态风险涉及的因素多，加之气象灾害难以预测，只能根据历史灾害和已知的生态系统的内部联系去预测和判断生态风险发生的可能性，具有很大的不确定性；第三，生态风险直接将生态系统和社会

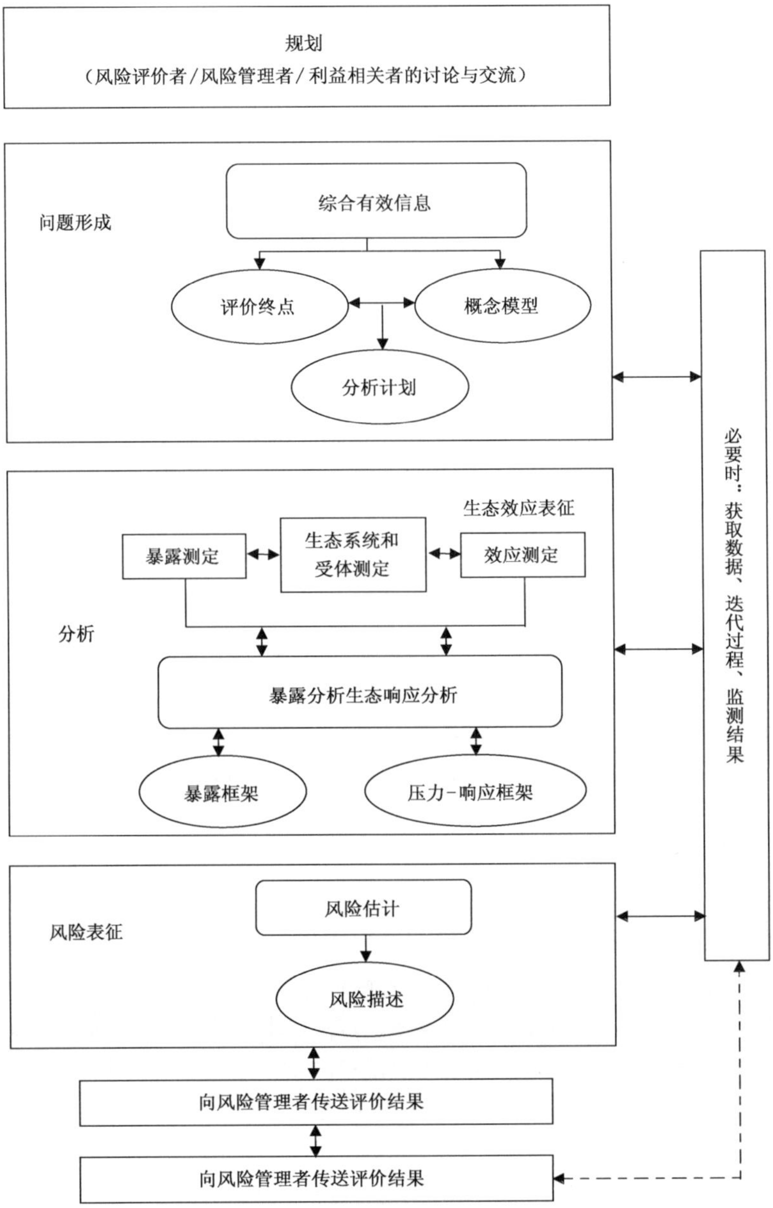

图 6.1　生态风险评估的一般流程

经济发展联系起来，由于生态系统的服务和功能难以量化，相应地，其影响后果也难以度量；第四，由于生态系统的复杂性和不确定性，对于某种因素的影响具有一定的适应性和滞后性；第五，生态系统是一个动态变化的过程，任何细微的影响都可能造成连锁反应，由于组成要素多，关系错综复杂，影响结果也是动态变化的。鉴于生态系统的特殊性和复杂性，对生态风险评估应选取对风险因子响应较为敏感，或在生态系统中具有重要作用和地位的关键物种、种群、群落、关键的生态过程或主要的服务功能作为风险因子作用的受体，用受体的风险来推断、分析或代表评估对象的生态风险。

生态系统气象灾害风险评估需要综合利用环境学、生态学、地理学、生物学、气候学、统计学等多学科的知识，采用数学、概率论等量化分析技术手段来预测、分析和评估具有不确定性的灾害或事件对生态系统及其组分可能造成的损害。从评估结果的明确程度来分，可以分为定性和定量两类。定性的评估方法包括综合定性法、专家打分法、公众打分法、因果分析方法、半定量法打分、定性分级法等，其风险表征主要是对风险进行定性描述，用“高”“中”“低”表达，或说明有无不可接受的风险。定量的评估方法要对风险表征给出不利影响的概率，常用的评估方法包括商值法、连续法、外推误差法、错误树法、区间分析法、模糊数学法、Monet Carlo 模拟分析法、层次分析法、因子权重法、神经网络法、以及生态一气候模型、生境区域景观尺度模型等。另外，还有定性和定量相结合的等级动态评估法和生态等级风险评估法。

针对生态系统的独特性，Brooks 等指出开展生态系统气象灾害风险评估时还需要特别遵循以下七个原则：

(1)注重气候变化相关因素在生态风险评估和之后的管理决策中的重要性；

(2)评估终点应以生态系统服务功能的变化来表示，如水质、气候调节、娱乐、洪水控制、文化、农业生产等；

(3)明确生态服务功能(评估终点)对气候变化的响应是正面还是负面的；

(4)生态风险评估过程中要考虑多胁迫因子的作用和生态系统响应的非线性；

(5)考虑到相关的管理决策以及作用的时、空尺度，建立因果概念框架应包括气候变化对生态系统直接或间接的影响；

(6)要明确不确定性的主要来源，注重对管理活动的作用过程、时间和空间上的不确定性做出估计和界定；

(7)适应性管理计划要考虑到环境条件的改变以及生态系统服务功能的相应变化。

6.4 评估案例

6.4.1 中国自然灾害生态风险评价

许学工等选择了 10 种自然灾害作为生态风险源，以 22 种陆地生态系统作为风险受体，同时考虑生态—环境脆弱性的影响，在各单项灾害生态风险评价的基础上，完成了中国灾害生态风险综合评价与制图。

其基本评价函数为：

$$R = f(H, V, E) \tag{6.1}$$

将生态风险 R 视为风险源(H)、脆弱性(V)、风险受体(E) 三大因子的函数，而且三者的乘积是其最根本的关系，以此为基本原理进行综合生态风险评价。风险源选择了 10 项重要生态风险源，即干旱、洪涝、台风、风暴潮、暴雪、低温冷冻、冰雹、沙尘暴、地震、滑坡泥石流参与评价，风险源的强度以近 50 年来其发生的概率表达。

风险受体即生态系统，研究将基于 SPOT4 遥感数据的全球土地覆盖数据中国子集合并为 12 类 22 种生态系统参与评价，分别是针叶林(落叶针叶林、常绿针叶林)，阔叶林(常绿阔叶林、落叶阔叶林)，灌丛和疏林(灌丛、稀疏林地)，草甸(高山草甸、草甸)，草原和荒漠草原(平原草地、荒漠草地)，高山亚高山草地(高山草地、坡面草地)，沼泽与湿地(海滨湿地、沼泽)、农业植被(耕地)、沙漠(沙漠)、冰川与裸岩石(冰川、裸岩、砾石)，河流与湖泊(河流、湖泊)，城市(城市)。生态系统的价值以综合了生态系统实物型生态产品和非实物型生态服务功能的生态资产来表达,反映生态系统服务功能的高低。

生态—环境脆弱性的评价考虑地貌、地表、气候和人类活动影响四类因素,选择对脆弱性指示明显的6项指标。其中,地貌选取高程、坡度、起伏度(相对高度)3项指标;地表因子以年均植被覆盖度指标为代表;气候因子以干燥度指标为代表;人类活动非常复杂,鉴于全国县级以下及网格尺度数据的可得性和统一性,以及人口密度可以表征人类活动对原生生态系统的干扰程度,各地的人类活动影响以人口密度指标表示;还参考了中国国家环境保护部所确定的中国重点生态脆弱区,进行全国的生态环境脆弱性评价。

$$V = \sum_{m=1}^{t} w_{vm} f_m \tag{6.2}$$

式中,V 为脆弱度,f_m 为环境脆弱性各影响指标,w_{vm} 为指标的 f_m 权重,t 为脆弱性指标总数,$0 < m < t+1$。

表 6.1　中国生态—环境脆弱性评价指标体系

影响因子	指标	分级范围				
		1	2	3	4	5
地貌因子	高程(m)	<200	200～500	500～3000	3000～5000	>5000
	坡度(°)	<15	15～25	25～35	35～45	>45
	相对高度(m)	<100	100～200	200～500	500～1000	>1000
地表因子	植被覆盖度(%)	>80	80～60	60～30	30～10	<10
气候因子	干燥度	<1	1～1.5	1.5～4	4～10	>10
人口因子	人口密度(人/km²)	<20	20～1000	1000～3000	3000～10000	>10000
修正因子	重点脆弱区	1.0				

生态系统的价值与脆弱度的乘积为可能的损失,再乘以风险源发生概率得到生态风险值。生态风险综合评价模型为:

$$R_{kj} = \sum_{i=1}^{n} w_{hi} R_{kij} \tag{6.3}$$

式中,R_{kj} 表示网格的第 j 种生态系统所承受的综合生态风险,R_{kij} 为 k 网格对应的生态系统 E_j 暴露于风险源 H_i 的生态风险,w_{hi} 为自然灾害风险源 H_i 的权重,$1 < i < n+1$,n 为风险源种类总数。

此模型要对单项灾害生态风险评价结果进行加权合成。由于中国地域广阔,10种主要自然灾害生态风险源在空间分布上的作用强度是不一样的。因此,首先进行了全国自然灾害分区,将中国划分为4个大区。与自然区划相比,大体上北方灾害区相当于东北地区和华北地区,南方灾害区相当于华中地区和华南地区,西北灾害区相当于内蒙古地区和西北地区,青藏灾害区相当于青藏高原地区。通过分区,能从总体上保证每一个区有着大致相同的自然灾害风险源,且每种自然灾害对该区的作用和影响大致相当。然后,采用特尔斐法和层次分析法得到各分区生态风险源的权重。将各单项灾害的生态风险评价进行归一化处理后,按照生态风险综合评价模型,通过分区加权合成后再统一分级的方法,得到中国自然灾害生态风险综合评价结果。相关气象灾害风险的评估结果见图6.2～6.6。

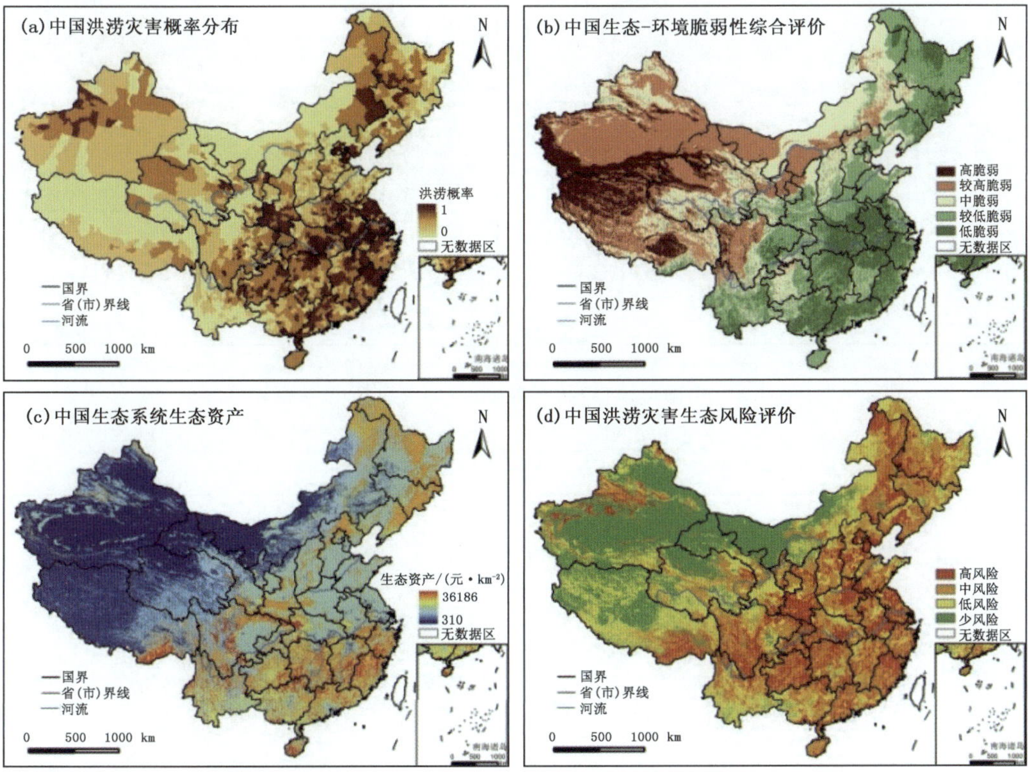

图 6.2　中国洪涝灾害生态风险评价

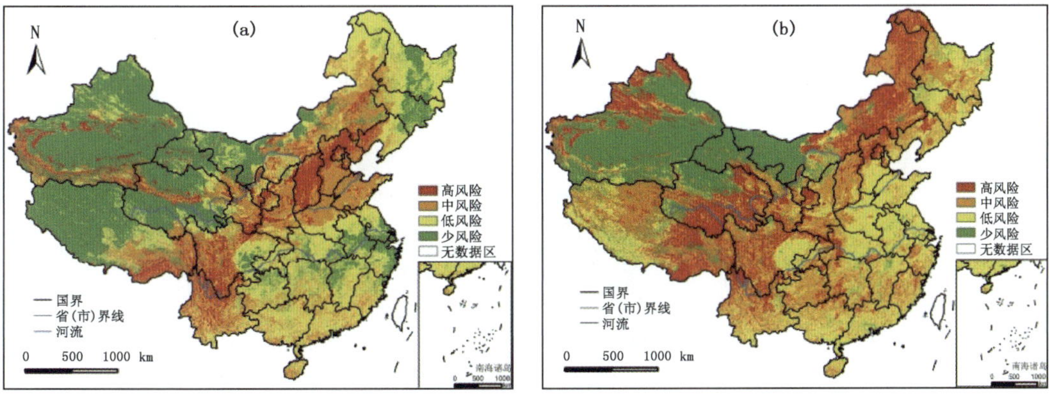

图 6.3　中国干旱(a)和暴雪(b)灾害生态风险评价

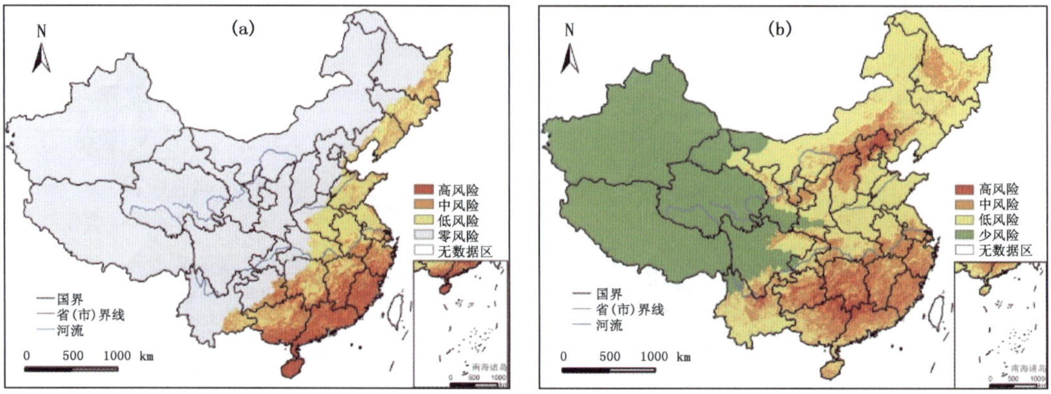

图 6.4　中国台风(a)和低温冷害(b)灾害生态风险评价

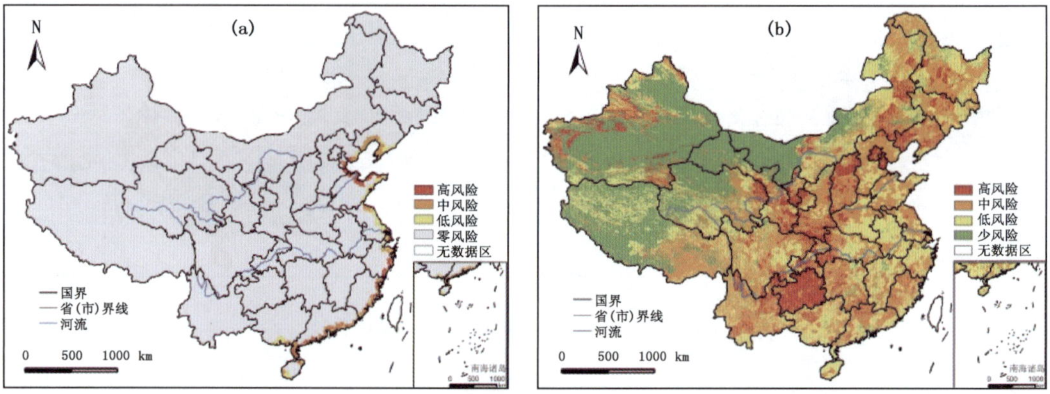

图 6.5　中国风暴潮(a)和冰雹(b)灾害生态风险评价

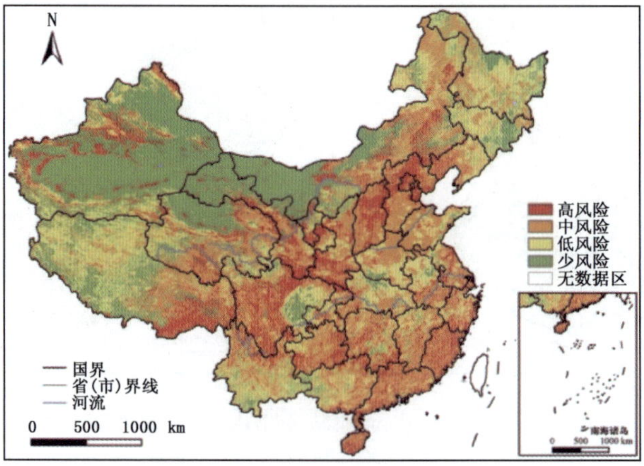

图 6.6　中国自然灾害生态风险综合评价结果

评价结果显示，从诸种自然灾害风险源叠加的综合生态风险看，生态系统高、中风险等级的比例占全国面积的45％，其中森林生态系统的风险等级最高，约40％的森林自然灾害风险等级为高风险等级，草地生态系统多数为低风险，农田生态系统可能是得益于人为管理措施，大多数为中低风险。中国生态保护、风险防范任重而道远。建立适应性的防灾、减灾和生态风险防范机制，合理利用和保育森林、草地、农田、湿地等生态系统势在必行。

6.4.2 基于GIS技术的吉林省生态灾害风险评价

张继权等基于自然灾害风险形成原理，综合考虑吉林省自然和社会经济现状，从致灾因子的危险性、承灾体的暴露度和脆弱性及防灾、减灾能力4个方面选取指标，利用自然灾害风险指数法、加权综合评价法及层次分析法构建生态灾害风险评价模型，评价了各风险因子的贡献率，并运用GIS技术生成吉林省生态灾害风险区划图。

自然灾害风险数学公式为：

自然灾害风险度＝危险性(H)×暴露度(E)×脆弱性(V)×防灾、减灾能力(R)

式中，危险性是指人、财产、系统或功能遭受损坏威胁的频率和严重程度；暴露度是指可能受到危险因素威胁的所有人和财产，如人员、牲畜、房屋和农作物等；脆弱性是指在给定危险地区存在的所有由于潜在的危险因素而造成对财产损失程度；防灾、减灾能力是指政府及个人为防止和减小风险而采取一系列措施的能力，包括资源准备、减灾投入等。

吉林省是中国生态灾害种类较多的省份之一，按照灾害的诱发过程和灾害主要发生的地区，生态灾害分为趋势性灾害、气象灾害、地质灾害和环境污染等。基于自然灾害风险形成原理及吉林省生态灾害的特点，遵循指标体系确定的科学性、规范性、代表性、简明性、全面性及可操作性原则，将吉林省生态灾害风险评价指标体系分为目标层、因子层、子因子层及指标层，并选取了30个指标来描述生态灾害风险(表6.3)，其中权重系数是在采用问卷调查法咨询相关专家的基础上运用层次分析法计算得出。

根据标准自然灾害风险数学公式，结合生态灾害风险评价指标体系，利用加权综合评价法和层次分析法，建立如下生态灾害风险指数模型：

$$I_{\mathrm{EDR}} = (H^{WH})(E^{WE})(V^{WV})(1-R)^{WR} \tag{6.4}$$

$$H = W_{H1}X_{H1} + W_{H2}X_{H2} + W_{H3}X_{H3} + W_{H4}X_{H4} + W_{H5}X_{H5} + W_{H6}X_{H6} + W_{H7}X_{H7} + W_{H8}X_{H8} \tag{6.5}$$

$$E = W_{E1}X_{E1} + W_{E2}X_{E2} + W_{E3}X_{E3} + W_{E4}X_{E4} + W_{E5}X_{E5} + W_{E6}X_{E6} + W_{E7}X_{E7} \tag{6.6}$$

$$V = W_{V1}X_{V1} + W_{V2}X_{V2} + W_{V3}X_{V3} + W_{V4}X_{V4} + W_{V5}X_{V5} + W_{V6}X_{V6} + W_{V7}X_{V7} + W_{V8}X_{V8} + W_{V9}X_{V9} + W_{V10}X_{V10} \tag{6.7}$$

$$R = W_{R1}X_{R1} + W_{R2}X_{R2} + W_{R3}X_{R3} + W_{R4}X_{R4} + W_{R5}X_{R5} \tag{6.8}$$

式中，I_{EDR}是生态灾害风险指数，用于表示生态灾害风险程度，其值越大，则生态灾害风险程度越大；H,E,V,R表示危险性、暴露度、脆弱性和防灾减灾能力因子指数；在式(6.4)～(6.8)中，X_i是指标i量化后的值，W_i为指标i的权重，表示各指标对形成生态灾害风险的主要因子的相对重要性。基于以上公式，运用GIS生成吉林省生态灾害风险区划结果(表6.3)。

表 6.3　吉林省生态灾害风险评价指标体系

目标层	要素层	因子层	指标	权重
吉林省生态灾害风险指数	危险性	趋势性灾害	土壤侵蚀敏感指数	0.0642
			沙漠化敏感指数	0.0642
			盐渍化敏感指数	0.0642
			黑土退化敏感指数	0.0642
		气象灾害	气象灾害(低温冷害、干旱、洪涝、霜冻)综合敏感指数	0.0377
		地质灾害	地质灾害(崩塌、滑坡、泥石流、地面塌陷)综合敏感指数	0.0247
		环境污染	地表水污染敏感指数	0.0182
			农业污染(化肥、农药、农膜)综合敏感指数	0.0363
	暴露度	人口	总人口	0.0122
			人口密度	0.0122
		社会经济	生产总值	0.0245
		生态环境	农业用地面积比	0.0183
			牧业用地面积比	0.0183
			林业用地面积比	0.0183
			渔业用地面积比	0.0183
	脆弱性	人口	18 岁以下及 60 岁以上人口比例	0.0216
			文盲人口占 15 岁以上人口比例	0.0108
		社会经济	粮食单产波动指数	0.0432
			小企业所占比例	0.0216
		生态环境	土地盐碱化面积占全省盐碱化面积的比例	0.0216
			土地沙漠化面积占全省沙漠化面积的比例	0.0216
			土地侵蚀率	0.0216
			水土流失率	0.0216
			土地受旱率	0.0216
			30 a 平均水灾成灾率	0.0216
			退化草场面积	0.0216
			人均生产总值	0.0567
	防灾减灾能力	资源准备	病床数	0.0189
			建成区绿化覆盖面积	0.0504
			自然保护区面积	0.0504
		投入水平	环境污染治理完成投资总额	0.0505

研究结果表明,吉林省生态灾害风险评价指标体系中选用的指标比较客观,能较好地反映吉林省的生态灾害风险水平。评价指标体系的科学性会直接影响到生态灾害风险模型的科学性与准确性,上述研究建立的指标体系只适用于吉林省。对于其他地区,还需要根据当地情况

对评价指标进行筛选。

参考文献

郭晓华，齐淑艳，周兴文，等，2007. 外来有害生物风险评估方法研究进展[J]. 生态学杂志，26(9)：1486-1490.

国家林业局，2011. 湿地生态风险评估技术规范：GB/T 27647—2011[S]. 北京：中国标准出版社.

黄蕙，温家洪，司瑞洁，等，2008. 自然灾害风险评估国际计划述评Ⅱ——评估方法[J]. 灾害学，23(3)：96- 101.

贾慧聪，王静爱，2011. 国内外不同尺度的旱灾风险评价研究进展[J]. 自然灾害学报，20(2)：138-146.

李书舒，李瑞龙，陈锐，2011. 区域生态风险管理研究热点展望[J]. 生态经济，(11)：42-45.

李谢辉，李景宜，2008. 我国生态风险评价研究[J]. 干旱区资源与环境，22(3)：70-75..

毛小苓，倪晋仁，2005. 生态风险评价研究述评[J]. 北京大学学报(自然科学版). 41(4)：646-654.

巫丽芸，2008. 景观生态风险评价的方法研究[J]. 国土与自然资源研究，(4)：59-60.

许学工，颜磊，徐丽芬，等，2011. 中国自然灾害生态风险评价[J]. 北京大学学报(自然科学版)，47(5)：901-908.

张继权，梁警丹，周道玮，2007. 基于 GIS 技术的吉林省生态灾害风险评价[J]. 生态学报，18(8)：1765- 1770.

张小飞，王如松，李正国，等，2011. 城市综合生态风险评估——以淮北市城区为例[J]. 生态学报，31(20)：6204-6214.

周平，蒙吉军，2009 . 区域生态风险管理研究进展[J]. 生态学报，29(4)：2097-2106.

周杨明，于秀波，于贵瑞，2008. 生态系统评估的国际案例及其经验[J]. 地球科学进展，23(11)：1209-1216.

Commonwealth Attorney-General's Department, 2009. Climate change risk assessment for the Australian Indian ocean territories: Cocos(Keeling) Islands and Christmas Island [R]. Canberra: Maunsell Australla Pty Ltd.

HUNSAKER C T, GRAHAM R L, SUTER II G W, et al, 1990. Assessing ecological risk on a regional scale[J]. Environmental management, 14(3): 325-332.

LANDIS W G, DURDA J L, BROOKS M L, et al. 2013. Ecological risk assessment in the context of global climate change[J]. Environmental toxicology and chemistry, 32(1):79-92.

SMITH S M, GAWLIK D E, RUTCHEY K, et al, 2003. Assessing drought－related ecological risk in the Florida Everglades[J]. Journal of environmental management, 68(4): 355-366.

U. S. Environmental Protection Agency, 1998. Guidelines for ecological risk assessment[R]. Washington,DC: U. S. Environmental Protection Agency.

WWF Greater Mekong Programme, 2009. The Greater Mekong and climate change: Biodiversity, ecosystem services and development at risk[R]. Bangkok: WWF Greater Mekong Programme.

第2篇

气象灾种篇

第7章

干旱灾害风险评估技术

李耀辉(中国气象局兰州干旱气象研究所)
张存杰、侯威(国家气候中心)
姚玉璧、王莺(中国气象局兰州干旱气象研究所)

7.0 引言

在全球变暖的背景下，全球范围内特大干旱、高温等极端天气、气候事件发生的频率和强度呈增加趋势；不断变化的气候可导致极端天气和气候事件在频率、强度、空间范围、持续时间和发生时间上的变化，并产生前所未有的极端天气和气候事件。世界气象组织的统计数据表明，气象灾害约占自然灾害的70%，而干旱灾害又占气象灾害的50%左右。干旱灾害是发生频率最高、持续时间最长、影响面最广、对农业生产威胁最大、对生态环境和社会经济产生影响最深远的自然灾害。

中国是世界上干旱灾害最为频繁和严重的少数国家之一，其旱涝分布格局呈现北方易遭旱灾、南方旱涝并发的特征。中国平均每年有667万～2667万 hm^2 农田因旱受灾，最高可达4000万 hm^2，每年减产粮食数百万吨到3000万 t。遇到大旱之年，中国粮食减产大约可超过一半。干旱灾害严重威胁着中国粮食安全和生态安全，成为制约社会经济可持续发展的重要因素。

中国处于东亚季风的两类子系统——“东亚热带季风(南海季风)”和“东亚副热带季风”共同影响的地区，两类季风在全球变暖的影响下产生变异，例如20世纪70年代中期以来，大气环流系统从对流层到平流层都发生了明显的年代际转折，这导致近年来中国干旱灾害呈现出发生频率高、持续时间长、影响范围广的特点。1951—1990年出现重大干旱事件8 a，发生频率为20.0%；1991—2000年出现重大干旱事件5 a，发生概率为50.0%；而2001—2011年出现重大干旱事件7 a，发生概率达到63.6%。近年来干旱灾害发生的区域不断扩展，在中国北方干旱形势依然严峻的情况下，南方干旱出现明显的增加和加重趋势。1951—1990年出现重大干旱事件的8 a中南方出现干旱情况只有3 a，占总事件数的37.5%；1991—2000年出现重大干旱事件的5 a中南方出现干旱就有3 a，占总事件数的60%；而2001—2012年出现重大干旱事件的8 a中南方均出现干旱。

2006年川渝夏秋大旱。重庆、四川夏季持续少雨，并遭遇罕见高温热浪，给当地农业、工业、林业、旅游、人畜饮水、水力发电以及人民群众生活等方面造成了严重危害和损失，社会影响极大；高温干旱造成直接经济损失216.4亿元。两省农作物受灾面积339万 hm^2。

2009—2010年云、贵、川、桂等省(区)的秋、冬及春季连旱。旱灾致使广西、重庆、四川、贵州、云南5省(区、市)受灾人口6130.6万,饮水困难人口1807.1万、大牲畜1172.4万头,农作物受灾面积503.4万 hm^2,绝收面积111.5万 hm^2,直接经济损失达236.6亿元。

2010年10月至2011年5月,长江中下游地区发生历史罕见干旱。2011年1—5月,该地区降水量明显偏少。5省(区)平均降水量260.9mm,较常年同期偏少51%,为近60 a来同期最少;5省(区)平均累计无降水日数105 d,为近60 a来同期最多。由于少雨程度重、持续时间长、干旱区集中,导致长江中下游部分地区出现严重旱情。湖北、湖南、安徽、江苏和江西耕地受灾面积1.044亿亩①,作物受灾面积 $3.73\times10^6 hm^2$,饮水困难人口507万、大牲畜344万头,绝收面积 1.6×10^5 万亩,直接经济损失约149.4亿元。不仅给当地乃至全国农业、经济和自然环境造成重创,而且严重威胁当地人民群众的基本生活。

2011年6—9月,中国西南地区的云南、贵州、四川等省份出现持续高温,多地最高气温以及连续高温日数都破记录,重庆高温日数更是达到了63 d,加之降雨偏少、蒸发严重、土地皲裂、河塘见底,使居民的生活和生产受到严重影响。仅贵州一省因此次干旱造成的经济损失就达一百多亿元。

2011—2012年,云南年降水量连续3 a持续偏少,库塘蓄水严重不足,气温持续偏高,出现了严重连旱,造成大春农作物受灾 $65\times10^4 hm^2$,成灾 $37.6\times10^4 hm^2$,绝收 $6.2\times10^4 hm^2$。

在这样的背景下,中国抗旱减灾面临的形势越来越严峻,任务越来越艰巨,因此亟需做好干旱灾害风险评估和管理工作,减轻由气候变化引起的干旱极端事件的影响。中国防御自然灾害的传统模式是危机管理,即在灾情出现后才临时组织和动员公共和社会力量投入到防灾、减灾工作中去。这种管理模式在新形势下不能对干旱灾害实现机制化和制度化管理,容易出现“过度”应急或应急“缺失”。随着干旱灾害发生频率的增加以及国家对防灾、减灾要求的提高,对干旱灾害的管理必须从应急管理转向风险管理,要做到风险管理就必须研究风险的特征,对风险进行评估和应对。发展一套科学可行的风险评估方法,可以在干旱灾害风险事件发生前或发生后对人类生活、生命、财产等各个方面造成的影响和损失的可能性进行正确的量化评估。通过对干旱发生机理和风险管理内涵的解析,从现代干旱气候灾害风险管理的目标入手,探索建立适应中国的干旱灾害风险评估机制,制定干旱灾害风险评估的方法、流程和标准的规范与技术指南。

7.1 概念与范围

7.1.1 干旱与干旱灾害的定义

干旱的形成原因异常复杂,涉及气象、农业、水文及社会经济等学科。因此,还没有一个被大家广泛接受的定义。Palmer认为,干旱是持续的异常水分缺乏现象;世界气象组织定义的干旱,是在较大范围内相对长期降水的平均水平而言的降水的减少,并使自然生态系统和雨养农业生产力下降;IPCC报告中认为,干旱是降水量显著低于正常记录水平时存在的一种现象,这种现象会造成严重的水分失衡,通常会对土地资源和生产系统产生负面影响。综上所

① 1亩 $=\frac{1}{15}hm^2$,下同。

述,可定义为:干旱是一种水量相对亏缺的自然现象,一般指大气(气象)干旱;是由外强迫与大气相互作用及大气内在规律形成的。

干旱灾害是指由于降水减少所造成的水资源收支或供求不平衡而形成的水分短缺对生活、生产和生态造成危害的事件,即大气降水与陆面(土壤、植被等)相互作用的结果。它涉及自然和社会两个因素,影响范围广、行业多。它具有两个主要特征:第一,干旱灾害的发展具有渐变性,持续时间长,影响范围逐渐扩大,具有累积性和滞后性,会随着干热风和高温的出现而变得更加严重,但其结束又有突变性,很难判定其准确的开始时间和结束时间;第二,干旱灾害与地震、泥石流、冰雹、台风等自然灾害不同,不会造成直接的人员伤亡和社会基础设施的损毁,但给人类社会带来的影响和损失却有过之而无不及。另外,干旱现象出现时往往会爆发病虫害,例如蝗灾等。干旱灾害的形成必须同时具备三种要素,分别是致灾因子危险性、承灾体暴露度和脆弱性。这三种要素对干旱灾情程度起的作用各不相同。

7.1.2　干旱灾害的风险、风险评估和风险管理的定义

风险这一概念最早出现在 19 世纪末,是由西方经济学家在经济学领域中提出的,指从事某项活动结果的不确定性。20 世纪中期,该概念已逐步引入到自然灾害学和社会学等众多领域。韦伯字典(1989)对风险的定义是面临着伤害或损失的可能性;Wilson 等(1987)在《Science》上发表的文章中将风险描述为不确定性,定义为期望值;日本学者 Saburo Ikeda 强调风险有两个组成部分,即不利事件的发生概率和不利事件的后果。虽然对于“风险”目前仍没有一个统一的定义,但其基本意义是相同或相近的,都具有“损失”的“可能性(期望值)”这样的关键词,因此,可将风险定义为:不利事件造成损失的可能性(期望值)。

IPCC(2012)在“管理极端事件和灾害风险、推进气候变化适应特别报告”中指出,灾害风险是指在某个特定时期由于危害性自然事件造成某个社区或社会的正常运行出现剧烈改变的可能性,这些事件与各种脆弱性的社会条件相互作用,最终导致大范围不利的人类、物质、经济或环境影响,这需要立即做出应急响应,以满足危急的人类需要,而且也许需要外部援助方可恢复。

干旱灾害风险是指干旱的发生和发展对社会、经济及自然环境系统造成影响和危害的可能性。这里必须注意的是只有当干旱造成的影响和危害变成现实,风险才能转化为灾害。干旱灾害风险包括致灾因子危险性、承灾体暴露度和脆弱性(图 7.1)。

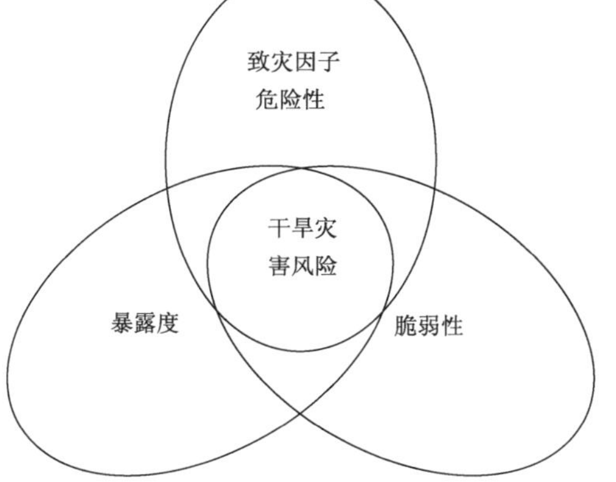

图 7.1　干旱灾害风险形成机制

致灾因子的危险性是指造成干旱灾害的主要气象因子的变化特征和异常程度，例如天然降水的异常减少、蒸发量增大或气温的异常偏高等。一般认为，干旱灾害风险随着致灾因子危险性的增大而增大。

承灾体的暴露度是指可能受到干旱缺水威胁的社会、经济和自然环境系统，具体包括农业、牧业、工业、城市、人类和生态环境等。地区暴露度越大，可能受到的潜在损失越大，风险也就越高。

脆弱性是指因各种自然因素与社会因素制约而造成的易于遭受干旱灾害损失和影响的性质。自然因素主要包括地形地貌特征、气候条件、水文条件等；社会因素主要包括社会经济发展水平、产业结构、农作物种植结构、基础灌溉设施建设、防旱保障体系建设以及人们的防旱抗旱意识强弱等。一般认为，干旱灾害风险随着脆弱性的增加而增加。

干旱灾害风险评估是对干旱灾害风险发生的强度和形式进行评定和估计，具有不确定性。评估偏重于结果，可以通过观察外表或对有关参数进行测试来完成，也可以通过分析有关原因和过程，推导出结果。基于概率统计的评估属于观察外表的方法，系统分析方法属于推导方法。方法的选用主要基于拥有的数据资料和对干旱灾害相关知识的掌握程度来决定。这里需要注意的是干旱灾害评估和干旱灾害风险评估的不同。干旱灾害评估主要是指灾后评估，干旱灾害风险评估主要是预评估，带有预测性质。

灾害风险管理是指通过设计、实施和评价各项战略、政策和措施，以增进对灾害风险的认识，鼓励减少和转移灾害风险，并促进备灾、应对灾害和灾后恢复做法的不断完善，其明确目标是提高人类的安全福祉、生活质量、应变能力和可持续发展。干旱灾害管理主要有两种模式，其一是灾害的危机管理模式，其二是灾害的风险管理模式。由于知识水平所限，灾害的危机管理模式在风险管理中一直占据着主导地位，但随着近年来风险概念的提出以及人们对防灾、减灾的迫切需求，灾害的风险管理模式开始慢慢发展起来。它主要是指在一个肯定有干旱灾害风险的环境里把风险减至最低的管理过程，主要包括了对风险的量度、评估和应变策略。干旱灾害风险管理是一种主动的管理模式，其本质是积极有效地预防和降低干旱灾害风险。其决策过程主要包括对干旱灾害风险的分析、评价和处置三个部分。干旱灾害风险分析又包括了对致灾因子危险性、承灾体暴露度和脆弱性的分析。干旱灾害风险评价的目的是判断风险的严重程度，为风险处置提供依据。干旱灾害处置的目的是通过选择和实施风险处置措施来降低干旱灾害的风险，然后进行风险再评估。从以上的叙述中可以看出，干旱灾害风险分析是干旱灾害风险评价的前提，而干旱灾害风险评价的结果又是干旱灾害风险处置的依据。

7.1.3　干旱灾害风险分析

干旱灾害风险分析是风险科学的核心，是干旱灾害风险评估和管理的基础。其分析原理是从干旱灾害风险系统最基本的元素着手，对各元素进行量化分析和组合，以反映干旱灾害风险的全貌。

从灾害学和自然灾害风险形成机制的角度出发，将干旱灾害风险的构成分解(图 7.2)。

根据干旱灾害风险构成框图可将干旱灾害风险系统分解为致灾因子危险性(d)、承灾体脆弱性(b)、承灾体暴露度(v)，即，干旱灾害风险指数＝ 危险性∩脆弱性∩暴露度。可构建干旱灾害风险的表达式：

$$R_d = f(d,b,v) = f_1(d) \times f_2(b) \times f_3(v) \tag{7.1}$$

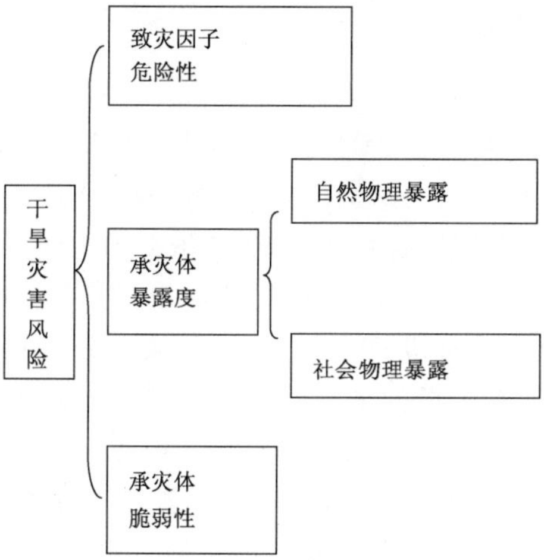

图 7.2 干旱灾害风险的构成分解

采用层次分析法对干旱灾害风险元素进行分解。元素分解的基本原则是被分离元素间应该是相互独立的。因为只有独立的变量才能够分离,其解才能成为独立变量函数的乘积。

7.2 评估技术路线

7.2.1 评估流程

从干旱灾害风险评估理论基础和形成机理出发,利用成因分析的思想,采用评判因子规范化、加权综合评价法、灾害风险评价指数法和自然断点分级法等,对指标进行选取,即致灾因子危险性、承灾体脆弱性、承灾体暴露度,利用 GIS 技术手段建立干旱灾害风险评估模型,并用干旱灾情的历史记录数据对结果做验证。干旱灾害风险评估与区域特征技术路线流程如图 7.3 所示。

(1)确定研究单元。

(2)确定干旱灾害风险评估的主要内容:致灾因子危险性、承灾体脆弱性、承灾体暴露度,并选择要素所对应的指标,确定各指标的权重。

(3)选择干旱灾害风险评估所需要的 GIS 信息资料、气象数据、社会经济数据和灾情数据,建立相应的干旱灾害数据库。

(4)采用加权综合评价法构建干旱灾害的致灾因子危险性、脆弱性、暴露度的评估模型,利用 GIS 的空间分析、叠加、图片合并以及属性数据库操作功能,利用自然断点法等方法划分风险等级。

(5)在要素风险评估的基础上,采用灾害风险指数法等方法建立综合风险评估模型,得到干旱灾害风险区域分布特征图。

(6)用研究区干旱灾害的历史灾情数据对干旱灾害综合风险结果进行验证。

7.2.2 评估方法

7.2.2.1 致灾因子危险性评估

美国气象学会将干旱分为四大类，分别为农业干旱、水文干旱、气象干旱和社会经济干旱。干旱又有多种不同的干旱划分指标。总体而言可划分为单因子指标和多因子指标。单因子指标主要指降水距平百分率、无雨日数、标准差指数、Z指数和土壤湿度等，此类指标突出降水量这一主要影响因子来反映干旱变化，意义明确，计算简单，但不能清楚表达干旱起讫时间，在进行不同的时、空比较时缺乏统一的标准；多因子指标多从水分平衡角度出发，考虑降水、蒸发、土壤水、地表径流、气温等因素对干旱的影响而构建的复杂干旱指标，主要包括Palmer干旱指标、相对湿润度指数和综合气象干旱指数等，该类指标主要强调干旱形成的机理和过程，可以较好地反映各因素对干旱过程的综合影响，但是由于涉及的参数多，很多参数需要试验来确定，计算过程繁琐，所以使用范围受到限制；还有的从河流水文变化的角度出发，用河流年径流量序列负轮长来考察区域干旱程度，这种水文干旱指标指示明确，能较好地表达水文变化的过程，但由于平均负轮长的分布具有明显的区域差异，在具体应用时应予以充分注意。

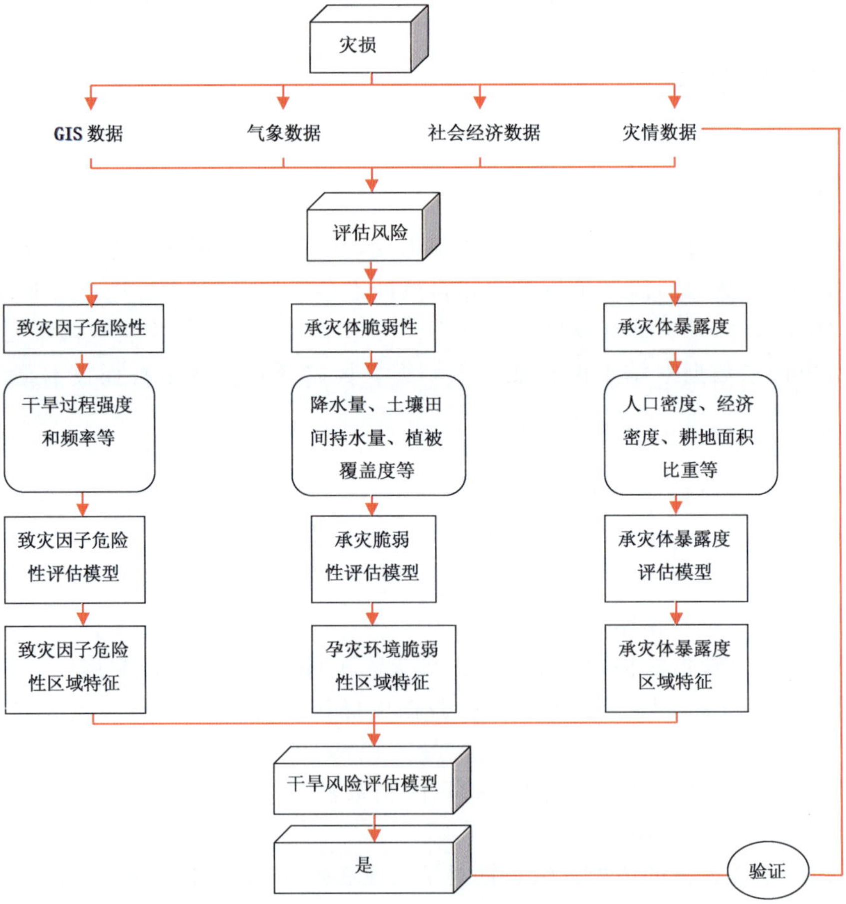

图7.3　干旱灾害风险评估与区域特征技术路线流程

致灾因子危险性指标主要考虑干旱灾害的强度、频率。干旱灾害的危险性评价模型为：

$$H_j = \sum_{i}^{n}(h_i Q_i) \tag{7.2}$$

式中，H_j 为第 j 个测站干旱灾害危险性指数，h_i 为第 i 种因素的危险性指数，Q_i 为第 i 种因素的危险性权重。

7.2.2.2　承灾体脆弱性评估

自然灾害对社会经济的影响以及人类对自然灾害的脆弱性在不断增强，这与气候变化、人口增加（尤其是在原本水资源短缺的地方）、土地利用变化、社会管理导向政策以及环境恶化等都有关系。采取合适的减灾行动的一个有效途径是进行灾害的脆弱性分析，从而降低干旱灾害风险。干旱灾害的承灾体脆弱性主要体现在农作物、牲畜、地形地貌、降水量、土壤、植被、气候特征等自然因素中。

承灾体脆弱性评价模型为：

$$S_j = \sum_{i}^{n}(\theta_i Q_{si}) \tag{7.3}$$

式中，S_j 为第 j 个区域孕灾环境脆弱性，θ_i 为第 i 种因素的脆弱性指数，Q_{si} 为第 i 类要素的权重。

7.2.2.3　承灾体暴露度评估

承灾体暴露度的评估对象一般为人类及社会经济实体，评估指标有数量型和价值量型两种。与干旱灾害风险有关的数量型指标包括耕地面积、灌溉面积、农作物播种面积百分比、经济密度、人口密度、牲畜总量、耕作制度等；价值量型指标包括粮食产量等。承灾体暴露度指标的选取应遵循代表性与普适性、客观性与准确性、综合性与可操作性以及结构性与系统性的原则，从而全面反映区域干旱灾害暴露度的本质特征。

承灾体暴露度评价模型为：

$$V_j = k\sum_{i}^{n}(Q_{vi} y_i) \tag{7.4}$$

$$y_i = P_{wi}/P_{ww} \tag{7.5}$$

式中，V_j 为第 j 个区域暴露度指数，k 为修订系数，Q_{vi} 为第 i 种因素的危险性权重。y_i 为第 i 类要素的指数值；P_{wi} 为第 i 个区域的第 i 类要素的密度；P_{ww} 为整个区域内第 i 类因素的密度。

根据承灾体暴露度表征指标体系，对各指标进行规范化处理，采用加权综合评价法构建暴露度评估模型。

7.3　评估案例：石羊河流域干旱灾害风险评估

7.3.1　评估区概况

石羊河水系是由若干发源于祁连山，自东向西由大靖河、古浪河、黄羊河、杂木河、金塔河、西营河、东大河、西大河等 8 条河流及多条小沟小河组成。石羊河流域位于甘肃省河西走廊东部，乌鞘岭以西，祁连山北麓，河流总长 300 km，流域面积 4.16 万 km^2（图 7.4）。全流域可分为南部祁连山地，中部河西走廊平原区，北部低山丘陵区及荒漠区四大地貌单元。南部祁连山高寒半干旱半湿润区海拔高度 2000～5000 m，年平均气温 2～6℃，年降水量 300～600 mm；中部河西走廊平原温凉干旱区海拔高度 1500～2000 m，年平均气温 6～8℃，年降水量 150～300 mm；北部温暖干旱区海拔高度 1300～1500 m，年平均气温大于 8℃，年降水量小于 150 mm。石羊河流域土地利用类型中荒山、荒漠、戈壁占 68%，草原、森林、农田仅占 32%，生态环境质量低下，下游民勤更是处在严重的荒漠化状况中。

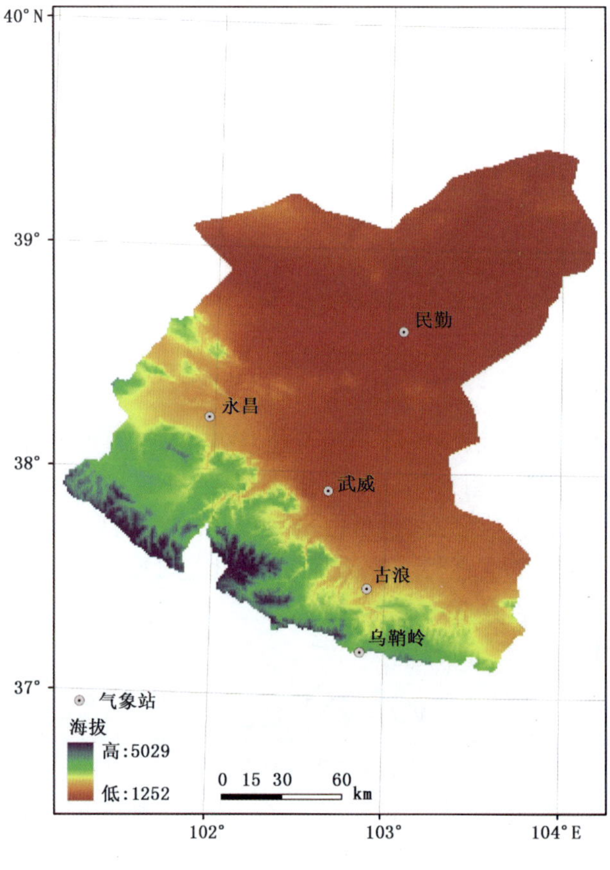

图 7.4　石羊河流域数字高程示意图

7.3.2　数据来源

选取石羊河流域乌鞘岭、古浪、武威、肃南、永昌、金昌、民勤等 7 个气象台站 1985—2012 年地面气象观测资料。其中乌鞘岭、古浪和肃南分布于石羊河上游区域；武威、永昌、金昌分布于石羊河中游区域；民勤位于石羊河下游区域。

经济社会资料为 1985—2012 年区域内各县及乡镇行政区面积、农作物播种面积、人口、农业人口、农民人均纯收入、农林牧渔业总产值、粮食产量。

7.3.3　暴露度分析

暴露度指标包括：①暴露范围大小：农作物播种面积；②人口暴露度：人口密度；③经济暴

露度：地均农林牧渔业总产值；④农作物暴露度：粮食产量。

1985—2012年，石羊河流域干旱灾害的暴露范围约60.94万亩，暴露度水平显著增加，流域上游的暴露水平高于下游区域（图7.5和图7.6）。

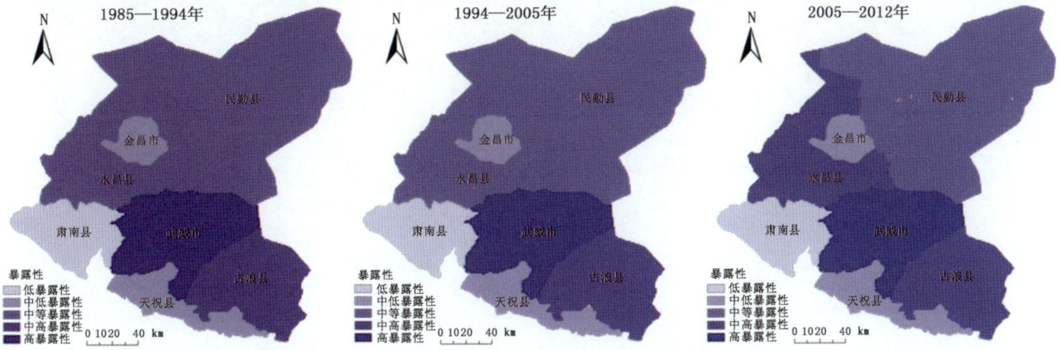

图7.5　石羊河流域不同年代干旱风险暴露度分布特征

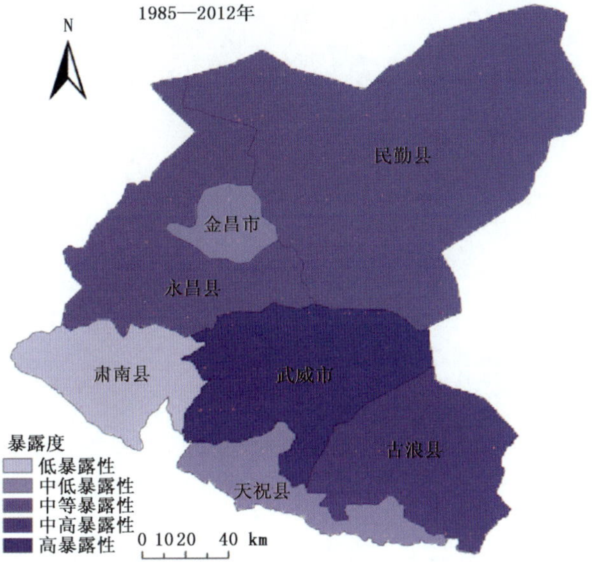

图7.6　1985—2012年石羊河流域干旱风险暴露度分布特征

7.3.4　脆弱性分析

人口脆弱性：农业人口/总人口；经济脆弱性：农民人均纯收入。

1985—2012年，石羊河流域干旱灾害的脆弱性水平总体呈减弱趋势，经济脆弱性和人口脆弱性显著下降，流域上游和下游的脆弱性高于中游区域（图7.7和图7.8）。

7.3.5　结论

(1)1985—2012年，石羊河流域干旱灾害的暴露范围约60.94万亩，暴露度水平显著增加，流域上游的暴露水平高于下流区域。

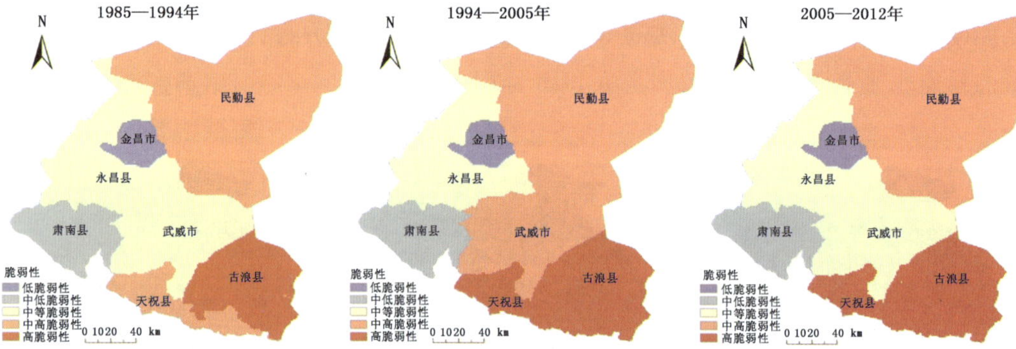

图 7.7　石羊河流域不同年代干旱风险脆弱性分布特征

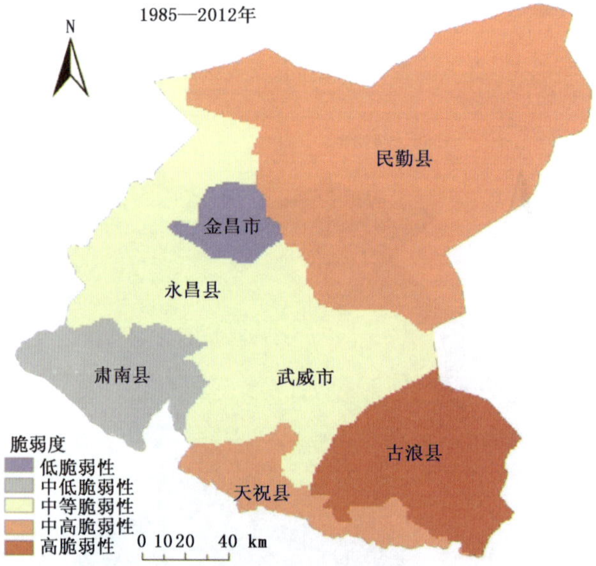

图 7.8　1985—2012 年石羊河流域干旱风险脆弱性分布特征

(2)1985—2012 年，石羊河流域干旱灾害的脆弱性水平总体呈减弱趋势，经济脆弱性和人口脆弱性显著下降，流域上游和下游的脆弱性高于中游区域。

参考文献

秦大河，丁一汇，王绍武，等，2002. 中国西部环境变化与对策建议[J]. 地球科学进展，17(3)：314-319.

王莺，沙莎，王素萍，等，2015. 中国南方干旱灾害风险评估[J]. 草业学报，24(5)：12-24.

姚国章，袁敏. 2010. 干旱预警系统建设的国际经验与借鉴[J]. 中国应急管理 17(3)：43-48.

姚玉璧，李耀辉，石界，等，2014. 基于 GIS 的石羊河流域干旱灾害风险评估与区划[J]. 干旱地区农业研究，32(2)：21-28.

姚玉璧，张强，李耀辉，等，2013. 干旱灾害风险评估技术及其科学问题与展望[J]. 资源科学. 35(9)：1884-1897.

张强，韩兰英，张立阳，等，2014. 论气候变暖背景下干旱和干旱灾害风险特征与管理策略[J]. 地球科学进展，29(1)：80-91.

张强，张良，崔县成，等，2011. 干旱监测与评价技术的发展及其科学挑战[J]. 地球科学进展，26(7)：763-778.

HAYES M J, WILHELMI O V, KNUTSON C L, 2004. Reducing drought risk: bridging theory and practice [J]. Natural hazards review, 5(2):106-113.

IKEDA S, 1998. Risk analysis in Japan: ten years of Japan and a research agenda toward the 21st century[C] Risk research and management in Asian perspective: proceedings of the first China-Japan conference on risk assessment and management, Beijing, 1998.

IPCC, 2012. Summary for policymakers[M]// Managing the risks of extreme events and disasters to advance climate change adaptation. A special report of working groups I and II of the Intergovernmental Panel on Climate Change. Cambridge: Cambridge University Press: 1-19.

PALMER W C, 1968. Keeping track of crop moisture conditions, nationwide: the new crop moisture index [J]. Weatherwise, 21: 156-161.

WILSON R, CROUCH E A C, 1987. Risk assessment and comparison: an introduction[J]. Science, 236 (4799): 267-270.

第8章

干旱灾害对各类作物影响的风险评估技术

宋艳玲、廖要明(国家气候中心)

8.0 引言

干旱灾害是全球最为常见的自然灾害。据测算，每年因干旱造成的全球经济损失高达60亿~80亿美元，远超过其他气象灾害。干旱灾害是发生频率最高、持续时间最长、影响面最广、对农业生产威胁最大、对生态环境和社会经济产生影响最深远的自然灾害。

中国是世界上干旱灾害最为频繁和严重的少数国家之一，其旱涝分布格局呈现北方易遭旱灾、南方旱涝并发的特征。中国平均每年有667万~2667万 hm^2 农田因旱受灾，最高可达4000万 hm^2，每年减产粮食数百万吨到3000万t。遇到大旱之年，中国粮食减产大可超过一半。干旱灾害严重威胁着中国粮食安全和生态安全，成为制约社会经济可持续发展的重要因素。

干旱灾害对各类作物影响的风险区划是指未来不利影响发生可能性的空间区域划分。其目的就是不仅给出干旱气象灾害的空间分布，同时判定干旱气象灾害风险程度和出现的概率，在此基础上给出防灾、减灾建议。

8.1 评估方法

8.1.1 试点县选取

选取历年受干旱影响比较严重，受灌溉影响小的县，且能收集到足够多的灾害损失样本；气象台站数据、基础地理信息数据、社会经济数据、农业生产数据等比较齐全；了解县农作物种植类型及分布情况，且在区域内具有代表性(如某段时期内，大部分地区以种植小麦为主)，便于进行全区域主要农作物干旱风险区划分析；根据不同的典型农作物(如马铃薯、玉米、冬小麦等)遴选出试点县进行干旱风险区划分析。

8.1.2 资料收集

1. 主要收集的资料类型

气象资料、农业部门玉米的相关资料、地理信息资料、灾情资料、玉米生长资料、精细化格点气象资料。其中：

气象资料：试点县的气温、降水、风速、日照时数、实际水汽压、气压等，主要用于干旱指标的计算；

农业部门玉米的相关资料：作物的产量、品种、种植面积、灌溉面积等，主要用于减产率计算和承灾体分析；

地理信息资料：县和乡镇的行政边界、高程等数据；

灾情资料：试点县的历史受灾数据，主要作为干旱指标选取的依据；

作物生长资料：作物生长的实际观测资料也即各个生长期的株高等数据，主要用于作物系数(Kc)值的订正。

精细化格点气象资料：中国科学院青藏高原研究所开发的一套近地面气象与环境要素再分析数据集，主要用于精细化干旱指标的计算。

2. 资料获取步骤

(1)由国家气象信息中心获得农业气象站农气表－1、农气表－2，整理录入农气站冬小麦生育期、每亩株茎数、每穗籽粒数/粒、千粒重、单产、灌溉日期、灌溉量、土壤参数(0～50 cm 的田间持水量、凋萎湿度和容重)，历年土壤相对湿度等数据。

(2)由试点县通过县统计局、农业局等收集各乡镇、村的土地面积、耕地面积和人口数量，夏粮面积、水浇地面积、农业产值、工业产值、总人口、GDP，各乡镇的小麦种植面积、单产和总产。

(3)由试点县通过县统计局、农业局等收集本县的尽可能详细的历史干旱灾情。

(4)由试点县通过县统计局、县水利局、县农业局收集本县灌溉面积，灌溉方式及不同灌溉方式的灌溉能力。

(5)由试点县整理水资源概况、水文地质概况等资料。

(6)收集试点县最新的行政区划图和土地利用图。

(7)通过查阅文献和咨询农业专家等方式，收集整理冬小麦主栽品种的变化及重大耕作措施的变化历程。

3. 资料处理

资料处理是整个干旱风险区划工作的重点工作内容，主要包括：地理信息数据的整理与处理：包括县和乡镇行政区边界、农作物种植面积和灌溉面积的属性数据处理等；干旱指标数据的历史序列整理；概率分布函数拟合的计算结果整理。

(1)干旱指标的计算与选取

这部分工作的目的就是采用已有的干旱指标计算方法，利用县域内的国家气象观测站数据，计算该县的干旱指数。利用干旱指数与灾情和减产率的对应关系，来选取适合当地的干旱指标计算方法。

资料整理包括：①文献调研与整理：主要指从网上或者相关文献数据库查找中外关于农作物干旱指标、气象产量、减产率、作物各个生长发育期需水关系等方面的文献。②农作物产量、灌溉面积、灾情等数据的整理与处理。③国家气象观测站的气象资料整理与处理。④精细化格点气象资料的整理与处理。

(2)干旱风险区划

这部分工作是将计算好的适合当地的干旱指标历史序列，按照耿贝尔分布、柯西分布、皮尔逊分布等概率分布函数来拟合，将得到的未来可能危险叠加在承灾体上，得到农作物干旱风险区划。

(3)基本方法思路

根据试点县遴选出的典型农作物，选取导致干旱的主要影响因子，并结合农作物产量损失，根据相关研究选取最优的干旱致灾因子指标(要求样本量至少 30a)，并根据产量损失，确定干旱灾害等级，及不同等级相应的致灾气象条件；如没有长序列的产量资料，可采用作物模型进行模拟并检验，基于输入气象要素及产量等模拟结果，开展研究，确定不同干旱等级，致灾气象条件指标。

基于科学空间分析方法，获取高空间分辨率的致灾指标长序列资料；检验旱灾指标历史序列符合何种概率分布，用合适的概率密度函数求每个格点不同等级旱灾出现概率；评估不同概率下，不同生长季旱灾对作物产量的可能影响。

(4)干旱临界气象条件确定方法

作为评价农作物干旱的指标，应体现不同生育阶段水分亏缺对产量的影响。水分生产函数描述了农业生产水平基本一致的条件下，作物消耗的水资源量与产量的关系。Jensen 模型是应用较广泛的水分生产函数，不仅表明了水分供应量，还表明了水分供应时间对产量的影响。这里以 Jensen 模型为基础，以水分不足所引起的减产百分率为标准确定干旱指标。

Jensen 模型：

$$\frac{Y}{Y_m}=\prod_{i=1}^{n}\left(\frac{ET_a}{ET_m}\right)_i^{\lambda_i} \tag{8.1}$$

式中，n 为作物划分的生育阶段(此处取 6)，λ_i 为作物第 i 阶段的水分敏感系数，Y 为实际产量，Y_m 为最大产量(使用作物光温生产潜力代替)。

(5)计算分析

①气象产量、减产率的计算分析

利用统计学方法对农作物产量进行气象产量、减产率的分离计算，对各种方法计算出的气象产量、减产率进行关联度分析(关联度：对两个系统或两个因素关联性大小的量度)，以证明计算出的气象产量、减产率是否能真实反映气候因子对产量的影响，最终确定出最适宜的气象产量、减产率计算模型。

a.减产率的计算

根据宫德吉等提出的将最优气候条件下期望产量作为上包络产量，本研究将当地实际产量作为下包络产量，二者之差为气候因素引起的减产率。

方法：将基本无灾年的产量作为相应年份的“期望产量”，以此为基准点，用拉格朗日插值方法得到其他年份的期望产量。

需要说明的是，在实际筛选中，对于个别基本无灾，但产量明显偏小于前期无灾年的产量，将该年剔除，主要原因是该年产量选取后，进行插值计算会造成趋势产量的无规则变化，即破坏了趋势产量正常的上升趋势。

b.气象产量的计算

可采用正交多项式、趋势时间预测(一次滑动平均、一次指数平滑、线性回归模型、二次滑动平均、二次指数平滑、一次平滑模型、三次指数平滑等方法)、线性回归、灰色系统 GM(1,1)和 GM(2,1)模型等多种方法计算出趋势产量后，再根据：“气象产量＝实际产量－趋势产量”

计算出气象产量。

对多种方法计算的减产率、气象产量的关联度、差异性进行分析，选择气象产量或减产率的统计方法。

为了分析各种方法计算的气象产量、减产率是否真实反映了气象产量的变化，是否具有相同的变化趋势。对各序列数据进行灰色系统关联度分析。在进行关联度分析时对数据进行均值化（用各序列的平均值分别去除对应序列中的各个原始数据），取 $D_{min}=0$，ρ（分辨系数）$=0.1$。最终通过分析，确定建立干旱监测模型时所用气象产量或减产率的统计方法。

②蒸发量资料处理

部分县气象局观测的逐月蒸发量是由大型蒸发量和小型蒸发量两部分组成，在建立统计分析模型前，需将两种资料转换为统一类型，可根据本县气象局大、小型蒸发对比观测数据建立转换的回归模型。

③农田蒸散量统计

根据土壤水分平衡方程计算农田蒸散量，根据各地相关资料分析，可用 0～30 cm 农田蒸散量代表实际的农田蒸散量。

如果各乡镇缺少土壤墒情资料，可用拉格朗日插值法计算全县各乡镇马铃薯历年减产率，再用气象局所在乡镇的减产率与农田蒸散量建立马铃薯生长期各月的回归方程，最后用建立的的回归方程反算出各乡镇各月的农田蒸散量。

(6)致灾因子选取

根据农作物各发育期时段分别统计气象产量（或减产率）与相应时段的气温、降水量、蒸发、日照、农田蒸散量等因子的相关，选取相关系数大的因子，建立回归模型，对于通过 95%以上信度显著性检验的的因子选取最好的一个作为致灾因子，根据试点站分析，以农田蒸散量做为致灾因子能较好反映干旱对农作物的影响。如果选取的致灾因子不是农田蒸散量时，则分析数据可用选取的致灾因子数据替代。

再进行相关分析时，应注意在农作物各发育期及全生育期均进行致灾因子的分析，即各准备筛选的因子需在农作物整个生长期以旬为单位分别统计，并以历年平均播种期所在旬为起点，滑动统计至历年平均收获期所在旬的所有统计值作为因子。

(7)干旱等级分布图制作

考虑到各乡镇农作物种植面积不同，即时各乡镇遭遇干旱时的等级不同，造成的经济损失会出现明显差异，因此用加权综合与层次分析法，绘制不同干旱等级风险区划图与干旱风险排名表，划分出风险区（高风险区、次高风险区、中等风险区、次低风险区和低风险区）。

8.1.3　干旱对冬小麦影响定量评估

1. WOFOST 作物模型本地化试验

WOFOST(World Food Studies)模型是荷兰瓦赫宁农业大学和世界粮食研究中心共同开发研制的作物生长模型。WOFOST 作物模型输入的气象数据包括逐日最高气温、最低气温、降水量、水汽压、2 m 风速以及太阳辐射。这些气象数据由中国气象局相关资料室提供。对于烟台和济宁站点，由于农业气象站点和气象站点不一致。因此，它们的气象资料由附近气象站代替。所有气象资料都经过了严格的质量控制，缺失的气象资料由附近地面气象站提供。

作物模型的冬小麦遗传参数影响着冬小麦的生长发育速度和产量，这些遗传参数是在山东禹城试验站实验数据基础上调试的，直接利用实验数据的参数由 * 标记，剩下的遗传参数经过调试，使模拟的开花期、成熟期以及产量与观测数据接近。观测的冬小麦开花期、成熟期和产量也由中国气象局资料室提供。

模型所需要的土壤数据包括土壤物理特性和化学特性，这些数据来源于 1995 年第二次土壤普查数据。

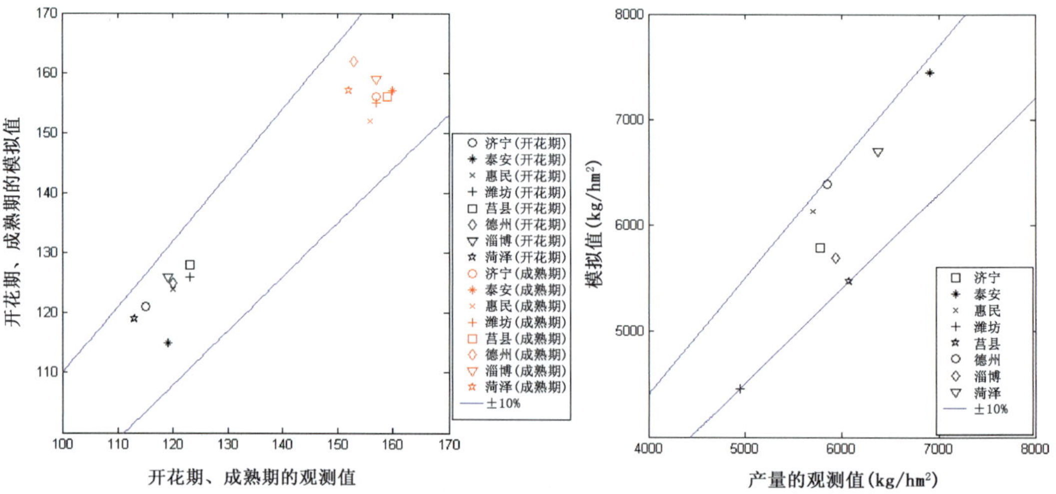

图 8.1　利用 WOFOST 作物模型模拟的山东省 8 个农业气象站点冬小麦开花期、成熟期与产量和观测值对比图

WOFOST 作物模型对惠民站点的 2000 年和其他站点的 2001 年进行调试，选择 2000 年和 2001 年主要考虑到这些年份受气象灾害影响较小，并且观测的作物数据比较齐全。当开花期、成熟期和产量的模拟值和观测值之间的误差同时达到最小时，说明这些参数是合理的。模拟结果见图 8.1，结果显示模型模拟结果和观测值之间有较好的一致性。

2. WOFOST 作物模型在冬小麦定量评估中的应用

WOFOST 需要的气候要素包括逐日的最高气温、最低气温、降水量、日照时数、水汽压以及风速；输出的量包括农作物在水分完全满足条件的逐日冬小麦干物质质量 $PW_{i(t,sun,wpar,wind)}$；输出的另一个变量是在实际降水条件下的冬小麦干物质质量 $LW_{i(pr,t,sun,wpar,wind)}$，两者之差就反映了干旱对冬小麦生长的影响。因此，本书定义干旱对冬小麦的影响指数 WD：

$$WD = \frac{PW - LW}{PW} \times 100\% \tag{8.2}$$

典型干旱年和非旱年对比分析：

据文献记载，2000 年华北地区严重干旱对冬小麦产量产生不利影响，华北冬小麦减产；2010 年 2 月华北、黄淮严重干旱对冬小麦产量影响不大，冬小麦丰收。本研究模拟了河北保定站 2000 年(干旱年)和 2010 年(非旱年)干旱对冬小麦生长的影响情况。模拟结果显示(图 8.2)，2000 年严重干旱使冬小麦减产 26.8%，水分完全满足的条件下冬小麦产量可达 7951 kg/hm²(530 kg/亩)，受干旱影响的模拟产量为 5819 kg/hm²(387.9 kg/亩)；而 2010 年由于降水量充足，干旱对冬小麦产量影响不大。图 8.2 显示作物模型模拟的干旱对冬小麦生长的影响与文献记载比较一致，这说明干旱对冬小麦的影响指数 WD 在业务中是可用的。

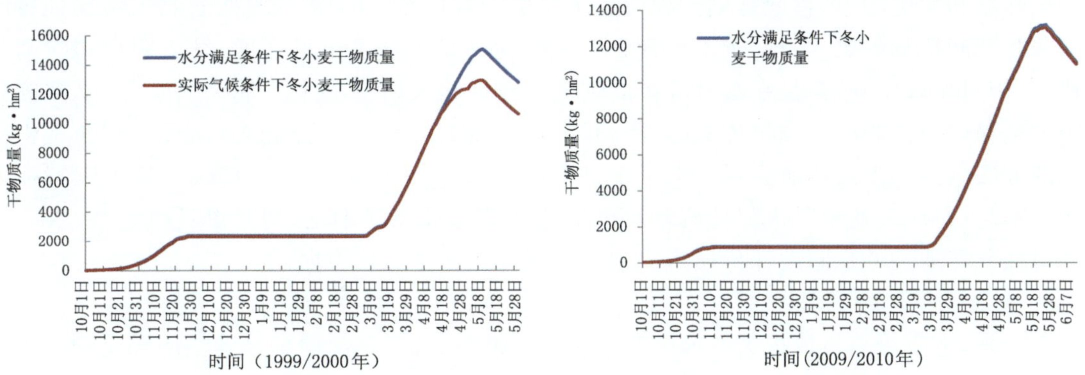

图 8.2　WOFOST 作物模型模拟的河北保定冬麦区干旱年(2000 年)和非干旱年(2010 年)冬小麦干物质量对比图

8.1.4　干旱灾害对农业影响的风险评估技术

农业干旱风险主要由干旱致险性和农业承灾体的脆弱性共同构成，其风险估算是通过一定的干旱致灾危险性模型、承灾体脆弱性评估模型进行风险定量化计算，从而确定可能的损失度或损失等级的过程(图 8.3)。本节从农业干旱风险的致险性、农业承灾体的脆弱性及农业干旱风险评估模型等三个方面介绍目前的研究现状，并指出存在的主要问题及今后研究的主要发展方向。

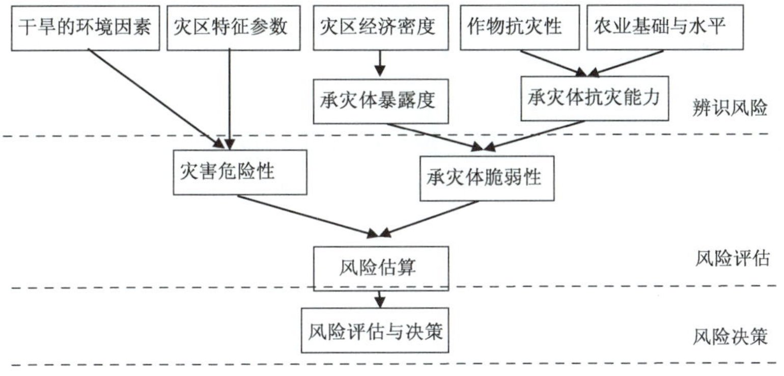

图 8.3　农业干旱风险评估过程

1. 农业干旱致险性

农业干旱的致险性是由干旱发生的强度和频率决定的。一般而言，在假设干旱承灾体脆弱性相同的情况下，干旱灾害强度越大，发生频次越高，则灾害的致险性越高；反之，其致险性就低。

降水是决定农业干旱的主要因素，同时，其他因素如强风、高温和低湿等都可以加重农业干旱的强度和影响范围。因而，农业干旱的强度取决于水分的亏缺度、持续时间和影响的空间范围等。基于干旱指数来构建干旱危险性评价模型是目前干旱危险性评价的主要方法。如美国农业部主要使用干旱强度指数(PDSI)和作物水分指数(CMI)来评定干旱的量级，以此来决定是否需要给农民和牧场主提供援助。这种方法简单明了，但仅仅考虑了农业干旱的强度特征，不足以反映区域农业干旱发生频度等特征。有学者探讨了利用气象干旱指数（SPI）来确定干旱强度和发生频率，在此基础上构建了干旱危险性指数，并对计算结果进行了危险性等级的划分和空间格局的表达。基于干旱指数的危险性模型集合了干旱强度、发生频率和空间分布特征，相对比较完善，但是在参数等级的划分上存在很大的主观性。许多中国学者从致灾因子的角度探讨不同时段中国旱灾的时、空格局，这些研究的开展对于开展区域干旱评价提供了很好的方法借鉴。但这些研究只考虑了干旱强度或者发生频率，在综合反映干旱致灾特征方面还显不足；对于农业干旱危险性机理及干旱特征的描述还显不足，构建更具机理性、农业生产针对性及普适性的危险性评价模型成为当前研究的一个重要方向。

2. 农业干旱风险脆弱性

近年来，随着干旱造成损失的增大和认识的不断深入，干旱风险的脆弱性问题受到越来越广泛的关注。

承灾体的脆弱性水平是影响灾害风险大小的基本因素之一。风险承灾体相对于某风险源的脆弱性愈低，则该风险承灾体遭受损失的可能性越小，相应地其所遭受来自该风险源的灾害风险就越小；反之就大。农业干旱的脆弱性一般是指农业易于或敏感于遭受干旱威胁和损失的程度。农业旱灾的形成是降水不足或不均与农业生产系统脆弱性共同作用的结果，承灾体脆弱性的高低会起到“放大”或“缩小”灾情的作用。从应用角度，农业干旱脆弱性的评价，能够辅助建立农业干旱的预警模型，从而正确指导区域政府和提高社会系统防御农业干旱的能力。农业干旱脆弱性定量研究方面，通常通过选取表征影响脆弱性的人类活动和自然状况因子（如气候、土壤、土地利用、灌溉状况等指标），利用权重打分的方法，对区域农业干旱脆弱性进行评价。图 8.4 是当前农业干旱脆弱性评价的一般流程，在确定农业干旱承灾体脆弱性评估的基本内容及具体指标后，为将不同部门、不同类别的统计资料整合起来，一般会运用层次分析法、主成分分析法、灰色聚类分析、模糊综合评判法等方法加以耦合，然后通过综合权重指数模型进行运算，获得脆弱度评估值。中国学者在农业干旱脆弱性概念模型及定量研究方面也开展了一定的工作，研究方法亦是通过选取脆弱性指标并赋权重打分来对具体区域的脆弱性进行评价，研究结果在一定程度上表征了区域的农业干旱的脆弱性，但是对脆弱性产生机理的解释比较薄弱。

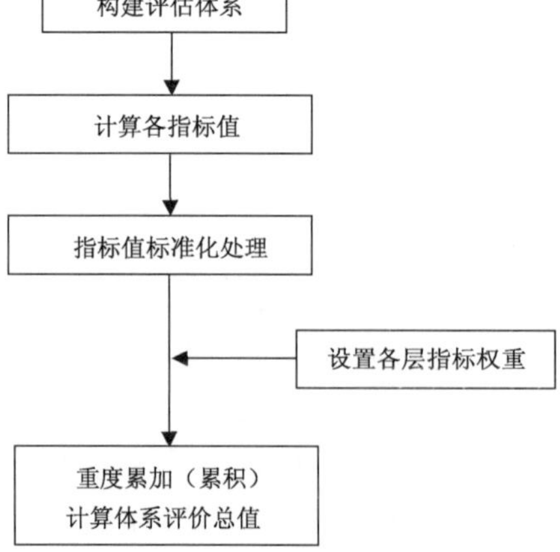

图 8.4　承灾体脆弱性评估流程

3. 农业干旱灾害风险评估模型

何斌等对当前的农业干旱风险评估模型进行了较为系统的总结，并指出现有的农业干旱评价模型存在作物单一、机理薄弱等缺点，难以用于大区域农业干旱综合风险评价。依托自然灾害风险分析基本原理，从农业干旱危险性和农业干旱脆弱性的角度构建更具机理性和综合性的农业干旱风险评价模型是未来研究工作的一个突破点。

(1)以农业干旱对作物产量的影响为基础的风险评价模型。作物产量是农业干旱灾害损失的一个可靠的指示因子，因此，在农业风险评价中，多以作物产量的变化来刻画风险的高低。利用干旱指数确定的农业干旱等级与作物产量之间的数学关系，从而建立作物产量预测模型，已经成为农业干旱风险评价的一个重要方法。这类模型多针对具体作物构建，主要通过建立作物生长季前以及生长季不同阶段的降水、气温等气象要素与作物产量的关系，进而用以预测作物产量。这类农业干旱风险评估模型可以反映单种作物的农业干旱风险状况，然而，不足以反映区域农业干旱综合风险。

(2)基于概率的风险评价模型。该类模型直接通过灾害损失数据来确定风险水平，计算方法简单易行，但没有对致灾因子和承灾体进行综合评价，对风险产生机理解释不足。

(3)基于自然灾害风险分析基本原理的风险评价模型。该类模型对致灾强度和承灾体脆弱性进行了综合考虑，进行农业干旱风险的计算和评价，是一种常规风险评价手段。这类模型通常是针对具体作物开发，在农业干旱的危险性描述上主要利用干旱指数或者受灾面积计算的农业干旱发生频率来表示，脆弱性的描述往往是在定性分析的基础上，采用打分的方法，风险的描述则是通过经济损失或者产量损失来表示。这些研究对于作物生产具有重要意义，但是在脆弱性的研究上稍显薄弱，且研究工作多在小区域进行，难以在大区域农业干旱综合风险评价中应用。

参考文献

葛全胜，邹名，郑景云，等，2008. 中国自然灾害风险综合评估初步研究[M]. 北京：科学出版社，156-156.

何斌，武建军，吕爱锋，2010. 农业干旱风险研究进展[J]. 地理科学进展. 29(5)：557-564.

刘兰芳，刘盛和，刘沛林，等，2002. 湖南省农业旱灾脆弱性综合分析与定量评价[J]. 自然灾害学报，11(4)：78-83.

商彦蕊，2004. 农业旱灾研究进展[J]. 地理与地理信息科学，20(4)：101-105.

王静爱，孙恒，徐伟，等，2002. 近50年中国旱灾的时空变化[J]. 自然灾害学报，11(2)：1-6.

王静爱，商彦蕊，苏筠，等，2005. 中国农业旱灾承灾体脆弱性诊断与区域可持续发展[J]. 北京师范大学学报，(3)：130-137.

徐新创，葛全胜，等，2010. 农业干旱风险评估研究综述[J]. 干旱地区农业研究，28(6)：263-270.

第9章

暴雨洪涝风险评估技术

翟建青(国家气候中心)
殷剑敏(江西省气候中心)

9.0 引言

中国暴雨洪涝灾害发生频繁,不仅影响范围广,而且损失比较重。随着人口增多和社会经济的发展,单位面积的人口和经济承载量持续增加,导致暴雨洪涝灾害的损失居高不下。据1984—2014年中国暴雨洪涝灾害灾情数据统计,暴雨洪涝灾害造成的直接经济损失多年平均值超过900亿元。而在气候变化背景下,未来强降水等极端天气、气候事件出现的频率和强度都会有所增加,可能会增大暴雨洪涝灾害的暴露度和脆弱性,而随着中国城镇化进程的推进,人口和经济快速集中,社会经济对暴雨洪涝灾害的脆弱性进一步增加,这些因素都可能导致中国暴雨洪涝灾害风险增加。因此,开展暴雨洪涝灾害风险评估,提供暴雨洪涝灾害风险规避和适应措施,减少暴雨洪涝灾害造成的损失具有重要的现实意义。

9.1 概念和范围

暴雨洪涝包括强降水引起的中小河流洪水、山洪和内涝。由于中小河流洪水、山洪和内涝形成机理有别,研究方法各异,应当分开研究。暴雨洪涝灾害风险评估中涉及的一些概念概述如下:

流域:指由分水线所包围的河流集水区,分地面集水区和地下集水区两类。如果地面集水区和地下集水区重合,称为闭合流域;如果不重合,则称为非闭合流域。平时所称的流域,一般都指地面集水区。

水位:水体的自由水面高出基面以上的高程,其单位为m。

中小河流域:指流域面积大于200 km^2 而小于3000 km^2 的流域。

超警戒水位降水过程:发生使流域内水文控制站水位超过警戒水位的降水过程。

流域面雨量:一般表示流域水位控制站控制面积内单位面积的平均降水量,能较客观地反映整个流域的降水情况。

超防洪高水位降水过程:是指使流域内具有调蓄作用的水库水位超防洪高水位的降水过程。

致灾临界(面)雨量:降雨是造成中小河流洪水、山洪和内涝的直接因素和主要激发条件。

在一个流域内，降雨量（或面雨量）达到或超过某一量值和强度时，该流域可能发生洪水灾害，造成淹没农田、房屋、冲毁桥梁等损失以及人员伤亡，常把这一量值及强度称为该流域的致灾临界（面）雨量。

灾害风险区划：区划是研究某种事物时间上的演替和空间上的分布规律，对其空间范围进行区域划分的过程。灾害风险区划是研究可能发生的自然灾害（即致灾临界条件）的概率或超过某一概率的灾害最大等级的空间分布，并阐述不同超越概率（或不同重现期）下自然灾害的风险。

9.2　评估技术路线

暴雨洪涝灾害风险评估和区划是一个较为复杂的过程，主要包括如下几个步骤（见图9.1）：

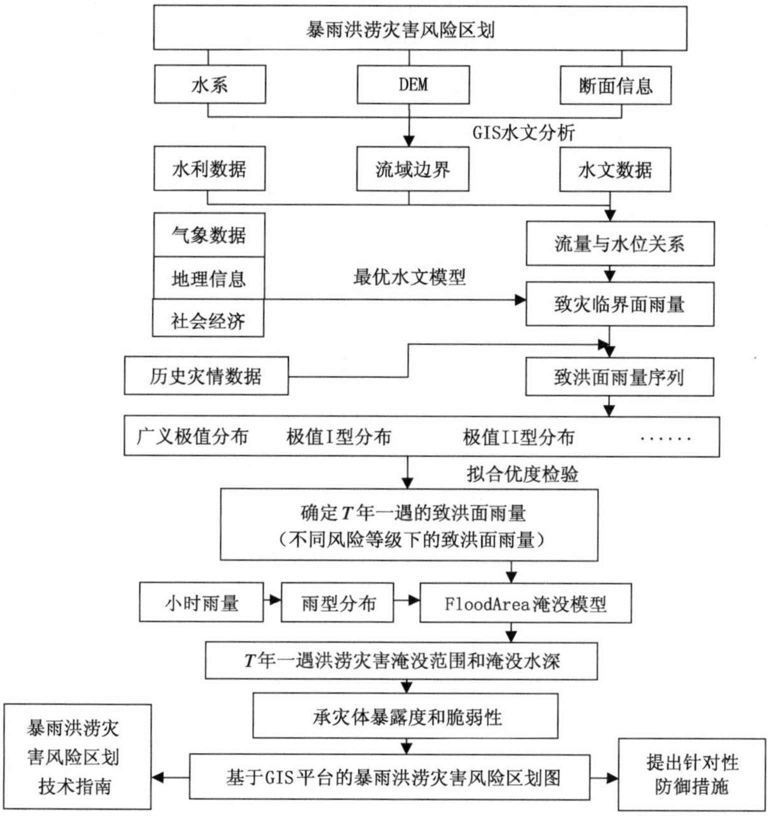

图9.1　暴雨洪涝灾害风险评估和区划技术流程

步骤一：建立暴雨洪涝灾害风险数据库。根据风险评估和区划研究需要，收集相关的气象、水文、地理信息、社会经济统计以及历史灾情数据，建立暴雨洪涝灾害风险数据库。

步骤二：提取流域边界。根据DEM、水系以及水文站断面信息，依托GIS技术提取流域边界。

步骤三：确定致灾临界（面）雨量。将常用的水文模型做适用性对比分析，选用最优水文模型，结合统计法确定致灾临界(面)雨量。

步骤四：建立致洪面雨量序列。利用气象站历史长序列小时雨量资料，重建区域站历史小时雨量资料序列，结合致灾临界(面)雨量以及历史暴雨洪涝灾情，建立致洪面雨量序列。

步骤五：计算不同重现期(T年一遇)的致洪面雨量。采用广义极值分布函数来进行拟合优度检验，确定分布函数并计算出不同重现期(T年一遇)的致洪面雨量。

步骤六：确定小时降水雨型分布。根据致洪面雨量序列以及逐小时降水资料，计算逐小时降水概率，确定流域内小时降水雨型分布。

步骤七：叠加流域堤坝信息。获取流域内河流堤坝高度、长度等信息，叠加到流域DEM中，得到叠加流域堤坝信息的DEM数据。

步骤八：不同重现期洪水淹没分析。将计算得到的不同重现期致洪面雨量、小时雨型分布、叠加堤坝信息的DEM、曼宁系数等数据代入二维水动力模型(如FloodArea模型)进行淹没模拟，得到不同重现期洪水淹没图。

步骤九：暴雨洪涝灾害风险区划。将不同重现期下(5、10、15、20、30、50、100年一遇)暴雨洪涝淹没结果分别叠加流域内的人口、GDP以及土地利用信息，得到不同重现期下人口、GDP以及土地利用等风险区划图谱，并根据栅格值提取，得到不同重现期下不同淹没深度的定量化信息表。

9.3 评估案例

下面以东津河流域洪涝灾害风险区划为例予以说明。

9.3.1 资料收集和和数据库建设

1. 资料收集

为开展暴雨洪涝灾害风险评估工作，首先需要搜集研究区气象、水文、地理、社会经济和灾情等数据，并相应建立数据库。所需各类数据详述如下。

气象资料包括国家气象站、区域自动站基本信息(站名、站号、地理坐标等)；历次洪水过程的逐日降水和蒸发、逐时降水量和气温数据；历年降水、气温等要素历史序列，时间分辨率为日、小时。

水文资料包括：(1)主要控制水文站的基本信息。包括站名、站号、地理坐标，水位、流量等要素的历史序列，警戒、保证水位，典型场次洪水的水位、流量和降雨量，断面的水位-流量关系曲线，30a以上的每年最大洪水小时水位和流量以及小时雨量数据；(2)流域内其他相关信息，包括河堤、水库等水利工程水位特征值，泵站种类和数量，水闸种类和数量，机电井数量和容量，堤防数量和高度，湖泊分布情况(包括湖名、所在垸名、距市治方位和里程、不同年代的水面面积以及变化和利用情况)。

基础地理信息为搜集比例尺为1:5万或以上的流域特征数据，包括地形图、行政区划图(包括县及乡镇行政区划)、水系图、土地利用类型图、河流堤坝高度和性质、土壤特征参数。

社会经济统计资料包括：(1)流域内人口分布图，栅格类型；(2)流域内GDP分布图，栅格类型；(3)流域内其他敏感承灾体的数量和价值量，栅格类型。例如房屋、道路、桥梁、学校、医院、其他重要企事业单位等。

历史灾情资料包括历史典型洪水过程灾情记录，如雨情、水情记载、灾害损失、影响人数、水毁工程等，场次水灾发生时段，淹没信息(分布、水深、面积、淹没历时等)。

资料收集工作完成后，需要进行资料处理。长序列气象资料需要进行均一性检验，灾情调查资料处理中，应首先遵照国家标准，按照国标计量单位进行统计计算，灾情统计按中国气象局统计报表要求的计量单位统计；其次应按照气象部门有关标准和等级进行统计处理；最后针对本流域特殊情况可进行相关资料处理标准的设定。

2. 洪涝灾害风险数据库建设

在资料收集的基础上，进行洪涝灾害风险数据库建设。

(1)将东津河流域所有信息输入 GIS 数据库，包括水系、DEM、人口、GDP、土地利用、堤坝高度、乡镇信息等数据。

(2)以 1984—2010 年气象灾害普查数据库以及 2012—2013 年安徽省暴雨洪涝灾害风险普查数据库为基础，建立东津河流域历史典型洪水过程灾情记录库(表 9.1)。包含 20 个较为详细的洪水过程灾情记录，并根据致灾临界阈值及气象站小时雨量资料，将历史典型洪水过程案例库扩充至 56 个样本。

表 9.1　东津河流域历史典型洪水过程灾情记录

记录编号	省(自治区、直辖市)	市(地、州)	县(区、市)	县编码	灾害发生地名称	灾害类别	应归属的灾害名称	伴随灾害	灾害开始日期	灾害结束日期	气象要素实况	灾害影响	受灾人口(人)	死亡人口(人)
* *	安徽省	宣城市	宁国市	341881	全市	暴雨洪涝			1984/9/2	1984/9/2	9 月 2 日 24 h 内强雨不停，全天降水量为 127.3 mm	强降水造成人员伤亡，房屋倒塌，农作物受损严重，洪水冲毁河堤 3992 段长 143 km，河坝 1448 道，渠道 695 处，山塘损坏 211 口，水库毁坏 6 座，电灌站冲毁 6 处。公路冲毁 192 处 41 km，林区公路 18 条 192 km，桥涵 343 座，机耕路 110 km，工矿企业损失 61 万元。	194609	15
……	……	……	……	……	……	……	……	……	……	……	……	……	……	……

(3)东津河在宁国市梅林镇沙埠村设有水文站(沙埠站)，通过查阅水文年鉴《长江流域水文资料》并信息化，收集到 2007—2013 年沙埠站典型洪水过程的逐小时流量与水位观测值。

(4)气象部门在东津河流域内设有 23 个自动气象站，提取各站建站至 2013 年逐小时降水资料及周边国家气象观测站小时雨量数据，进而得到洪水过程同期的各站逐小时雨量数据。

9.3.2　确定致洪临界(面)雨量

根据 1∶5 万比例尺的 DEM、水系以及水文站断面信息，采用 GIS 中的水文分析方法提取东津河流域边界，再根据流域范围内气象站和雨量站的分布，采用泰森多边形法计算出每个站点的面积权重，并形成了东津河流域面雨量资料序列(2007—2013 年)。

为得到更好的模拟效果，选取 TOPMODEL、HBV 两种较为常用的水文模型及统计法来研究东津河流域面雨量与流量的定量关系，并根据各模型的确定性系数选取最优水文模型来建立流域面雨量与流量的关系，最终确定流域致灾临界(面)雨量。

1. TOPMODEL 水文模型

TOPMODEL 是以流域地形指数为基础的半分布式水文模型，首先需要计算流域内的地形指数，并确定不同等级地形指数所占的面积比例。基于 DEM 数据和 D8 算法运用 GIS 空间分析技术得到东津河流域地形指数的空间分布，并统计其频率分布，以此将全流域地形指数划分为 30 个等级，计算出各等级地形指数栅格面积占流域总面积的比例(图 9.2)。

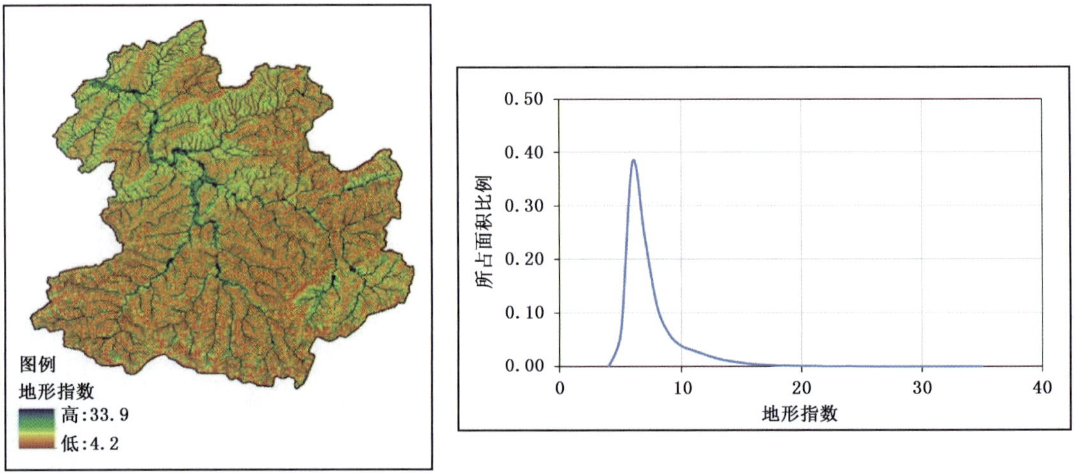

图 9.2　东津河流域地形指数空间分布及频率分布

除地形指数外，模型还需要雨量、蒸散量进行驱动以得到出口断面的径流深，考虑到模拟时段均为阴雨天气，因此，将蒸散量设为 0。将沙埠站流量观测值转换为径流深，并根据数据序列把模型步长设为 1 h，将雨量、蒸发量和地形指数计算结果代入到 TOPMODEL 中运算，进行流量模拟并与实测径流深进行比较，以率定模型参数和检验模型适用性。采用 2007 和 2009 年汛期的洪水过程完成了模型参数率定，模型确定性系数均在 0.7 以上，模拟的洪峰量值与出现时间均与实际较为吻合(图 9.3)。

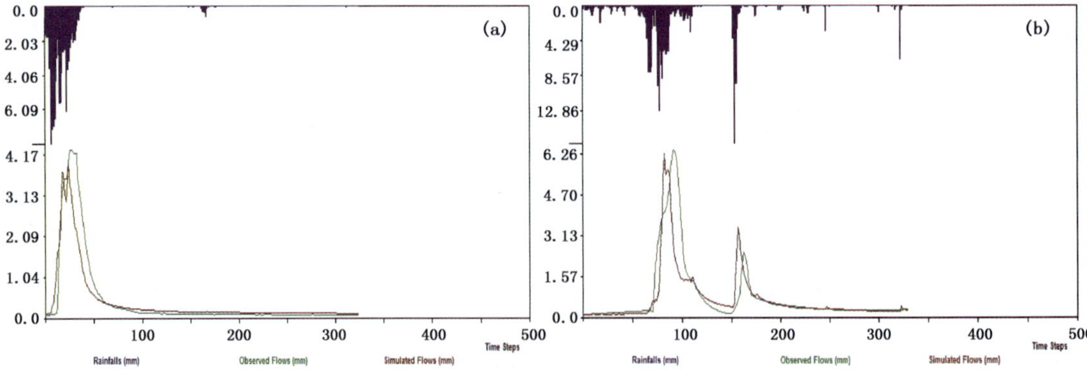

图 9.3　TOPMODEL 在东津河流域的模拟效果

(a. 2007 年，b. 2009 年)

2. HBV 水文模型

HBV 水文模型是基于 DEM 划分子流域的半分布式概念性水文模型。通过划分子流域，显现出下垫面和降雨空间分布的差异，已划分的子流域根据高程、植被覆盖、湖泊区等再次划分为不同带。模型输入数据主要是研究区 DEM、气温、降雨、土地利用、土壤最大含水量和河流汇流时间等参数，计算流程图如图 9.4 所示。

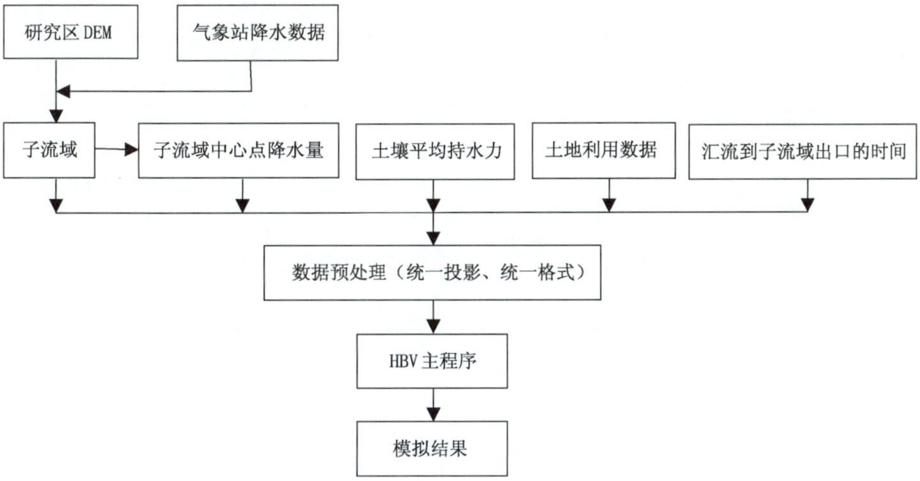

图 9.4　HBV 水文模型模拟计算流程

将东津河流域自动划分为 5 个子流域，求出各子流域中心点，计算子流域汇流时间表、子流域中心点高程，并将流域地形高程、土地利用、土壤持水力等代入 HBV 模型(图 9.5)，模拟 2007—2009 年逐日径流量。

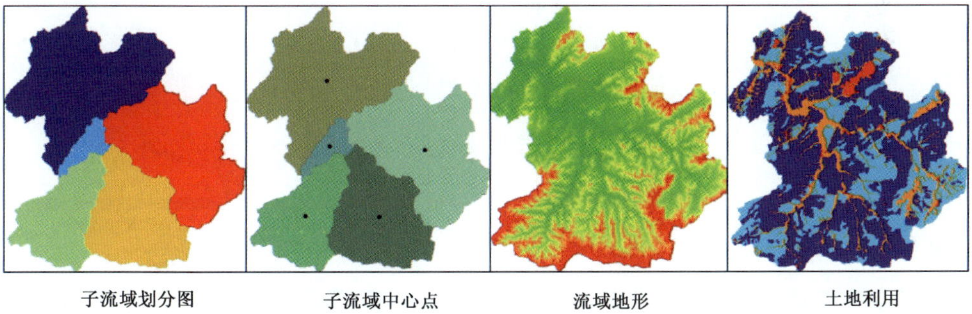

1	87.0304
2	87.0871
3	86.1438
4	86.2005
5	87.2572

子流域土壤持水力

1	119
2	165
3	197
4	240
5	233

子流域中心点高程(m)

1	0.9	0.1	0	0	0	0	0	0	0	0
2	0.9	0.1	0	0	0	0	0	0	0	0
3	1	0	0	0	0	0	0	0	0	0
4	0.9	0.1	0	0	0	0	0	0	0	0
5	0.9	0.1	0	0	0	0	0	0	0	0

子流域汇流时间表

图 9.5　HBV 水文模型的相关参数计算

3. 统计法

利用历史洪水过程(2007 和 2009 年两次典型洪水过程)建立水文特征量(水位、流量等)

与降水量的定量关系(图 9.6)。根据流域范围内气象站,采用泰森多边形计算每个雨量站的面积权重,形成流域面雨量资料序列。通过对 2007 和 2009 年东津河流域汛期的两次洪水过程分析,水位与前 16 h 面雨量的相关系数均超过了 0.9。

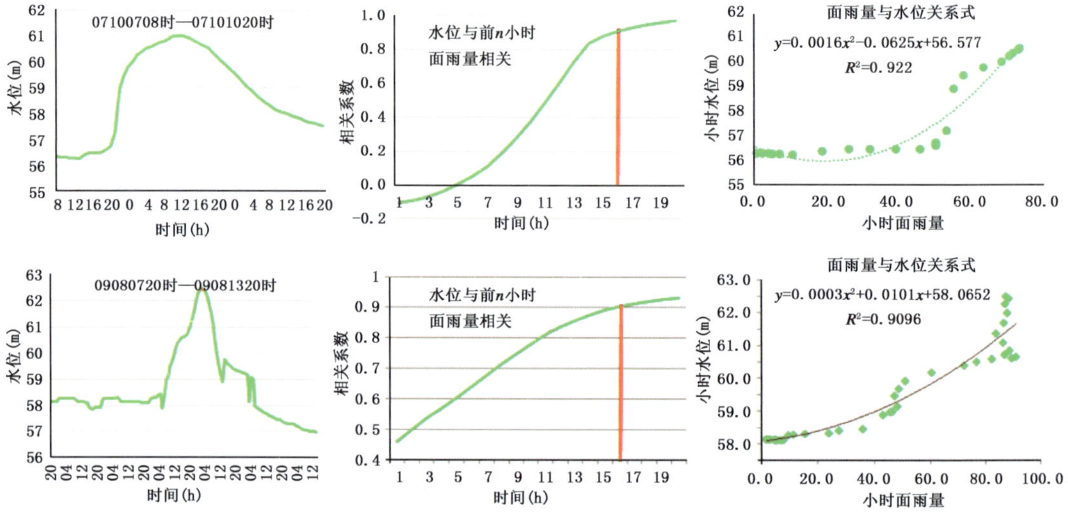

图 9.6　统计法计算东津河流域致灾临界(面)雨量

通过对三种方法结果进行分析,考虑到 TOPMODEL 模型在本流域较 HBV 模型模拟结果较好,故选用 TOPMODEL 模型并结合统计法来确定东津河流域致灾临界(面)雨量,进而分析不同重现期(T 年一遇)的致洪面雨量。

受洪水涨落影响,水位-流量关系多呈复杂的绳套关系曲线,点绘两次过程的水位-流量关系散点,概化为单一关系曲线如图 9.7 所示。

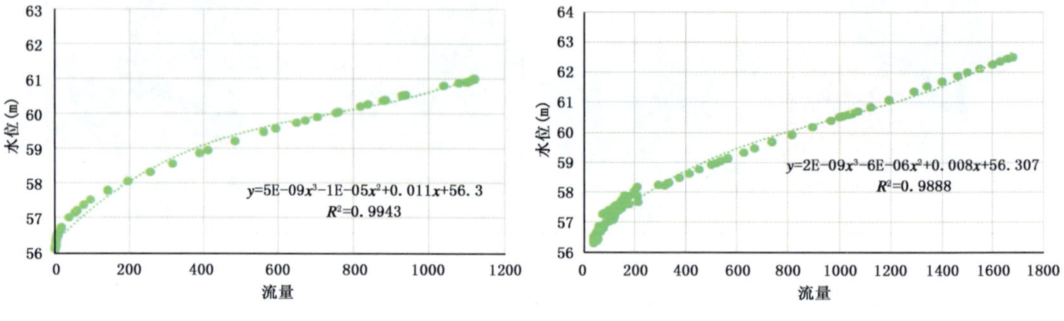

图 9.7　东津河沙埠站水位-流量关系曲线

通过查阅相关资料可知,东津河流域沙埠水文站警戒水位、保证水位及堤顶高度,根据沙埠水文站水位-流量关系曲线,得到相应水位下的流量(表 9.2)。

表 9.2　东津河流域不同水位及相应的流量

警戒水位(m)	保证水位(m)	堤顶高度(m)
59	61	64
警戒水位对应流量(m^3/s)	保证水位对应流量(m^3/s)	堤顶高度对应流量(m^3/s)
484	1316	1961

采用 TOPMODEL 模型进行流量模拟，如果模拟流量和给定的临界流量相差较大，那么重新给定面雨量进行模拟。通过多次模拟，直到模拟与临界流量一致，此时得到的面雨量就是临界(面)雨量(图 9.8)。

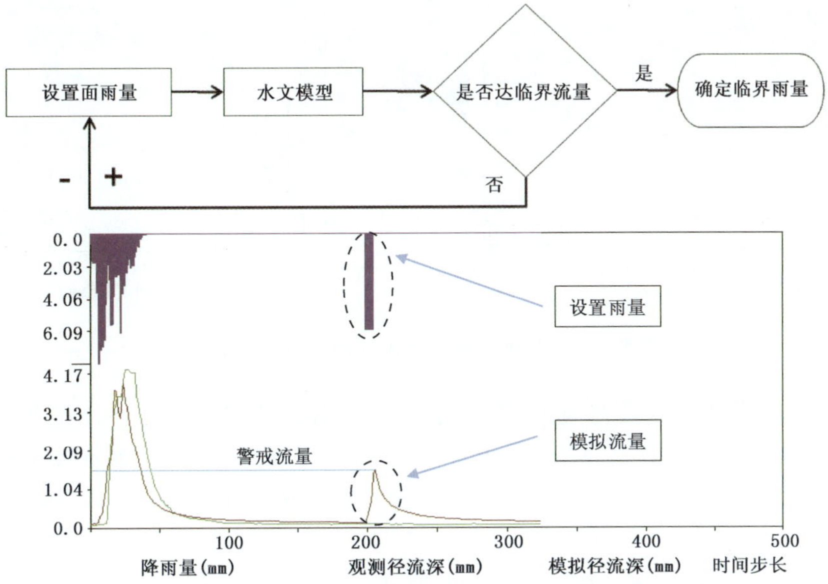

图 9.8　TOPMODEL 计算临界(面)雨量流程示意

最终得到不同基础水位的 16 h 致灾临界(面)雨量如表 9.3 所示。

表 9.3　不同基础水位的 16 小时致灾临界(面)雨量表

	警戒水位	保证水位	堤顶高度
基础水位为 57 m 时	60.8 mm	72.0 mm	121.6 mm
基础水位为 58 m 时	44.8 mm	67.2 mm	113.6 mm

9.3.3　不同重现期(*T* 年一遇)的致洪面雨量

利用国家气象观测站历史长序列小时雨量资料，重建区域站历史小时雨量资料序列，结合致灾临界(面)雨量以及历史暴雨洪涝灾情，建立致洪面雨量序列。采用广义极值分布函数来进行拟合优度检验，确定分布函数并计算出不同重现期(*T* 年一遇)的致洪面雨量。

东津河流域及周边共有国家气象观测站 7 个，流域内的区域气象站共有 22 个，区域气象站中建站时间较早(2006 年建站)的有 6 个。因此，采用东津河流域及周边的 7 个国家气象站小时雨量资料，运用逐步回归法，对东津河流域内的 6 个区域气象站进行历史长序列小时雨量资料重建。

根据泰森多边形的权重及各区域站重建的小时雨量资料，计算得到东津河流域长序列的逐小时面雨量序列。根据逐小时面雨量序列，计算滑动 16 h 累计面雨量，对照东津河流域 16 h 致灾临界(面)雨量计算结果，并结合精细化暴雨洪涝灾害风险普查灾情数据以及 1984—2010 年气象灾害普查数据库，挑选出东津河流域共 56 个致洪面雨量历史样本个例。

采用广义极值分布函数来进行拟合优度检验，参数估计分为形态参数、尺度参数和位置参数，当形态参数 $K=0$，为极值Ⅰ型(耿贝尔分布)；$K<0$，为极值Ⅱ型(弗雷歇分布)；$K>0$，为极值Ⅲ型(威布尔分布)。

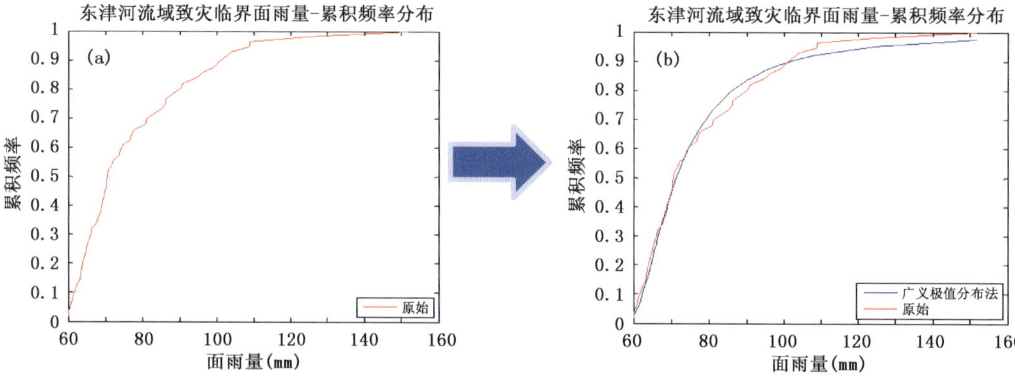

图 9.9 东津河流域致洪面雨量函数拟合图

图 9.9b 为东津河流域致洪面雨量历史个例函数拟合图,参数估计结果为:形态参数 0.4913,尺度参数 8.2028,位置参数 68.0660。由形态参数值可知,东津河流域致洪面雨量服从极值Ⅲ型分布,即威布尔分布,由此计算出东津河流域不同重现期(*T* 年一遇)的致洪面雨量如表 9.4 所示。

表 9.4 东津河流域不同重现期(*T* 年一遇)的致洪面雨量(mm)

重现期	5 年一遇	10 年一遇	15 年一遇	20 年一遇	30 年一遇	50 年一遇	100 年一遇
致洪面雨量	86.3	101.8	113.5	123.2	139.4	164.9	211.4

9.4 暴雨洪涝灾害风险区划

9.4.1 不同重现期(*T* 年一遇)洪水危险性

根据东津河流域致洪面雨量序列(56 个典型个例)以及逐小时降水资料,计算逐小时(1,2,3,…,16 h)降水概率,确定东津河流域内小时降水雨型分布(图 9.10)。

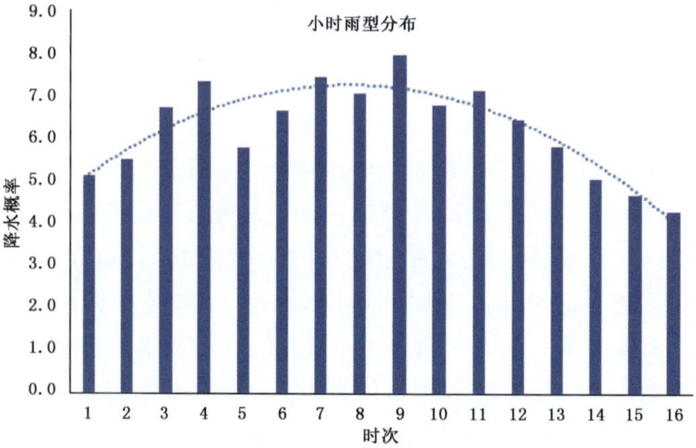

图 9.10 东津河流域小时降水雨型分布

流域内河流堤坝信息直接影响 FloodArea 洪水淹没模拟效果，在进行淹没模拟前，需获取流域内河流堤坝高度、长度等信息，叠加到流域 DEM 中，得到叠加流域堤坝信息的 DEM 数据。通过实地调查、测量，得到东津河流域堤坝信息并叠加到流域 DEM 中(图 9.11)。

图 9.11　东津河流域堤坝信息获取及叠加

将计算得到的东津河流域不同重现期致洪面雨量、小时雨型分布、叠加堤坝信息的 DEM、曼宁系数等数据代入 FloodArea 模型进行洪水淹没模拟，得到不同重现期下洪水淹没图(图略)。

9.4.2　不同重现期(*T* 年一遇)洪水的风险

将东津河流域不同重现期下(5、10、15、20、30、50、100 年一遇)洪涝淹没结果叠加该流域内的人口、GDP 以及土地利用信息，可得到不同重现期洪水淹没范围下人口、GDP 以及土地利用等暴露图谱。

在不同重现期(*T* 年一遇)洪水的淹没图上叠加人口，得到受洪水影响的人口数量，见表 9.5。

表 9.5　不同重现期下淹没人口信息(人)

淹没水深	5 年一遇	10 年一遇	15 年一遇	20 年一遇	30 年一遇	50 年一遇	100 年一遇
＜0.1 m	78775	76235	75651	75164	74704	73815	72660
0.1～0.3 m	3661	3208	3280	3289	3177	3104	3092
0.3～0.5 m	2305	1604	1556	1443	1434	1477	1420
0.5～1.0 m	3420	2698	2494	2431	2374	2164	2045
＞1.0 m	4041	8456	9220	9875	10514	11463	12816

在不同重现期（T 年一遇）洪水的淹没图上叠加 GDP，得到受洪水影响的 GDP，见表 9.6。

表 9.6　不同重现期下淹没 GDP 信息（万元）

淹没水深	5 年一遇	10 年一遇	15 年一遇	20 年一遇	30 年一遇	50 年一遇	100 年一遇
＜0.1 m	251963	243920	241826	239595	237743	233886	227666
0.1～0.3 m	11734	7971	8327	8834	8320	8436	7823
0.3～0.5 m	5959	5382	5120	4266	4518	4638	4002
0.5～1.0 m	19156	9949	8307	8351	8333	7443	7932
＞1.0 m	22079	43669	47311	49844	51977	56328	63314

在不同重现期（T 年一遇）洪水的淹没图上叠加土地利用，得到受洪水淹没的各类型土地面积和百分比，见表 9.7。

表 9.7　不同重现期下淹没各类型土地面积百分比（%）

淹没水深	5 年一遇		10 年一遇		15 年一遇		20 年一遇		30 年一遇		50 年一遇		100 年一遇	
	耕地	居民地	耕地	居民地	耕地	居民地	耕地	居民地	耕地	居民地	耕地	居民地	耕地	居民地
＜0.1 m	75.6	67.7	71.7	62.9	71.0	61.9	70.3	60.7	69.6	59.4	68.5	57.4	66.9	54.0
0.1～0.3 m	6.2	3.0	5.3	2.8	5.2	2.6	5.2	3.0	5.1	3.3	4.9	3.1	4.7	3.8
0.3～0.5 m	4.3	1.8	2.9	1.5	2.8	1.8	2.6	1.3	2.5	1.7	2.5	1.7	2.4	1.0
0.5～1.0 m	6.2	10.2	5.4	4.8	5.1	3.6	4.9	3.6	4.8	2.6	4.4	2.8	4.0	2.8
＞1.0 m	7.7	17.3	14.7	28.1	15.9	30.0	17.0	31.4	18.0	33.0	19.7	35.0	21.9	38.4

进一步，根据历史淹没水深与承灾体灾害损失的关系，建立承灾体洪涝灾害脆弱性曲线；根据不同淹没水深中承灾体的价值量和承灾体洪涝脆弱性曲线，得到承灾体的损失量。

9.5　防御措施

根据前述风险区划结果，指出哪些区域是中小河流洪水高风险区，不适合建设居民点，开发区和工程；如果确有必要建设或承灾体已存在，应该建什么标准的防御工程。

参考文献

陈莹，尹义星，陈兴伟，2011. 19 世纪末以来中国洪涝灾害变化及影响因素研究[J]. 自然资源学报，26(12)：2110-2120.

路明浩，程先富，2010. 洪水灾害风险评价研究综述[J]. 四川环境，29(6)：127-132.

姚惠明，沈国昌，2008. 洪涝灾害非经济损失分析[J]. 水利经济，26(5)：4-7.

张辉，许新宜，张磊，等，2011. 2000—2010 年中国洪涝灾害损失综合评估及其成因分析[J]. 水利经济，29(5)：5-9.

郑菲，孙诚，李建平，2012. 从气候变化的新视角理解灾害风险、暴露度、脆弱性和恢复力[J]. 气候变化研究进展，8(2)：79-83.

第10章

城市暴雨内涝灾害风险评估技术

郭军、李明财(天津市气候中心)

10.0 引言

城市内涝是在城市遭遇暴雨天气的情况下发生的衍生灾害。由于雨量过多,在地势低洼的地方,积水不能及时排出而形成的灾害。内涝作为能导致财产损失及其他经济损失的不测事件,其发生的可能性称之为风险。城市是内涝灾害风险变化最迅速、最显著的区域。如能分析把握城市内涝风险的分布特征与演变规律,对于合理制定城市排涝减灾及发展规划是十分重要的。近年来,内涝灾害在众多城市中都有增多趋势,有大量的新闻媒体进行过报道。

2011年6月以来,中国很多地方遭到强降雨袭击,杭州、深圳、南昌、北京等多个城市遭遇"内涝"。接二连三的城市在倾盆大雨之后,汪洋一片,暴雨无一例外地造成了严重内涝,促成交通拥堵,给人们正常的生活带来极大影响。如北京2011年6月23日大暴雨,中心城区部分地区、海淀大部分地区、丰台大部分地区、石景山大部分地区出现暴雨级别的降水,最大降水出现在石景山模式口,短短2 h降水量达到176 mm。这次降雨造成了数人死亡、多辆汽车被淹、部分地铁停运、首都机场部分飞机延误等后果。相比北京的这次暴雨,济南2007年7月18日城市暴雨的影响则更大。据报道,7月18日山东出现入汛以来第一次强降水,17:00到22:00济南遭受有气象记录以来的最大暴雨袭击,平均降雨量134 mm,市区3 h最大降雨量达到180 mm,截至7月19日,暴雨造成35人死亡,10人失踪,173人受伤。2011年,武汉、长沙等城市纷纷出现城市暴雨致灾的报道,城市暴雨致灾问题已经成为影响城市公共安全的重要问题。全国351个城市的水灾调查显示,2008—2010年全国大概有超过60%的城市发生过内涝。其中水深在50 cm以上的内涝占到70%以上,积水超过半小时的占总数的近80%。

造成目前众多城市内涝的原因主要有以下几个方面:1)极端超强暴雨频发。集中的超强暴雨是导致内涝的主要因素。以广州为例,该城市属于亚热带海洋季风气候,降雨充沛且相对集中,加之工业化、城市化步伐较快,"城市热岛效应"、"城市雨岛效应"日趋严重,从而使得小范围、高强度的局部暴雨时有发生,容易导致内涝。另外,城市化进程不断改变城市的气候,对降水强度和降水量分布有直接影响,在城区及其下风方向有降水强度增大降水量增多的效应。2)地表径流不断增大。随着城市的高速发展,城市人口的集中,建成区面积的扩大,大量街道、建筑物相继建成,除绿地、水域外,城市下垫面基本被水泥、沥青覆盖,使城市下垫面形成了不透水层。城市中大量不透水面积的存在,阻碍了雨水的下渗,同时使地面径流系数明显升高,降雨量较大时，要在短时间内排出大量的雨水，加大了城市排水设施的负担，增加了内涝风险。加之，人口和经济的密集程度不断增大，城市暴雨内涝形成灾害的风险相对增大。这也是为什么同样一场强度的暴雨，现在要比过去可能造成更为严重的灾害和损失。3)市政系统规划不完善，排水设计标准偏低。目前广州市还没有完整有效的地面高程规划和排水控制性详细规划，1995 年编制的防洪排涝规划已到修编年限，河涌水系规划的部分控制蓝线未能落地，难以保证各地排涝的需要。天津市市政排水目前采用的设计暴雨，其依据是 1932—1981 年的降水观测记录，已不能反映当前的气候状况。天津市除重点区域的排水设计标准达三到五年一遇外，大部分地区为一年一遇，且排水设计仍以原有的设计暴雨为基础。

城市暴雨内涝灾害一直是困扰城市发展的重大问题，必须进行有效的灾害管理以最大限度地降低对城市居民和社会经济财产造成的损失。当前，国际灾害管理发展的趋势是风险管理取代灾害管理。近 20 年来国际减灾的实践也证明，在预防、防备和减灾工作中，预防最为重要，而灾害风险管理是灾害预防的重要工具。灾害风险评估作为灾害风险管理的核心内容，是当代国际减灾、灾害研究普遍关注的热点问题。因此，及时监测、预测内涝灾害的发生，评估灾害的影响程度，有利于防汛部门及时采取排涝措施，减少灾害损失。

10.1 概念和范围

城市内涝是指在城市区域遭遇暴雨或短历时强降水天气后发生的气象衍生灾害。城市地区雨量过大超过排水能力形成地表积水，当积水过深，范围过大，影响城市的交通、居民生活和生产活动，形成灾害，称为城市内涝。由于雨量过大，在地势低洼的地方，积水不能及时排出而形成灾害。内涝灾害发生时，受影响最大的城市交通，当积水深度达到 20 cm 时，步行困难；积水超过 30 cm 时，则自行车、小汽车行进困难；积水超过 80 cm 时，则交通完全中断。城市空间立体开发使下穿隧道、地下商场、停车场和轨道交通等地下设施大量增加，积水倒灌浸泡的隐患空前增大，积水不仅造成房屋、物品浸泡，造成财产损失，甚至会威胁生命安全。积水常常变成污水，对城市环境卫生造成不良影响。可见，暴雨造成的内涝灾害严重影响城市正常的生活秩序，给地方政府带来严重压力。

10.2 评估技术路线

内涝的灾害风险评估过程包括风险辨识、风险估计和风险评价。风险辨识是描述可能发生的内涝灾害对承灾体造成的负面影响；风险估计是使用定性或定量的方法描述内涝风险中致灾因子发生的概率、强度以及产生后果的过程；风险评价则是对内涝风险分析的结果确定评价标准并进行分级。

10.2.1 内涝风险辨识

风险辨识是描述可能发生的内涝灾害对承灾体造成的负面影响，是灾害风险评估的第一步，对于单个确定致灾因子的暴雨内涝风险辨识来说，主要任务就是识别致灾因子风险的来源和影响因素，结合承灾体辨识灾害风险产生的主要因素。因此，内涝风险辨识包括致灾因子辨识和承灾体辨识。风险辨识包括：

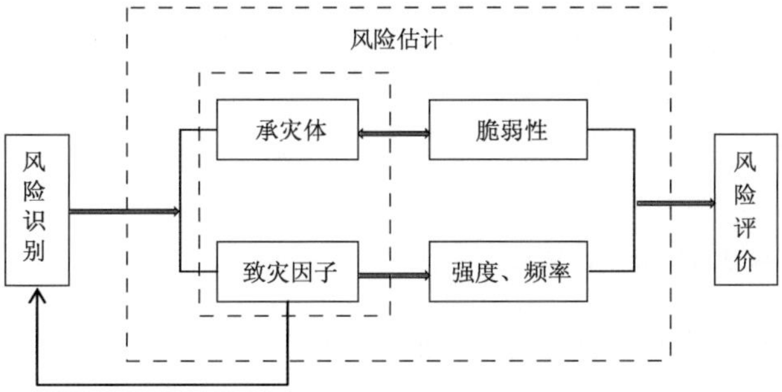

图 10.1　暴雨内涝风险评估的一般过程

1. 致灾因子辨识

首先,分析暴雨的频率和强度,造成的历史灾情;识别研究区是否属于内涝灾害多发区以及统计暴雨灾害发生频率和强度及造成的损失。其次,摸清城市化影响下,不透水面积的分布,河道、坑、塘、湖泊以及排水设施的状况。

2. 承灾体辨识

目前,人口和财产两大类承灾体是众多学者普遍关注的对象。对于城市系统而言,暴雨内涝危机的承灾体多种多样,房屋、道路以及其他基础设施对暴雨内涝灾害都较为敏感,故需针对某种或几种承灾体,调查承灾体的状况,如交通工具、交通密度等。据此分析内涝灾害的负面影响。

10.2.2　内涝风险估计

风险估计是使用定性或定量的方法描述内涝风险中致灾因子发生的概率、强度以及产生后果的过程。风险估计是风险评估的核心内容,是在内涝风险识别的基础上,通过资料分析,对内涝灾害事件造成的损失、影响做出定量或定性的估计。

1. 致灾因子估计

包括不同等级暴雨的重现期分析和强度分析。重现期分析,即概率分析,大体上可以分为客观概率分析法、理论概率法和主观概率分析法。客观概率法是人们利用历史资料推算事件发生的概率,当资料缺乏的情况下,可以使用理论概率或主观概率来推算,如:使用数学方法抽象出概率分布规律、通过长期经验主观判断。

在定量致灾因子的强度是,必须考虑不同的致灾因子使用不同的指标来衡量其强度,内涝灾害常用内涝积水深度、积水历时、洪峰流量以及积水分布和面积等指标来刻划。

2. 承灾体估计

在致灾因子强度一定情况下,灾害损失的程度取决于承灾体自身的脆弱性,不同的承灾体对致灾因子的敏感度不同,如 20 cm 深积水导致步行困难,水深达 30 cm 导致小型车辆无法通行,80 cm 水深导致交通中断等。

10.2.3　内涝风险评价

风险评价是对暴雨内涝事件的后果进行影响分析,确定风险是否超出社会的承受能力。考虑内涝发生频率和造成损失的综合后果,涉及多个风险因素和事件的共同作用。评价是通过划分危害等级标准来进行的。常用的风险评价方法有层次分析法、模糊综合评价法以及加权综合评价法等。

10.3 评估方法

10.3.1 构建适用于当地的仿真模型进行风险评估

(1)建立适合本地区的暴雨内涝仿真模型

结合当地 1∶10000 的城市地表高程资料、河流、城市道路(包括公路和铁路)、高架桥、街区、绿地、坑塘、建筑物、区县界等自然地理特征信息,建立适合本地区的城市暴雨内涝仿真模型(韩素芹等,2001),从排水管理处获得积水区实测积水深度资料对实际降水过程进行模拟验证。

(2)确定本地区不同降水等级的重现期

不同地区降水情况及城市的防洪排涝能力存在较大差异,不同等级的降水造成的内涝灾害强度也不尽相同。结合当地历史的降水资料,统计降水在不同等级内出现的次数,并通过降水等级——频次分布经验公式计算得到不同降水等级的平均重现周期。

(3)划分本地区内涝等级标准

以城市道路交通作为暴雨内涝的主要承灾体,在调查不同车型的涉水深度的基础上依据《国家气象灾害应急预案》,以不同的积水深度划分本地区暴雨内涝等级。

10.3.2 运用已有的水文水动力模型进行风险评估

(1)二维水动力模型的模拟及验证

二维水动力模型 FloodArea 是利用 GIS 矢量栅格一体化的空间分析功能,对洪涝进行动态模拟的软件。其在欧洲及中国都得到了很好的应用,制定了多个流域的洪灾风险图。随机选取研究区多年暴雨过程中的 3 次,利用这 3 次暴雨过程的逐时降雨数据,及研究区的数字高程模型、地表粗糙系数等地理数据,通过二维水动力模型 FloodArea 对研究区的暴雨内涝淹没过程进行动态模拟。实地勘察研究区在这 3 次暴雨过程中的淹没情况(淹没区域与淹没深度),将其与模型模拟出的结果进行比对来验证二维水动力模型在该区域的适用性和准确度。

(2)致灾因子的危险性分析

降雨是城市暴雨内涝最主要的致灾因子。在一次暴雨过程中,我们选取最大降雨时刻后 1 h 的淹没情况作为此次降雨过程的致灾因子。淹没深度为致灾因子危险性的定量指标,采用自然分段法将淹没深度划分为高危险性、次高危险性、中危险性、次低危险性和低危险性 5 级。

(3)暴露度、脆弱性分析

暴露度采用研究区的人口与 GDP 作为指标。建立研究区的人口和 GDP 与不同土地利用类型的相关关系,并根据此相关关系计算得到不同土地利用类型上分布的人口与 GDP。

研究区对暴雨内涝灾害的脆弱性与研究区排涝能力息息相关。因此,选择代表研究区排涝能力的泵站分布及流量作为脆弱性的定量评价指标。排涝能力强的地区,脆弱性低。

(4)暴雨内涝风险分析

IPCC 第五次评估报告提出,风险=致灾因子危险性×暴露度×脆弱性。利用 GIS 技术对致灾因子危险性、暴露度、脆弱性进行空间叠加分析。并根据自然分段法，将研究区的暴雨内涝灾害风险分为低风险区、次低风险区、中风险区、次高风险区、高风险区 5 个等级。

10.3.3　暴雨内涝风险评估模拟

针对不同重现期的降水典型个例，通过模拟得到不同重现期降水下本地区不同地点的积水深度，并依据标准划分为不同的暴雨内涝等级，进而得到不同等级降水的内涝风险分布。

10.4　评估案例

10.4.1　天津内涝模型的建立和验证

天津市气象科学研究所与中国水利水电研究院在流域洪涝灾害仿真模型基础上，结合天津市城区自然地理特征信息及暴雨内涝的具体特点和服务要求，对流域仿真模型进行深入研究，研制了天津城市暴雨内涝仿真模型（韩素芹等，2001），并利用仿真模型对天津市 3 次实际降水过程进行了模拟验证，模拟误差基本在 10 cm 以下。

10.4.2　确定天津不同降水等级的重现期

为研究方便，将大雨以上降水划分成 7 个等级，并对 1918—1998 年 5—10 月天津市气象台日降雨资料（日降水量）进行统计，得到大雨以上降水在不同等级内的出现次数（表 10.1）。

表 10.1　天津市强降水等级—频次分布

等级	降水量(mm)	出现频次	计算频次	平均重现周期(a)
1	25～49.9	327	279.3	0.2477
2	50～74.9	96	103.7	0.78
3	75～99.9	38	38.5	2.103
4	100～124.9	10	14.3	5.664
5	125～149.9	7	5.3	15.255
6	150～174.9	2	1.97	41.083
7	175～199.9	0	0.732	110.642

对表 10.1 中的出现频次取对数后，可以看出频次的对数与强降水等级之间有较好的线性关系，可以用如下经验式表示：

$$\mathrm{Ln}(N)=6.623028-0.9906966D \tag{10.1}$$

式中，D 为强降水等级。N 为不同强降水等级的出现频数。

降水重现期通常为该等级降水出现概率的倒数，利用式(10.1)可以求出天津市各等级强降水的计算频次和平均重现期。由表 10.1 可知，50～74.9 mm 等级的降水平均不到一年发生一次，150～174.9 mm 等级的降水平均 40a 出现一次，而 175～199.99 mm 等级的降水平均出现周期为 110a，该等级降水虽未在 81a 的资料中出现过，但无充分理由排除其发生的可能性。

10.4.3　划分天津内涝等级标准

考虑到路面积水对汽车的运行有影响，为了较为科学地确定内涝对交通的影响，选取最大涉水深度作为评价汽车通过性的重要指标之一。通过调研，查找了大量与机动车涉水深度有关的资料。根据一些常见车型的涉水深度资料统计得到了不同车型的涉水深度(表 10.2)。

表 10.2　不同车型的涉水深度

车型	涉水深度(cm)
重型大货车	100～120
普通大货车	45～80
大型客车	50～80
中型客车	28～75
越野吉普车	39～85
小客车	27～60

参考表 10.2，同时依据《国家气象灾害应急预案》，Ⅰ级预警为预报、预测气象灾害达到特别严重标准，Ⅱ级预警为预报、预测气象灾害达到严重标准，Ⅲ级预警为预报、预测气象灾害达到较重标准，Ⅳ级预警为预报、预测气象灾害达到一般标准的划分方法，将城市内涝按积水深度分为四个等级：

表 10.3　积水深度分级

分级 判别标准(cm)	Ⅰ级 $PD \geqslant 80$	Ⅱ级 $50 \leqslant PD < 80$	Ⅲ级 $25 \leqslant PD < 50$	Ⅳ级 $10 \leqslant PD < 25$
程度	特别严重内涝	严重内涝	中度内涝	一般性内涝
影响	车辆无法通行，交通中断，工厂、商店、住宅进水现象严重，对交通、生产、生活造成特别严重影响	大型客、货车通行困难、部分工厂、商店、住宅有进水现象发生，对交通、生产、生活造成严重的影响	中、小型车辆通行困难，少数工厂、商店、住宅有进水现象发生，对交通、生产、生活造成一定影响	行人通行较困难，对居民生活造成一定影响

* 其中：PD 为积水深度。

10.4.4　天津暴雨内涝的评估模拟

采用天津城市暴雨内涝仿真模型，选择暴雨以上等级(表 10.1 中 2～6 级)的典型降水过程进行暴雨内涝风险情景评估模拟。根据经验，导致内涝灾害的降水过程通常为短历时强降水，因此选择典型降水过程的原则是，降水历时在 12 h 以内，1 h 降水量≥20 mm 的至少有 1 次。7 级降水在 81 a 的统计样本中未出现过，现假设 180 mm 降水量平均分配在 9 h 中，以此作为该等级的降水过程。

各降水过程中，设降水量在各雨量站均匀分布，以此比较不同区域内涝程度的差别。实际降水过程的雨量空间分布不均，但从风险评估的角度考虑，任何地方都有可能发生类似等级降水。

对各级降水模拟，得到各积水点的积水深度(表 10.4 中深度)，根据表 10.3 换算为内涝等级(表 10.4 中等级)。

表 10.4 各级降水内涝风险的模拟结果

降水等级	50～74.9 mm		75～99.9 mm		100～124.9 mm		125～149.9 mm		150～174.9 mm		175～199.9 mm	
重现期	1 a		2 a		5 a		15 a		40 a		100 a	
模拟个例	1992.7.23		1995.7.16		1995.8.16		1985.8.6		1994.8.6			
地点	深度	等级	深度	等级	深度	等级	深度	等级	深度	等级	深度	等级
黄河戏院	44	Ⅲ	5	0	26	Ⅲ	61	Ⅱ	63	Ⅱ	69	Ⅱ
四面钟	4	0	18	Ⅳ	25	Ⅲ	42	Ⅲ	44	Ⅲ	34	Ⅲ
中国戏院	25	Ⅲ	12	Ⅳ	21	Ⅳ	71	Ⅱ	71	Ⅱ	34	Ⅲ
烟台道	41	Ⅲ	43	Ⅲ	46	Ⅲ	52	Ⅱ	61	Ⅱ	63	Ⅱ
音乐厅	22	Ⅳ	21	Ⅳ	22	Ⅳ	33	Ⅲ	48	Ⅲ	52	Ⅱ
同安道	19	Ⅳ	25	Ⅲ	29	Ⅲ	34	Ⅲ	40	Ⅲ	42	Ⅲ
烈士路	12	Ⅳ	12	Ⅳ	21	Ⅳ	44	Ⅲ	53	Ⅱ	57	Ⅱ
城隍庙	6	0	18	Ⅳ	19	Ⅳ	21	Ⅳ	27	Ⅲ	28	Ⅲ
掩骨会	54	Ⅱ	31	Ⅲ	45	Ⅲ	77	Ⅱ	53	Ⅱ	84	Ⅰ
靶档道	21	Ⅳ	22	Ⅳ	24	Ⅳ	23	Ⅳ	56	Ⅱ	71	Ⅱ
北草坝	14	Ⅳ	20	Ⅳ	23	Ⅳ	39	Ⅲ	43	Ⅲ	39	Ⅲ
农科院	15	Ⅳ	21	Ⅳ	23	Ⅳ	27	Ⅲ	31	Ⅲ	32	Ⅲ
空军医院	9	0	13	Ⅳ	15	Ⅳ	18	Ⅳ	24	Ⅳ	26	Ⅲ
杨桥街	31	Ⅲ	34	Ⅲ	36	Ⅲ	52	Ⅱ	59	Ⅱ	61	Ⅱ
鸿顺里	24	Ⅳ	31	Ⅲ	33	Ⅲ	36	Ⅲ	56	Ⅱ	67	Ⅱ
北站外	24	Ⅳ	30	Ⅲ	31	Ⅲ	34	Ⅲ	37	Ⅲ	49	Ⅲ
昆纬路	32	Ⅲ	31	Ⅲ	31	Ⅲ	52	Ⅱ	60	Ⅱ	63	Ⅱ
王串场	23	Ⅳ	37	Ⅲ	42	Ⅲ	57	Ⅱ	53	Ⅱ	57	Ⅱ
新开路	31	Ⅲ	17	Ⅳ	21	Ⅳ	37	Ⅲ	49	Ⅲ	50	Ⅱ
唐口新村	22	Ⅳ	21	Ⅳ	22	Ⅳ	27	Ⅲ	62	Ⅱ	64	Ⅱ
六纬路	21	Ⅳ	24	Ⅳ	25	Ⅲ	78	Ⅱ	85	Ⅰ	87	Ⅰ
中山门	22	Ⅳ	31	Ⅲ	31	Ⅲ	40	Ⅲ	48	Ⅲ	45	Ⅲ
郑庄子	20	Ⅳ	24	Ⅳ	26	Ⅲ	31	Ⅲ	37	Ⅲ	40	Ⅲ
福建路	21	Ⅳ	31	Ⅲ	33	Ⅲ	24	Ⅳ	29	Ⅲ	30	Ⅲ
西南楼	35	Ⅲ	36	Ⅲ	31	Ⅲ	51	Ⅱ	58	Ⅱ	60	Ⅱ
信济里	15	Ⅳ	18	Ⅳ	20	Ⅳ	21	Ⅳ	24	Ⅳ	24	Ⅳ
南北大街	15	Ⅳ	18	Ⅳ	20	Ⅳ	25	Ⅲ	30	Ⅲ	32	Ⅲ
土城	4	0	4	0	44	Ⅲ	55	Ⅱ	59	Ⅱ	61	Ⅱ
小海地	16	Ⅳ	16	Ⅳ	17	Ⅳ	30	Ⅲ	36	Ⅲ	27	Ⅲ
五爱道	35	Ⅲ	31	Ⅲ	48	Ⅲ	57	Ⅱ	68	Ⅱ	71	Ⅱ
李家房子	11	Ⅳ	4	0	4	0	10	Ⅳ	14	Ⅳ	14	Ⅳ
昌合里	14	Ⅳ	14	Ⅳ	14	Ⅳ	35	Ⅲ	28	Ⅲ	13	Ⅳ
三条石	21	Ⅳ	21	Ⅳ	22	Ⅳ	45	Ⅲ	36	Ⅲ	42	Ⅲ
西站	14	Ⅳ	14	Ⅳ	15	Ⅳ	42	Ⅲ	50	Ⅱ	52	Ⅱ
放生院	11	Ⅳ	12	Ⅳ	14	Ⅳ	32	Ⅲ	17	Ⅳ	28	Ⅲ
小西关	24	Ⅳ	28	Ⅲ	31	Ⅲ	35	Ⅲ	41	Ⅲ	43	Ⅲ

以积水深度评估等级定量评估天津市出现内涝的风险，Ⅰ级为风险最高，Ⅳ级为风险最低。0为无风险。表10.5表明，同等强度的降水过程对市区不同地方会造成不同程度的内涝；在不同降水过程中，随着降雨强度增大，多数地区的灾情也有不同程度的增加。表10.5可以作为天津市区暴雨内涝灾害风险区划的参考依据，对于量化暴雨内涝灾害的程度，具有一定参考意义。

表10.5　天津市不同等级降水的内涝风险分布

等级	50～74.9 mm	75～99.9 mm	100～124.9 mm	125～149.9 mm	150～174.9 mm	175～199.9 mm
Ⅰ	0.0%	0.0%	0.0%	0.0%	2.8%	5.6%
Ⅱ	2.8%	0.0%	0.0%	27.8%	38.9%	38.9%
Ⅲ	22.2%	33.3%	44.4%	50.0%	41.7%	41.7%
Ⅳ	63.9%	55.6%	47.2%	16.7%	11.1%	8.3%

参考文献

陈利群，王召森，石炼，2011. 暴雨内涝后城市排水规划管理的思考[J]. 给水排水，37(10)：29-33.
郭常安，邓立鸣，2011. 广州市中心城区内涝分析及对策[J]. 中国给水排水，27(10)：25-28.
韩素芹，夏祥鳌，黎贞发，等，2001. 天津市城区暴雨沥涝动态仿真模拟系统[J]. 灾害学，16(1)：18-22.
许世远，王军，石纯，等，2006. 沿海城市自然灾害风险研究[J]. 地理学报，61(2)：127-138.
殷杰，尹占娥，王军，等，2009. 基于GIS的城市社区暴雨内涝灾害风险评估[J]. 地理与地理信息科学，25(6)：92-95.

第 11 章

基于二维水动力模型的城市风险评估技术

陈静、孙赫敏(南京信息工程大学)

温姗姗(中国科学院大学)

11.0 引言

城市内涝是由气团、锋、气旋和反气旋等天气系统产生强降雨、水利工程失效等造成的城市地面积水不能及时排出，城市各种建筑设施被淹、造成城市系统功能紊乱或丧失、人员伤亡、经济损失、社会影响显著的自然现象。近些年来，随着中国城市化进程不断加快，城市暴雨内涝发生的频率、强度以及因此造成的损失也在逐年增加。据中国统计年鉴的数据显示：从 2000 年到 2013 年，中国城市市辖区总人口大于 20 万的城市数量由 524 个增加到 580 个，城市人口比重由 36.22%增长至 49.68%。快速的城市化进程不仅影响了城市气候，使得城市热岛效应和雨岛效应突出，也使得土地利用类型发生巨大变化。城市不透水区域面积大幅度增加，致使地表径流增大，地表汇流速度大幅度加快。土地利用类型与结构的巨大变化对城市暴雨内涝在自然环境方面产生了巨大的影响，也对致灾因子和承灾体有着重大影响。据住房建设部 2010 年对中国 351 个城市专项调研，2008—2010 年，中国 62%的城市发生过不同程度的内涝，其中内涝灾害超过 3 次以上的城市有 137 个，在发生过内涝的城市中，57 个城市的最长淹水时间超过 12 h。另据国家防汛抗旱总指标办公室统计，2010 年中国有 258 个城市受淹，其中大多数为暴雨内涝。城市内涝的发生，将导致城市交通通信、水电气暖等生命线工程瘫痪，社会经济活动中断，造成严重的经济损失甚至人员伤亡。

11.1 概念与范围

致灾因子是自然灾害的危险性因子，它可能是造成生命伤亡与人类社会财产损失的自然异变因子；

暴露度是指人员、生计、环境服务和各种资源、基础设施，以及经济社会文化资产处在可能受到不利影响的位置，是灾害影响的最大范围；

脆弱性是指受到不利影响的倾向或趋势。包括两方面：一是承受灾害的程度，即灾损的敏感性，其二是可恢复的能力和弹性。

二维水动力模型 FloodArea 模型是德国 Geomer 公司研制的基于 GIS 的水动力模型，用于界定洪水淹没范围，可预警可能的洪水风险。FloodArea 软件设计为 ArcView GIS 扩展模块，其运行利用了GIS矢量栅格一体化的空间分析功能，根据研究区数字地形模型、表示模拟起始位置的河网水位、表示洪水进入圩区起始位置的破圩点、由曼宁系数获取的粗糙率、代表模拟边界的堤防等阻水物数据，模拟溃口式或堤防漫顶式的淹没情况，精确地反映洪水演进过程。

11.2 技术路线

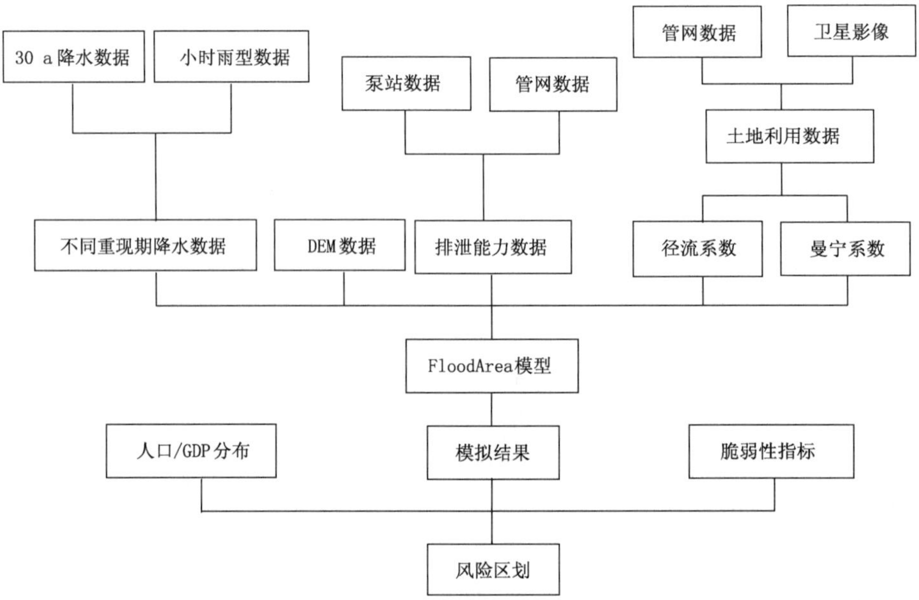

图11.1 技术路线图

11.3 方法

11.3.1 二维水动力模型的模拟及验证

二维水动力模型FloodArea是利用GIS矢量栅格一体化的空间分析功能，对洪涝进行动态模拟的软件。其在欧洲及中国的长江流域都得到了很好地应用，制定了多个流域的洪灾风险图。随机选取研究区多年暴雨过程中的3次，利用这3次暴雨过程的逐时降雨数据，及研究区的数字高程模型，地表粗糙系数等地理数据，通过二维水动力模型FloodArea对研究区的暴雨内涝淹没过程进行动态模拟。实地勘察研究区在这3次暴雨过程中的淹没情况（淹没区域与淹没深度），将其与模型模拟出的结果进行比对来验证二维水动力模型在该区域的适用性和准确度。

11.3.2 致灾因子的危险性分析

降雨是城市暴雨内涝最主要的致灾因子。在一次暴雨过程中，选取淹没范围最大时的淹没情况作为此次降雨过程的致灾因子。淹没深度为致灾因子危险性的定量指标，采用自然分段法将淹没深度划分为高危险性、次高危险性、中危险性、次低危险性和低危险性 5 级。

11.3.3　暴露度分析

暴露度采用研究区的人口与 GDP 作为指标。建立研究区的人口和 GDP 与不同土地利用类型的相关关系，并根据此相关关系计算得到不同土地利用类型上分布的人口与 GDP。为了对暴露度进行更为精确的分析，对人口密度和地均 GDP、道路密度值进行网格化处理。

11.3.4　脆弱性分析

城市内涝的脆弱性评估主要包括历史灾情的灾损评估和城市的防灾、抗灾能力两部分。在灾损数据难以获取的情况下，南京市主城区暴雨城市内涝风险的脆弱性评估重点评估城区的防灾、减灾能力。城区的排涝能力是防灾、减灾能力的重要体现。因此，选择代表研究区排涝能力的泵站分布及流量作为脆弱性的定量评价指标。排涝能力强的地区，脆弱性低。

11.3.5　暴雨内涝风险分析

IPCC 的《管理极端事件和灾害风险，推进气候变化适应特别报告》提出，风险＝致灾因子危险性×暴露度×脆弱性。利用 GIS 技术对致灾因子危险性、暴露度、脆弱性进行空间叠加分析可得到风险的空间分布。并根据自然分段法，将研究区的暴雨内涝灾害风险分为低风险区、次低风险区、中风险区、次高风险区、高风险区 5 个等级。

11.4　评估案例

南京市位于长江中下游地区，江苏省西南部。地貌特征属丘陵地带，以低矮山岗为主。全市范围内湖泊、水库星罗棋布，河流网织，水域面积超过 11%。南京市气候四季分明，雨水充沛，属北亚热带温润气候。常年平均降水 117 d，平均降雨量 1106.5 mm，相对湿度为 76%。年平均气温 15.3℃，冬季以东北风为主，夏季以东南风为主。由于受到季风的影响，降水季节分配不均，其中以 5—9 月为汛期，降雨量一般占到全年降雨量的 50%～60%。夏季降水集中，以历时短，强度大为主要特点。南京是中国受暴雨内涝灾害影响较为严重的城市之一。受季风气候影响，南京每年夏季梅雨期暴雨事件频发，内涝情况严重，给城市生活带来诸多不便。

11.4.1　二维水动力模型的模拟及验证

选取南京市主城区 2015 年 6 月的 3 次暴雨过程，利用 FloodArea 软件对这 3 次暴雨过程进行模拟，将得到的模拟淹没范围与淹没深度与收集到的本次暴雨过程的淹没情况进行比对。结果证明，模拟结果的淹没点与实际情况一致，模拟的淹没深度稍有出入，可以认为 FloodArea 的模拟结果基本可靠。

11.4.2　致灾因子的危险性分析

暴雨是城市内涝最主要也是最重要的致灾因子之一。通过 30a 以上的降水记录计算出南京市不同重现期下的降雨阈值。通过多次降雨过程资料分析得出南京市主城区的降雨雨型。综合南京市主城区的雨型分布和不同重现期的降雨阈值可以推算得到其在不同重现期下逐时的降雨过程量。利用 FloodArea 模型分别对不同重现期进行淹没模拟，选取最大淹没范围时的淹没范围及淹没深度作为该重现期的暴雨内涝灾害的致灾因子的评价指标。

11.4.3　暴露度分析

暴露度分析主要是确定可能暴露在灾害影响下的人口、财产、基础设施等要素，它是进行损失评估的重要步骤。在城市暴雨内涝风险评估中，人口，经济是主要的承灾体，承受着来自灾害的不利影响。选取人口密度、地均 GDP 分别作为人口要素、经济要素指标对南京市主城区暴雨内涝灾害进行暴露度分析。人口经济数据以《南京统计年鉴 2010》为基准。

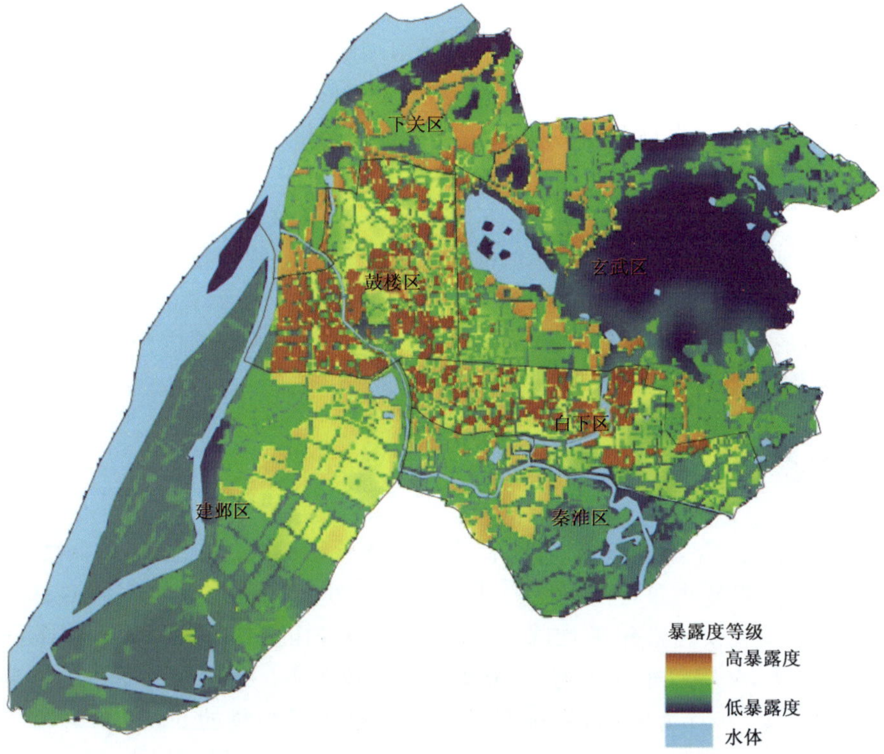

图 11.2　南京市主城区暴露度空间分布

11.4.4　脆弱性分析

暴雨内涝灾害的脆弱性与城区的排涝能力息息相关，排涝能力强则脆弱性低，相应排涝能力弱则脆弱性高。对南京市主城区的泵站流量进行标准化处理，并利用 ArcGIS 的泰森多边形分析得到不同泵站的最大排涝区，得到南京市主城区排涝能力的空间分布。

11.4.5　暴雨内涝风险分析

根据 IPCC《管理极端事件和灾害风险推进气候变化适应特别报告》提出的风险评估方法，利用 GIS 技术将致灾因子危险性、暴露度和脆弱性进行空间分析计算可得到南京市主城区暴雨内涝风险的空间分布。采用自然分段发将其分为低风险区、次低风险区、中危险区、次高危险区和高危险区 5 个等级。.

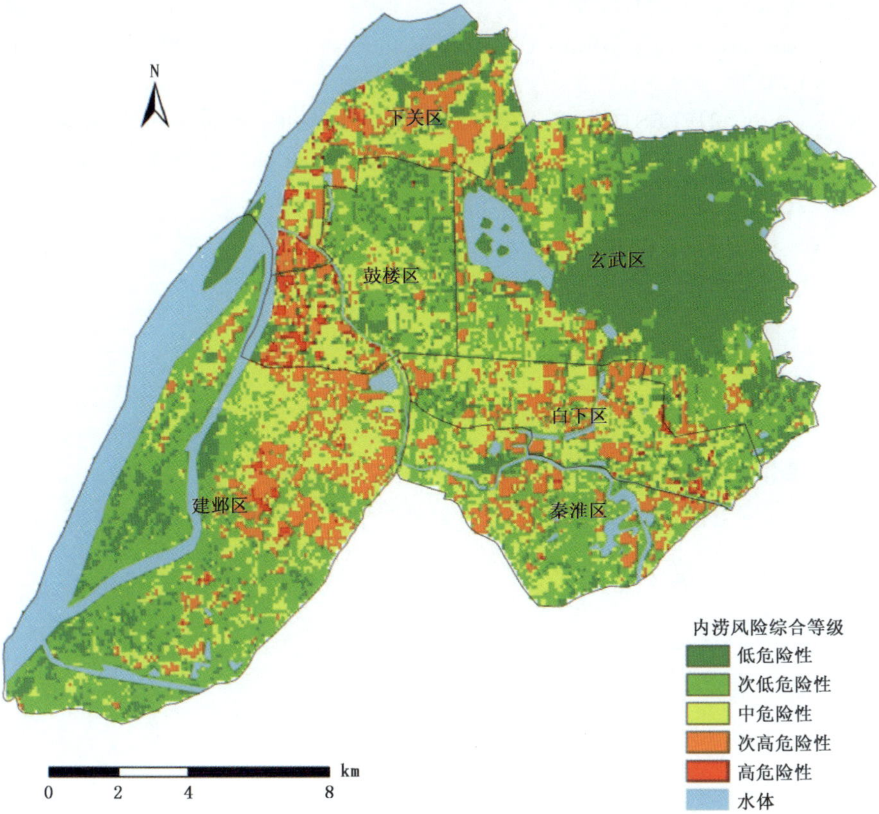

图 11.3 南京市主城区暴雨内涝风险空间分布

参考文献

陈鹏，张立峰，孙滢悦，等，2014. 哈尔滨市道里区基于 GIS 网格尺度的城市暴雨积涝灾害风险评价[J]. 浙江农业科学，1(10)，DOI：10.3969/j.issn.0528－9017.2014.10.038.

耿焕同，吴正雪，计浩军，等，2015. 基于 GIS 的上海市嘉定区暴雨积涝灾害风险区划研究[J]. 灾害学，30(1)，DOI：10.3969/j.issn.1000－811X.2015.01.019.

胡茂川，张兴奇，2011. 南京市内涝灾害成因分析[J]. 重庆交通大学学报(社科版)，11(3)：28-30.

扈海波，轩春怡，诸立尚，2013. 北京地区城市暴雨积涝灾害风险预评估[J]. 应用气象学报，24(1)：99-108. DOI：10.3969/j.issn.1001－7313.2013.01.010.

刘昌杰，2012. 基于 GIS 的气象灾害风险精细化评估系统研究与实现[D]. 南京：南京信息工程大学：1-66.

尹占娥，许世远，殷杰，等，2010. 基于小尺度的城市暴雨内涝灾害情景模拟与风险评估[J]. 地理学报，65(5)：553-562.

张冬冬，严登华，王义成，等，2014. 城市内涝灾害风险评估及综合应对研究进展[J]. 灾害学，29(1)：144-149.

DE MOCL H，JEROEN C，AERTS J H，et al，2011. Development of food exposure in the Netherlands during the 20th and 21st century[J]. Global Environmental Change，21：620-627.

FALTER D，SCHROTER K，DUNG N V，et al，2015. Spatially coherent flood risk assessment based on long-term continuous simulation with a coupled model chain[J]. Journal of hydrology，524：182-193.

MARSALEK J，SCHANZE J，ZEMAN E，2006. Flood risk management：hazards，vulnerability and mitigation measures[J]. Nato Science，67：21-97.

NOTT J，2006. Extreme event：A physical reconstruction and risk assessment[M]. London：Cambridge University Press，3：51-75.

SKAKUN S，KUSSUL N，SHELESTOV A，et al，2014. Flood hazard and flood risk assessment using a time series of Satellite images：a case study in Namibia[J]. Risk analysis，34(8)：1521-1537.

第 12 章
台风灾害风险评估技术

尹宜舟(国家气候中心)

12.0 引言

热带气旋生成于热带或副热带洋面上，是有组织的对流和气旋性环流的非锋面性涡旋的统称，在中国和东亚地区称之为台风，大西洋地区称为飓风，印度洋地区称其为热带风暴。中国于 2006 年采用了新的热带气旋等级国家标准(GB/T 19201—2006)，以其底层中心附近最大平均风速为标准，分为热带低压、热带风暴、强热带风暴、台风、强台风和超强台风 6 个等级。在中国气象科研业务中，一般将热带风暴及以上级别的热带气旋统称为台风。

表 12.1 热带气旋等级划分表

热带气旋等级	底层中心附近最大平均风速(m/s)	底层中心附近最大风力(级)
热带低压(TD)	10.8～17.1	6～7
热带风暴(TS)	17.2～24.4	8～9
强热带风暴(STS)	24.5～32.6	10～12
台风(TY)	32.7～41.4	12～13
强台风(STY)	41.5～50.9	14～15
超强台风(SuperTY)	≥51.0	16 或以上

台风发展过程中夹带有大量的暖湿水汽，在地形或者天气系统等作用下，往往会引起狂风暴雨等强对流天气过程，对受影响地区造成严重的经济损失和人员伤亡。虽然由台风带来的降水有时候可以缓解一些地区的旱情以及高温带来的影响，但是其实质上是一个高影响事件。尤其是在全球气候变化背景下，极端天气事件频发，加之承灾体随着经济社会的发展变得更为脆弱。因此，有必要加强对台风灾害的风险评估，增加主动性，提高防御能力，减少灾害损失。

12.1 主要评估内容

12.1.1 基本评估

图 12.1 给出了台风灾害基本风险评估的主要内容，包括统计影响或登陆的台风的基本气候特征（包括频数、强度、持续时间等），灾情评估，致灾因子（一般以降水、大风为主）分析。

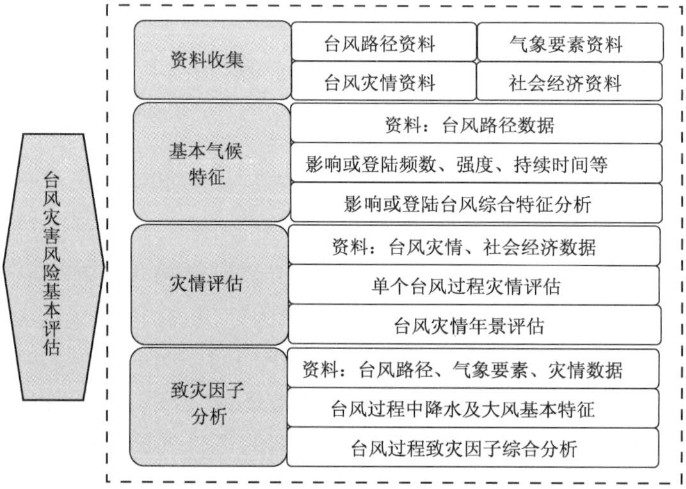

图 12.1 台风灾害风险基本评估主要内容

12.1.2 综合评估

台风是严重影响和制约中国沿海地区社会、经济发展的重大灾害性天气系统，台风带来的灾害有 3 个方面：台风大风灾害、台风风暴潮灾害、台风暴雨洪涝灾害，其中台风暴雨洪涝灾害包括了中小河流洪水、山洪、地质灾害和城市内涝。因此，台风灾害风险评估与区划主要内容

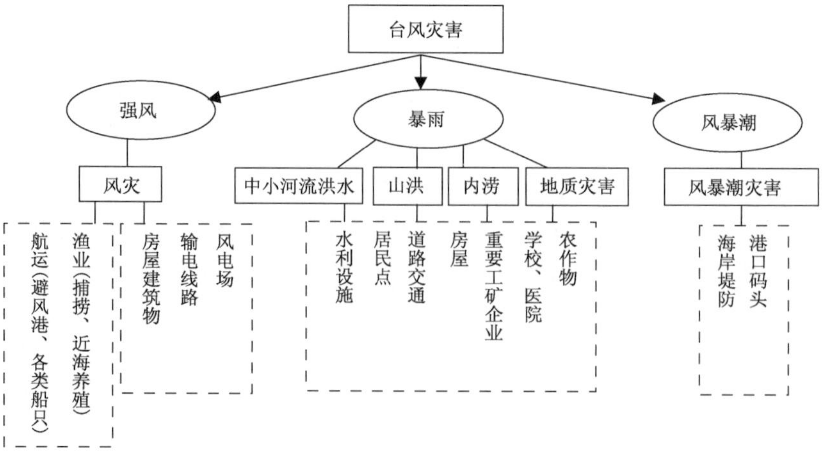

图 12.2 台风灾害风险综合评估主要内容

包括三类:①基于暴雨洪涝灾害风险普查收集的信息,开展台风强降水引起的洪涝灾害风险区划(中小河流洪水、山洪、内涝、地质灾害等);②基于台风大风资料以及不同承灾体的抗风能力,开展风灾风险区划;③收集验潮站潮位观测站及多少年一遇潮位的特征值,基于淹没分析,进行风暴潮风险区划。

12.2 评估方法

12.2.1 基本评估

1. 资料获取

表 12.2 台风灾害风险评估资料主要来源

资料名称	归属单位	提供方式	获取方式
台风路径资料	中国气象局 上海台风所	书籍出版物 网站免费下载	《热带气旋年鉴》 中国台风网
台风灾情资料	中国气象局 中国气象局 地方气象局	书籍出版物 网站分级别下载 年报或存档	《中国气象灾害年鉴》 中国气象科学数据共享服务网 地方出版物或内部文件
气象要素资料	中国气象局 地方气象台局	网站分级别下载 内部存储	中国气象科学数据共享服务网 内部存储
社会经济资料	国家统计局 国家统计局 地方统计局	书籍出版物 网站免费查询 书籍出版物	《中国统计年鉴》 官方网站 各地统计年鉴

2. 基本气候特征分析

登陆台风可以依据其地点来确定,而影响台风则相对难以确定。一般研究中,为了分析方便,将影响台风定义为中心进入了研究区域海岸线3个经、纬距范围内的台风,实际上,这种定义有夸大影响台风频数的可能。《中国气象灾害年鉴》收录的台风标准为中心附近最大平均风力不小于8级,在中国登陆或虽未登陆但对中国有影响,并造成10人以上死亡,或造成直接经济损失1亿元以上的台风。参照此标准,可以依据台风造成的灾害损失来确定其是否为影响台风,而灾害损失的程度可以依各地实际情况而定。对于早期的台风,由于灾害损失记录缺失,无法依此方法来确定,可以利用台风影响时气象台站的观测记录来确定。如,应明在定义影响中国的台风标准为,台风影响期间,区域内有1站出现过程降水量不低于50 mm,或区域内有1站出现7级以上平均风或8级以上阵风,或区域内有1站出现30 mm以上的过程降水量,并出现6级以上平均风或7级以上阵风。对于县级影响台风,可以采用灾害损失与气象参数的散点图来确定,在12.3节案例分析中将有所介绍。

对台风基本气候特征的分析往往是单独对频数、强度、持续时间等进行分析,这无法充分表达台风自身的综合影响情况,因此,国际上有些研究者定义了一些有关台风综合影响的指数,如飓风破坏潜力指数、累积气旋能量指数、潜在破坏力指数等。这些指数定义为台风生命史内其中心附近最大平均风速的平方累加或立方的积分。中国也有一些综合指数,如台风影响力指数、热带气旋潜在影响力指数等。

3. 台风灾情评估

台风灾害损失记录一般包括受灾人数、死亡人数、失踪人数、转移安置人数、倒塌房屋数、受损房屋数、受灾面积、直接经济损失等。在实际分析中，为了获得较多的分析样本，一般只将死亡人数、倒塌房屋数、受灾面积以及直接经济损失作为灾害损失的评估指标。通过对灾害损失指标的规范化处理，并得到一个综合的反映灾害损失程度的指数，据此来划分单个台风灾害损失级别以及分析年际的灾害损失程度。

对于单个台风灾害损失的评估可采用灰色关联分析方法进行，具体步骤如下：

(1)确定及搜集灾情指标；

(2)确定灾情指标等级划分：一般是依据有关部门的政策文件以及样本数据分布特征来确定；

(3)依据灾情指标所在等级区间进行无量纲化及归一化处理；

(4)采用灰色关联分析方法对各指标进行整合以及分级。

对于年际的灾害损失进行评估，可参照冯利华在 1993 年提出的灾级概念以及钱燕珍等(2001)、雷小途等(2009)的研究成果，采取如下步骤对灾情进行评估：

(1)搜集整理灾情指标。一般包括伤亡人口(d)、直接经济损失(m)、受灾面积(h)以及倒塌房屋数(e)；直接经济损失需要进行价格订正。将各指标进行年内统计，得到年际的灾情指标。

(2)根据灾情指标做无量纲化处理，分别得到无量纲化指标 I_d、I_e、I_h、I_m。

$$I_x = \begin{cases} \lg \dfrac{x}{a} + 1 & \text{当 } x \geqslant a \text{ 时} \\ \dfrac{x}{a} + 1 & \text{当 } x < a \text{ 时} \end{cases} \tag{12.1}$$

式中，x 为某灾情指标，I_x 为无量纲化后的灾情指标，a 为该灾情指标的一个相对阈值，该阈值由实际情况而定。

(3)由无量纲化指标得到综合指标 I，$I=w_dI_d+w_mI_m+w_hI_h+w_eI_e$，$w_d$、$w_m$、$w_h$、$w_e$ 分别为相应指标的权重，且 $w_d+w_m+w_h+w_e=1$。

(4)分析灾情的年际变化特征。

4. 致灾因子危险性分析

台风过程引起的降水、大风、风暴潮是其致灾的直接原因，由于风暴潮资料获取比较困难，在实际的评估中往往以降水及大风指标为主。

对于县级热带气旋致灾因子分析可采用如下步骤：

(1)资料搜集：影响台风、台风影响期间的降水量及风速资料、灾害损失资料。反映降水(R)及风速(W)的指标主要有过程最大日雨量、过程雨量、过程极大风速等；

(2)构建致灾因子指标强度指数 I_R 及 I_W；

(3)建立综合强度指数 $I = a \cdot I_R + b \cdot I_W$，$a$、$b$ 为权重系数；

(4)对指数 I 进行分级分析。

对于省级台风致灾因子分析，可对各县分别采取上述方式进行处理，首先设定不同分级所要达到的条件(如达到综合强度指数为 1 及以上的县所占比重等)，然后依据各县综合强度指数进行分级分析。

12.2.2　综合评估

基本流程如下：

（1）研究致灾临界气象条件。孕灾环境和人类防灾工程发生变化后，应当重新研究致灾临界气象条件。

（2）收集 30 a 以上气象、水文等资料，采用科学的物理内插方法，分析研究区域内每年每个格点致灾临界气象条件的数值，得到每个格点致灾临界气象条件数值的历史序列。

（3）研究致灾临界气象条件历史序列的概率分布特征，选取最适合的概率密度函数，计算每个格点不同等级致灾临界气象条件的出现概率或超越某概率的致灾临界气象条件最大数值，得到不同等级致灾临界气象条件的出现概率或超越某概率的致灾临界气象条件最大数值的地理分布。

（4）收集当前每种承灾体的物理暴露数据（暴露于气象灾害之中的承灾体的数量和价值量），收集和研究每种承灾体的脆弱性曲线，评估每种承灾体在不同超越某概率的致灾临界气象条件最大数值下的物理暴露（数量和价值量）和可能的损失。编制不同承灾体在不同超越某概率的致灾临界气象条件最大数值下的风险图谱。承灾体的物理暴露或脆弱性发生变化后，应当重新评估每种承灾体的风险。

（5）根据不同等级致灾临界气象条件的出现概率或超越某概率的致灾临界气象条件最大数值的地理分布及其可能的风险，提出防御和减轻气象灾害的措施。

12.3　评估案例

12.3.1　福建省连江县台风灾害风险评估

依据上文介绍，本节以福建省连江县的台风为例，给出台风灾害风险基本评估案例。

1. 影响福建省连江县的台风分析

本案例中将采用气象参数与直接经济损失相结合的方式来确定影响连江县的台风判定标准。所用的气象参数为台风活动期间，连江县气象台站所观测到的过程最大日雨量（R）以及过程日最大风速（简称为极大风速，W），当然也可以根据实际情况来选取其他的气象参数，如过程雨量等。步骤如下：

（1）从 1984—2007 年的台风资料中得到 131 个影响福建的台风（进入距福建海岸线 3 个纬距范围内的台风），并从连江站气象要素资料中找出这些台风影响期间的 R 及 W（若连江站出现缺测值，则相应的值由同时间周边站点经过反距离加权插值得到）。

（2）从连江县灾情资料（共 34 次热带气旋灾害事件样本）中，选取出具有直接经济损失记录的样本，最终选用了 29 个样本。

（3）构建 29 个台风样本对应的 R 及 W 散点图，如图 12.3 所示，可以看出当 R 小于 40 mm 时，W 均大于 10 m/s，而当 W 小于 10 m/s 时，R 均大于 40 mm，即可以认为 40 mm 以及 10 m/s 可以作为一个阈值来确定影响连江县的台风。

（4）从原始的 131 个台风中，按照（3）的条件，共得到 62 个台风样本，即认为这 62 个台风能够对连江县造成一定的影响。

有了这些样本之后，可以对影响连江县的台风基本特征进行分析，并进一步分析致灾因子特征以及其与灾害损失的关系，为灾情预估奠定基础。另外，利用这些样本的气象参数可以分析这些气象参数出现的概率，即重现期。

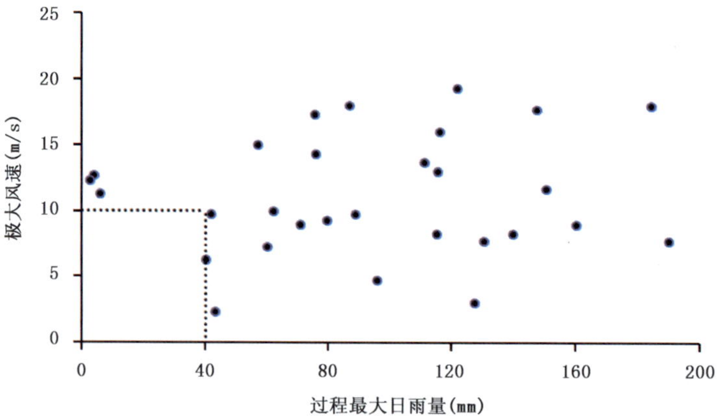

图 12.3　29 个有直接经济损失记录的台风影响期间连江站极大风速及过程最大日雨量散点图

2. 福建省台风灾情评估分析

由于各项灾情指标单位不一致，数值取值范围差异较大。因此，需要将灾情指标无量纲化或归一化处理。另外，灾情评估的目标是得到一个综合的指数。因此，如何对不同指标进行综合也是灾情评估的关键问题之一。除上述两个关键问题外，还需要注意的是灾情评估方法能否在不同地区以及不同行政区域范围内适用也需考虑。下面以福建省为例介绍单个台风过程灾情评估以及年灾情评估。

对于单个台风过程，首先确立各灾情指标不同等级区间，并依据所在区间进行无量纲化及归一化处理，再采用灰色关联分析方法得到反映灾情综合指标的关联度参数，最后根据此参数来判定此次台风灾害的等级程度。此方式的关键之处在于灾情指标等级区间的划分，一般是依据有关部门的政策文件以及样本数据分布特征来确定。2006 年中国气象局预测减灾司发布了《气象灾情收集上报调查和评估试运行规定》，文件给出了气象灾害评估分级处置标准，按照人员伤亡、经济损失的大小，分为 5 个等级：(1)特大型：因灾死亡 100 人以上，或者伤亡总数 300 人以上，或者直接经济损失 10 亿元以上的；(2)大型：因灾死亡 30 人以上 100 人以下，或者伤亡总数 100 人以上 300 人以下，或者直接经济损失 1 亿元以上 10 亿元以下的；(3)中型：因灾死亡 3 人以上 30 人以下，或者伤亡总数 30 人以上 100 人以下，或者直接经济损失 1000 万元以上 1 亿元以下的；(4)小型：因灾死亡 1 到 3 人，或者伤亡总数 10 人以上 30 人以下，或者直接经济损失 100 万元以上 1000 万元以下的；(5)较小型：因灾没有人员死亡，受伤 10 人以下，或者直接经济损失 100 万元以下的。因此，对于人口伤亡以及直接经济损失的指标区间可参照上述划分标准。其他的指标可以根据样本数据平均值($\overline{X}$)以及标准差 S_x 的运算来确定(如表 12.3 所示)。

表 12.3　灾害损失指标等级划分方案

指标	特大型	大型	中型	小型	较小型
x	$\geqslant\overline{X}+S_x$	$[\overline{X}+0.5S_x,\overline{X}+S_x)$	$[\overline{X},\overline{X}+0.5S_x)$	$[\overline{X}-0.5S_x,\overline{X})$	$[0,\overline{X}-0.5S_x)$

从《全国气候影响评价》以及《中国气象灾害年鉴》中获取 1994—2009 年有关福建省受台风影响的灾害损失记录，包括死亡人数、倒塌房屋数、受灾面积以及直接经济损失，共计得到 43 个样本。表 12.4 给出了各灾害等级对应的单指标分级标准。

表 12.4　福建省台风灾害损失指标等级划分

灾害损失指标	特大型	大型	中型	小型	较小型
死亡人数(人)	≥100	[30,100)	[3,30)	[1,3)	0
直接经济损失(万元)	$\geqslant10^5$	$[10^4,10^5)$	$[10^3,10^4)$	$[10^2,10^3)$	$[0,10^2)$
受灾面积(万 hm^2)	≥0	[15,20)	[10,15)	[5,10)	[0,5)
倒塌房屋(万间)	≥5	[3.5,5)	[2,3.5)	[0.5,2)	[0,0.5)

注：受灾面积以及倒塌房屋数平均值以及标准差分别为 9.53 万 hm^2、10.44 万 hm^2，2.1 万间、3.1 万间，最终划分结果在计算结果的基础上进行了微调。

为了消除指标因为量纲以及数量级的差别，将表 12.4 的各灾害指标等级分别进行规范化处理，最终映射到表 12.5 所示的等级区间。

表 12.5　灾害损失指标等级划分方案

指标	特大型	大型	中型	小型	较小型
x	[0.8,1.0]	[0.6,0.8)	[0.4,0.6)	[0.2,0.4)	[0.0,0.2)

设表 12.4 区间等级最大值和最小值分别为 $X_{\max}$、$X_{\min}$，表 12.5 区间等级最大值和最小值分别为 $I_{\max}$、$I_{\min}$，则通过下式将 X_i 从区间($X_{\max}$，$X_{\min}$)线性映射到区间($I_{\max}$，$I_{\min}$)：

$$I_i = I_{\min} + \frac{I_{\max} - I_{\min}}{X_{\max} - X_{\min}} \times (X_i - X_{\min}) \tag{12.2}$$

对于特大型指标等级区间，$X_{\max}$ 取为样本中的最大值，对于死亡人数对应的较小型等级，I_i 直接为 0。对各指标按式(12.2)进行转换，但是对于直接经济损失需要先进行订正。因为按当年价格计算的直接经济损失，在不同年份之间进行对比时，需要消除不同年间的价格变动，这样才能确切地反映直接经济损失的增减变动。一般使用可比价格来计算，以 2000 年的价格水平为基期，其他年份订正到 2000 年水平，即将某次热带气旋直接经济损失乘以 2000 年的物价指数与当年物价指数的比值(此处采用相对于 1978 年的全国商品零售价格指数)。

按照上述方式进行处理得到了无量纲及归一化的损失指标，下面介绍采用灰色关联分析方法对这些指标进行综合来表征台风灾害损失的程度。灰色系统理论由邓聚龙在 1982 年提出，并发展形成了灰色关联分析方法。此方法的关键在于计算灰色关联度，据此来描述研究序列与参照序列的关联程度，通过研究序列与哪级参照序列的接近程度来评定研究序列的等级。参照灰色关联分析方法，可采用如下步骤进行分析：

(1)定义参照序列为：$U_0=(u_{0j})$，$(u_{0j}=1, j=1,2,\cdots,m)$，$j$ 表示灾损指标(进行了归一化和无量纲化处理)，共 m 个。$u_{0j}=1$ 表示将参照序列均设置为特大型损失指标等级，即将各损失指标序列与特大型的等级序列进行比较。同时定义损失指标序列为 $U_i(u_{ij})$，$(i=1,2,\cdots,n;j=1,2,\cdots,m)$，表示有 n 个损失样本，每个样本有 m 个损失指标。

（2）引入损失指标序列与参照序列各项指标间的关联系数为

$$\xi_{0i}(j)=\frac{1}{1+\Delta_{0j}(j)} \tag{12.3}$$

式中，$\Delta_{0j}(j)=|U_0(u_{0j})-U_i(U_{ij})|$，$(i=1,2,\cdots,n;j=1,2,\cdots,m)$，表示参照序列 U_0 与损失指标序列 U 第 i 个样本的第 j 个指标之差的绝对值。绝对值的大小反映了该单指标与参照序列的关联程度，两者呈反向关系。由式(12.3)可知关联系数的值域为[0.5,1]。

（3）由前面的计算可以得到各灾害损失样本的 m 个指标对应的关联系数，可采取等权平均方法对这 m 个关联系数进行整合：

$$r_i=\frac{1}{m}\sum_{j=1}^{m}\xi_{0i}(j) \tag{12.4}$$

也可以进行加权平均：

$$r_i=\frac{1}{m}\sum_{j=1}^{m}W(j)\xi_{0i}(j) \tag{12.5}$$

式中，$W(j)$表示 j 指标的权重，$\sum_{j=1}^{m}W(j)=1$，r_i 定义为 i 样本的关联度，关联度越大说明损失越严重，可进一步依据关联度来划分灾害损失的等级（表 12.6）。本个例分析中采取等权平均方法来计算关联度，即各指标的权重系数均为 0.25，最终计算结果见表 12.7。在实际计算的过程中，可采用专家打分法对上述各指标赋予权重，即可以采用加权平均方法来计算关联度。

表 12.6　关联度与灾害损失等级划分方案

	特大型	大型	中型	小型	较小型
关联度	[0.9,1.0]	[0.8,0.9)	[0.7,0.8)	[0.6,0.7)	[0.5,0.6)

表 12.7　灾害损失样本关联度

台风编号*	关联度	台风编号	关联度	台风编号	关联度	台风编号	关联度
9406	0.76	9717	0.60	0215	0.73	0607	0.70
9415	0.56	9803	0.54	0219	0.70	0610	0.87
9419	0.56	9816	0.63	0310	0.61	0709	0.69
9420	0.58	9904	0.60	0417	0.63	0713	0.60
9504	0.62	9909	0.81	0421	0.65	0716	0.57
9505	0.66	9918	0.56	0505	0.67	0807	0.56
9608	0.51	9923	0.92	0510	0.66	0808	0.58
9609	0.87	0014	0.85	0513	0.68	0809	0.60
9612	0.82	0102	0.74	0519	0.77	0903	0.60
9713	0.67	0105	0.54	0602	0.73	0909	0.65
9714	0.60	0108	0.57	0606	0.84		

* 编号为台风最佳路径资料中的顺序编号，下同。

福建省台风灾害损失评估表明，1994—2009 年出现过一次特大型的灾情，即 9914 号台风，受其影响，共造成福建省 64 人死亡，直接经济损失为 93.27 亿元（按 2000 年物价水平），受灾面积为 34.43 万 hm^2，倒塌房屋 12.9 万间。直接经济损失和倒塌房屋数在这 43 个样本中是最大的，受灾面积也达到了表 12.4 中的特大型标准。大型等级的样本共 6 个，中型的共 7 个。从年份上看，可以发现 2006 年是灾害损失较为严重的年份，台风灾害损失都达到中型等级。

上述评估方式关注点在于单次台风过程所造成的灾情等级情况，有助于人们了解损失程度，同时可以对年际的灾害损失进行评估，结果如图 12.4 所示。1996 年、2005 年、2006 年因灾死亡人数较多，而直接经济损失 1999 年、2005 年、2006 年较多，受灾面积 1996 年、1999 年、2005 年、2006 年较多，倒塌房屋 1996 年、1999 年、2000 年、2002 年、2006 年较多。不同年份灾情指标优势不一。因此，需要采取上述步骤进行综合分析。相对阈值采用样本的平均值与 0.5 个标准差之和来确定，各指标的相对阈值见表 12.8。按照步骤二对各指标进行无量纲化处理，在步骤三中 w_d、w_m、w_h、w_e 均取值为 0.25，最终得到各年的综合指标，如表 12.9 所示。在实际计算中，也可以采用专家打分等方法来确定权重系数，并进行加权平均分析。按照表 12.3 的划分方式（划分结果见表 12.10），可以看出 1996 年、1999 年、2005 年、2006 年为特大灾年，2000 年、2001 年、2002 为中灾年，1994 年、1997 年、2007 年为小灾年，其他年为较小灾年（图 12.4 所示）。

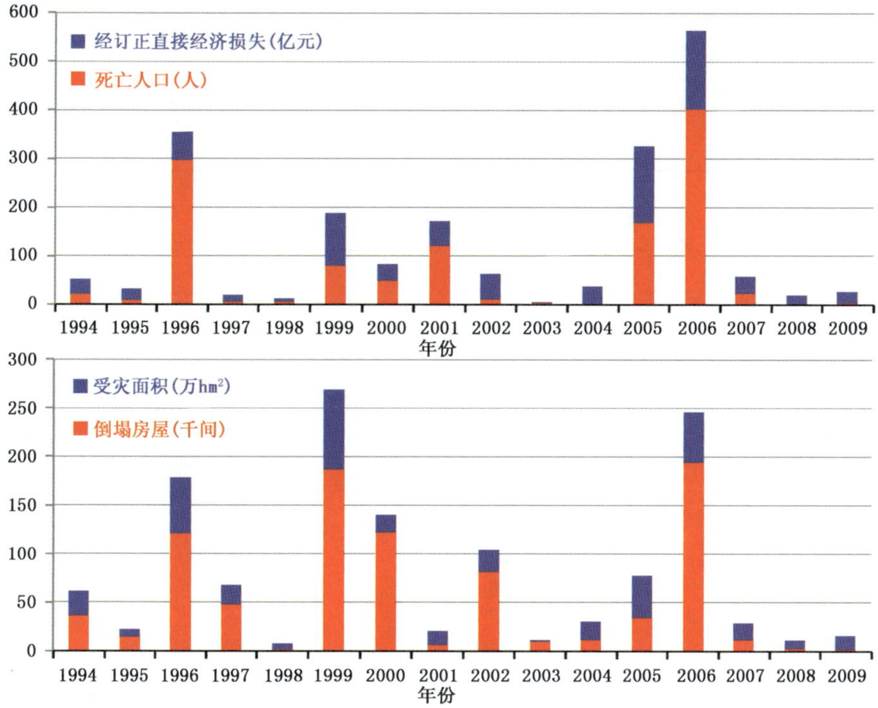

图 12.4　1994—2009 年福建省台风灾害损失统计

表 12.8　灾害损失样本相对阈值

灾害损失指标	平均值	标准差	相对阈值
死亡人数(人)	75	116	133
直接经济损失(万元)	508694	474837	746112
受灾面积(万 hm^2)	26	21	36
倒塌房屋(万间)	6	6	9

表 12.9 灾害损失样本无量纲化处理及综合指标

年份	死亡人口	经订正直接经济损失	受灾面积	倒塌房屋	综合指标
1994	0.16	0.42	0.69	0.40	0.39
1995	0.07	0.30	0.22	0.16	0.19
1996	1.35	0.78	1.20	1.13	1.11
1997	0.04	0.21	0.55	0.53	0.29
1998	0.04	0.10	0.18	0.02	0.08
1999	0.60	1.16	1.36	1.32	1.06
2000	0.36	0.48	0.51	1.13	0.58
2001	0.92	0.66	0.39	0.07	0.57
2002	0.08	0.69	0.63	0.90	0.54
2003	0.02	0.03	0.04	0.11	0.05
2004	0.02	0.47	0.54	0.13	0.28
2005	1.10	1.33	1.08	0.38	1.02
2006	1.48	1.33	1.16	1.33	1.34
2007	0.17	0.46	0.46	0.13	0.31
2008	0.01	0.25	0.25	0.03	0.13
2009	0.03	0.32	0.40	0.02	0.19

表 12.10 年际灾害损失指标等级划分

指标	特大型	大型	中型	小型	较小型
I	[0.9,+∞)	[0.7,0.9)	[0.5,0.7)	[0.3,0.5)	[0.0,0.3)

注：综合指标 I 的平均值为 0.51，方差为 0.4。

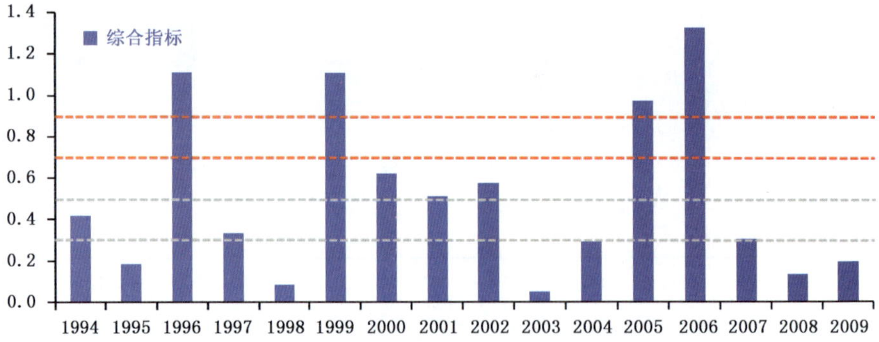

图 12.5 1994—2009 年福建省台风灾害年损失综合指标

（图中虚线自下至上分别为 0.3，0.5，0.7，0.9，即为综合指标不同等级分界线）

3. 福建省连江县台风致灾因子分析

从表 12.13 中可知，1984—2007 年共有 62 个台风能够对连江县造成一定的影响，因此本案例将对这 62 个样本进行分析。首先获取这个 62 个热带气旋影响连江县期间连江县站的过程最大日雨量(R)及过程极大风速(W)。致灾因子 R、W 的强度指数参照式(12.6)来确定：

$$I_x = \begin{cases} \lg \dfrac{x}{a} + 1 & 当\ x \geqslant a\ 时 \\ \dfrac{x}{a} & 当\ x < a\ 时 \end{cases} \tag{12.6}$$

式中，x 为 R 或者 W，a 为相对阈值，同样为样本平均值与 0.5 个标准差之和确定。分别计算各样本的 I_R 及 I_W，并取等权权重来计算综合强度指数 I，即权重均为 0.5。指数分级参照表 12.3 进行，得到分级结果如表 12.11 所示，最终计算结果见表 12.12。可见达到特大型级别的热带气旋共 16 个，大型级别为 5 个，中型级别为 9 个，小型为 8 个，较小型为 24 个。

表 12.11　致灾因子综合指标等级划分

指标	特大型	大型	中型	小型	较小型
I	[0.9,+∞)	[0.8,0.9)	[0.7,0.8)	[0.6,0.7)	[0.0,0.6)

注：综合指标 I 的平均值为 0.72，方差为 0.2。

表 12.12　1984—2007 年连江县台风灾害致灾因子分析

台风编号	R	W	I_R	I_W	I	台风编号	R	W	I_R	I_W	I
8408	62.2	10	0.68	0.83	0.76	9607	184.5	18	1.3	1.18	1.24
8506	56.2	10.3	0.61	0.86	0.74	9608	76	7.3	0.83	0.61	0.72
8512	111.4	13.7	1.08	1.06	1.07	9611	2.6	12.3	0.03	1.01	0.52
8519	41.8	9.3	0.45	0.78	0.62	9714	76.1	14.3	0.83	1.08	0.96
8615	44.1	8.3	0.48	0.69	0.59	9716	44.8	8	0.49	0.67	0.58
8625	94.3	3.3	1.01	0.28	0.65	9810	81.3	2.3	0.88	0.19	0.54
8713	41.9	9.7	0.46	0.81	0.64	9903	1.4	11	0.02	0.92	0.47
8817	135.1	5.7	1.17	0.47	0.82	9905	67.7	4.7	0.74	0.39	0.57
8818	94.4	3.3	1.01	0.28	0.65	9913	40.2	6.3	0.44	0.53	0.49
8920	79.7	9.3	0.87	0.78	0.83	0010	87.1	18	0.95	1.18	1.07
9003	59.1	2.7	0.64	0.23	0.44	0021	20.4	16.5	0.22	1.14	0.68
9005	24.9	10.3	0.27	0.86	0.57	0102	122.2	19.3	1.12	1.21	1.17
9006	50.1	10.7	0.54	0.89	0.72	0108	88.9	9.7	0.97	0.81	0.89
9012	160.6	9	1.24	0.75	1.00	0116	2.9	10	0.03	0.83	0.43
9016	0.6	10.3	0.01	0.86	0.44	0119	108.5	8	1.07	0.67	0.87
9017	61.6	4.3	0.67	0.36	0.52	0208	42.3	7	0.46	0.58	0.52
9018	115.9	13	1.1	1.03	1.07	0212	140.2	8.3	1.18	0.69	0.94
9107	0	11.3	0	0.94	0.47	0216	3.8	12.7	0.04	1.02	0.53
9116	96.2	4.7	1.02	0.39	0.71	0313	0.1	13	0	1.03	0.52
9213	69.2	6	0.75	0.5	0.63	0418	60.4	7.3	0.66	0.61	0.64
9215	22.4	13.7	0.24	1.06	0.65	0505	150.8	11.7	1.21	0.97	1.09
9216	190.2	7.7	1.32	0.64	0.98	0513	147.9	17.7	1.21	1.17	1.19
9219	29.6	16.5	0.32	1.14	0.73	0519	71	9	0.77	0.75	0.76
9406	57.5	15	0.62	1.1	0.86	0601	127.7	3	1.14	0.25	0.70

续表

台风编号	R	W	I_R	I_W	I	台风编号	R	W	I_R	I_W	I
9407	6.1	11.3	0.07	0.94	0.51	0604	130.8	7.7	1.15	0.64	0.90
9417	75.8	17.3	0.82	1.16	0.99	0605	43.2	2.3	0.47	0.19	0.33
9418	0.5	16.5	0.01	1.14	0.58	0707	7.7	10.7	0.08	0.89	0.49
9430	1.5	16.5	0.02	1.14	0.58	0708	0.6	10.7	0.01	0.89	0.45
9502	78.6	11.3	0.85	0.94	0.90	0709	116.4	16	1.1	1.12	1.11
9504	55.7	5.7	0.61	0.47	0.54	0713	4.7	11	0.05	0.92	0.49
9507	46.3	13	0.5	1.03	0.77	0716	115.5	8.3	1.1	0.69	0.90

12.3.2 台风大风灾害和风暴潮灾害风险综合评估

台风灾害风险综合评估的案例，主要介绍台风大风灾害和台风风暴潮灾害两种，台风暴雨洪涝灾害参照暴雨洪涝灾害风险评估技术章节内容。

1. 大风灾害风险评估与区划

(1)基本思路

风灾风险区划有两种思路：一是研究每种敏感承灾体的风灾脆弱性曲线(灾损与风力的关系函数)，然后确定不同重现期致灾风力的地理分布，由每种敏感承灾体价值量的地理分布和灾损与风力的关系函数可以得到不同重现期这种承灾体灾损的地理分布。这种方法需要对每一种承灾体做风灾风险区划。二是研究每种敏感承灾体的风灾脆弱性曲线(灾损与风力的关系函数)，然后确定不同重现期风力的地理分布，由每种敏感承灾体价值量的地理分布和的灾损与风力的关系函数，得到不同重现期风力下每种敏感承灾体灾损的地理分布。下面介绍用第二方法做风灾风险区划的步骤。

(2)长序列风力格点资料的获取方法

国家气象站有长序列的风力观测资料(例如 10 min 平均风速、2 min 平均风速)，如何由国家气象站的风力资料得到每个格点(例如 1 km×1 km)的风力资料呢？选用考虑精细地形数据的流体力学物理内插法，由国家气象站的风力内插得到每个格点的风力。如果是做台风风灾风险区划，则只需要选择台风过程做风力内插便可以了。

选取 30 a 以上资料，对于每一个格点，挑选每年风力一个最大值(对于台风风灾风险区划，则选取每年台风过的风力最大值)，形成每个格点历年最大风速序列。

(3)确定每个格点不同重现期的最大风速

对每个格点历年最大风速序列进行概率分布函数检验，选择误差最小的概率分布函数，确定每个格点不同重现期的最大风速。

(4)确定每种敏感承灾体灾损-风力曲线

收集和研究承灾体风脆弱性曲线(可参考章国材(2014))，确定每种敏感承灾体灾损-风力的函数关系。

(5)风灾风险区划

收集每个格点每种风敏感性承灾体的数量和价值量，由每个格点不同重现期的最大风速和每种敏感承灾体灾损-风力的函数关系，得到每个格点不同风力重现期每种敏感承灾体的损失量(图 12.6)。

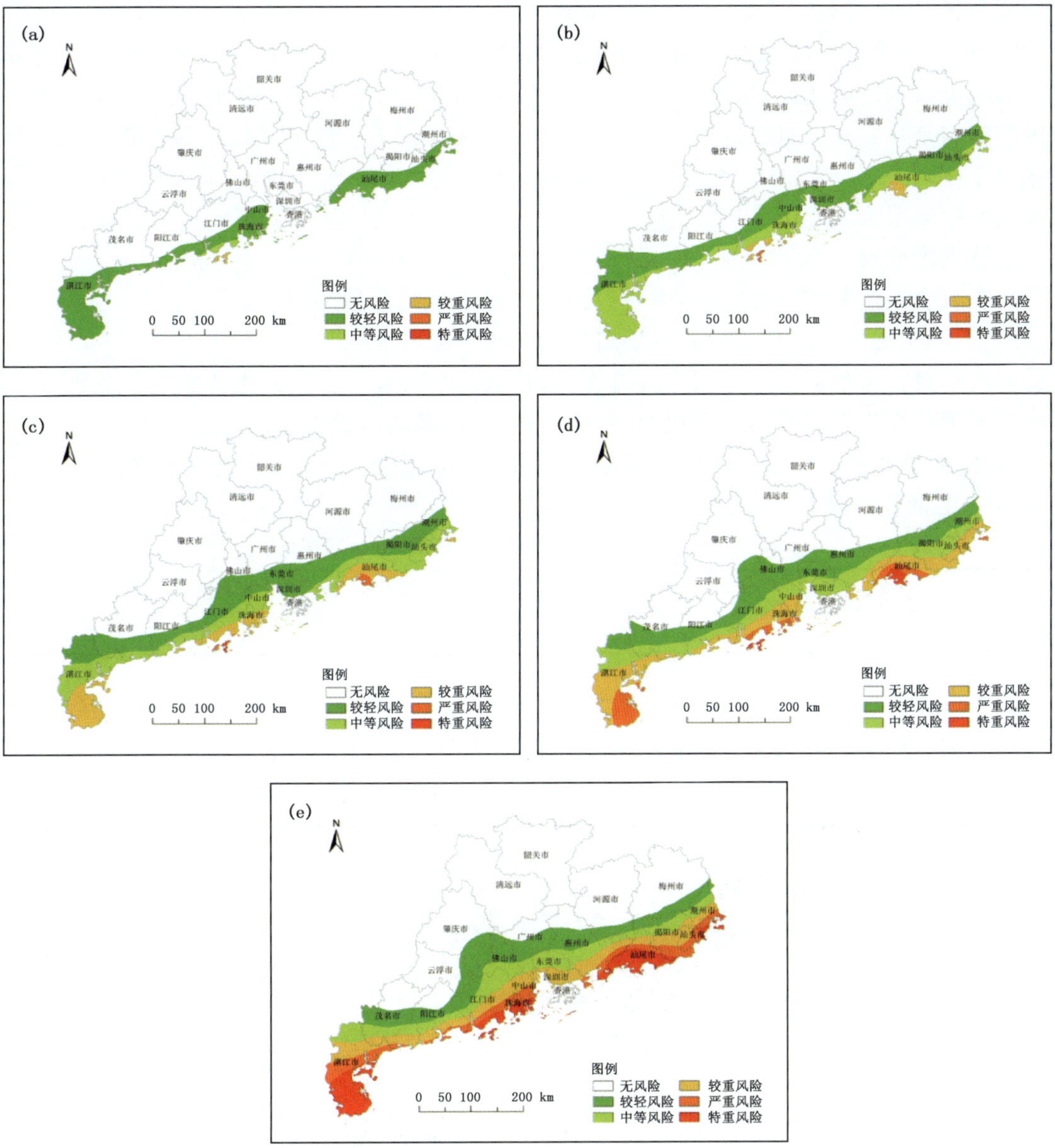

图 12.6　广东省各重现期风速空间分布

(a. 10 年一遇, b. 20 年一遇, c. 30 年一遇, d. 50 年一遇, e. 100 年一遇)

(6)提出防御风灾的措施

根据风灾风险区划图,建筑物的抗风能力应当按防千年一遇的大风进行设计,以防止人员伤亡。设施农业应当按防 50 年一遇的大风进行设计,以减少大风造成的经济损失等。

2. 风暴潮灾害风险评估与区划

(1)资料收集和数据库建设

①资料收集

1)收集验潮站至少 30 a 各月、年最大潮位资料。如果是研究台风风暴潮风险区划,则需要收集至少 30 a 每年台风过程验潮站逐时天文潮位，挑选潮位最大值，形成年最大风暴潮潮位序列资料。

2）收集 1∶5 万 GIS 数据，收集沿海受风暴潮影响的承灾体数据（数量和价值量），包括人口、GDP、港口、社区、道路、敏感承灾体等，并嵌入 GIS 的图层中去。例如，沧州沿海风暴潮灾害风险区划是建立在大量的勘测、历史灾情分析和实地调查了解的基础上做出的。风险区划是基于 1∶50000 数字地图及补充勘测的基础上绘制的，实际地形勘测，最大程度地还原真实潮水上涨的情况。

②数据库建设

在资料收集的基础上，基于 GIS 进行风暴潮灾害风险数据库建设。

（2）不同重现期（*T* 年一遇）的风暴潮的最大潮位高度

对历年最大风暴潮潮位序列进行概率分布函数拟合检验，选取最优概率分布函数，计算不同风暴潮潮位发生概率或不同重现期（*T* 年一遇）的风暴潮的最大潮位高度。

例如，对黄骅港历年最高潮位时间序列，采用 Fisher Ⅰ 型/Gumbel 概率密度函数计算，得到 *T* 年一遇的风暴潮高度，见表 12.13。

表 12.13　黄骅港 *T* 年一遇的最高潮位（水尺零点）

	2 年一遇	10 年一遇	20 年一遇	50 年一遇	百年一遇	千年一遇
潮位（cm）	466	521	542	570	590	658

（3）风暴潮风险区划

1）利用 1∶5 万 DEM 数据，计算不同重现期（*T* 年一遇）的风暴潮的淹没范围和水深。沧州沿海 50 a、100 a 一遇的风暴潮淹没范围见图 12.7 和图 12.8。

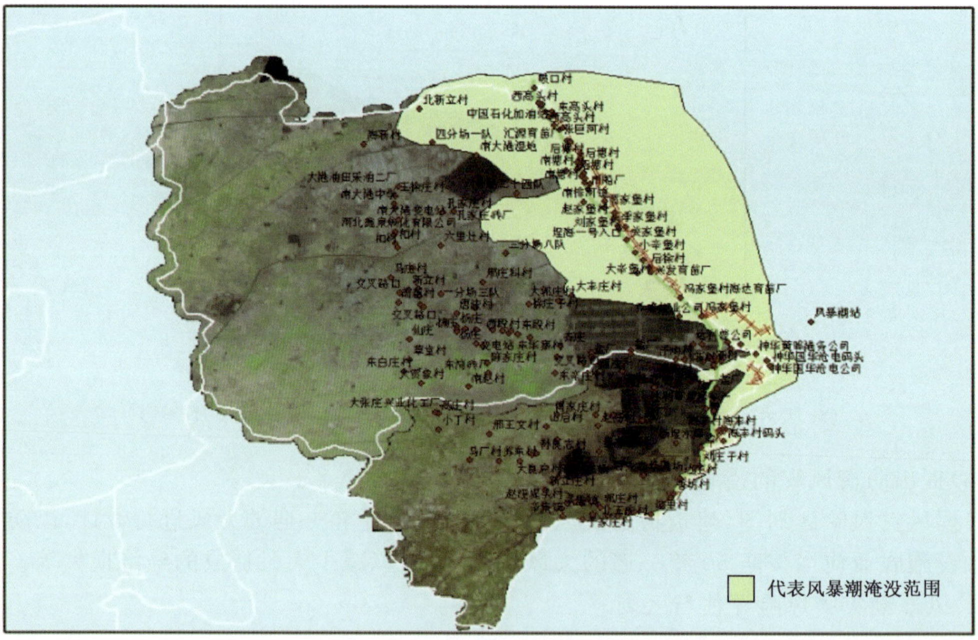

图 12.7　50 年一遇风暴潮淹没范围

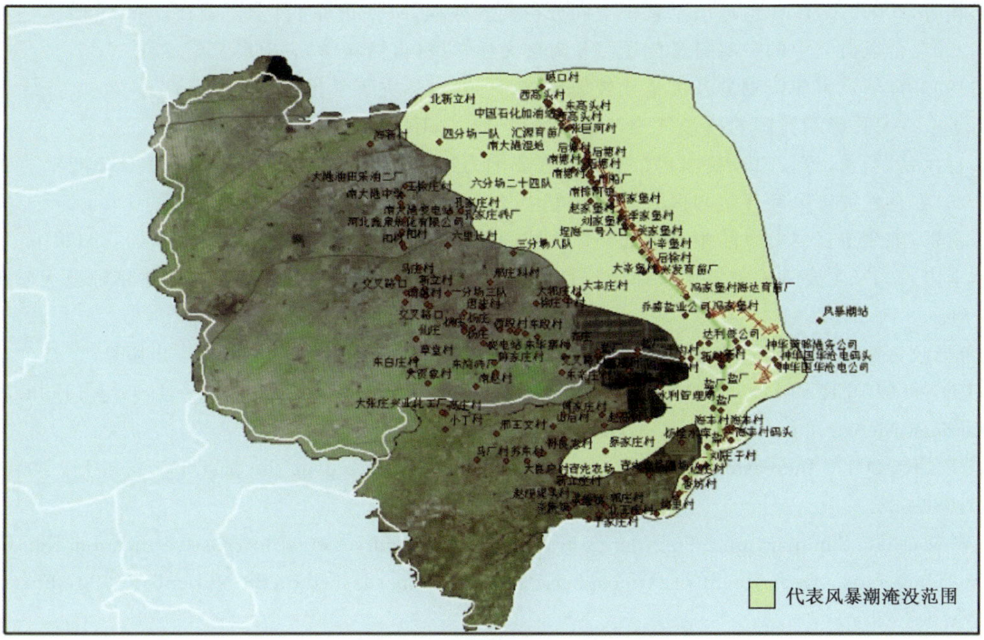

图 12.8　百年一遇风暴潮淹没范围

2)利用 1∶5 万 GIS 中的承灾体数据和调查得到的承灾体数据，评估不同重现期（*T* 年一遇）的风暴潮风险。例如，沧州沿海通过历史灾情资料再现，分析评估风险区内的各行业损失情况，来确定一次风暴潮灾害带来的损失。4.66 m 是黄骅港警戒潮位暨 2 a 一遇潮位，很少有灾害发生。下面仅给出沧州 50 a、100 a 一遇的潮位及淹水范围和风险。

①50 a 一遇风暴潮，潮位 5.70 m

50 a 一遇风暴潮的风险：浪头已经开始越过海堤侵入内地，海堤作用正在丧失，沿海一线渔村，开始大范围进水，人员大量撤离，海水大量侵入内地 5～10 km，淹没虾池、盐田。海水沿河道上溯十多千米。航道被部分淤埋逐渐丧失航运功能。预计受灾面积超过 40 km^2。

②百年一遇风暴潮，潮位为 5.90 m

百年一遇风暴潮的风险：海水越过海堤和海防公路大量涌入，深入堤内十余千米，淹没沿途盐田、虾池、村庄、工厂。房屋倒塌，人员流离失所。交通、电力中断。海水还带来大量泥沙淤积河道，将造成极大经济损失。

3)提出防御风暴潮的措施

很显然，在 1000 a 一遇的风暴潮淹没范围内不宜建任何敏感的重要设施，例如核电站；在 50 a 一遇的风暴潮淹没范围内不宜建房屋或企业，如果要建企业，则需要建超过 5.7 m 的防浪堤，以防御风暴潮对企业的影响。

参考文献

邓聚龙，1987. 灰色系统基本方法[M]. 武汉：华中工学院出版社.

冯利华，1993. 灾害损失的定量计算[J]. 灾害学，8(2)：17-19.

雷小途，陈佩燕，杨玉华，等，2009. 中国台风灾情特征及其灾害客观评估方法[J]. 气象学报，67(5)：875-883.

钱燕珍，何彩芬，杨元琴，等，2001. 热带气旋灾害指数的估算与应用方法[J]. 气象，27(1)：14-18.

汤国安,杨昕,2006. ArcGIS 地理信息系统空间分析实验教程[M]. 北京:科学出版社,388-392.

伍荣生,2007. 台风研究中的一些科学问题[J]. 南京大学学报(自然科学),43(6):567-571.

杨仕升,1997. 自然灾害等级划分及灾情比较模型探讨[J]. 自然灾害学报,6(1):8-13.

应明,万日金,2011. 影响我国的热带气旋年频数预测[J]. 应用气象学报,22(1):66-76.

尹宜舟,肖风劲,罗勇,等,2011. 我国热带气旋潜在影响力指数分析[J]. 地理学报,66(3):367-375.

章国材,2014. 自然灾害风险评估与区划原理和方法[M]. 北京:气象出版社.

张庆红,韦青,陈联寿,2010. 登陆中国大陆台风影响力研究[J]. 中国科学:地球科学,40(7):941-946.

张继权,李宁,2007. 主要气象灾害风险评价与管理的数量化方法及其应用[M]. 北京:北京师范大学出版社,79-81.

中国气象局政策法规司,2006. 热带气旋等级:GB/T 19201—2006[S]. 北京:中国标准出版社.

BELL G D, HALPERT M S, SCHNELL R C, et al, 2000. Climate assessment for 1999[J]. Bulletin of the American Meteorological Society, 81(6): S1-S50.

EMANUEL K, 2005. Increasing destructiveness of tropical cyclones over the past 30 years[J]. Nature, 436 (4):686-688.

GRAY W M,1990. Summary of 1990 Atlantic tropical activity and seasonal forecast verification[R]. Colorado State University, Department of Atmospheric Science. Paper issued on 28 November 1990, Fort Collins, Colorado, 29pp.

GRAY W M, LANDSEA C W, MICLKE P W, et al,1992. Predicting Atlantic seasonal hurricane activity 6～11 months in advance[J]. Weather and forecasting, 7:440-455.

第 13 章

风暴潮灾害风险评估技术

王先伟、王喜娜(中山大学自然灾害研究中心)

13.0 引言

风暴潮灾害是一种主要的海洋灾害,常被人们喻为“来自海洋的杀人魔王”。风暴潮包括由台风引起的台风风暴潮和由温带气旋引起的温带气旋风暴潮两大类。大多数风暴潮灾害都是由台风引起,当台风移近海岸时风与气压的作用会使海水发生堆积,漫过滩涂或者堤坝导致沿海一带发生生命、财产的重大损失。风暴潮的危害远超过其他气象灾害。比如,1970 年发生在孟加拉湾的一次特大风暴潮灾害使 30 多万人死亡,超过了著名的 1923 年日本关东大地震和 1976 年中国唐山大地震的死亡人数。中国沿海也多次遭受风暴潮的严重危害。

中国大陆海岸线长达 18000 km,沿海地区人口稠密,经济发达。海洋给沿海地区带来了优越环境和良好的发展条件,改革开放以来,海岸带开发利用活动日益频繁,特别是近岸养殖业,滨海旅游业,经济开发区建设蓬勃发展,沿海地区已经初步形成了以海洋为依托的沿海经济地带。2010 年的统计结果显示,有超过 20%的中国人口居住在沿海 100 km 范围内,同时该沿海地区产生了超过全国 25%的 GDP 产值。

由于沿海经济的快速发展和人口的急剧增加,海洋灾害往往导致该地区灾害损失愈来愈大。据中国海洋灾害公报统计,1989—2006 年,海洋灾害的经济损失大约增长了 30 倍,远高于沿海经济的增长速度。仅“十五”期间,中国共发生风暴潮、海浪和赤潮等各类海洋灾害 700 余次,因灾死亡人数(含失踪)1164 人,直接经济损失达 633 亿元之多,已占到全部自然灾害损失的 10%,其中九成以上是风暴潮灾害造成的,并且每次重大海洋灾害发生时沿海地区转移的人口都在几万甚至上百万。

开展风暴潮灾害的风险评估和区划,可以大大减少风暴潮灾害造成的危害和损失。中国是开展海洋灾害监测及预(警)报发布较早的国家。验潮历史可追溯到 1900 年前后。中华人民共和国成立之前(1949 年),全国只有 14 个验潮站;中华人民共和国成立后,国家海洋局在沿海地区先后建立了近 100 个风暴潮观测站,为风暴潮的监测和预警提供了坚实的基础。国家海洋预报台在 1974 年正式对外发布风暴潮预报,1986 年 7 月 1 日开始在广播、电视中播出,目前,已在网上对台风过程和风暴潮增水发布预报。而一次特大风暴潮灾的成功预报,通常可减少人员伤亡 95%以上,减少经济损失 20%~50%。

尽管已经发布了各种各样的风暴潮灾害预报,但由于中国漫长的海岸线,各地海洋潮汐特征又受河口、地形等因素的影响,各地验潮站数据的参考基面等不统一,长期持续的验潮站实测潮位数据有限;除了海洋局系统的验潮站数据,沿海河口和港口还有为数众多(600 多个)的水位站和潮汐站数据,这些站点能更充分地表征各地的潮汐特征。因此,目前风暴潮预报和灾害风险评估还有很大的改进空间。

13.1　概念和范围

风暴潮是一种海洋灾害性的自然现象,又可称"风暴增水""风暴海啸""气象海啸"或"风潮"。根据风暴的性质,通常分为由台风引起的台风风暴潮和由温带气旋引起的温带气旋风暴潮两大类。风暴潮能否成灾,在很大程度上取决于其最大风暴潮位是否与天文潮高潮相叠加,尤其是与天文大潮期的高潮相叠加。如果最大风暴潮位恰与天文大潮的高潮相叠加,则会导致发生特大潮灾。当然,也决定于受灾地区的地理位置、海岸形状、岸上及海底地形,尤其是滨海地区的社会及经济(承灾体)情况。如果风暴潮潮位非常高,虽然未遇天文大潮或高潮,也会造成严重潮灾。

本技术指南将结合高精度的实际地形数据、各地潮汐特征和风暴潮增水数据,以广东省为例,给出风暴潮灾害风险评估和风险区划的技术方案及详细流程。本指南所指的风暴潮灾害风险主要由风暴潮的危险性以及相应地区的人口与 GDP 产值所决定。危险性由该地区的潮汐、地形特征、重现期的天文潮和风暴潮增水以及海平面上升等因素导致的海平面局部升高所淹没的范围及深度决定。风暴潮社会经济影响评估主要分析淹没区的人口与 GDP,影响程度按淹没深度分级计算。最后,结合危险性和社会经济数据,完成不同频率下风暴潮增水对人口和 GDP 影响的风险图谱。

13.2　评估技术路线

本风暴潮风险评估技术方案的具体流程如图 13.1 所示,包括搜集全国验潮站潮位长序列观测数据、基础地形数据、河口水位数据、潮汐特征数据等;由于全国范围缺乏风暴潮增水长期观测数据,通过有限站点,包括香港潮位站,较长期的天文潮汐表数据、实际潮位数据和风暴潮增水位数据,计算 T 年重现期的天文潮位、风暴潮增水位和二者叠加得到的组合总潮位;推导出 T 年重现期的实际总潮位与组合总潮位的最大拟合关系;将由实测潮位得到的风暴潮增水位插值到其余潮汐站,并与由该站点得到的重现期天文潮位相加得到最大组合潮位,乘以上述得到的拟合常数得到重现期实际潮位,再加上平均海平面的上升高度,得到最后的重现期潮位;最后,结合数字地形模型进行淹没分析,得到淹没范围和深度;叠加 T 年一遇风暴潮淹没图及承灾体暴露度图,进行风暴潮灾害风险评估和风险区划。

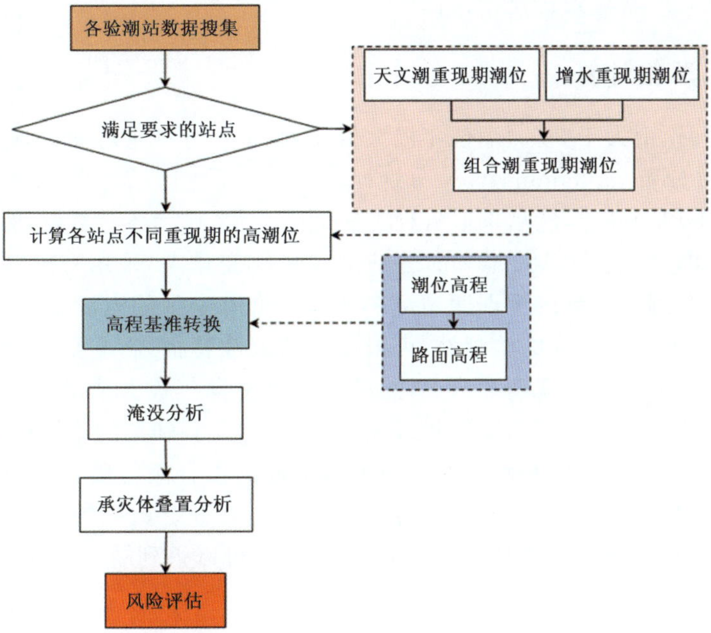

图 13.1　风暴潮灾害风险评估技术路线

13.3　风暴潮风险评估方法

13.3.1　数据搜集与处理

进行风暴潮灾害风险评估，所需的基础数据如下：

1. 全国沿海各验潮站的位置、潮汐特征；
2. 全国各验潮站的实测潮位年极大值序列；
3. 各验潮站验潮 0 点、潮高基准面和 85 黄海高程的水准关系；
4. 全国沿海的数字高程模型；
5. 全国沿海的堤防分布和高程(本指南暂未考虑)；
6. 全国沿海的人口和经济分布；
7. 历史风暴潮过程数据，包括最高潮位、过程最大增水、灾害损失等。

由于各验潮站的实测潮位数据是基于当地的验潮 0 点，验潮 0 点一般以当地基面起算，比如全国沿海有大连基面、大沽基面、青岛基面、吴淞基面、坎门零点、珠江基面、榆林基面等。要获得准确的淹没区，需要将陆面高程和水面高程衔接起来，所以必须查明各验潮站所采用的验潮 0 点，然后将潮位数据归算至 85 黄海高程，才能获得准确的淹没范围和淹没深度。这些换算资料存在于各种测绘资料文献中，需考证核定后使用。

各地比较精确的数字高程模型应该是国家测绘的 1∶50000 的 DEM；其他公开途径获取的数据，如 SRTM 采用的高程系统是 WGS84 高程系统。WGS84 高程系统与 85 黄海高程因为所采用的似大地水准面不同，所以在各地存在着不同的高程异常。所以在使用这些数据时一定要修正，统一到85黄海高程后再使用。

13.3.2 重现期潮位计算

对于有长期(理论上大于30 a)潮位年极大值序列，采用五种重现期计算方法：耿贝尔分布法、皮尔逊III、指数分布法、Gamma、Gev分别计算 $T=2$，$T=10$，$T=20$，$T=50$，$T=100$，$T=200$，$T=500$ 时的重现期潮位，然后求取五种方法的平均值，作为各有数据站点的重现期潮位。

由于中国大陆海岸线长达18000 km，各地潮汐特征变化大，采用有限的有长期年极值序列数据的主要港口验潮站得到的重现期潮位来计算整个海岸带的淹没范围，会导致极大的误差。因此，可考虑加入其他辅港的验潮站，可根据它的潮汐特征，将主港的验潮站的增水重现期高度插值到辅港的天文潮重现期潮位上，然后根据天文潮年极大值潮位和增水年极大值组成的组合潮年极大值和实际测定的潮位年极大值的关系，得到辅港的不同重现期的高潮位值。

其中，天文潮年极大值和风暴潮增水年极大值组成的组合潮年极大值与实测潮位的年极大值存在一个比值，在广东地区，这个比值为0.8。这样，在缺乏数据的站点，通过增水空间插值、天文潮空间插值和组合潮与实测潮位的拟合关系，就可以得到缺少数据站点的不同重现期潮位。

13.3.3 高程基准的转换

在淹没分析之前，要清楚各种数据的起算基面以及基面之间的转换关系。潮汐表中的天文潮是基于潮高基准面的，潮高基准面是由平均海平面确定的。实测潮位的起算基面不同，大致是存在以下规律：广东省多采用珠江基面，浙江省、上海市多采用吴淞基面，山东省多采用青岛黄海基面，天津采用大沽零点，辽宁省多采用大连零点、海南省采用榆林基面。这只是普遍情况，具体到每个站点，需要逐个辨识，有部分站点的起算基面是本站的水尺零点。

为了进行淹没分析，需要将高程、高度数据归算到85黄海高程基准。图13.2列举了深圳赤湾验潮站各种水准的关系。

13.3.4 淹没分析

将各个验潮站的多年重现期潮位值采用克里金插值的方法生成潮位栅格，然后将此潮位栅格与DEM高程做叠置分析，叠置分析结果中大于0的栅格为被淹没的区域，栅格的值代表淹没深度，小于0的栅格为未被淹没的区域(图13.3)。

13.3.5 承灾体暴露度分析

将 T 年重现期的淹没范围及深度/等级与社会经济数据(受灾人口和GDP)进行叠置分析，评估各行政单元潜在损失。具体方法为：将人口按城镇用地面积均分，GDP按不同土地用地类型权重划分。以 P 代表面积比例，Count代表栅格数量，i 代表不同城市，j 代表不同土地利用类型(耕地、林地、草地和城镇用地)，k 代表不同危险区(低、中、高和极度危险区)，则

$$P_{ijk} = \sum_{k=1}^{4} \mathrm{Count}_{ijk} \tag{13.1}$$

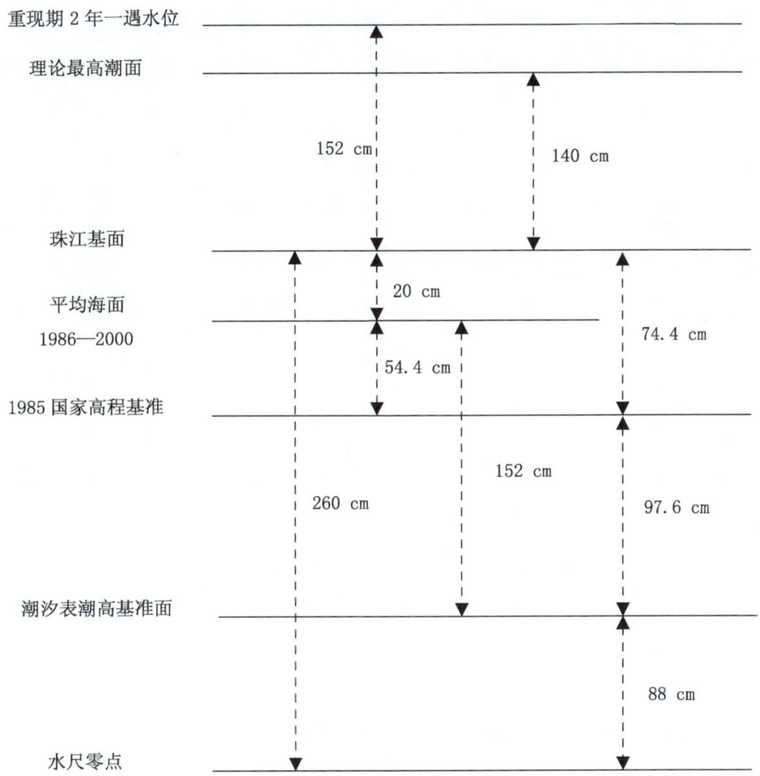

图 13.2　深圳赤湾站水准关系图

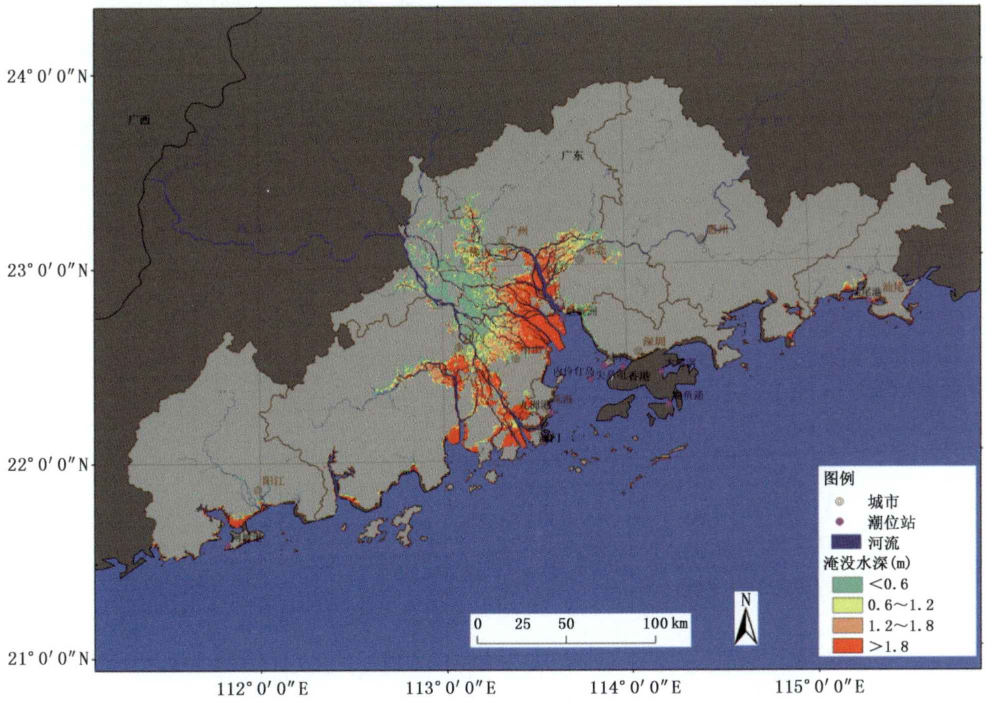

图 13.3　珠江三角洲 100 年一遇风暴潮淹没范围和深度

计算各城市受灾人口与 GDP 损失时，用城镇用地中不同危险区的面积比例乘以该城市总人口及 GDP，再乘上对应危险区的灾损率，得到受灾人口情况和 GDP 损失情况。

$$\mathrm{AP}_i = \sum_{k=1}^{4}(P_{ijk} \times \mathrm{Total}_i \times \mathrm{DSR}_k) \tag{13.2}$$

$$\mathrm{Loss}_{\mathrm{GDP}_i} = \sum_{k=1}^{4}[(P_{ijk} \times \mathrm{Farmland}_i \times \mathrm{DSR}_k) + (P_{ijk} \times \mathrm{Urban}_i \times \mathrm{DSR}_k)] \tag{13.3}$$

式中，AP_i 为受灾人口，Total_i 表示不同城市的总人口数，DSR_k 为不同危险区的灾害损失率，$\mathrm{Loss}_{\mathrm{GDP}_i}$ 为 GDP 损失情况，$\mathrm{Farmland}_i$ 表示不同城市耕地所占有的 GDP，Urban_i 表示不同城市用地占有的 GDP。

13.3.6 综合风险评估

将淹没深度、人口和经济数据的栅格分别进行 0－1 标准化，得到标准化后的值记为 N_{depth}、N_{Pop}、N_{GDP}，综合风险评价指标为三者的综合，公式为：

$$\mathrm{Risk}_{\mathrm{degree}} = N_{\mathrm{depth}} \times (N_{\mathrm{Pop}} + N_{\mathrm{GDP}}) \tag{13.4}$$

根据式(13.4)得到风暴潮灾害风险等级的量化值，划分风险等级的标准可采用自然断点法，分为一级、二级、三级和四级风险。

13.4 评估案例：广东省风暴潮灾害风险评估

13.4.1 数据搜集

1. 潮位资料

表 13.1 广东省资料列表

数据类别	来源	站点	时间范围
天文潮	潮汐表	全国所有站点	1990—2014 年
风暴潮过程中实测最高潮位及过程最大增水数据	《中国海洋灾害公报》	全国主要站点	1989—2014 年
	《台风海浪与增水年鉴》	全国主要站点	1968—1979 年
	《台风暴雨洪水暴潮手册》	广东省主要站点	1955—1997 年
	《广东省防灾减灾年鉴》	广东省主要站点	1994—2013 年
	《广东省海洋灾害公报》	广东省主要站点	2013—2014 年
	《广东省海洋环境公报》	广东省主要站点	2001—2014 年
	香港天文台	香港 3 个站	1949—2014 年
	其他地方公报		
逐时潮位观测数据	NHSLC	13 个站	1975—1997 年
	《海洋站观测资料》	17 个站	1975—1976 年

将潮位资料整理成风暴潮增水年极值、天文潮年极值、实测潮位年极值等。

2. 广东省 DEM 1：50000(30 m 网格)，西安 1980 年坐标，85 黄海高程；

3. 土地利用类型；

4. 人口和社会经济数据，2010 年，0.5°×0.5°。

13.4.2 重现期潮位计算

根据收集的长时间序列的实测潮位数据，用耿贝尔分布法、皮尔逊 III、指数分布法、Gamma 和 GEV 共 5 种方法计算重现期潮位，取平均值，如表 13.2 所示。

表 13.2　重现期潮位计算表

实测潮位	重现期潮位(m)							
站名	$T=2$	$T=10$	$T=20$	$T=50$	$T=100$	$T=200$	$T=500$	当前表中潮位数据的高程起算面
赤湾	4.08	4.90	5.22	5.63	5.94	6.25	6.65	从水尺零点起算
闸坡	4.06	5.13	5.63	6.34	6.93	7.59	8.58	从水尺零点起算
湛江	4.34	5.88	6.42	7.10	7.59	8.07	8.70	从水尺零点起算

13.4.3 高程基准的转换

将表 13.2 中的验潮站重现期潮位根据各站的水准关系，进行转换，统一归算到 85 黄海高程基准，见表 13.3。

表 13.3　重现期潮位计算表-85 黄海高程

实测潮位	重现期潮位(m)							
站名	$T=2$	$T=10$	$T=20$	$T=50$	$T=100$	$T=200$	$T=500$	当前表中潮位数据的高程起算面
赤湾	2.22	3.05	3.37	3.78	4.09	4.39	4.79	85 黄海高程
闸坡	2.54	3.61	4.11	4.82	5.41	6.07	7.06	85 黄海高程
湛江	2.82	4.36	4.90	5.58	6.07	6.55	7.18	85 黄海高程

上述站点是广东省的主要站点，广东省仍有大量辅助验潮站，有些站点有天文潮预报数据，有些仅有潮高基准面等潮汐特征数据，而没有长时间序列的年最高潮位数据。此时就需要利用已知站点的重现期潮位，结合其余站点的重现期增水位、天文潮重现期潮位和辅助站点的潮高特征值，插值得到辅助站点的重现期潮位值。

13.4.4 淹没分析

将不同重现期潮位数据通过克里金插值，生成潮位栅格，然后与 DEM 叠加，得到广东省不同重现期潮位的淹没深度和淹没范围。将广东省分为四个区域：粤东、珠江三角洲、粤西、雷州半岛，分别显示，绘制了 $T=2$，$T=10$，$T=20$，$T=50$，$T=100$，$T=200$，$T=500$ 情景下的淹没深度和淹没范围，如图 13.4—13.7 所示为 $T=100$ 年情景下的淹没深度和淹没范围。

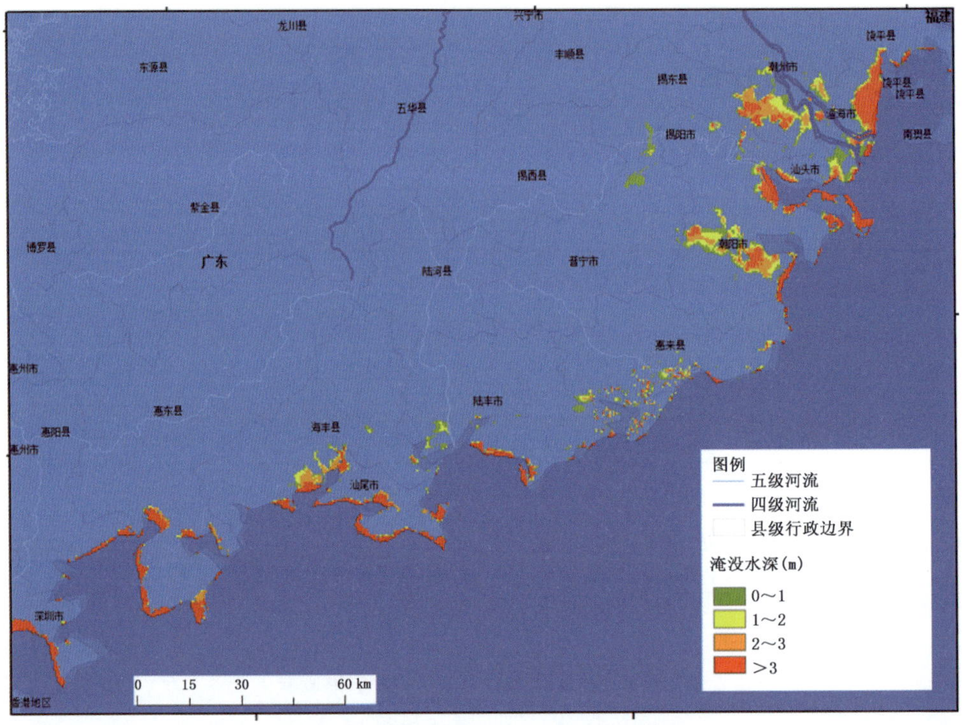

图 13.4　风暴潮增水淹没范围和深度(粤东，$T=100$)

图 13.5　风暴潮增水淹没范围和深度(珠江三角洲，$T=100$)

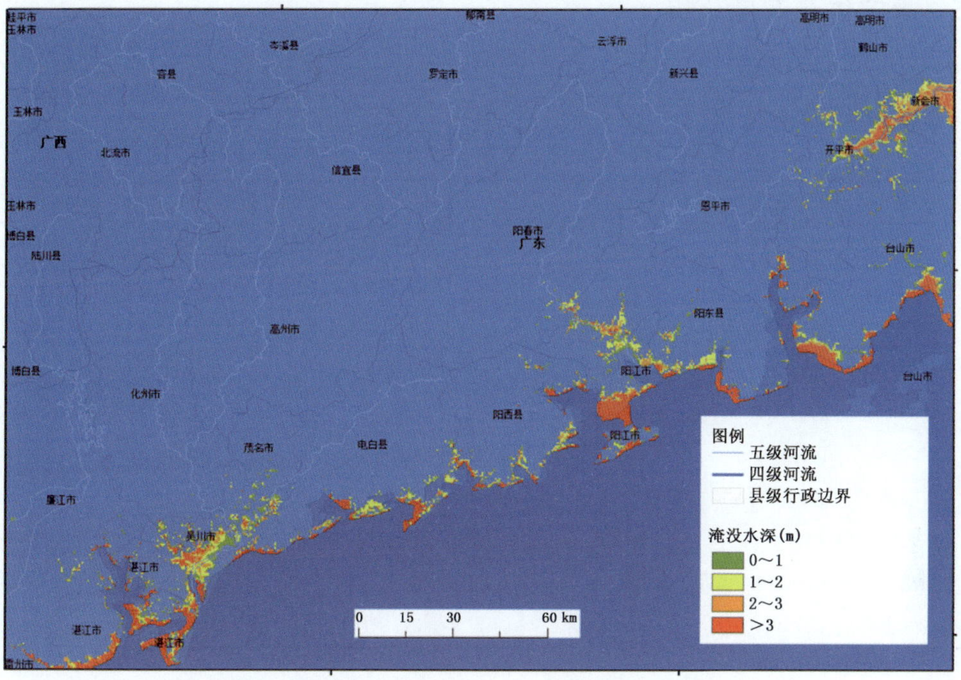

图 13.6　风暴潮增水淹没范围和深度(粤西，$T=100$)

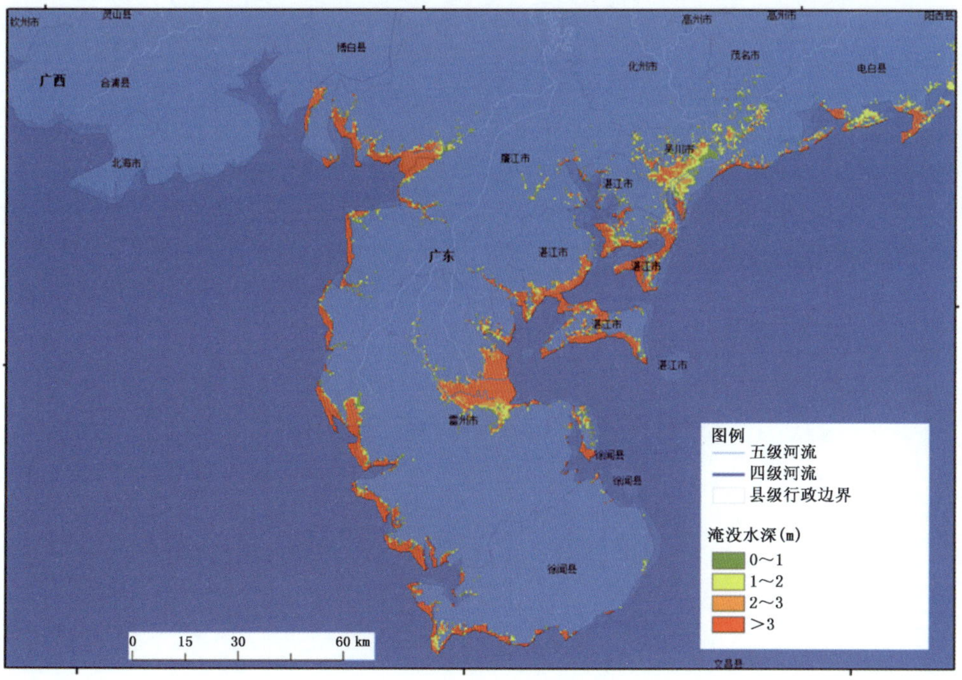

图 13.7　风暴潮增水淹没范围和深度(雷州半岛，$T=100$)

13.4.5　承灾体暴露度分析

根据13.3.5节的方法，采用2013年广东省统计年鉴数据，算得各市的人口和GDP的潜在损失，如表13.4所示：

表13.4　100年一遇风暴潮灾害情景下潜在损失分析

	人口/万人	GDP/亿元	农业GDP损失/亿元	非农业GDP损失/亿元	受灾人口/万人	GDP总损失/亿元
广州	1283.89	13551.21	49.19	1981.55	290.04	2030.74
深圳	1054.74	12950.06	0.05	373.19	64.14	373.23
佛山	974.56	8930.35	51.62	1703.42	427.01	1755.04
东莞	829.23	5010.17	4.63	791.60	211.25	796.23
中山	315.50	2441.04	44.86	810.66	181.24	855.51
珠海	158.26	1503.76	18.28	342.84	45.37	361.12
惠州	467.40	2367.55	0.47	56.82	15.22	57.29
汕尾	296.90	610.41	3.22	47.02	36.23	50.25
江门	448.27	1880.39	17.51	241.65	104.88	259.16
阳江	247.00	887.03	3.21	22.81	11.09	26.02

参考文献

广东省水文总站，1980. 台风暴雨洪水暴潮手册[Z].
国家海洋局，1968—1979. 台风海浪与增水年鉴[Z].
国家海洋局，1976. 海洋站观测资料[Z].
国家海洋局，2003. 广东省警戒潮位核定研究报告[R].
李文欢，石海莹，2013. 海南省风暴潮灾害预报及防范系统研究[M]. 北京：海洋出版社.
王志豪，刘天珍，1981. 论我国海岸带的三个基准面[J]. 海洋科技资料，(5)：1-22.
吴俊彦，韩范畴，成俊，等，2008. 我国深度基准面不统一所带来的问题与对策[J]. 海洋测绘，28(4)：54-56.

第14章 高温热浪风险评估技术

叶殿秀、陈鲜艳(国家气候中心)

14.0 引言

高温热浪通常是指一段持续性的高温过程,由于高温持续时间较长,引起人、动物,以及植物不能适应并且产生不利影响的一种气象灾害。

高温热浪使人体不能适应环境,甚至超出人体的耐受极限,从而导致工作效率降低,导致中暑、肠道和心脑血管等疾病的发生或加重,甚至死亡;同时高温热浪也可以影响植物生长发育,使农作物减产。高温加剧了土壤水分蒸发和作物蒸腾作用,高温少雨常同时出现,造成土壤失墒严重,加速旱情的发展,给农业生产造成较大影响,也极易引发森林或草原火灾;因用于防暑降温的水电需求量猛增,造成水电供应紧张,故障频发,从而给人们生活、生产带来很大影响。持续高温天气还可能引发大面积蓝藻发生,导致水源污染。另外,高温热浪往往使人心情烦躁,甚至会出现神志错乱的现象,容易造成公共秩序混乱、事故伤亡的增加;但高温热浪同时也给一些生产、销售防暑降温用品及设备的厂家和商家带来商机,这些是高温热浪的间接影响。

已有研究表明,由于气候变暖及城市化进程的加快导致的热岛效应加强,高温热浪发生的频率增多,强度增加,加之城市人口老龄化等易感人群增多,致使高温热浪危害呈加剧之势。

因此,对高温热浪灾害进行风险评估,可为监测、预测和防灾、减灾提供科学的理论支撑,为实现人与自然和谐发展,开展这项研究工作非常有意义。

14.1　评估技术路线

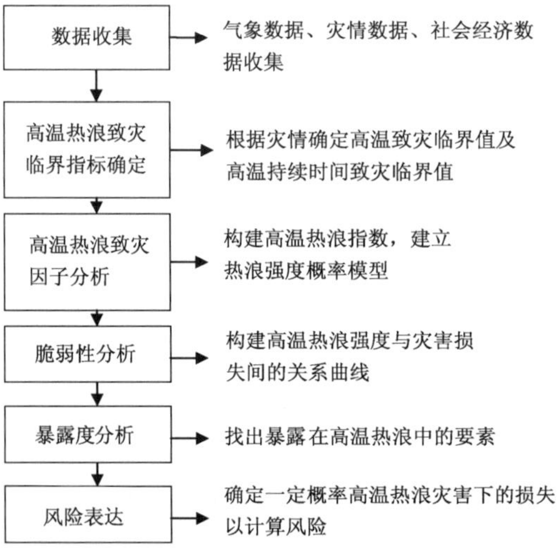

图 14.1　高温热浪灾害风险评估技术路线

14.2　高温热浪风险评估方法

根据自然灾害风险分析理论，自然灾害风险评估一般包括致灾危险性评估和承灾体的脆弱性评估与承灾体的暴露度三项基本内容。在承灾体脆弱性和暴露度一定的情况下，致灾危险性越大，灾害损失风险越高。

14.2.1　致灾危险性评估

表征温度的变量有很多，通常使用较多的指标是日最高气温、日最低气温、平均气温等指标。此外，中外还开发了许多组合指标，如温湿指数、热指数、相对气候指数和体感温度等。

研究表明，当温度高于一定临界温度值时，人体就会感到不适，严重时甚至会发生热痉挛和中暑等。相对于单日高温，持续的高温对社会经济和人类健康有更大影响。因此，高温热浪一般要考虑两个因素：一是临界温度值；二是持续时间。中国地域幅员辽阔，不同地区气候背景的差异决定了人们对高温的耐受力也会存在较大的不同。因此，对高温临界值的确定不能全国使用统一的量值，而应考虑地域上的差异。

高温热浪的危险程度取决于连续异常天气的持续时间和异常程度。热浪强度的大小直接反映了热浪灾害发生与否以及热浪灾害的影响大小。热浪持续时间越长，承灾体承受热浪危害的风险概率越大，高于阈值温度越多，承灾体承受热浪危害的风险概率也越大。进行高温致灾危险性评估，就是建立能够反映高温的强度和持续时间的热浪指数概率模型。

14.2.2　承灾体脆弱性评估

承灾体脆弱性评估就是针对承灾体对高温热浪灾害表现出的易于受到损害的性质进行定

量化研究。如已有研究发现,相对于年轻人,老年人(65 岁以上)由于身体调节功能失调等原因,更容易受到高温热浪影响。女性比男性更容易遭受高温热浪的侵害,先前患有心脑血管疾病、呼吸道疾病等病人比健康人群更容易遭受高温热浪危害。对农作物而言,水稻抽穗扬花期对高温热浪异常敏感等。针对不同的承灾体构建高温热浪灾害指数与承灾体的损失率(中暑率、发病率或死亡率)的关系曲线。

14.2.3 暴露度分析

基于社会经济统计资料,对高温热浪可能威胁到的人员和财产的暴露程度进行分析。一个地区暴露在高温热浪下人员和财产越多,可能遭受的潜在损失越大,灾害风险也就越大。

14.2.4 高温热浪灾害损失评估

高温热浪灾害风险是高温热浪灾害损失乘以高温热浪灾害出现的超越概率。建立集致灾因子危险性、承灾体的脆弱性和暴露度于一体的灾害风险评估模型。

14.3 评估案例:高温热浪对人体健康影响评估

以人体健康为例介绍高温热浪灾害风险评估技术路线:

(1)建立数据库:调查收集研究区域历史上发生的高温热浪灾害发生的时间、范围、强度及造成的损失,收集整理气象数据及社会经济数据,建立高温热浪气象灾害数据库、灾情库及社会经济数据库。

(2)确定高温热浪临界值:基于高温热浪造成的灾情与气象要素(气温、热指数等),运用一定的统计方法确定高温热浪气象灾害对研究对象影响的关键影响因子,建立气温和损失率之间关系,采用突变方法确定高温致灾临界气象指标及强度等级范围。基于高温致灾临界指标,统计分析高温持续不同时间与灾害损失的关系,同样采用突变方法确定高温热浪的持续时间临界值标。

(3)建立高温热浪指数强度与频次的关系模型:基于确定的高温热浪的高温及持续时间临界指标,采用历史气象资料,对高温热浪的强度、频次、持续时间等进行分析,构建高温热浪指数,建立高温热浪指数强度与频次的关系模型。

(4)脆弱性评估:主要分析承灾体其组成成分及环境、社会因素等在不同强度高温热浪发生时对灾害损失率的贡献,建立承灾体对高温热浪的脆弱性曲线。

人体健康对高温热浪的脆弱性因子主要包括人群因素、行为因素、居住环境、社会经济因素等。

在每一部分中又要考虑更细的因素如人群因素中应考虑年龄、性别、身体状况;在行为因素考虑是否独居、酗酒、饮水多少等;在居住环境中主要考虑城市还是郊区、居住屋顶隔热情况、房屋周围绿地多少、空调和风扇使用率等;社会经济因素主要考虑贫富水平、教育程度较低等。

(5)暴露度分析:基于社会经济统计资料,求算受灾要素在高温热浪下的暴露程度。如在高温热浪对人体健康影响风险评估中,其暴露度即分析男女比例及数量、老年人口比例及数量、室外工作人员比例及数量等。

(6)灾情损失评估:灾情损失评估是风险评估的一项重要内容,即在高温热浪致灾因子分析、脆弱性分析和暴露度分析的基础上,得到高温热浪灾害对研究区所造成的损失。根据脆弱性曲线方程对不同重现期高温热浪人体的暴露进行运算,得到该重现期下人群发病(中暑、死亡等)人数分布。

(7)评估结果验证:这相当于是一个辅助性却很必要的操作步骤,利用实况资料对灾害风险评估结果进行验证,一方面可以对评估结果进行检查,另一方面可以确定评估效果。将评估结果与实况资料验证,并进行进一步总结,以提供决策性参考资料。

参考文献

陈辉,黄卓,田华,等,2009.高温中暑气象等级评定方法[J].应用气象学报,20(4):451-457.

贺山峰,戴尔阜,葛全胜,等,2010.中国高温致灾危险性时空格局预估[J].自然灾害学报,19(2):91-97.

黄卓,陈辉,田华,2011.高温热浪指标研究[J].气象,37(3):345-351.

刘建军,郑有飞,吴荣军,2008.热浪灾害对人体健康的影响及其方法研究[J].自然灾害学报,17(1):151-156.

钱颖骏,李石柱,王强,等,2010.气候变化对人体健康影响的研究进展[J].气候变化研究进展,6(4):241-247.

杨红龙,许吟隆,陶生才,等,2010.高温热浪脆弱性与适应性研究进展[J].科技导报,28(19),98-102.

第 15 章

寒潮风险评估技术

高歌(国家气候中心)

15.0 引言

高纬度地区的寒冷空气,在特定天气形势下迅速南下,达到一定强度标准时称为寒潮。寒潮是中国冬半年(9 月至翌年 5 月)重要的灾害性和转折性天气过程之一,同时也是季节推迟或提前,甚至出现反常气候的重要标志。寒潮往往伴随剧烈降温、有时会出现冰冻、或伴有大风、暴雪、霜冻等灾害性天气,给农林牧渔业、海陆空交通、电力、通讯以及人们生活和生产活动造成很大影响或损失。

由于入侵中国冷空气的强度、路径不同,以及各地气候条件的差异,寒潮天气在各地的表现和危害有所不同。如西北和内蒙古地区,寒潮入侵会出现暴风雪、风沙和沙尘暴;南方地区会产生大范围降水,有时还会出现冰雹、雷电和冻雨天气,部分地区甚至会遭受低温冷害。

15.1 概念和范围

寒潮的危险性,是通过其伴随的雪灾、低温冻害、大风等灾害的综合危险性体现出来的。因此,不同地区寒潮的风险评估,要针对该地区可能出现的主要灾害以及对主要的影响行业开展。然后,综合各种灾害发生的风险,即为寒潮风险评估。

15.2 寒潮风险评估技术路线

寒潮风险评估是各种伴随灾害风险评估的综合,因此,首先要判定研究地区寒潮主要引起的伴随灾害是什么灾害,然后确定影响或导致灾害损失较大的行业,其中的承灾体可为多个。

考虑寒潮过程与普通的冷空气过程不太一致,根据国标或不同地区寒潮标准确定历史曾经发生的寒潮过程及相应的气象条件(最好涵盖致灾因子)来建立寒潮数据库。

核心部分是针对不同的伴随灾害以及影响的主要行业,进行脆弱性评估,确定致灾气象条件阈值和危险程度,并考虑承灾体暴露度等,建立风险评估指数,估计可能造成的损失。这里暂不考虑抗灾能力,虽然它对气象灾害风险评估起一定作用,但短时间尺度内,它不具有风险。致灾气象条件阈值的确定和危险程度可参考其他灾种的确定方法,如:灾损法、试验法、理论法以及模式方法。不同灾害程度下，发生超越致灾气象条件阈值的概率，即是风险。超越致灾气象条件阈值的概率，可根据分布以及频率等统计方法估计。

如果是寒潮过程的风险评估，则基于天气预报结果，分灾种，考虑预报的气象因子是否超越致灾气象条件阈值，并结合承灾体的暴露度和脆弱性，分析单灾种对某承灾体可能造成的损失，然后采用统计方法进行综合，可能损失出现较大的区域则风险高。

主要评估技术框架如图 15.1 所示。

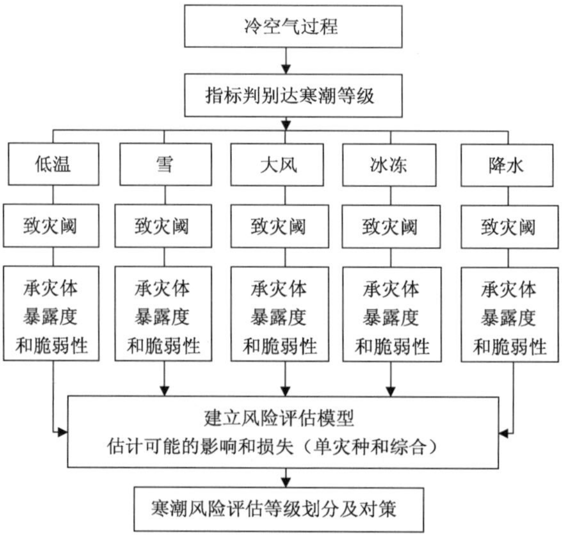

图 15.1　寒潮风险评估技术路线

15.3 评估案例

目前文献针对寒潮的综合风险评估开展得不多，寒潮伴随灾害的风险评估有一些工作。由于致灾因子及其危险性的确定是气象灾害风险评估的核心，因此，这里针对不同的承灾体，着重介绍致灾气象条件阈值研究和脆弱性分析等方面的工作。

15.3.1 淡水鱼类寒潮致灾气象条件阈值分析

杨先乐、曹海鹏做了寒潮暴雪等强冷天气对大宗淡水鱼类水霉病暴发的致灾因子分析，水霉病的发生是水霉菌、鱼体健康状况以及外界环境三者相互作用的结果，这三大因素容易受寒潮暴雪等强冷天气的影响。在寒潮暴雪等强冷天气下，导致池塘水温的骤降以及水体缺氧，给大宗淡水鱼类带来了极其恶劣的生存环境，为水霉病的发生提供了重要的环境条件。水霉对水温的适应范围很广，5～26℃均可生长繁殖，最适生长温度一般为 13～18℃。强冷天气造成水温大幅度降低，可能导致水霉菌难以生长繁殖，甚至死亡，但其游动孢子依然在养殖水体中大量存在。温度在短时间内剧烈变化是影响水霉感染的重要条件，它强化了水霉对鱼体的感染强度和速度。温度短期内的剧烈下降能够降低鱼类的免疫能力，温度的剧烈变化会导致鱼类免疫力下降甚至造成免疫妥协，而长时间的低温冰冻会对鱼的摄食、呼吸、免疫力等多方面造成影响，会引起鱼类病害的发生或死亡。在寒冷地区，越冬池的鲤鱼胸鳍和腹鳍基部常用作支点靠在池底，由于长期受到体重压力的影响，容易形成溃疡，导致部分皮肤甚至肌肉坏死；当水温降低到 0.5℃以下时，鱼体的皮肤就会坏死、脱落，而在水温突降 19℃左右时就会出现死亡。寒潮暴雪等强冷天气极有可能造成大宗淡水鱼类呼吸不畅、免疫力下降、机体损伤等，从而增加了水霉菌侵染鱼体的机会，提高了水霉病暴发的风险。基于研究分析，可选择关键水温作为致灾气象条件阈值，如果寒潮造成的水温低于相关阈值，则会对鱼产生不同程度的影响，进而造成损失。

15.3.2　冬季寒害致灾气象条件阈值及承灾体脆弱性分析

杜尧东等对广东地区冬季寒害风险识别进行了分析。广东冬季寒害的致灾因子主要是寒潮或强冷空气入侵引起的剧烈降温，以及夜间辐射降温引起的低温。有寒潮也有寒害，但有寒害却不一定有寒潮。事实上有 70%以上的寒害是由中弱冷空气多次补充造成的。因此，寒害的致灾因子包括降温幅度、低温强度、低温持续日数和有害积寒。农业气象学家崔读昌从温度强度、发生时期、生理反应、危害作物、作物状态和危害后果等方面，对寒害、冻害、冷害、霜冻进行过区分(表 15.1)，由此可见，不同灾害的致灾气象条件阈值是有明显差异的，致灾机理各不相同，产生的损失后果也有很大不同。

表 15.1　寒害、冻害、冷害、霜冻的区别

类型	温度条件	发生时期	生理反应	危害作物	作物状态	危害后果
冻害	＜0℃	冬季或早春深秋	细胞脱水结冰	冬作物、果树	越冬期、停止生长期	植株部分或全株死亡，减产或绝收
寒害	0～10℃	冬季	生理机能障碍	热带、亚热带作物	缓慢生长	植株伤害，减产或严重减产
冷害	10～23℃	温暖期	生长发育障碍	喜温作物	积极生长	花器官受害或延迟生育、减产
霜冻	＜ 0℃	较温暖期	短时间脱水结冰	冬作物、果树、蔬菜	正常生长	植株、花果受冻减产或严重减产

寒害对部分果树的致灾气象条件阈值，通常通过大量观测和试验获得(表 15.2)：

表 15.2　广东部分果树致灾气象条件阈值及脆弱性分析

果树	致灾气象条件及致灾情况
荔枝、龙眼	最低气温＞5℃时，全株无寒害 1～5℃时，树冠受害干枯＜1/3，顶枯、梢枯＜1/3 －2～1 ℃时，树冠受害干枯在 1/3～2/3 或主干受害干枯宽度＜1/3 －4～－2℃时，树冠受害干枯＞2/3 或主干受害干枯宽度 1/3～2/3 －5～－4℃时，树冠全部干枯或主干受害干枯宽度＞2/3 ＜－5℃时，地上部分枯死
香(大)蕉 菠萝	最低气温＞5℃时，全株无寒害 2.6～5℃时，叶尖、叶边干枯＜1/2 0～2.5℃时，全株叶片干枯 ＜0℃时，地上部分枯死 ＜－1℃时，全株枯死

承灾体是致灾因子作用的对象，是承受灾害的实体。寒害的承灾体主要是热带、亚热带果树、粮食作物、蔬菜和水产生物。承灾体脆弱性分析可从以下几个方面考虑，并进行定量化分析：

承灾体耐低温能力的差异，直接关系到灾害损失程度。相对而言，果树的耐低温能力要高于越冬的番薯、马铃薯、玉米等粮食作物和蔬菜。在果树中，龙眼的耐低温能力略比荔枝强，蔬菜的耐低温能力顺序为耐寒蔬菜＞喜温蔬菜＞耐热蔬菜。在水产生物中，罗非鱼耐低温能力最弱。

同一作物，不同的品种耐低温能力也不同。

耐低温能力与树龄有关，树龄越大抗寒性越强。1994 年广西的调查表明，3～6 级寒害多发生在 4 a 生以下的幼树。5 a 以上的荔枝树一般只发生 1～2 级寒害，多数是 1 a 生枝条受冻，全株死亡的现象很少发现。

不同发育期，耐低温能力也有差异。

植株长势也影响到树体的耐低温能力，秋梢充分老熟粗壮，有机物质养分积累多，树液浓度高，树体耐低温能力强，不适时放梢，入冬后末次梢不能正常转绿老熟或抽发冬梢后，树体耐低温能力弱。

随着农业和农村经济结构的调整，各地冬季农业和特色农业发展迅速，越区种植现象很普遍，使承灾体的耐低温能力大幅度降低。

15.3.3 青海雪灾致灾气象条件阈值及牲畜脆弱性分析

李红梅等对青藏高原雪灾风险区划进行了研究。致灾气象条件阈值的分析主要采用以下思路：根据历年来雪灾发生时牲畜死亡率资料，计算出相应时段的积雪指标，积雪指标为某一时段≥2 cm 的积雪深度之和乘以≥2 cm 的积雪持续日数之和的积；建立牲畜死亡率和积雪指标模型；根据拟合曲线和不同等级雪灾条件下牲畜死亡率，计算出不同雪灾等级条件下的积雪指标临界值(见表 15.3)。拟合曲线即为牲畜雪灾死亡率脆弱性的定量评估模型。如果有更精细的牲畜死亡率资料，可分别建立牛、羊、马等雪灾死亡率脆弱性曲线。同样程度的积雪深度，其造成的不同牲畜的死亡率有明显差异，损失也会不同。

表 15.3 青海不同雪灾等级标准及致灾气象条件阈值

雪灾等级	等级	牲畜死亡率	积雪指标(cm · d)
1	轻灾	$S<5\%$	<200
2	中灾	$5\%\leqslant S<20\%$	200≤JX<1075
3	重灾	$20\%\leqslant S<30\%$	1075≤JX<1758
4	特大灾	$S\geqslant 30\%$	JX≥1758

参考文献

崔读昌，1999. 关于冻害、寒害、冷害和霜冻[J]. 中国农业气象，20(1)：56-57.

杜尧东，李春梅，唐力生，等，2008. 广东地区冬季寒害风险辨识[J]. 自然灾害学报，17(5)：82-86.

李红梅，李林，高歌，等，2013. 青海高原雪灾风险区划及对策建议[J]. 冰川冻土，35(3)：656-661.

林爱兰，吴尚森，1998. 近 40 多年广东省的寒潮活动[J]. 热带气象学报，14(4)：337-343.

林晶，陈家金，陈惠，2007. 近45年福建省寒潮的时空分布及对农业生产的影响[J]. 亚热带农业研究，3(1)：57-59.

王胜，田红，谢五三，等，2011. 近50 a安徽省冬半年寒潮气候特征及其对越冬作物的影响[J]. 暴雨灾害，30(2)：189-192.

杨先乐，曹海鹏，2010. 寒潮暴雪天气对大宗淡水鱼类水霉病暴发的风险评估与应对措施[J]. 科学养鱼，(2)：41-43.

中国气象局政策法规司，2008. 寒潮等级：GB/T 21987—2008[S]. 北京：中国标准出版社.

朱建华，1994. 芒果和荔枝、龙眼树寒害及防御对策[J]. 广西热作科技，(4)：37-39.

第 16 章

低温冷害风险评估技术

于宏敏(黑龙江省气候中心)

16.0 引言

东北地区是中国纬度最高的地区,也是中国重要的商品粮生产基地,主要种植玉米、水稻、大豆、高粱、小麦等农作物,粮食总产约占全国的 15%,但该地区的生长季热量资源不足,大部分地区为一年一熟制,农业气象灾害频发,其中主要受夏季低温冷害影响比较大,20 世纪 50—70 年代曾造成农作物严重减产。因此,对东北地区低温冷害进行风险评估研究对防灾、减灾,保证粮食安全生产具有重要意义。

中国学者对东北地区低温冷害风险评估、区划的研究做了大量工作。袭祝香等从变异系数、正态分布风险概率、风险指数三方面对东北地区热量条件的稳定性和低温冷害的风险进行了讨论和评估,给出了东北地区低温冷害风险区划;马树庆等从灾害学的角度系统地分析了东北地区玉米低温冷害的孕灾环境、致灾因子、承灾体现状及抗灾能力,并进行了玉米低温冷害发生的风险评估及区划。利用相似方法,马树庆等还建立了水稻冷害气候风险模式,并考虑各地水稻冷害减产率、总产量和面积比例等经济损失因素,建立了水稻生产对低温冷害反应的经济脆弱度模式;李文亮等采用自然灾害风险指数法、层次分析法和加权综合评价法,在计算黑龙江省各市、县低温冷害的危险性、暴露度和脆弱性的基础上,通过计算低温冷害风险指数,对黑龙江省低温冷害进行风险评估与区划研究。这些研究极大地推动了低温冷害风险评估与区划研究的深入与拓展。

16.1 概念和范围

根据有关自然灾害风险理论和低温冷害的形成机制,低温冷害风险被定义为:低温冷害活动及其对农业生态系统(农作物)造成的影响和危害的可能性。具体就是指某一地区、某一时间内低温冷害发生的可能性、活动强度、破坏程度及对农业生态系统(农作物)的危害影响有多大。一般而言,低温冷害风险取决于以下几个因素:低温冷害的危险性、暴露度(或承灾体)、承灾体的脆弱性,其中,承灾体的脆弱性可以分解为灾损敏感性和人类防灾、减灾能力。因此,低温冷害风险可以进一步表示成危险性、暴露度、灾损敏感性和人类防灾、减灾能力的函数,某个区域农作物低温冷害风险的大小是这 4 个因素综合作用的结果。

危险性：是指造成低温冷害的自然变异因素和程度，主要指异常低温及其影响因素（包括区域的气象要素、地势地形（海拔高度）、地理纬度），一般危险性越大，低温冷害的风险也越大。关于低温冷害指标的确定，不同的学者提出了多种评价指标，主要包括：5—9 月平均气温之和距平指标，基于纬度和海拔的线性关系，生育期积温、热量指标和综合指标。其中以 5—9 月平均气温之和距平指标最为常用，孙玉亭的研究表明气象产量与 T_{5-9} 的年际变化趋势基本一致，生长季温度高的年份产量较高，反之则产量较低，因此，各地的 T_{5-9} 年际差异，可以作为某一年作物是否因冷害减产的指标。

暴露度（承灾体）：是指可能受到危险因素（低温）威胁的农业生态系统（农作物）。一个地区暴露于危险因素（低温）的农作物种类越多，可能遭受的潜在损失就越大，低温冷害风险也越大。可选用单位面积农作物种植面积、平均产量等作为评价灾害暴露度的指标，它表示不同地区抵抗低温冷害能力以及农业气象灾害对作物生产的潜在风险，一般来说，作物生产水平高的地区其抵抗灾害的能力也高，造成作物产量损失的可能性也低。

承灾体的脆弱性：是指在给定危险地区内存在的所有农作物由于潜在的危险因素（低温）而造成的伤害或损失程度，其综合反映了自然灾害的损失程度。一般承灾体的脆弱性越低，灾害损失越小，灾害风险也越小，反之亦然。承灾体脆弱性的大小，既与其物质成分、结构有关，也与防灾力度有关。因此，可以将脆弱性分解为灾损敏感性和人类防灾、减灾能力。

承灾体灾损敏感性：是指风险载体（农作物）受自然灾变（低温冷害）破坏的可能性和对这种破坏和损害的敏感性，是风险受体一旦遭受自然灾变打击时所表现出来的可能受到的影响和破坏的一种度量。敏感性越低，则损失的可能性越小，反之越大。一般可用低温冷害造成的农作物减产率、经济损失等作为评价敏感性的指标。

防灾、减灾能力：是指栽培技术及各种用于防御和减轻低温冷害的各种管理措施、对策，包括管理能力、减灾投入、资源准备等。管理措施得当和管理能力强，可能遭受的潜在损失就越小，低温冷害的风险也就越小。

16.2　评估技术路线

根据自然灾害风险理论和低温冷害形成的机制，基于低温冷害风险的函数关系，建立低温冷害风险评估技术路线（图 16.1）。

16.3　评估方法

收集数据主要包括：东北地区气候统计数据（气温、降水等资料），社会经济数据（各市、县农作物播种面积和产量），基础地理信息数据（经纬度、海拔高度、地形分布图等）和灾情资料（各市、县低温冷害受灾面积、农作物损失、直接经济损失等资料）等。

参考相关风险量化公式，采用自然灾害风险指数法对低温冷害进行风险评估，一般而言，低温冷害风险取决于低温冷害的危险性（H_h）、暴露度（V_e）和承灾体的脆弱性（V_f），承灾体的脆弱性又可以分解为灾损敏感性（V_d）和人类防灾、减灾能力（C_d）。因此，低温冷害的大小可以表示为：

$$R_D = H_h w_1 V_e w_2 V_d w_3 [a + (1-a)(1-C_d)] w_4$$

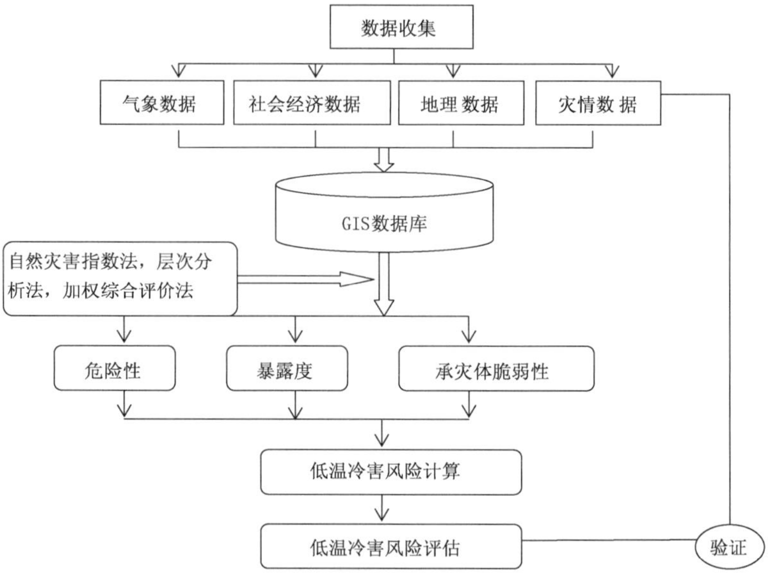

图 16.1　低温冷害风险评估技术路线

式中，R_D 为低温冷害风险指数，H_h 是低温冷害危险性，V_e 为暴露度，V_d 为灾损敏感性，C_d 是防灾、减灾能力，a 为低温冷害的不可防御部分，w_1、w_2、w_3 和 w_4 为评价因子的权重系数。

低温冷害风险评估指标权重的计算主要采用层次分析法（AHP）。层次分析法是美国兹堡大学的运筹学家 Saaty 教授于 20 世纪 70 年代提出来的一种实用的多准则决策方法，它先把复杂问题分解成各个组成因素，并将各组成因素按支配关系分组，形成递阶层次结构；再将指标层各因素两两比较，确定各层次中诸因子的相对重要性，构造出判断矩阵，经过计算得到每一因子的权重值，并进行一致性检验。通过对指标进行一对一的比较，可以连续进行并能随时改进，是比较方便有效的计算方法。

低温冷害暴露度和灾损敏感性等要素都是由一些相互独立和并列的变量构成，因此，低温冷害暴露度和敏感性可以表示成各变量的权重累加。采用加权综合评价法（WCA），它是综合考虑各个具体指标对评价因子的影响程度，把各个具体指标的作用大小综合起来，用一个数量化指标加以集中表示整个评估对象的优劣。

针对量化的低温冷害风险指数，采用多种分级标准按等级划分，如自然断点分级法，最优分割法，日本学者提出的数量化分级法等，以此来评估低温冷害对作物的风险程度，从而实现对低温冷害的风险评估。

参考文献

方修琦，王媛，2005. 气候变暖的适应行为与黑龙江省夏季低温冷害的变化[J]. 地理研究，24(5)：673-680.

李文亮，张丽娟，张冬有，2009. 黑龙江省低温冷害风险评估与区划研究[J]. 干旱区资源与环境，23(10)：149-153.

李祎君，王远皓，张雪芬，等. 2011. 东北地区玉米低温冷害规律研究[J]. 自然灾害学报，20(6)：74-80.

马树庆，袭祝香，王琪，2003. 中国东北地区玉米低温冷害风险评估研究[J]. 自然灾害学报，12(3)：137-141.

马树庆，王琪，王春乙，等，2008. 东北地区玉米低温冷害气候和经济损失风险分区[J]. 地理研究，27(5)：1169-1177.

马树庆,王琪,王春乙,等,2011.东北地区水稻冷害气候风险度和经济脆弱度及其分区研究[J].地理研究,30(5):931-938.

莫建飞,陆甲,李艳兰,等,2010.基于GIS的广西洪涝灾害孕灾环境敏感性评估[J].灾害学,25(4):33-37.

乔路,杨兴国,周宏伟,等,2009.模糊层次分析法的堰塞湖危险度判定[J].人民长江,40(22):51-53.

舒卫萍,崔远来,2005.层次分析法在灌区综合评价中的应用[J].中国农村水利水电,(6):109-111.

孙玉亭,王书裕,杨永歧,1983.东北区作物冷害研究[J].气象学报,41(3):313-321.

孙玉亭,赵洪凯,1980.玉米冷害及冷害措施鉴定[J].中国农业气象,1(01):39-45.

王春乙,张雪芬,赵艳霞,2010.农业气象灾害影响评估与风险评价[M].北京:气象出版社.

王春乙,2008.东北地区农作物低温冷害研究[M].北京:气象出版社.

袭祝香,马树庆,王琪,2003.东北区低温冷害风险评估及区划[J].自然灾害学报,12(2):98-102.

曾运清,王春颖,肖丽娜,2005.层次分析法(AHP)在民船动员征用中的应用[J].武汉理工大学学报,27(3):195-199.

章国材,2009.气象灾害风险评估与区划方法[M].北京:气象出版社.

张继权,魏民,1994.加权综合评分在区域玉米生产水平综合评价与等级分区中的应用[J].经济地理,14(5):19-21.

张继权,冈田宪夫,多多纳裕一,2005.综合自然灾害风险管理[J].城市与减灾,(2):2-5.

张继权,冈田宪夫,多多纳裕一,2006.综合自然灾害风险管理——全面整合的模式与中国的战略选择[J].自然灾害学报,15(10):29-37.

张继权,李宁,2007.主要气象灾害风险评价与管理的数量化方法及其应用[M].北京:北京师范大学出版社.

张继权,刘兴朋,佟志军,2007.草原火灾风险评价与分区——以吉林省西部草原为例[J].地理研究,26(4):755-762.

COVELLO V T,KAWAMURA K, BOROUSH M,et al,1988. Cooperation versus confrontation:A comparison of approaches to environmental risk management in Japan and the United State[J]. Risk analysis,8(2):247-260.

OHMURA H,1983. Remark on evaluation and quantification[M]. Tokyo: JUSE Press.

SATAKE T, 1976. Determination of the most sensitive stage to Sterile-type cool injury in rice plants[J]. Research Bulletion of Hokkaido National Agricultural Experiment Station, 113:1-35.

PETAK W, ATKINSON A A,1984. Natural hazard risk assessment and policy: anticipating the unexpected [J]. The geographical journal,150(3):383.

WILHITE D A, 2000. Drought as a natural hazard: Concepts and definitions,Chapter[M]//Drought:a global assessment. New York:Routledge:3-18.

WISNER B, BLAIKIE P, CANNON T, et al. 2004. At risk: natural hazards,people's vulnerability and disasters[M]. London: Routledge,8(2):13-21.

ZHANG J Q, 2004. Risk assessment of drought disaster in the maize-growing region of Songliao Plain, China [J]. Agriculture, ecosystems and environment,102(2):133-153.

第 17 章

冰雹风险评估技术

田红(安徽省气候中心)

17.0 引言

随着经济社会的发展,自然灾害造成的损失越来越大,已经成为影响经济发展、社会安定和国家安全的重要因素。根据世界气象组织统计,气象灾害占自然灾害总数的60%。中国由于地理位置、地形地貌和天气气候的特殊性、复杂性,属气象灾害多发区。在各类自然灾害中,70%以上是气象灾害。在气象灾害中,冰雹是仅次于旱涝灾害的第三大气象灾害。

中外大量的减灾实践表明,防灾、减灾三大体系——监测预报体系、防御体系和紧急救援体系在时间域与空间域上的优化配置和有序建设,需要以正确的灾害风险分析成果为基本依据。用风险的理念认识和管理灾害,才能在最大程度减轻灾害影响的同时,谋求社会经济的持续发展。

17.1 概念和范围

冰雹灾害是自然界的冰雹作用于人类社会的产物,是人与自然关系的一种表现。由于冰雹灾害的最终承灾体是人类及人类社会的集合体,因而,只有对承灾体的部分或整体造成直接或间接损害的冰雹才能称为冰雹灾害。

从灾害学的角度出发,形成冰雹灾害必须具有以下条件:(1)存在诱发冰雹灾害的因素(致灾因子)及其形成冰雹灾害的环境(孕灾环境);(2)冰雹影响区有人类的居住或分布有社会财产(承灾体);(3)人们在潜在的或现实的冰雹灾害威胁面前,采取回避、适应或防御雹灾的对策措施(抗灾能力)。

目前已有学者基于自然灾害风险形成理论,从致灾因子、孕灾环境、承灾体及抗灾能力等四个方面,综合多个指标,并基于 GIS 平台进行冰雹风险评估研究。2011 年,安徽省根据该理论从致灾因子危险性、孕灾环境敏感性、承灾体易损性和抗灾能力四个方面共 13 个评价因子开展冰雹灾害风险评估。首先,根据对历史灾情的调查分析,发现一次冰雹过程对承灾体造成的危害不仅与冰雹大小有关,而且与降雹持续时间及风力有关,故定义了一个风雹指数,它是过程最大冰雹直径、持续时间及风速的综合值,反映了一次冰雹过程的强度。因而,致灾因子危险性考虑了风雹指数和雹日两个因素即强度和频率的综合。孕灾环境指标选取与冰雹发生频次及风险程度相关的高程。承灾体易损性指标由灾情调查确定,包括人口密度、地均 GDP、耕地面积、棉花面积、果园面积及农业塑料薄膜用量,其中考虑棉花面积、果园面积是由于棉花开花结桃期和大多数果树开花结果期均为冰雹高发期,而农业塑料薄膜用量主要是针对设施农业也易遭受冰雹破坏。抗灾能力考虑地方经济发展水平和人工消雹措施两个因素。然后采用专家打分和加权综合等方法,基于 GIS 得到全省各地的灾害风险指数,从而完成冰雹风险评估。

但该方法存在一定的缺陷,主要是致灾因子部分,仅考虑风雹强弱和频次,没有和灾情挂钩,是否致灾并不清楚,也得不到致灾临界条件。另外,承灾体的考虑也有一定的局限性和不确定性。

17.2　评估技术路线

针对目前冰雹风险评估的不足之处,从以下几个方面来改进冰雹风险评估。首先,利用灾情来识别致灾因子及确定临界条件,更加合理且符合实际。其次,用直接经济损失来表示灾情,既反映了风雹对于各种承灾体的综合影响,又避免了不确定性。具体的评估技术流程如图 17.1 所示。

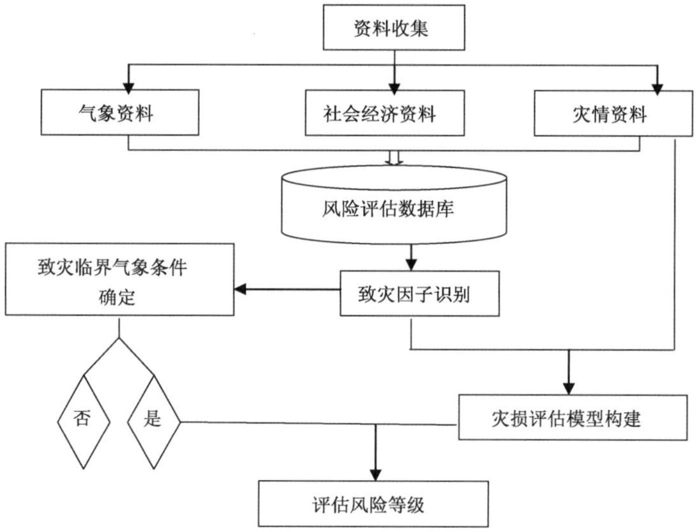

图 17.1　冰雹灾害风险评估技术流程

17.3　评估方法

17.3.1　数据收集

1. 气象数据

各地气象站建站以来 A 文件、气象灾害年鉴、气象志及相关文献中的冰雹记录,包括冰雹发生次数、发生时风速、最大直径及起止时间等。

2. 社会经济数据

各地统计局最新出版的统计年鉴，采用以县（区）为单元的行政区域 GDP 数据。

3. 灾情数据

冰雹灾情普查数据（受灾人口、受灾面积、直接经济损失等）以及相关的历史灾情记录。

17.3.2 数据处理

冰雹风险评估涉及到冰雹最大直径、持续时间及风速等多个指标，为了消除各指标的量纲和数量级的差异，需对每一个指标值进行规范化处理。各个指标规范化计算采用如下公式：

$$X = 0.5 + 0.5 \times \frac{x - x_{\min}}{x_{\max} - x_{\min}} \tag{17.1}$$

式中，x 为指标值，X 是指标的规范化值，$x_{\min}$ 和 $x_{\max}$ 分别是指标序列中的最小值和最大值。直接经济损失是冰雹灾害的过程强度和影响范围的综合反映，因此，选用其作为冰雹灾害风险评估的灾损指标。考虑到研究序列中的物价、经济增长率等诸多因素可能发生的浮动变化对分析结果的影响，采用灾损系数（I）对冰雹造成的直接经济损失进行修正，以消除上述因素的影响，具体采用下式来计算：

$$I = E/\mathrm{GDP} \tag{17.2}$$

式中，E 表示某一次过程的直接经济损失；GDP 表示该次过程发生地（县/市）当年的 GDP。

17.3.3 致灾因子识别及临界气象条件确定

为进一步确定冰雹致灾的关键因子，以各地历史灾情（灾损系数，以下同）为基础，通过计算灾损与冰雹灾害可能的致灾因子（冰雹发生时风速、最大直径、持续时间等，以下同）的相关系数，选取通过信度检验（$\alpha=0.05$）的因子作为冰雹致灾关键因子。然后利用历史灾情记录进行对比分析，来确定各致灾因子的临界气象条件。

17.3.4 灾损定量估算模型构建

利用各地灾情记录和致灾因子，采用回归分析，以灾损为因变量，致灾因子为自变量，构建冰雹灾损定量估算模型，并利用该模型估算有冰雹致灾因子记录但未有灾情的历史记录，完善灾损序列。

17.3.5 评估风险等级确定

将全省所有台站的灾损记录，包括原始记录和估算记录，作为一个序列，然后采用百分位数（P）法来确定风险等级，通常计算第 60 百分位数、第 80 百分位数、第 90 百分位数所对应的值，作为 1～4 级风险等级的阈值。

17.4 评估案例：安徽省冰雹灾害风险评估

以安徽省冰雹灾害风险评估作为研究案例，并选取 2010—2011 年该省发生的冰雹事件对评估结果进行验证。

17.4.1　冰雹风险数据库构建

1. 资料收集

用于冰雹灾害风险评估的资料类型主要包括：

1)气象资料：安徽省 79 个气象站建站以来 A 文件、气象灾害年鉴、气象志及相关文献中的冰雹记录，包括冰雹发生次数、发生时风速、最大直径及起止时间等；

2)社会经济资料：省统计局出版的统计年鉴，采用以县(区)为单元的行政区域国民生产总值(GDP)数据；

3)历史灾情信息：安徽省冰雹的灾情普查数据(受灾人口、受灾面积、直接经济损失等)。

2. 冰雹灾害数据库构建

与常见的温度、降水灾害相比，冰雹风险区划的瓶颈之一是观测资料的匮乏。安徽省冰雹观测资料记录稀少、质量较差、信息化程度低。针对这些问题，研究人员充分利用灾情普查数据、气象灾害年鉴、气象志、相关文献等信息，对冰雹灾害数据进行补充和完善。通过比较分析，将一些定性描述转换成定量数据，如“鸡蛋大小”转换为 50 mm，“鹌鹑蛋”转换为 20 mm，“花生米”转换为 10 mm，“绿豆”转换为 5 mm 等，解决冰雹大小记录不定量的问题；针对部分持续时间错误，通过信息化后的资料与相关的历史文献进行对照核实，进行修正；对 A 文件中未信息化的冰雹记录进行信息化处理，来解决冰雹记录的数量、质量等问题，系统整合冰雹灾害历史数据库。

表 17.1　扩容后的安徽省冰雹数据库说明(条)

冰雹总记录(合计)	2079	冰雹直径定量化处理	230
A 文件记录	793	持续时间	870
气象灾害大典记录	1191	冰雹直径	709
气象灾害年鉴记录	95	风等级	721
信息化 A 文件纪要栏	552	时间+直径	599
A 文件有起止时间	619	时间+直径+风	478

17.4.2　致灾因子识别及致灾临界气象条件确定

1. 致灾因子识别

根据有关文献和安徽省实际灾情可知，冰雹致灾与降雹时阵风强弱、降雹持续时间长短以及冰雹最大直径有关。为了进一步识别冰雹致灾的最关键因子，计算冰雹灾损与上述三者之间的相关系数，结果表明：降雹时阵风、降雹持续时间及冰雹最大直径与灾损均成正相关，其中，降雹持续时间及冰雹最大直径与灾损相关程度通过 $\alpha=0.01$ 显著水平检验，达极显著相关，相关系数分别为 0.524 和 0.577。因此，选取降雹持续时间及冰雹最大直径作为风险评估的致灾因子。

表 17.2　灾损与各要素相关分析表

要素	冰雹发生时风速	降雹持续时间	冰雹最大直径
样本数	29	31	31
相关系数	0.246	0.524*	0.577*

注：* 表示相关程度通过 $\alpha=0.01$ 显著水平检验。

2. 致灾临界气象条件确定

选取安徽历史冰雹灾情序列中的持续时间，计算出灾损系数，然后绘制两者的散点图。根据相关曲线得到，降雹持续时间超过 3 min，风雹灾害将造成经济损失。故致灾临界条件为降雹持续时间达到 3 min，降雹最大直径的致灾临界条件为 5 mm。

17.4.3 灾损定量估算模型构建

采用回归分析，构建灾损与降雹持续时间、冰雹最大直径的定量估算模型：

$$I = 15.788t + 6.578d - 0.418 \quad n = 31 \quad \alpha = 0.01 \quad F = 15.1515 \tag{17.3}$$

式中，I 为灾损系数，t 为降雹持续时间(min)，d 为冰雹最大直径(mm)，n 为样本量，α 为显著性水平。F—检验结果为 15.515，通过了 $\alpha=0.01$ 显著性水平检验。

17.4.4 评估风险等级确定

为了量化每次过程，将实际记录的灾情及估算得到的灾损值(共 599 例)形成一个序列，采用百分位数法，将冰雹灾害等级划分为 4 级，并以此作为风险评估的依据，具体如表 17.3 所示。

表 17.3 安徽省冰雹灾害等级表

等级	百分位数	灾损系数(I)	灾害等级
1	$P\leqslant60\%$	$I\leqslant0.99$	轻
2	$60\%<P\leqslant80\%$	$0.99<I\leqslant3.05$	中
3	$80\%<P\leqslant90\%$	$3.05<I\leqslant5.17$	重
4	$P>90\%$	$I>5.17$	特重

17.5.5 业务应用及验证

利用表 17.3 冰雹灾害等级标准，对 2010 年 6 月 17—18 日泗县、涡阳以及 2011 年 8 月 20 日怀宁等地出现的冰雹灾害进行风险评估。结果表明，风雹风险等级与实际灾情基本吻合。虽然泗县直接经济损失最重，但单位面积损失不及怀宁，因此风险等级不及怀宁。

	持续时间(min)	冰雹最大直径(mm)	降雹阵风(级)	灾损系数	灾害等级	风险等级	灾损情况
泗县	6	10	7	0.56	轻	轻	8 万亩[①] 小麦受灾，受灾人口 5.2 万；直接经济损失 1735 万元
涡阳	4	7	6	0.19	轻	轻	冰雹随降随化，对午收和在地作物不利
怀宁	30	20	10	2.8	中	中	近千余亩农作物受灾，直接经济损失 560 万元，其中农业损失 400 万元

① 1 亩 $=\frac{1}{15}\text{hm}^2$，下同。

参考文献

陈静，韩军彩，阎访，等，2011. 石家庄冰雹灾害特征及风险区划[J]. 安徽农业科学，39(3)：1575-1577.

陈晓燕，罗松，杨玲，2010. 黔西南州冰雹时空分布及春夏冰雹环境条件分析[J]. 暴雨灾害，29(1)：49-53.

董鹏捷，吴正华，2008. 北京 2008 年奥运期间冰雹灾害风险评估模型研究[J]. 暴雨灾害，27(2)：104-108.

扈海波，董鹏捷，熊亚军，等. 2008. 北京奥运期间冰雹灾害风险评估[J]. 气象，34(12)：84-89.

扈海波，董鹏捷，潘进军，2011. 基于灾损评估的北京地区冰雹灾害风险区划[J]. 应用气象学报，22(5)：612-620.

黄崇福，2005. 自然灾害风险评价理论与实践[M]. 北京：科学出版社.

李培仁，孙鸿娉，李军霞，2006. 冰雹对苹果的灾损模式研究[J]. 中国农业气象，27 (2) ：84-88.

刘引鸽，1998. 地理因子对冰雹的影响初探[J]. 陕西气象，(2) ：24-26.

罗培，2007. GIS 支持下的气象灾害风险评估模型——以重庆地区冰雹灾害为例[J]. 自然灾害学报，16(1)：38-44.

孙旭映，渠永兴，王坚，2008. 地理因子对冰雹形成的影响[J]. 干旱区研究，25(3)：452-456.

王瑾，刘黎平，2008. 基于 GIS 的贵州省冰雹分布与地形因子关系分析[J]. 应用气象学报，19(5)：627-634.

杨先荣，王劲松，2000. 临夏州冰雹的地形因素[J]. 甘肃气象，18(2) ：13-15.

杨益，陈贞宏，王潇宇，等，2011. 基于 GIS 和 AHP 的潍坊市冰雹灾害风险区划[J]. 中国农业气象，32(增 1)：20-207.

翟志宏，姜会飞，叶彩华，等，2008. 基于概率分布模型的北京地区冰雹灾害风险区划[J]. 中国农业大学学报，13(6)：49-53.

张海东，罗勇，王邦中，等，2006. 气象灾害和气候变化对国家安全的影响[J]. 气候变化研究进展，2(2)：85-88.

张智，林莉，冯瑞萍，等，2008. 宁夏冰雹时空分布特征[J]. 气象科技，36(5)：567-569.

CHANGNON S A，1967. Method of evaluating substation records of hail and thunder[J]. Monthly weather review，95：209-212.

CHANGNON D，CHANGNON S A，1997. Surrogate data to estimate crop-hail loss[J]. Journal of applied meteorology，36：1202-1210.

CHANGNON S A，1999. Data and approaches for determining hail risk in the contiguous United States[J]. Journal of applied meteorology，38：1730-1739.

KUNZ M，PUSKEILER M，2010. High-resolution assessment of the hail hazard over complex terrain from radar and insurance data[J]. Meteorologische zeitschrift，19：427-439.

第18章

大雾风险评估技术

李莹(国家气候中心)

18.0 引言

雾是由无数悬浮于低空的细小水滴或冰晶组成,并使水平能见度小于 1 km 的天气现象。一般来说,雾主要发生在近地层,能使能见度降低,对视程影响较大,严重危害到交通安全。特别是近年来,随着国民经济的快速发展,交通运输业发展迅速,雾的发生对高速公路、航道运输和航班起降都有较大影响,易造成人员伤亡和财产损失。统计数据表明,高速公路上因雾等恶劣天气造成的交通事故,约占事故总数的 25%。每一次因雾造成的交通事故中引发重大伤亡的比例要高于交通事故的平均水平。近年来,高速公路的恶性交通事故时有发生,如 2011 年 10 月 7 日,滨保高速天津段发生一起特大交通事故,造成 35 人死亡;河南社旗县境内发生汽车相撞事故,造成 11 人死亡;安徽萧县境内发生 24 辆汽车连环相撞事故,造成 6 死 19 伤;仅一天就因雾造成全国三地共计 52 人死亡 19 人受伤。据不完全统计,最近 5 年(2007—2011 年),平均每年因为雾引发高速公路交通事故造成人员死亡约为 105 人。雾逐渐成为一种影响较大的灾害性天气。

18.1 中国雾日时、空分布规律

全国年雾日数分布大致是东部多,西部少。黄淮、江淮、江南及河北、四川、重庆、云南、贵州、福建、广东等省(市)年雾日数一般在 10 d 以上,局部地区 50～70 d;东北地区东南部和大兴安岭北部雾日数也比较多,有 20～30 d;西北地区因气候干燥,很少出现雾,但部分地区雾日数较多,如陕西和新疆天山山区年雾日数一般有 10～30 d(图 18.1)。

从年雾日数多年趋势分布来看(图 18.2),总体来说,全国雾日数有减少的趋势。其中,黄淮、江淮西部以及辽东半岛、四川盆地东部部分地区年雾日数有增多的趋势;东北中东部及陕西中部、云南南部、海南东部、福建北部及东南沿海一带年雾日数有减少的趋势。

从各月全国平均雾日数分布可见(图 18.3),中国雾多发季节为秋、冬季,其次依次是夏季和春季。最近 10 a,雾发生的频次在不同的月份都有所降低。

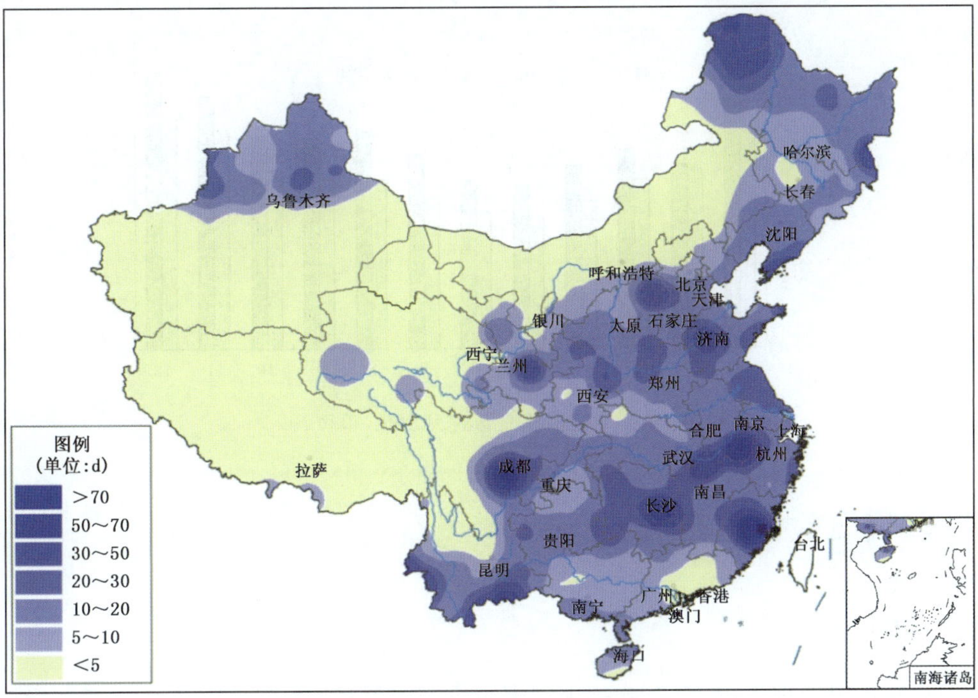

图 18.1　全国年雾日数分布(1981—2010 年平均,单位:d)

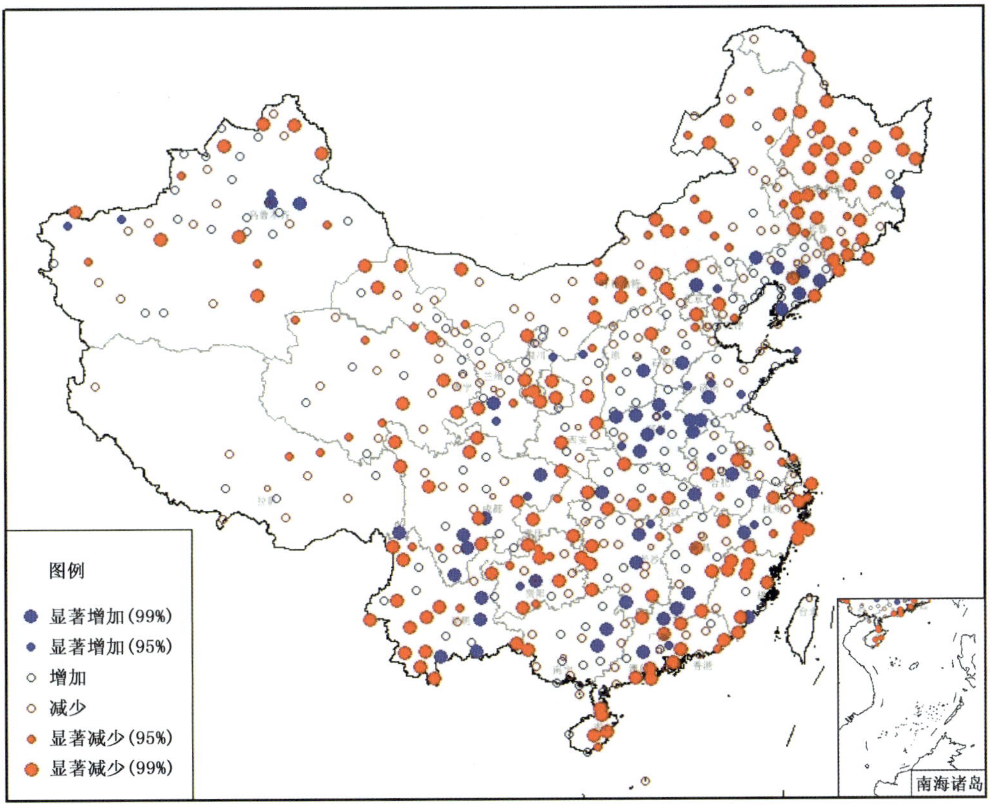

图 18.2　全国年雾日数趋势分布(1961—2010 年)

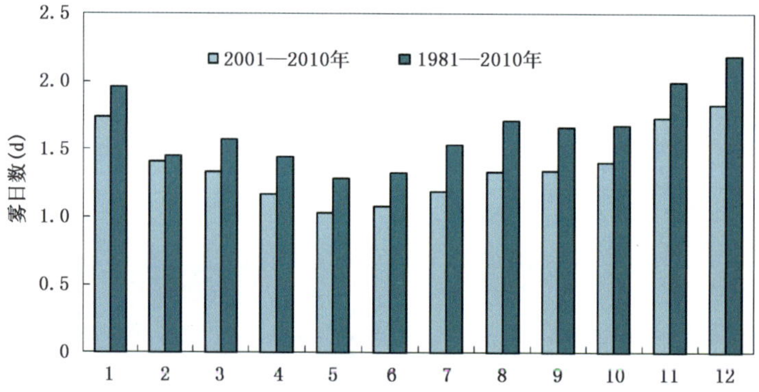

图 18.3　全国雾日数逐月变化(单位:d)

18.2　雾灾风险评估方法

18.2.1　雾灾系统

基于灾害系统的理论,雾灾系统是由雾灾孕灾环境系统、雾灾承灾体系统、雾灾致灾因子相互作用共同组成的一个复杂的灾害系统(图 18.4)。

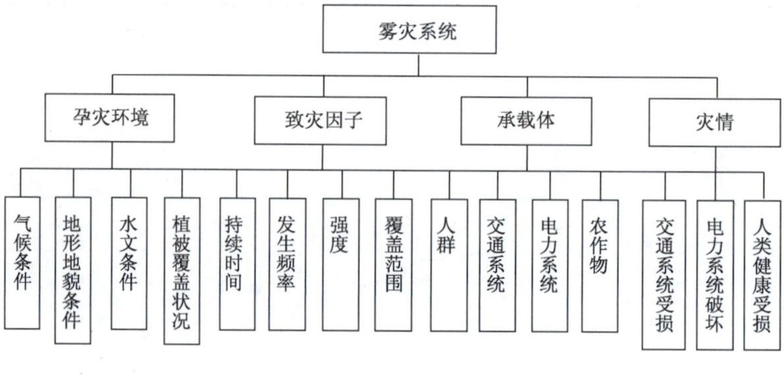

图 18.4　雾灾灾害系统

雾灾孕灾环境包括受雾灾形成的气候条件、地形地貌条件、水文条件和植被覆盖状况等。从雾的形成角度看,主要的气候条件包括相对湿度较大、地面风速较小、地面有效辐射强、大气层结稳定、近地面空气温度降至露点温度等条件。山地丘陵面积和区域地形封闭程度对雾的形成和扩散有很大的影响,为形成持续性大雾天气创造了有利的下垫面条件。水陆分布(水文条件)通过水分的区域内循环对相对湿度有影响。植被覆盖程度和植被下垫面类型对于雾的扩散也有一定的影响。在一般定量评估中,很难区分以上影响因子对雾形成的相对作用大小,一般用雾日数的气候值来作为形成雾灾孕灾环境特征量的表征,它基本能反映孕灾环境的一个综合效应。

雾灾致灾因子主要是持续性大范围的大雾和浓雾。雾出现的频率、强度、持续时间和范围是雾致灾的充分条件。

雾灾承灾体主要有人群、交通系统、电力系统、农作物四个方面。老人、儿童、司机、出行人员属于受灾高风险人群；交通系统包括航空、高速公路、港口、水运航线、铁路、城市交通系统等方面；而电力系统中主要由高压输电电网作为主要承灾体，“雾闪”对电力传输的影响较大。农作物中主要指在雾天由于光照少而不能充分光合作用受到影响，使其成为又一种雾灾承灾体。

雾灾灾情是雾灾孕灾环境、雾灾致灾因子和雾灾承灾体相互综合作用的产物，主要包括电力系统破坏、交通系统受损、人类健康受损 3 个方面。

18.2.2　风险评估方法——以城市交通为例

1. 危险性评估

雾的危险性受多个参数影响，包括能见度，雾持续时间以及雾的发生频率。为了在雾的风险评估中综合考虑这几个参数，定义雾的标准化危险性指数(NFI)，其计算表达公式如下：

$$NFI = (1 + FD) \times WT \times WS \times Coef \tag{18.1}$$

式中，FD 为雾的标准化的发生频率；WT 为雾持续时间的权重系数；WS 为能见度的权重系数；$Coef$ 为归一化系数。

NFI 表明了雾的危险程度。每个参数的不同数值意味着重要性的不同，因此都有各自对应的权重系数。经过归一化处理，NFI 的取值范围为 0～100。

FD 的计算方法是用欲求时段内出现雾的天数与历史上相应时间内雾日数最大值的比值，取值在 0～1。

WT 的取值：大于 9 h 的取值为 4，介于 4～9 h 的取值为 3，介于 1～4 h 的取值为 2，小于 1 h 的取值为 1。

WS 的取值：能见度小于 50 m 取值为 4，50～100 m 取值为 3，100～200 m 取值为 2，200～500 m 取值为 1，大于 500 m 取值为 0。

2. 脆弱性评价

网格单元面与城市基础地理信息底图上的交通线路作空间交通计算，得到每个网格单元内不同道路类型的路线长度，以此核算路网密度。鉴于城市道路类型不一样，其交通拥堵状况不一，同等强度的大雾对不同道路类型的交通造成的影响不一样，也就雾灾的响应程度不一样。因此，在空间交通计算结束后，需要按不同道路的类型及道路的长度核算网格正方形内包含的路网信息，即可作为初步的路网密度参数。参数的选择参照表 18.1。最后将单网格路网统计参数进行标准化，即得到每个网格单元的路网密度系数，这个系数为城市道路系统响应雾灾的脆弱性指标值。

表 18.1　道路类型及路网密度计算权重系数表

	高速路	环城路	国道	省道	一级道路	二级道路	三级道路	四级道路
系数	1	0.8	0.8	0.3	0.4	0.2	0.1	0.05

3. 易损性和订正

雾灾的易损性与城市人口分布指数(人口密度、人口数量)等相关，甚至包括对大雾特别敏感的重要设施，比如机场、港口、车站等的分布，将其空间离散化。其中，人口分布指数的空间网格分布与易损性指数在空间上能够较好地对应，但对类似机场等重要设施响应雾灾害的易损性指数订正时的网格计算，需要在方法上做出微小的调整。

4. 雾灾风险指数

雾灾风险指数的测算综合了雾灾的危险性、脆弱性指数及易损性特征参数，测算方法以网格评估单位进行单一网格内各指数数值的乘积，即：

风险指数＝危险性×脆弱性×易损性

值得说明的是，防灾、减灾能力取决于道路交通的预警疏导能力、车辆的性能与司机的避灾意识等，不便定量刻画，暂不考虑。

18.3 评估案例：北京地区近 10 a 雾风险评估

1. 选用北京地区近 10 a 的大雾观测资料，以雾天出现的频率及频次，测算北京地区雾灾的危险性指数，再插值到均匀网格上。

2. 按高速路、国道、省道、一级—四级公路等公路等级测算单位网格路网密度指数，以此作为雾灾的脆弱性指标，不同道路类型选用不同的权重系数计算出脆弱性指数分布。通过与机场、车站等面或面缓冲区域的叠加对脆弱性分布图做易损性指数订正。

3. 通过空间演算生成的北京地区人口密度分布图，测算时将各网格单元内人口密度值的归一化指数(单网格内的人口密度除以最大人口密度)作为易损性值，将人口密度作为衡量城市地区灾害易损程度的指标。

4. 在危险性、脆弱性及易损性基础上，进行逐网格单元的综合风险指数叠合，最终形成综合风险评估图。

18.4 研究展望

从雾灾风险评估的研究现状来看，要真正发挥其在城市规划建设、道路运营与管理和防灾、减灾决策等领域的作用，无论是在理论研究方面还是在业务应用方面，还有很多关键技术问题需要进一步研究，主要集中在以下两个方面：

一、中国的雾灾风险评估与区划研究应用工作起步较晚，其相关的理论和技术还很不成熟。尽管中外专家学者在做了大量工作，也取得一些成果，但可操作性强的雾灾风险评估系统还不完善。提高雾灾风险评估水平，一方面要加强雾灾形成机理的研究，为风险评估工作提供可靠的依据；另一方面要借鉴其他灾种的风险评估方法，形成一套针对雾灾的风险评估体系。

二、灾害风险评估较依赖于基础数据的获得与处理分析。雾对交通运输业特别是对高速公路和航空港、海港的影响评价是雾灾风险评估中极其重要的一部分，目前在业务当中这部分内容还处于起步阶段，局限于灾情的收集和卫星遥感的监测等方面。如何获得高速公路沿途和机场、港口周边的气象观测资料以及完备的灾情数据是雾灾风险评估的基础。及时准确的气象数据是风险评估的首要工作，也可为灾害预警提供可靠的参考依据。在全国范围内大力加强交通气象综合观测系统的建设将是一个急迫的需求。

参考文献

王炜，卢雪翠，解以扬，2010. 雾的标准化危险性指数计算方法及其应用[J]. 气象与环境学报，26(1)：16-20.

王志强，王静爱，2004. 关于雾灾几个相关问题的探讨[J]. 自然灾害学报，13(2)：134-139.

危海波，熊亚军，张姝丽，2010. 基于城市交通脆弱性核算的大雾灾害风险评估[J]. 应用气象学报，12(6)：732-738.

吴兑，吴晓京，朱小祥，2009. 雾和霾[M]. 北京：气象出版社.

张姝丽，丁德平，付治龙，等，2008. 灰色关联度在北京地区雾灾评估中的应用[J]. 灾害学，23(3)：54-56.

中华人民共和国公安部交通管理局，2004. 中华人民共和国道路交通事故统计资料汇编[C]. 北京：中华人民共和国公安部.

中国气象局，2007. 中国灾害性天气气候图集(1961—2006 年)[M]. 北京：气象出版社.

周伟灿，魏炜，2010. 基于灰色关联度法的雾灾损失评估模型研究[J]. 气象与环境学报，26(1)：12-15.

邹晨曦，王晓云，王颖，等，2011. 雾灾风险评估与区划方法[J]. 中国科技信息，6：34-37.

第 19 章

雪灾对牧业影响风险评估技术

李喜仓、白美兰、邸瑞琦、杨晶、高志国、孟玉婧(内蒙古自治区气候中心)

19.0 引言

雪灾是草原牧区主要灾害之一。中国主要牧区大都处于中高纬度带的高海拔内陆地区，不同程度的雪灾几乎每年都会发生，已成为严重制约牧区经济社会与畜牧业发展的重要因素之一。中国雪灾分布范围极为广泛，主要集中分布在内蒙古、新疆、青海和西藏四省(区)，地域上形成 3 个雪灾多发区，即内蒙古大兴安岭以西、阴山以北的广大地区，新疆天山以北地区，青藏高原地区，影响的牧区主要有内蒙古高原牧区、青藏高原牧区、新疆北部山区和祁连山牧区。

由于雪灾属突发性自然灾害，不仅影响冬季放牧，而且严重威胁着由于前期干旱累积已显得特别脆弱的冬季畜牧业生产，是制约中国畜牧业持续发展的重要致灾因子。雪灾的形成原因较为复杂，与很多要素有关，早期的雪灾致灾因子研究侧重于自然致灾因子方面。近年来，人们认识到雪灾是在自然和人为因素共同作用下形成和发展的气象灾害，雪灾的发生，不仅受降雪量、积雪深度、密度和积雪持续时间等要素的影响，同时与草场状况、补饲条件及生产力水平等紧密相关，是一种多种因素综合作用而致灾的气象灾害。由于各地区资源、气候条件各异，经济社会发展水平不同，土地利用方式不同，所受到雪灾的影响以及抵御其威胁的能力也存在很大的差异。显然，大多数经济水平相对落后的地区最易受到其威胁，一方面这些地区的经济更多依赖于农牧业和自然资源，另一方面它们缺乏抵御雪灾等气象灾害威胁的能力，即区域内系统的脆弱性及适应性较差，从而造成灾情的放大。因此，牧区雪灾的风险高低是自然致灾因子、承灾体以及防灾、减灾能力等综合作用的结果。

19.1 概念和范围

牧区雪灾(也称白灾)是指草原牧区由于降雪过多、积雪过深和雪层维持时间过久，或雪面覆冰，形成冰壳，牲畜吃草、行走困难，对畜牧业以及交通等造成的危害。雪灾除造成阻塞交通，危害通讯、输电设施外，主要对畜牧区产生严重危害，例如造成大量牲畜死亡，牧民生产、生活困难等。此外，大雪还可压毁牲畜棚舍，阻断交通，影响抢险救灾。中国畜牧业主要还是靠天养畜，发展水平比较低，抵御自然灾害的能力差，雪灾对牧区畜牧业生产影响较大。

大量降雪是雪灾的起因，但是如果降雪很快融化，没有积雪则形不成雪灾，降雪量和气温是积雪状况的决定性因素。由于不同地区的生产、生活方式不同，雪灾成灾的机理也不同。只有积雪深度达到一定程度才能形成雪灾。分析表明，深厚的积雪一是掩埋牧草，减少家畜的可采食量；二是增加家畜采食时的行走困难，增加体能消耗。当放牧的家畜在采食过程中所消耗的体能远大于进食的能量补充时，便开始大批死亡，即发生雪灾（白灾）。

雪灾主要出现在内蒙古、新疆、青海和西藏等四大主要牧区。牧区雪灾可能发生始终期具有明显地域性差异，可能发生始期出现规律是从东北至西南逐渐推迟，而山地以及青藏高原牧区则随海拔高度升高而提前，如青藏高原中部海拔 4500 m 以上的高原牧区，雪灾可能发生始期在 8 月中旬，成为最早可能发生期，而绝大多数牧区始期都在 10—11 月。雪灾可能发生终止期的地理分布与可能开始期的分布正好相反，分布趋势是从东北至西南逐渐提前，山地以及青藏高原牧区则随海拔高度升高而推迟，对中国大部分牧区而言，雪灾终止期可能都出现在 3—4 月，而青藏高原一般在 5—6 月，两者相差 2～3 个月。据统计，中国牧区雪灾发生在 11 月前后和 3—4 月的频次约占年总次数的 90%左右。

19.2　评估技术路线

根据灾害系统理论，区域灾害系统是由孕灾环境、致灾因子和承灾体以及防灾、减灾能力共同组成的地球表层变异系统，灾情是这个系统中各子系统相互作用的产物。因此，自然灾害风险评估也是考虑以上多个方面因素的综合影响来确定的，应该从孕灾环境、致灾因子和承灾体以及防灾、减灾能力等方面选取综合评估所需的指标因子。

牧区雪灾的风险是根据牧区抗灾力、积雪致灾力和家畜承灾体的状况等因素来评估雪灾的危害。利用 RS、GIS 技术与地面监测手段，将牧区雪灾地面观测的属性数据和空间监测信息综合集成，分析雪灾、家畜、人口、草地以及牧区经济等要素间的相互关系，建立雪灾对牧业影响综合风险评估模型，分析评估雪灾对中国牧业生产的影响（见图 19.1）。

19.3　评估方法

根据灾害学基本理论，地球表层的孕灾环境对灾害系统的复杂程度、强度、灾情程度以及灾害系统的群聚与群发特征起决定性作用。雪灾孕灾环境主要受牧区草场生长状况如牧草高度、牧草覆盖度、草场退化面积占草场面积比例、草场利用强度等因素共同影响。这些环境条件与雪灾配合，在一定程度能加强或减弱雪灾致灾因子，直接影响灾情。雪灾致灾因子主要指降雪量、积雪深度、冬季寒冷程度、积雪覆盖区域等因子，它们的强度、持续时间和影响范围等是雪灾产生的先决条件和原动力。雪灾承灾体主要包括雪灾影响地区的人口、牲畜、GDP 等。防御雪灾危害、减轻雪灾造成的经济损失主要与当地经济发展状况（人均 GDP）、牧民的富裕程度（人均纯收入）、冬季储备草量以及畜群结构等有关。

19.3.1　数据资料收集整理

（1）收集牧区气象、牧业观测站点和旗、县所在地基本信息（经度、纬度、海拔高度等）；（2）收集牧区气象站建站以来逐日平均气温、降水量、积雪深度及积雪日数等资料；（3）收集牧业观测站（牧试站）历年入冬前牧草高度、牧草产量、草场覆盖度等资料；（4）收集各省（自治区、直辖

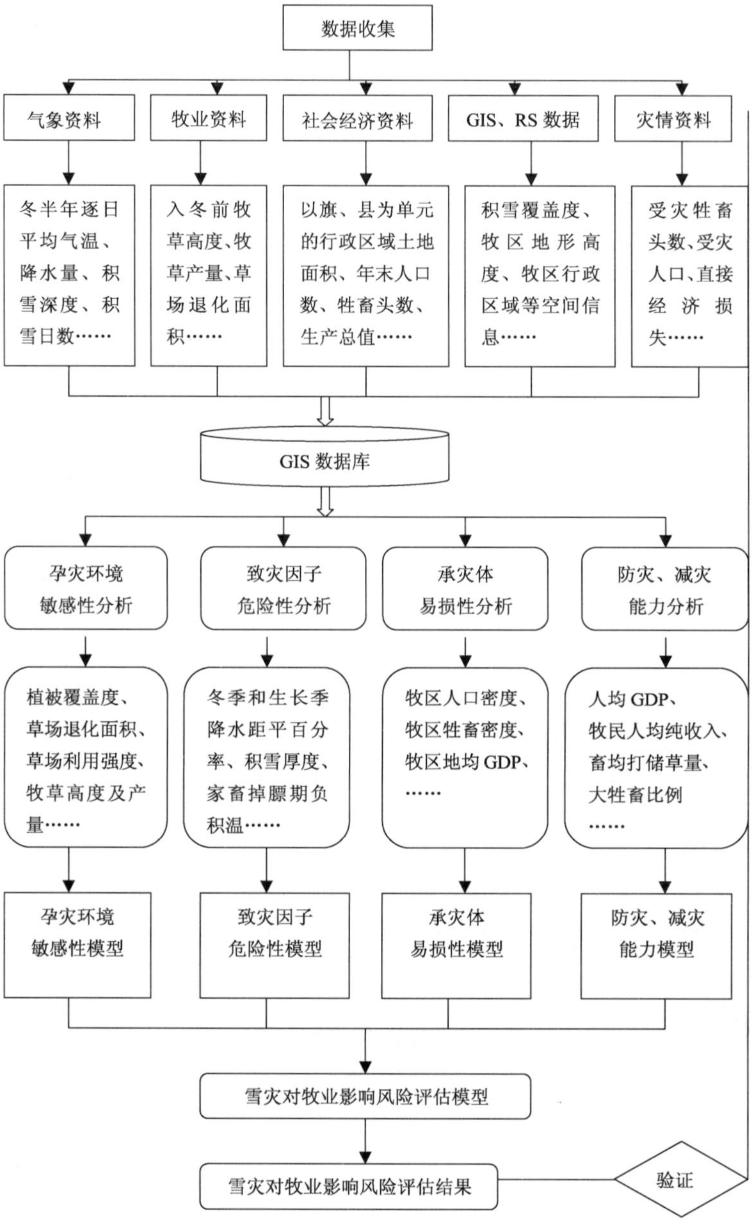

图 19.1　雪灾对牧业影响风险评估技术流程

市)最新统计年鉴中各旗、县行政区域面积、年末人口数、年末牲畜头数(包括牛、羊、马等)、生产总值、草场退化面积等资料;(5)收集整理历年主要牧区因雪灾造成的受灾牲畜头数、受灾人口以及直接经济损失等资料;(6)收集各省(自治区、直辖市)1∶25 万(或 1∶5 万)地形高度、行政区域等地理信息数据。并把这些数据资料在 GIS 下集成,形成具有牧区空间属性的雪灾对牧业影响风险评估数据集。

19.3.2　孕灾环境敏感性分析评估

从雪灾形成的背景与机理分析,孕灾环境主要考虑草场退化面积占草地总面积的比例、草场利用强度、牧草高度及产量、植被覆盖度等因子对雪灾形成的综合影响。

草场退化面积占草地可利用总面积的比例：退化草场所占面积比例越大，说明草场地上生物量越低，承载牲畜的能力越低，形成雪灾的可能性越大。

草场利用强度：指草场资源被利用的程度，草地利用强度过大，将造成草场的退化和沙化，从而直接影响草地第一性生产力。它表示实际放牧牲畜和草地载畜量的比值，牧草的丰歉以及产量的多少影响草地可供养牲畜的数量，草地载畜量的大小反映了某一地区一定面积内草地可供放养牲畜的最大数量。当实际放牧的数量多于载畜量或因草地退化导致的草地产量降低时，草地利用强度就会变大，这种情况下雪灾就容易发生。因此，草地利用强度也是成灾因素之一。

植被覆盖度：指有植被的面积占土地总面积的百分比。由于植被覆盖度与牧草地上生物量具有较强的一致性，它们对雪灾的成灾起到扩大或抑制作用。植被覆盖度越大，表示一个地方的植被越多，同样深度的积雪所掩埋牧草的程度相对越小，雪灾的风险越小。

牧草高度及产量：放牧牲畜的饲草来源是天然草地，草地产草量的高低直接影响牲畜采食量和抗灾能力。草地产草量越高，载畜能力越大，单位时间内采食量也越多，牲畜膘情越好，雪灾的危害越轻。草地的草层高度越高，积雪掩埋草地的程度就越小，牲畜相对采食牧草量就越多，对雪灾的抗灾能力就越强。

$$A = \sum_{i=1}^{n} (W_i \times A_i) \tag{19.1}$$

式中，A 表示孕灾环境敏感性评估，n 表示孕灾环境影响因子数；W_i 为第 i 个影响因子的权重系数；A_i 为标准化后的第 i 个孕灾环境影响因子。利用 GIS 技术，将雪灾孕灾环境敏感性分为高敏感区、次高敏感区、中敏感区和低敏感区四个级别。

19.3.3　致灾因子危险性评估

通过对雪灾形成的主要影响因素分析，雪灾致灾因子主要考虑冬春季降雪量、积雪深度及持续时间、积雪面积、牧草生长关键季降水量、家畜掉膘期负积温等因子的综合作用。

冬春季降雪量：冬春季大量降雪是雪灾的起因。冬春季降雪量越大，越易形成严重雪灾。如果冬春季降雪量相当于常年降雪量的 120%以上时，白灾发生的可能性增大。

牧草生长关键季(6—8 月)降水量：广大牧区牧草生长关键季(6—8 月)，日照充足，热量资源也能保证牧草生长需要，水分条件成为限制牧草生长的主导因素。牧草状况很大程度上影响着牲畜的成长，间接地影响着牲畜冬季抵御雪灾的能力。

积雪深度及持续时间：积雪深度直接影响牲畜采食。积雪越深，积雪掩埋牧草的程度越重，牲畜破雪采食越困难，牲畜体力消耗越大，牲畜遭遇的危险性越高。积雪持续时间也是雪灾形成的重要因素之一，当积雪掩埋牧草致使牲畜采食困难时，这种状态持续的时间越长，牲畜掉膘越多，死亡的可能性越大。同时积雪面积越大，雪灾受灾的范围越广，灾害越重。

家畜掉膘期负积温：牲畜膘情直接影响其越冬度春的抗灾能力，家畜的膘情与掉膘期长短有直接关系，一般把日平均气温稳定通过－5℃(即≤－5℃)的初日定为低温容易掉膘初日，将日平均气温≤－5℃的终日定为低温容易掉膘终日，从初日至终日这一时段即为低温容易掉膘期(简称掉膘期)。掉膘期气温越低，牲畜为维持体温所消耗的营养会增多，从而使牲畜的掉膘程度加剧。同时，低温使积雪不容易融化，从而延长积雪时间，加重雪灾的危害。

表 19.1　草原牧区雪灾致灾因子分析

指标分级	草原类型	冬春季降雪量距平百分率(%)(B_1)	雪深(cm)(B_2)	家畜掉膘期负积温距平(℃)(B_3)	牧草生长季(6—8月)降水量距平百分率(%)(B_4)	积雪持续日数(d)(B_5)	积雪面积比(%)(B_6)	家畜受害状况
无雪灾	高寒草甸草场 草甸草场 草原草场 荒漠、半荒漠草场	<120	<3 <15 <10 <5	>−100	>100	<5	<20	积雪少,对各类放牧家畜均无影响
轻雪灾	高寒草甸草场 草甸草场 草原草场 荒漠、半荒漠草场	120～140	3～5 15～20 10～15 5～10	−200～−100	70～100	5～10	20～40	影响牛的放牧采食,对羊略有影响,对马无影响
中雪灾	高寒草甸草场 草甸草场 草原草场 荒漠、半荒漠草场	140～160	6～10 20～25 15～20 10～15	−300～−200	50～70	10～15	40～60	主要影响牛、羊采食,对马略有影响
重雪灾	高寒草甸草场 草甸草场 草原草场 荒漠、半荒漠草场	>160	>10 >25 >20 >15	<−300	<50	>15	>60	各类放牧家畜均受到影响,若防御不利,将造成牲畜大批死亡

注:参考了草原雪灾分级等大量参考文献。

根据牧区地域特点以及获取资料的难易程度,选择性地选取适合当地雪灾成灾特点的孕灾环境因子,并确定出不同因子致灾的重要性,进行牧区雪灾致灾因子危险性分析评估。

$$B = \sum_{i=1}^{n} W_i \times B_i \tag{19.2}$$

式中,B 表示致灾因子危险性评估,n 表示致灾因子影响因子数,W_i 为第 i 个致灾影响因子的权重系数,B_i 为第 i 个致灾影响因子。利用 GIS 技术,将雪灾致灾因子危险性分为重雪灾区、中雪灾区、轻雪灾区和无雪灾区四个级别。

19.3.4　承灾体易损性评估

雪灾的危害程度与承受雪灾的受体有关,它造成的损失大小一般取决于发生地的经济发展状况及人口和牲畜的密集程度。根据经济社会统计数据(以旗、县为单元的行政区域土地面积、GDP、年末总人口以及各类牲畜头数)得到牧区地均 GDP、地均人口(人口密度)、地均牲畜头数(牲畜密度)、大牲畜比例等多个易损性评估指标。

地均 GDP(C_1):当地经济越发达,遭受雪灾后其经济损失越大。地均 GDP 定义为:某一牧业旗、县 GDP 产值与该旗县行政区域面积之比。

人口密度(C_2)：人口越密集的地区，发生雪灾后受灾影响人口越多，损失越大。人口密度定义为：某一牧业旗、县年末人口数与该旗县行政区域面积之比。

牲畜密度(C_3)：当地养殖牲畜头数越多，发生雪灾后受灾影响越大，损失越重。牲畜密度定义为：某一牧业旗、县年末牲畜头数与该旗县行政区域面积之比。

$$C = \sum_{i=1}^{n} W_i \times C_i \tag{19.3}$$

式中，C 表示承灾体易损性评估，n 表示承灾体影响因子数，W_i 为第 i 个承灾体影响因子的权重系数，C_i 为第 i 个承灾体影响因子。利用 GIS 技术，将雪灾承灾体易损性分为高易损性区、次高易损性区、中等易损性区、低易损性区四个级别。

19.3.5　防灾、减灾能力评估

防灾、减灾能力主要是为应对雪灾所造成的损害而采取的工程和非工程措施。考虑到这些工程的建设必须得到当地政府的经济支持以及与牧民的富裕程度、草料储备、畜群结构等抗灾能力密切相关。因此，主要考虑了人均 GDP、牧民年人均纯收入、畜均储草量、棚圈建设、大牲畜所占比例等情况。

人均 GDP：当地的经济发展水平对防御雪灾危害影响较大。经济越发达的地区，救灾能力越强。人均 GDP 定义为：某一牧业旗、县 GDP 产值与该旗县年末人口数之比。

大牲畜所占比例：据分析，马在积雪深度 20～30 cm、绵羊在 10～20 cm、牛在不足 10 cm 时就会造成采食困难。在同样灾情条件下，马、骆驼等大牲畜破雪采食能力明显高于牛、羊等牲畜。大牲畜所占比例是指年末马、骆驼头数与年末总牲畜头数之比。当地大牲畜所占比例越高，抗御雪灾能力越强。

此外，牧民人均收入高，可以加大牲畜棚圈和人工草地建设，遇到雪灾时，可遮挡风寒，减少热量散失，减轻灾害损失。同时，饲草料储备充足，也可大大降低雪灾的风险。

$$D = \sum_{i=1}^{n} W_i \times D_i$$

式中，D 表示防灾、减灾能力评估，n 表示防灾、减灾能力影响因子数，W_i 为第 i 个防灾、减灾影响因子的权重系数，D_i 为第 i 个防灾、减灾能力影响因子。利用 GIS 技术，将雪灾防灾、减灾能力分为高防灾减灾能力区、次高防灾减灾能力区、中等防灾减灾能力区和低防灾减灾能力区四个级别。

19.3.6　各指标权重系数计算方法

权重系数的确定有多种方法，通常有二项系数加权法、循环打分法、层次分析法、均方差法、最优权法、熵权法等。经过进一步分析验证，层次分析方法更为客观实用。

19.3.7　雪灾对牧业影响综合风险评估

雪灾对牧业影响风险是孕灾环境敏感性、致灾因子危险性、承灾体易损性和防灾减灾能力 4 个因子综合作用的结果，考虑到各风险评价因子对风险的构成所起作用可能不同，对每个风险评价因子分别赋予权重，依据自然灾害风险数学计算公式，确定出雪灾风险评估指数计算公式如下：

$$\mathrm{SDRI} = Aw_1 \times Bw_2 \times Cw_3 \times (1-D)w_4 \tag{19.4}$$

式中，SDRI 为雪灾风险评估指数，用于表示风险程度，其值越大，则雪灾风险程度越大；A、B、C、D 的值分别表示风险评估模型中的孕灾环境敏感性、致灾因子危险性、承灾体易损性和防灾减灾能力各评价因子指数；w_1、w_2、w_3 和 w_4 为评价因子的权重系数。各评价因子的权重由上述方法确立。其综合评估结果可分为雪灾高风险区域、雪灾次高风险区域、雪灾中风险区域和雪灾低风险区域。同时将评估结果与收集的雪灾灾情资料进行对比，分析评价结果的合理性，进一步完善评估模型及权重系数。

19.4 评估案例：内蒙古主要牧区雪灾综合风险评估

19.4.1 致灾因子危险性评估

本案例雪灾致灾因子只考虑冬季降雪量的多少，按照上述定义，统计分析了 1961—2010 年内蒙古主要牧区无雪灾、轻雪灾、中雪灾和重雪灾出现的频率。

内蒙古地区无论轻雪灾、中雪灾还是重雪灾发生频率分布趋势基本相同（图 19.2），雪灾频次最多区域主要位于锡林郭勒盟大部分地区、乌兰察布市北部、包头市北部、巴彦淖尔市东北部、鄂尔多斯市南部、赤峰市和通辽市北部、呼伦贝尔市西部牧区，是内蒙古草原雪灾危害最重地区。

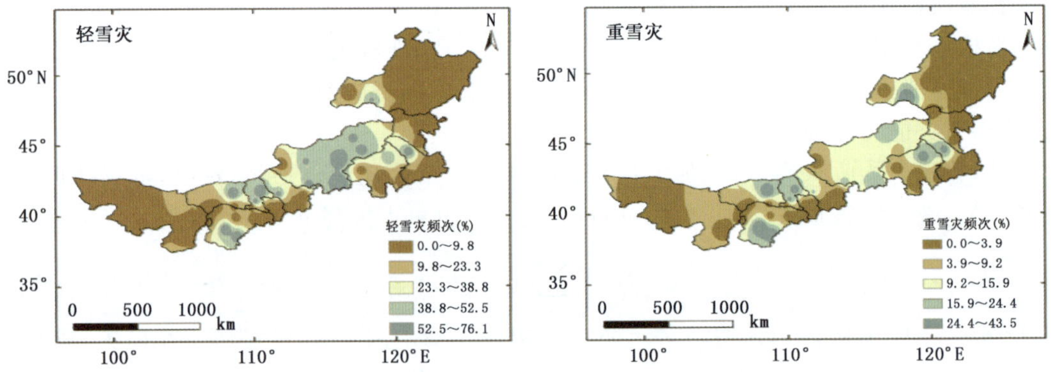

图 19.2 内蒙古牧区轻雪灾和重雪灾出现频次

19.4.2 承灾体易损性分析

雪灾造成的危害程度与承受雪灾的受体有关，它造成的损失大小一般取决于发生地的经济、人口密集程度、牲畜头数等。根据经济社会统计数据，以旗、县为单元的行政区域土地面积、GDP、年末总人口、农牧民人均收入以及牲畜头数等资料，得到地均 GDP、地均人口密度、地均牲畜头数比重三个易损性评价指标。

由于每个承灾体在不同地区受雪灾影响的相对程度不同，因此在计算综合承灾体的易损性时，要考虑它们的权重。利用层次分析方法，最终确定出地均 GDP、地均人口密度、地均牲畜头数的权重系数分别为 0.213、0.332 和 0.455。根据上述公式，将地均 GDP、地均人口密度、地均牲畜头数比重三个易损性评价指标进行规范化处理，求算出雪灾承灾体的易损性。

利用 GIS 技术，将雪灾综合承灾体易损性指数按高易损性区、次高易损性区、中等易损性区、低易损性区四个等级分区(图 19.3)。由于锡林郭勒盟、呼伦贝尔市西部、阿拉善盟西部牧区等地区人口密度、牲畜头数相对较少,所以该地区成为雪灾承载体易损性最低地区。

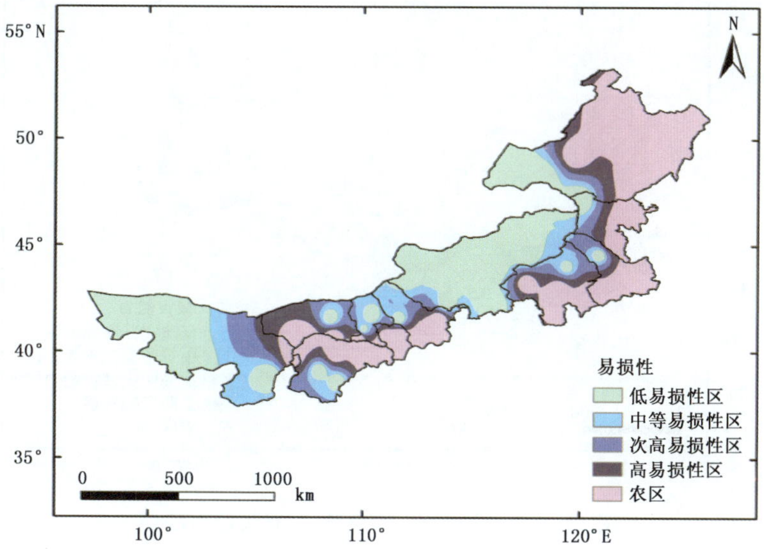

图 19.3　内蒙古牧区雪灾综合承灾体易损性区划

19.4.3　防灾、减灾能力分析

防灾、减灾能力主要考虑了人均 GDP、牧民人均收入、大牲畜所占比例等因素。考虑到 3 个防灾、减灾能力指标对当地雪灾的抵御和恢复程度的不同,分别给出相应的权重系数。利用 GIS 技术,采用加权综合评价法计算得到综合防灾、减灾能力指数。将雪灾的防灾、减灾能力分为高防灾减灾能力区、次高防灾减灾能力区、中等防灾减灾能力区和低防灾减灾能力区四个级别。防灾减灾能力指数的值越小,防灾、减灾能力越低。

防灾、减灾能力指数＝0.421×人均 GDP 指数＋0.196×大牲畜比例＋0.383×牧民人均收入　　(19.5)

由图 19.4 可以看出,内蒙古牧区防灾、减灾能力主要以中等—次高为主,高和低防灾、减灾能力区较少。呼伦贝尔市农林交错带、鄂尔多斯市南部和巴彦淖尔市北部是内蒙古牧区人均 GDP 较高区域,同时也是牧民人均纯收入较高地区,因此,其防灾、减灾能力最高。

19.4.4　雪灾综合风险评估

雪灾风险是致灾因子危险性、承灾体易损性和防灾、减灾能力等因子综合作用的结果,考虑到各风险评价因子对风险的构成所起作用不同,对每个风险评价因子分别赋予权重,其权重系数如下:

综合风险指标(Fx)＝0.641×致灾因子危险性(B)×0.207×承灾体易损性(C)×0.152×(1－防灾、减灾能力(D))　　(19.6)

内蒙古雪灾风险最高的地区分布在呼伦贝尔市西南部、通辽市北部、赤峰市东北部、锡林郭勒盟大部分地区、乌兰察布市西北部以及巴彦淖尔市东北部和包头市北部牧区;其次是呼伦

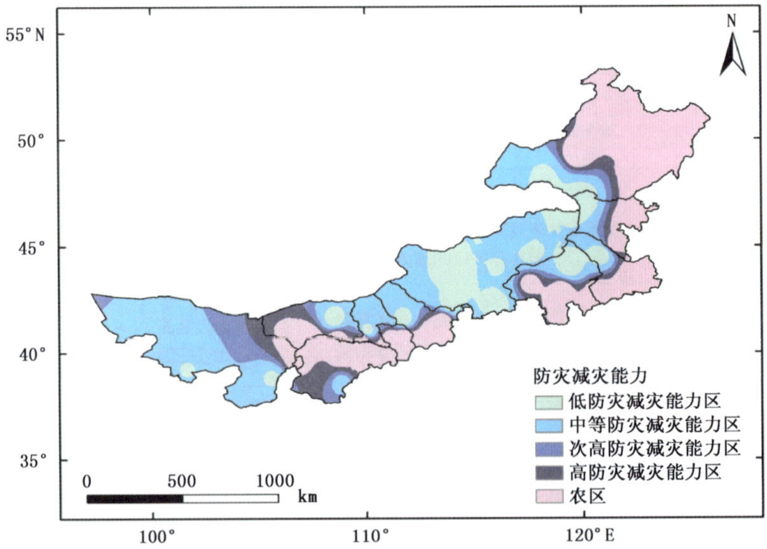

图 19.4　内蒙古牧区雪灾防灾、减灾能力区划

贝尔市西部牧区、锡林郭勒盟部分牧区以及乌兰察布市部分地区；风险最低的地区主要是巴彦淖尔市西部和阿拉善盟地区。究其原因，呼伦贝尔市西南部、通辽市北部、赤峰市北部、锡林郭勒盟大部分地区、鄂尔多斯市南部以及巴彦淖尔市北部和包头市北部地区是致灾因子—雪灾频发区，同时也是雪灾易损性较大区域（图 19.5），因此，形成了内蒙古牧区雪灾风险最高区域；而巴彦淖尔市西部和阿拉善盟地区雪灾出现几率低、人口密度小，致使该地区成为内蒙古雪灾发生风险最低地区。

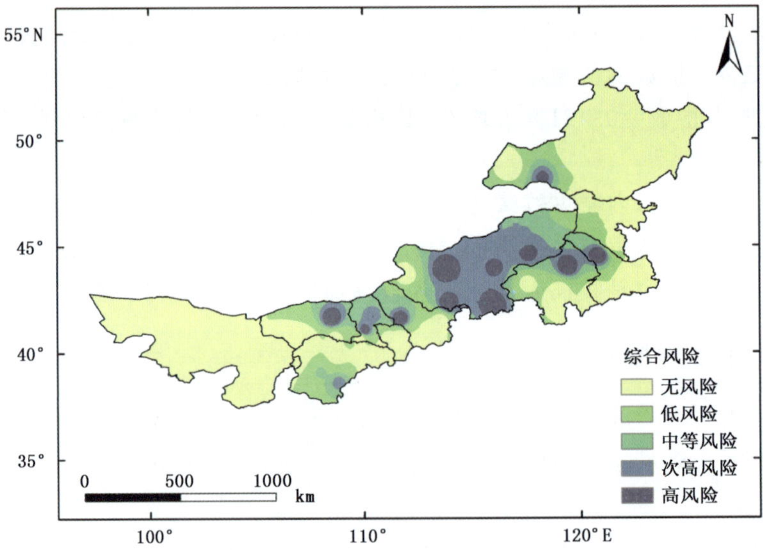

图 19.5　内蒙古牧区雪灾综合风险区划

参考文献

白媛,张建松,王静爱,2011. 基于灾害系统的中国南北方雪灾对比研究[J]. 灾害学，26(1):14-19.

白媛,张兴明,徐品泓,2011. 青海省畜牧业雪灾风险评价研究[J]. 青海师范大学学报(自然科学版)，1:71-77.

陈彦清,杨建宇,苏伟,等,2010. 县级尺度下雪灾风险评价方法[J]. 农业工程学报，26(2):307-311.

董文杰,韦志刚,范丽军,2001. 青藏高原东部牧区雪灾的气候特征分析[J]. 高原气象，20(4):402-406.

宫德吉,李彰俊,2002. 内蒙古大(暴)雪与白灾的气候学特征[J]. 气象，26(12):24-28.

郭晓宁,李林,刘彩红,等,2010. 青海高原 1961—2008 年雪灾时空分布特征[J]. 气候变化研究进展，6(5):332-337.

郝璐,王静爱,满苏尔,等,2002. 中国雪灾时空变化及畜牧业脆弱性分析[J]. 自然灾害学报，11(4):42-48.

何永清,周秉荣,张海静,等,2010. 青海高原雪灾风险度评价模型与风险区划探讨[J]. 草业科学，27(11):37-42.

李海红,李锡福,张海珍,等,2006. 中国牧区雪灾等级指标研究[J]. 青海气象,(1):24-28.

李硕,李伟,左伟,等,2000. 西藏那曲牧区雪灾损失的多因子灰色关联分析[J]. 中国沙漠，20(4):430-433.

刘兴元,梁天刚,郭正刚,2004. 雪灾对草地畜牧业影响的评价模型及方法研究[J]. 西北植物学报，24(1):94-99.

王博,李小娟,胡卓玮,2011. 基于 GIS 的内蒙古中部牧区雪灾风险评估模型研究[J]. 安徽农业科技，39(4):1984-1987.

杨慧娟,李宁,杜子璇,等,2006. 气候变化对内蒙古牧区白灾的影响[J]. 自然灾害学报，15(6):62-66.

张殿发,张祥华,2002. 中国北方草原雪灾的致灾机制探讨[J]. 自然灾害学报，11(2):80-84.

张国胜,伏洋,颜亮东,等,2009. 三江源地区雪灾风险预警指标体系及风险管理研究[J]. 草业研究，26(5):144-150.

周秉荣,李凤霞,申双和,等,2007. 青海高原雪灾预警模型与 GIS 空间分析技术应用[J]. 应用气象学报，18(3):373-379.

周秉荣,申双和,李凤霞,等,2006. 青海高原牧区雪灾综合预警评估模型研究[J]. 气象，32(9):106-110.

周陆生,李海红,汪青春,2000. 青藏高原东部牧区大一暴雪过程及雪灾分布的基本特征[J]. 高原气象，19(4):451-458.

第20章

极端低温事件及其对耕地影响风险评估技术

王安乾、蹇东南、黄金龙（中国科学院大学）
赵晶、刘倖霞、陈雪（南京信息工程大学）

20.0 引言

20世纪之后，全球各地的气温呈普遍上升的趋势，这使得全球极端气温产生新的变化，也使得全球极端气候事件的强度和频率也相对于之前增强很多。极端天气、气候事件的重要组成部分是极端温度事件，受气候变化的影响也最为直接和明显，对社会经济、生态环境和人类的健康有直接的影响。目前全球的气温呈升高的大背景，极端低温事件的频次则呈现减少的趋势，但仍然具有着偶发性与强破坏力的特点。2008年，中国南方大部分地区遭遇了历史罕见的大范围的低温雨雪冰冻灾害，造成巨大损失。

中外大量研究表明，全球变暖的过程中，极端低温的变化要远比极端高温的变化更加剧烈，对全球气候变化的敏感性高于极端高温。过去几十年中，全球极端温度的频率与霜冻期的长度均出现了一定程度的下降趋势，日夜温度的变化也有着明显的不对称性。在全球各个地区的最低气温升高趋势非常明显，极端低温的日数下降趋势亦非常明显，全球七成左右的陆地地区，冷夜日数呈下降趋势。中国范围内，绝大部分地区的最低气温为明显的升高趋势，霜冻日数与结冰日数有明显的减少，减少显著的地区大部分均位于中国的北方地区。

由于对极端气候事件研究的不断地深入，对于极端气候事件有站点的极值分析转向了时间和空间两个角度并重的方向，并且逐渐形成了区域性极端气候事件的概念。

20.1 概念和范围

20.1.1 极端低温阈值

所谓极端天气、气候事件指的是天气、气候的状态与其平均态相比相差甚远，属于统计意义上的不易发生的小概率事件。对一种天气及气候事件，当其对应的指标高于或低于与其分布的上限或下限时，认为其发生极端天气、气候事件，分为单次极端事件和区域性极端事件。

本章将某站1960—2014年逐日的同期最低气温资料按照升序进行排列，并选取该序列第10百分位的数值为该站该日的极端低温阈值。为增加样本的数量以提高分布参数估计的稳定性，文中为确定某日的极端低温阈值，选取该日前后各2 d，共计5 d的最低气温数据作为该日的样本，计算极端低温阈值。

20.1.2　极端低温事件

在本章中，将极端低温的强度定义为该日的最低气温低于其对应的极端低温阈值的程度，即最低气温与极端低温阈值插值的绝对值。极端低温事件的面积为此次极端低温事件所发生的最大的连续的面积。极端低温的持续时间为最低气温连续低于极端低温阈值的时段。

20.2　评估技术路线

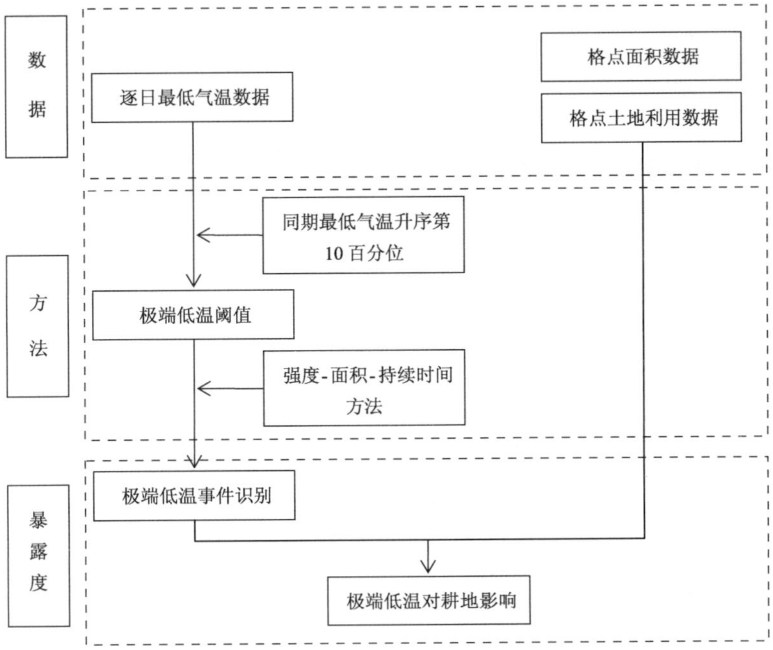

图 20.1　极端低温事件对耕地影响评估技术路线

20.3　评估方法

本章创立强度—面积—持续时间(intensity-area-duration，IAD)方法，将极端低温事件的低温强度、低温面积与低温的持续时间 3 个要素综合考虑，从区域的角度考虑极端低温事件，并与其他仅考虑单一站点的极端低温相区别。低温强度为最低气温与所对应的极端低温阈值的差值的绝对值，面积则为此次极端低温事件所发生的最大的连续面积，低温持续时间为最低气温连续低于对应的极端低温阈值的时段。其中，面积是基于空间格点数据，具备时—空连续性能力。

IAD 包络线绘制过程：

(1)寻找 1 个极端低温事件强度最大的格点，并将其作为此次极端低温事件的“最强中心”，并记录此中心所在格点的面积。

(2)搜寻“最强中心”周围 3×3 范围内的所有格点，找出强度次强的格点，将“最强中心”与此格点合并，形成新的“最强中心”，低温面积为格点面积之和。

(3)不断地重复步骤(2)，直至此次极端低温事件的所有格点均搜索完毕，极端低温事件强度为所有格点强度的平均值，低温面积为所有格点的面积之和。

(4)将极端低温事件按照搜索“最强中心”的过程，绘制 IAD 曲线，IAD 曲线反映极端低温事件的强度随着面积发展的变化。

(5)将某一时段内的所有事件的极端低温事件的 IAD 曲线绘制，挑选所有 IAD 曲线最外侧的曲线，形成 IAD 包络线，该包络线为在该事件内极端低温事件能够达到的最大面积，及各个连续面积上所能发生的最大强度。

20.4 评估案例

20.4.1 极端低温事件 IAD 分析

本章选取特定的 4 个极端低温事件的持续时间分别为持续 1 d、3 d、持续 6 d 以及持续 9 d，并绘制各个持续时间尺度下的 IAD 包络线(图 20.2)。

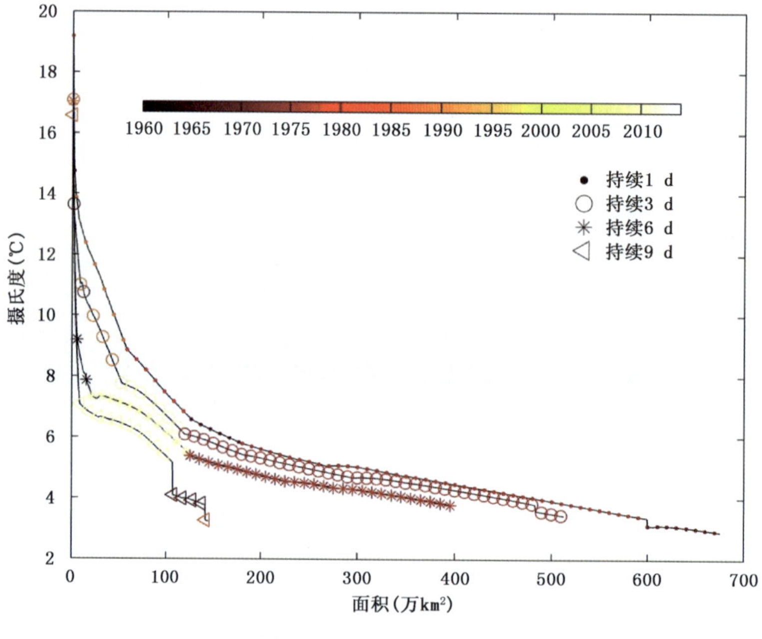

图 20.2　1960—2014 年不同持续时间(持续 1、3、5 及 9 d)极端低温事件 IAD 包络线

在各个连续面积上最强的极端低温事件主要发生在 1984、1986、1986、2008 年 1978、1982、1962 和 1965 年，大范围的极端低温事件的持续时间较短，而持续时间较长的极端低温事件所影响的范围相对较小。21 世纪之前，持续 1 d 的极端低温事件强度最大，进入 21 世纪之后，尽管全球气温不断升高，中国最低气温也呈显著的上升趋势，但是中国的极端低温事件持续时间反而增长，在持续 3、6 和 9 d 的尺度上 50 万～150 万 km^2 范围上遇到的最严重的极端低温事件主要发生在 2006—2008 年。

20.4.2 极端低温事件对耕地的影响

选用 2000 年土地利用数据，将 1960—2014 年极端低温事件的发生面积及暴露在低温面积内的耕地面积绘制散点图(图 20.3a)。从图中可以看出，1960—2014 年的极端低温事件中，多数事件的影响范围均在 0～150 万 km^2，且随时间的变化暴露在极端低温事件范围内的耕地面积均有不断减少的趋势。

将相同年份的极端低温事件相加，从而求取该年份中暴露在极端低温事件中的耕地总面积(图 20.3b)。暴露在极端低温事件的耕地面积在 1960—2014 年整体呈下降趋势，在 1969 年之前为上升趋势，之后为下降趋势。1969 年累计影响农业用地面积约为 6200 万 km^2，2007 年为影响最低的年份，影响农田面积约为 1000 万 km^2。进入 21 世纪之后，暴露在极端低温事件下的耕地面积变化的幅度不大，均处在 1800 万 km^2 左右。

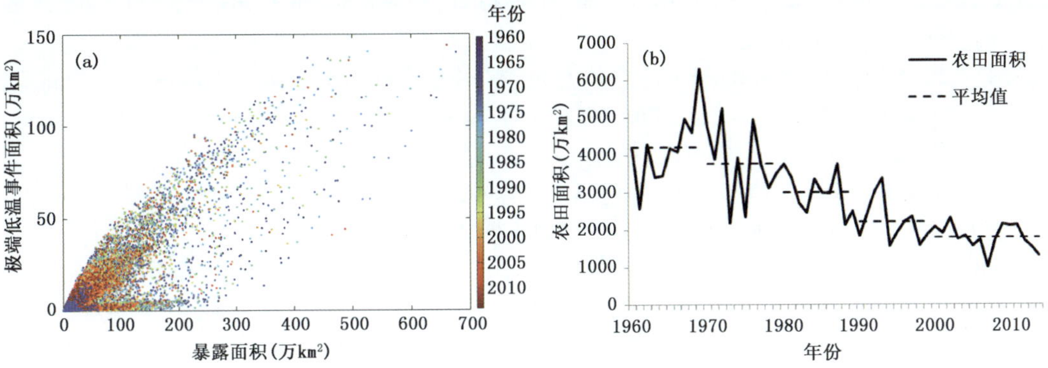

图 20.3　1960—2014 年极端低温事件对耕地(a)的影响面积(以 2000 年土地利用为基准)，及持续 1 d 极端低温事件对耕地影响(b)

参考文献

刘布春，李茂松，霍治国，等，2008. 2008 年低温雨雪冰冻灾害对种植业的影响[J]. 中国农业气象，29(2):242-246.

刘雅星，范广洲，董一平，等，2010. 近 46 年中国冬季日均气温及极端温度的变化[J]. 成都信息工程学院学报，25(3)：286-292.

任福民，高辉，刘绿柳，等，2014. 极端天气气候事件监测与预测研究进展及其应用综述[J]. 气象，40(7)：860-873.

任福民，翟盘茂，1998. 1951—1990 年中国极端气温变化分析[J]. 大气科学，22(2):217-227.

任福民，Gleason B，Easterling D，2001. 一种识别热带气旋降水的数值方法[J]. 热带气象学报，17(3)：308-313.

万仕全，顾承华，康建鹏，等，2010. 中国月极端高温对大气涛动的响应[J]. 物理学报，59 (1)：676-682.

严中伟，杨赤，2000. 近几十年中国极端气候变化格局[J]. 气候与环境研究，5(3):267-272.

杨萍，刘伟东，王启光，等，2010. 近 40 年我国极端温度变化趋势和季节特征[J]. 应用气象学报，21(1)：29-36.

翟盘茂，任福民，1997. 中国近四十年最高最低温度变化[J]. 气象学报，55(4):418-529.

章大全，杨杰，王启光，等，2009. 中国近 50 年气候破纪录温度事件发生概率分析[J]. 物理学报，58(6)：

4354-4361.

周雅清,任国玉,2010. 中国大陆1956—2008年极端气温事件变化特征分析[J]. 气候与环境研究, 15(4), 405-417.

ALEXANDER L V,ZHANG X,PETERSON T C,et al, 2006. Global observed changes in daily climate extremes of temperature and precipitation[J]. Journal of geophysical research, 111:D05109.

ANDREADIS K M, CLARK E A, WOOD A W, et al,2005. Twentieth-Century drought in the conterminous United States[J]. Journal of hydrometeorology, 6(6):985-1001.

BARTIER P M, KELLER C P, 1996. Multivariate interpolation to incorporate thematic surface data using inverse distance weighting (IDW)[J]. Computers and geosciences, 22(7):795-799.

CAESAR J, ALEXANDER L, VOSE R,2006. Large-scale changes in observed daily maximum and minimum temperatures: Creation and analysis of a new gridded data set[J]. Journal of geophysical research, 111, D05101, doi:10.1029/2005JD006280.

COOTER E J,LEDUK S K,1993. Recent frost data trends in the northeastern United States[J]. International journal of climatology, 15:65-75.

FOLLAND C K, MILLER C, BADER D, et al, 1999. Workshop on Indices and Indicators for Climate Extremes, Asheville, NC, USA, 3—6 June 1997 Breakout Group C: Temperature Indices for Climate Extremes[J]. Climatic change, 42(1):31-43(13).

FRICH P, ALEXANDER L V, DELLA-MARTA P, et al, 2002. Observed coherent changes in climatic extremes during 2nd half of the 20th century[J]. Climate research, 19 (3):193-212.

GOOVAERTS P, 2000. Geostatistical approaches for incorporating elevation into the spatial interpolation of rainfall[J]. Journal of hydrology, 228(1):113-129.

HANSEN J, RUEDY R, SATO M, et al, 2010. Global surface temperature change[J]. Reviews of geophysics, 48(4):7362-7388.

HAY J, MIMURA N,2010. The changing nature of extreme weather and climate events: risks to sustainable development[J]. Geomatics , natural hazards and risk, (1):3-18.

HUI J W, JIAN Q S, HUO P C, et al, 2012. Extreme climate in china: Facts, simulation and projection[J]. Meteorologische Zeitschrift, 21(3):279-304.

HYNDMAN R J, FAN Y,1996. Sample quantiles in statistical packages[J]. American statistician, 50(4): 361-365.

JONES P D, HORTON E B, FOLLAND C K, et al,1999. The use of indices to identify changes in climatic extremes[J]. Climatic change, 42(1):131-149.

KARL T R, KUKLA G, RAZUVAYEV V, et al, 1991. Global warming: evidence for asymmetric diurnal temperature change[J]. Geophysical research letters, 18(12):2253-2256.

KUNKEL K E, ANDSAGER K, EASTERLING D R,1999. Long-term trends in extreme precipitation events over the conterminous United States and Canada[J]. Journal of climate, 12(8):2515-2527.

KOCH H, VÖGELE S, 2009. Dynamic modelling of water demand, water availability and adaptation strategies for power plants to global change. Ecological economics, 68(7):2031-2039.

LAWRIMORE J H, MENNE M J, GLEASON B E, et al, 2011. An overview of the global historical climatology network monthly mean temperature data set, version 3[J]. Journal of geophysical research, 116 (D19):5454-5466.

MANTON M J, DELLA-MARTA P M, HAYLOCK M R, et al, 2001. Trends in extreme daily rainfall and temperature in Southeast Asia and the South Pacific: 1961—1998[J]. International Journal of climatology, 21(3):269-284.

PAL I, AL-TABBAA A, 2010. Long-term changes and variability of monthly extreme temperatures in India [J]. Theoretical and applied climatology, 100(1−2):45-56.

PETERSON T C, TAYLOR M A, DEMERITTE R, et al, 2002. Recent changes in climate extremes in the Caribbean region[J]. Journal of geophysical research, 107(D21):ACL 16−1-9.

PLUMMER N, SALINGER M J, NICHOLLS N, et al, 1999. Changes in climate extremes over the Australian region and New Zealand during the twentieth century. Climatic change, 42(1):183-202(20).

ROHDE R, MULLER R A, JACOBSEN R, et al,2013. A new estimate of the average earth surface land temperature spanning 1753 to 2011[J]. Geoinformatics and geostatistics: an overview, 1:1.

RUSTICUCCI M,2012. Observed and simulated variability of extreme temperature events over South America [J]. Atmospheric research, 106(3):1-17.

SU B D,JIANG T,JIN W B,2006. Recent trends in observed temperature and precipitation extremes in the Yangtze River basin, China[J]. Theoretical and applied climatology, 83,139-151.

YANG J, REN C, JIANG Z, 2008. Characteristics of extreme temperature event and its response to regional warming in Northwest China in past 45 years[J]. Chinese geographical science, 18(1):70-76.

ZHANG Z, QIAN W, 2011. Databases on regional extreme lowtemperature events in China[J]. Advances in atmospheric sciences, 28(2): 338-351.

第21章 极端高温事件人口暴露度风险评估技术

张飞跃(南京信息工程大学)
罗岚心(中国科学院大学)

21.0 引言

在统计意义上,极端天气、气候事件属小概率事件,是指天气、气候的状态偏离其平均态。在全球气候变暖的背景下,极端高温对人体健康和经济发展已造成严重影响,如2003年欧亚大陆遭遇一系列高温事件,死亡率急剧上升;2012年夏季美国经受了近半个世纪以来最严重的高温灾害;2013年7月,中国江南一江淮等地遭受了严重的持续高温等。

极端高温对国民经济和社会已构成极大危害,对于极端高温的研究已成为社会和科学发展的迫切需求,因而得到中外学者的普遍关注。已有研究发现,随着全球气温持续增长,极端高温日数、事件发生频率呈显著增加趋势;从20世纪90年代中期开始,中国极端高温事件显著增加,近50 a来夏季极端高温主要集中分布在江淮、江南大部分地区和四川盆地东部等地,极端高温表现出整体增多、增强、区域变化明显的特点,西北地区极端高温高值区主要分布在新疆大部分地区、陕西、宁夏北部等地区。由于气候变暖及城市化进程的加快导致的热岛效应加强,极端高温事件的频率和强度表现出增多、增强的趋势,加之人口老龄化等因素,致使高温热浪危害呈加剧之势。因此,对极端高温事件影响区域的人口进行定量化演算,以期较全面了解极端高温的发生、发展和演变规律及其可能影响具有重要意义,可为有关部门监测并实施有效的趋利避害对策提供重要的参考。

21.1　评估技术路线

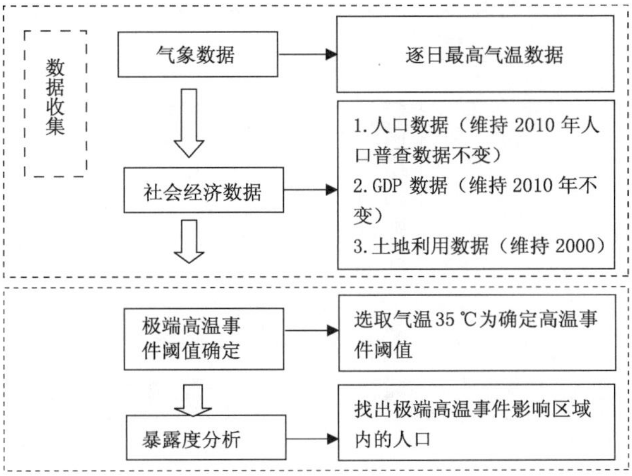

图 21.1　极端高温事件暴露度评估流程

21.2　评估方法

21.2.1　极端高温事件概念

本章选取 35℃为高温阈值，将不低于阈值、在一定面积上发生的具有持续时间的过程定义为高温事件。其中，强度为高于阈值的日最高气温，持续时间为高温事件持续日数，面积为高温事件覆盖面积。

21.2.2　评估方法

强度—面积—持续时间关联法（IAD）是基于聚类算法的一种分析方法，由强度（Intensity）、面积（Area）和持续时间（Duration）三要素组成。该方法能够在特定的持续时间下，将极端高温事件在空间上的面积和强度进行关联分析，具有空间连续性特点。在特定持续时间下，IAD 曲线构建步骤如下：首先根据格点最大强度找到高温事件最强中心，得到其强度和面积；在中心点周围 8 个网格中寻找次强中心，累加事件覆盖面积，强度由各格点事件强度平均得到，累加高温事件面积直到附近网格强度小于阈值，即可画出 IAD 曲线。将持续 3 d 的所有高温事件的 IAD 曲线全部绘制出，选取不同面积上强度最大的点，得到经历固定持续时间时遇到的最严重的高温事件 IAD 包络线。

21.3　极端高温事件评估案例

以 2010 年第六次人口普查数据为基准，统计逐年暴露于极端高温事件影响区域内的人口总数、单次极端高温事件影响区域内的人口暴露度（图 21.2）。1960—2014 年暴露人口平均为

0.46 亿人/a,其中最大值出现在 1967 年,暴露人口为 0.99 亿,其次为 2013 年,达 0.94 亿人,影响最小年份为 1993 年,暴露人口 0.15 亿。1960—2014 年高温事件每年平均发生 4715 次,最大值出现在 2013 年,发生了 7220 次事件,最小为 1993 年的 2453 次。根据图 21.2 可知,1960—2014 年单次极端高温事件影响区域内人口暴露平均为 0.034 亿人,最大值为 0.059 亿人,发生在 1966 年,最小为 1987 年的 0.018 亿人。

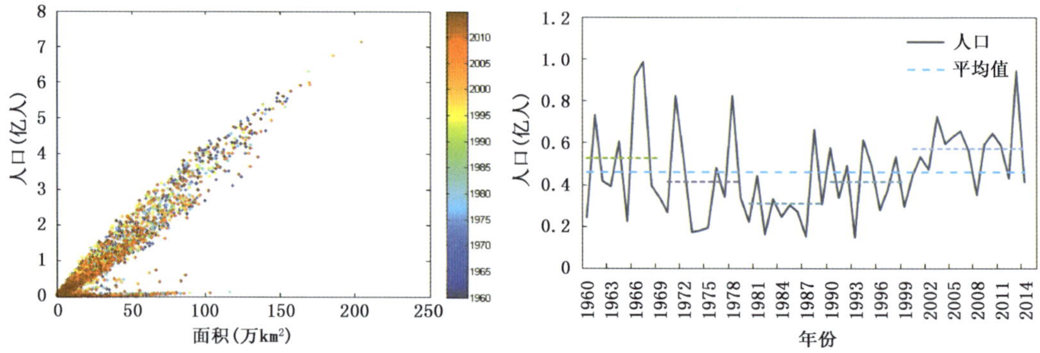

图 21.2　极端高温事件人口暴露度

参考文献

陈磊,王式功,尚可政,等,2011.中国西北地区大范围极端高温事件的大气环流异常特征[J].中国沙漠,31(4):1052-1058.

陈少勇,王劲松,郭俊庭,等,2012.中国西北地区 1961—2009 年极端高温事件的演变特征[J].自然资源学报,27(5):832-843.

丁华君,周玲丽,查贲,等,2003 年夏季江南异常高温天气分析[J].浙江大学学报(理学版),34(1):100-105.

史军,丁一汇,崔林丽,2009.华东极端高温气候特征及成因分析[J].大气科学,33(2):347-358.

叶殿秀,尹继福,陈正洪,等,2013.1961—2010 年我国夏季高温热浪的时空变化特征[J].气候变化研究进展,9(1):15-20.

FISCHER E M, KNUTTI R, 2015. Anthropogenic contribution to global occurrence of heavy-precipitation and high-temperature extremes[J]. Nature Climate Change. 5(6):560-564.

GRUZA G,RANKOVA E,RAZUVAEV V,1993. Indicators of climate change for the Russian federation[J]. Climatic change, 42: 219-242.

IPCC,2014. Climate Change 2014: Synthesis Report. Contribution of Working Group I II and III to the Fifth Assessment Report of the Intergovernmental Panel on Climate Change [R]. Geneva:IPCC.

KARL T R, JONES P D, KNIGHT R W, et al, 1993. A new perspective on recent global warming: Asymmetric trends of daily maximum and minimum temperature[J]. Bull Amer. Meteor. Soc., 74(6): 1007-1023.

KUGLITSCH F G, TORETI A, XOPLAKI E, et al, 2010. Heat wave changes in theeastern Mediterranean since 1960[J]. Geophysical research letters, 37, L04802, doi:10.1029/2009GL041841.

MARTÍNEZ M D, SERRA C, BURGUE P A, et al, 2010. Time trends of daily maximum and minimum temperatures in Catalonia (ne Spain) for the period 1975—2004[J]. International Journal of climatology, 30(2): 269-290.

MEARNS L O, KATZ R W, SCHNEIDER S H, 1984. Extreme high-temperature events: Changes in their probabilities with changes in mean temperature[J]. Journal of applied of meteorology and climatology, 23 (10): 1601-1613.

MERNILD S H, HANNA E, YDE J C, et al., 2014. Coastal Greenland air temperature extremes and trends 1890—2010: annual and monthly analysis[J]. International journal of climatology, 34(5):1472-1487.

QIAN W H, YU T T, DU J, 2015. A unified approach to trace surface heat and cold events by using height anomaly[J]. Climate dynamics, 1-18.

第 22 章

极端降水事件及其社会经济影响风险评估技术

景丞、王豫燕(南京信息工程大学)

22.0 引言

19 世纪以来,随着工业水平不断提高,全球气温正呈现出逐渐上升的趋势。气候变化所带来的风险逐渐成为影响全球安全与发展的重大挑战。伴随着全球气温的上升,大气中的水分将有所增加,这使得全球和区域间的水循环加剧,从而导致降水增多。同时,极端降水事件发生的概率也有所增大。

极端降水事件作为中国影响最为广泛的灾害性事件之一,对人们的生存环境和生产生活都造成了非常严重的影响,。而中国位于季风风候显著区,水汽充足,天气系统复杂,极易受到极端降水的影响。每年在各类气候灾害中,暴雨洪涝造成的经济损失最高,达天气灾害造成总经济损失的 37.2%;因暴雨洪涝死亡的人数占灾害死亡总数的 11.7%。因此,对于极端降水事件的演变规律的研究具有十分重要的科学和现实意义。了解中国极端降水的区域变化特征,可对极端降水社会经济影响的变化进行解读,为未来极端降水的预测或预估建立科学基础。

目前,大部分学者研究极端降水时采用单一站点超过阈值的事件作为极端降水事件来进行研究,本研究采用一种新的强度-面积-持续时间方法,研究不同持续时间下,不同影响面积上的具有一定强度的极端降水事件,并研究不同历史时期可能暴露在极端降水事件影响范围内的社会经济情况。

22.1 概念和范围

22.1.1 极端降水阈值

极端降水气候事件一般指一定地区在一定时间内出现的历史上罕见的降水事件,是一种小概率事件,通常给定一个极端降水阈值,当某日降水量大于阈值时即视为发生了极端降水。本章采用目前最为常用的百分位法定义极端降水阈值。具体方法为,选取历史时期 1960—2014 年每年的日降水序列,将每年序列的第 95 百分位数值的 55 a 平均值作为极端降水阈值。

22.1.2　极端降水事件

本章将极端降水事件定义为一定持续时间下，在连续面积上超过极端降水阈值的事件。事件强度为每个格点上超过极端降水阈值的倍数的平均值，事件影响面积为所有时间范围内的格点面积的和，事件持续时间固定为 1、3、5、7 d。

22.2　评估技术路线

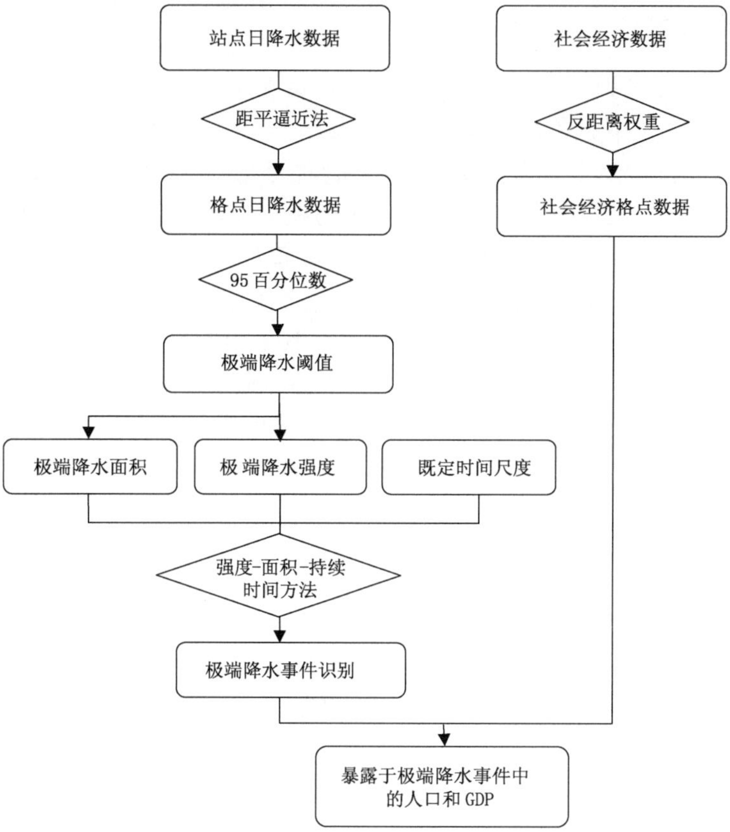

图 22.1　极端降水事件暴露度评估流程

22.3　评估方法

本章采用的强度—面积—持续时间方法，是将极端降水事件的降水强度、影响面积和持续时间三个重要的特征结合起来共同分析，选取既定时间尺度下、连续面积上超过极端降水阈值的格点集合形成一次事件，并通过包络线的形式将三者表现出来，具体构建过程如下：

(1)分别选取时间尺度为 1、3、5、7 d 下的强度最大的格点，作为一次事件的“最强中心”；

(2)寻找“最强中心”周围 3×3 的网格中的强度次强的点，将新寻找到的格点与“最强中心”集合形成新的“最强中心”；

(3)重复步骤(2)，直至连续面积上不再有超过阈值的格点，则将连续面积上所有寻找到的点集合形成一次极端降水事件，事件强度为其区域内所有格点强度的平均值，事件影响面积为其区域内所有格点面积之和；

(4)绘制所有事件发展过程的面积和强度关系曲线，选取所有曲线中最外一条曲线即为所有历史时期极端降水时间的 IAD 包络线。

22.4 评估案例

22.4.1 极端降水事件 IAD 分析

从图 22.2 中可以看到，1960—2014 年，极端降水事件主要发生在三个时段，分别为 1960—1968 年(蓝色)，这个时段极端降水事件主要发生在东北、华北和西南地区；1991—1999 年(黄色)，这个时段，极端降水主要发生在华南和西南地区；2006—2013 年(红色)，这个时段极端降水主要发生在南部沿海地区。持续时间短的极端降水事件一般有着较大的强度和影响面积，持续时间长的极端降水事件一般强度和影响面积都较小。强度较大的事件一般都发生在近期，说明在全球气候变暖的条件下，降水的敏感性有所增加，更易发生远离阈值的降水事件，影响面积大的事件则在整个历史时期都有发生，其中影响面积最大的事件为 1 d 事件，发生在 2012 年，影响面积达到了 98.7 万 km^2。不同持续时间下，强度最大的区域性极端降水事件均发生在 2010 年以后，1 d 降水和持续 3、5、7 d 降水中心点最大强度分别达到 9.63、5.44、4.3、3.14，可见，2010 年以后的极端降水事件强度较大。

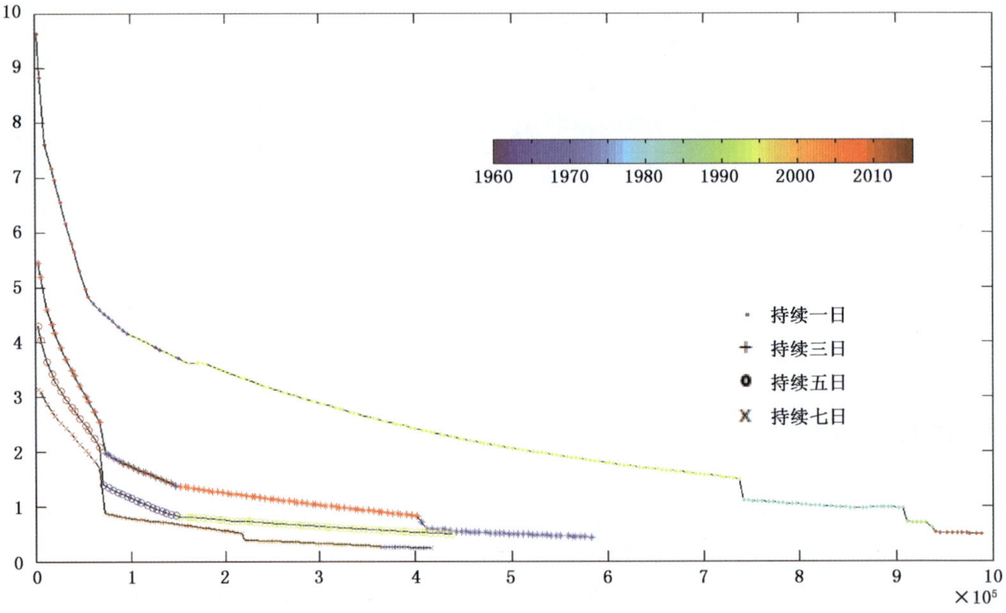

图 22.2 1960—2014 年不同持续时间极端降水事件 IAD 包络线

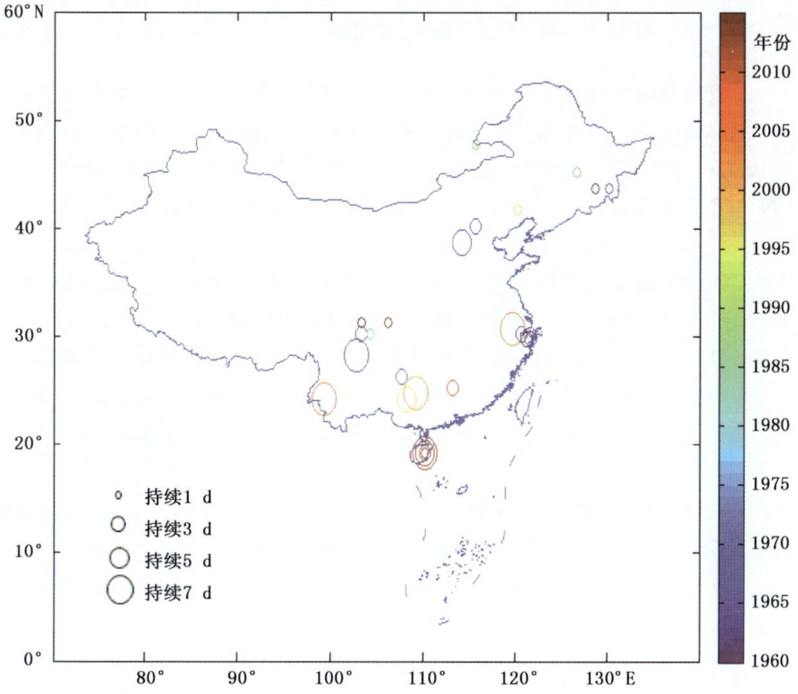

图 22.3 1960—2014 年不同持续时间最强极端降水事件位置分布

22.4.2 极端降水事件暴露分析

假定社会经济水平维持在 2010 年，利用 IAD 方法统计每次区域性极端降水事件中所包含格点的人口和 GDP 数据并进行累加，最终得到暴露在极端降水事件内的人口和 GDP，如图 22.4 所示，暴露于极端降水区域内的人口和经济呈增长的趋势，其中暴露人口最多的年份为 1983 年，暴露经济最多的年份为 1998 年，分别为 2408 万人和 20 亿元，两项数据变化趋势基本相同，都在 20 世纪 70 年代有所减小，之后一直增加，直到进入 21 世纪后有所减小。

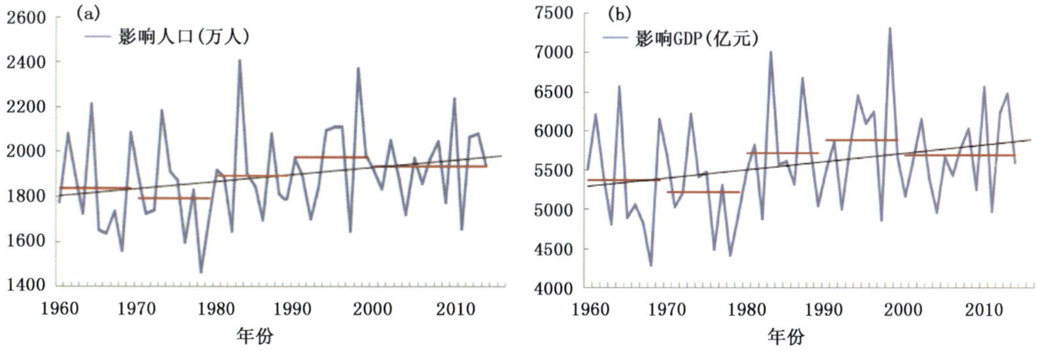

图 22.4 暴露于极端降水影响范围内的人口(a)和经济(b)

参考文献

黄丹青，钱永甫，2009. 极端温度事件区域性的分析方法及其结果[J]. 南京大学学报，45(6)：715-723.

闵屾，钱永甫，2008. 中国极端降水事件的区域性和持续性研究[J]. 水科学进展，19(6)：763-771.

潘敖大，范苏丹，陈海山，2010. 江苏省近45a极端气候的变化特征[J]. 气象科学，30(1)：87-92.

任福民，GLEASON B，EASTERLING D，2001. 一种识别热带气旋降水的数值方法[J]. 热带气象学报，17(3)：308-313.

王志福，钱永甫，2009. 中国极端降水事件的频数和强度特征[J]. 水科学进展，20(1)：1-9.

严中伟，杨赤，2000. 近几十年中国极端气候变化格局[J]. 气候与环境研究，5(3)：267-272.

杨金虎，江志红，鹏祥，等，2008. 中国年极端降水事件的时空分布特征[J]. 气候与环境研究，13(1)：75-83.

翟盘茂，潘晓华，2003. 中国北方近50年温度和降水极端事件变化[J]. 地理学报，58(增刊)：1-10.

赵丽，杨青，韩雪云，等，2014. 1961—2009年新疆极端降水事件时空差异特征[J]. 中国沙漠，34(2)：550-557.

ANDREADIS K M，CLARK E A，WOOD A W，et al. 2005. Twentieth-Century Drought in the Conterminous United States[J]. Journal of hydrometeorology，6(6)：985-1001.

GONG D Y，SHI P J，WANG J A，2014. Daily precipitation change in the semi-arid region over northern China [J]. Journal of arid environment，59：771-784.

GROISMAN P Y，KARL T R，EASTERLING D R，et al.，1999. Changes in the probability of extreme precipitation：Important indicators of climate change[J]. Climatic change，42(1)：243-283.

GROISMAN P Y，KNIGHT R W，EASTERLING D R，et al，2005. Trends in intense precipitation in the climate record[J]. Journal of climate，18(9)：1326-1350.

IPCC，2013. Climate Change 2013：The physical Science Basis. IPCC working group 1 contribution to AR5 [M]. Cambridge：Cambridge University Press.

TRENBERH K E，1998. Atmosphere moisture residence times and cycling：Implication for rainfall rates with climate[J]. Climate change，39：667-694.

ZHAI P M，ZHANG X B，WAN H，et al.，2005. Trends in total precipitation and frequency of daily precipitation extremes over China[J]. Journal of climate，18(7)：1096-1108.

第3篇

工程篇

第23章

大型水利工程灾害风险评估技术

刘绿柳（国家气候中心）

23.0 引言

人类在社会、经济发展过程中构筑了大量水利工程，随着科学技术的进步，工程的规模越来越大。工程项目的建设和运行不可避免地面临自然灾害风险和社会风险，如台风、洪水、地震、海潮、地质灾害、战争、原材料、技术失误、判断错误等。为保证工程的正常运行，必须认识和避免工程在它的生命周期中潜在的风险。水利工程建设周期长、投资大、技术要求高、系统复杂，其中存在着大量不可预料的、无法控制的风险。

水利水电枢纽工程、根据其工程规模、效益和其在国民经济中的重要性，分为5级（表23.1）。

表23.1 水利水电枢纽工程的分类指标（钮新强，等，2007）

工程等级	水库		防洪		治涝	灌溉	供水	水电站
	工程规模	总库容（亿 m^3）	城镇及工矿企业的重要性	保护农田（万亩[①]）	治涝面积（万亩）	灌溉面积（万亩）	城镇及工矿企业的重要性	装机容量（万kW）
Ⅰ	大(1)型	>10	特别重要	>500	>200	>150	特别重要	>120
Ⅱ	大(2)型	10～1.0	重要	500～100	200～60	150～50	重要	120～30
Ⅲ	中型	1.0～0.1	中等	100～30	60～15	50～5	中等	30～5
Ⅳ	小(1)型	0.10～0.01	一般	30～5	15～3	5～0.5	一般	5～1
Ⅴ	小(2)型	0.01～0.001		<5	<3	<0.5		<1

长江三峡水利枢纽工程由大坝、水电站厂房、通航建筑物和茅坪溪防护大坝等建筑物组成。防洪是三峡工程的首要任务，三峡水库总库容393亿 m^3，其中防洪库容221.5亿 m^3。水库大坝按千年一遇洪水设计，万年一遇洪水10%校核，防洪功能已经达到了防御百年一遇洪水的能力。南水北调是中国继长江三峡工程之后的超大型水利工程。工程沿途距离长、投资大、范围广、地质情况复杂。无论是对调水工程沿线的城市乡镇，还是对国家的水资源战略安全方面，如此巨大的调水工程，保证其工程的安全运行，实现风险管理都至关重要。任何不确定因素引起的工程失误都会造成不可想象的后果。

气象风险评估是在气象灾害风险分析的基础上，建立一系列评估模型，根据气象灾害特征

(致灾因子及其强度)、风险区特征和防灾、减灾能力,寻求可预见未来时期的各种承灾体的经济损失值、伤亡人数、作物减灾面积、减产量、基础设施损失状况等。水利工程在建设过程中不可避免地面临着自然灾害风险和社会风险,如台风、洪水、地震、海潮、地质灾害、战争、原材料、技术失误、判断错误等,一旦造成损失,将直接威胁工程项目的顺利实施。要控制水利工程建设和运行的风险,就必须对工程项目进行风险识别和风险评估,要对大型水利工程建设风险评估涉及灾害分析、评估模型建立,可预见未来时期气候变化对工程造成的损失状况评估等。

灾害风险管理由风险辨识、风险分析、风险评估和风险减缓四部分构成。风险评估是在风险分析的基础上开展的致灾因子评估、脆弱性评估、抗灾能力和灾后恢复能力的评估。因此,在大型水利工程建设风险评估时应包括风险辨识、风险分析、风险评估三部分。

23.1 概念和范围

23.1.1 建设前气象灾害风险评估

工程建设前气象灾害风险评估,首先应该调研工程影响区的气候、水文、地形地貌、地质、社会经济等方面,收集整理相关资料,分析历史与当前气候均值状况、极端气候事件强度与频率,及气象次生、衍生灾害如山体滑坡、泥石流等发生次数及影响。并对未来的气候可能变化也要给予适当考虑,如气候平均态与极值的可能变化带来的工程影响区内水资源量和极端水文事件强度和频率的变化,为工程可行性论证和建设方案确定提供参考信息。如:

修建水利工程不可避免地会产生淹没问题。水库蓄水会引起库区的地形、地质、生态植被等的变化。需要根据所收集的气候、水文、地理资料分析当然气候条件下水库和大坝修建可能造成的水库淹没风险。水库库容、大坝设计水位的确定,需要收集整理不同气候条件下水库上游正常来水量、洪水和枯水发生频率与强度等历史信息。进而评估不同设计方案所对应的水利工程运行可能遭遇的气象灾害及其次生、衍生灾害的风险水平。

还需要评估水利工程建设所带来的气候影响风险。通常采用数值模拟的方法模拟设计的工程选址、工程规模对工程所在区域及周边甚至更大范围的气候平均态、极端气候,如对降水、气温、水温、大雾等气象要素的影响。

23.1.2 施工期气象灾害风险评估

水利工程施工规模大,施工单位多,施工人员多。大量的土石方开挖、施工机械运转,引起水土流失,周围植被很容易遭到破坏,一些物种的生存也受到威胁。在工程施工阶段,施工质量是直接影响工程风险的重要因素。工程质量存在问题,一旦经历洪水,堤坝易产生渗水,引发堤防渗透、失稳等风险。

在施工期间,应根据前期收集的施工区地形、地质信息,随时根据施工期内的监测和预测气象要素变化,估算可能造成工程建设、施工人员、生态破坏、水体污染和有毒有害物质泄漏爆炸的风险水平。

23.1.3 建成后气象灾害风险评估

气候变化不仅影响自然生态系统和人类生存环境,而且对水利工程也将产生深刻影响。

水利工程投入使用以后，随着运行期的延长，气候、水文条件也不断变化，原设计的成果可能会发生变化。随着社会经济发展，所带来的水利工程的任务、规模的变化；工程运行几十年来的气候、下垫面条件改变以及工程结构问题，都会影响工程安全与运行。

气象灾害风险辨识时首先需要了解工程概况，明确风险管理对象和目标，找出工程可能遭受的气候变化引起的灾害来源，最后收集相关资料和数据建立灾害管理数据库并确定相关的方法和标准。水利工程建成后的气象灾害风险应强调气候“变化”（气温升高、降水变化、极端气候事件和气候变化频率的增加）这个复合风险因素对工程造成危害的可能性，包括各种突发性的风险和长期的蠕变性风险。因此，气象灾害风险源可概况为两个方面：一是气候状况变化，二是极端气候变化。

气候均值的变化引起降水等气象要素的变化而改变入库水量，尤其是当入库水量超出原库容设计标准及相应的正常蓄水位时，将产生水库运行风险；枯水期气温升高与来水偏少可能导致水利工程发电和航运运营风险，并对库区和下游水环境造成影响；降水时、空格局变化将影响南水北调工程供水区可调水量、受水区水资源短缺量以及中线南北水系的丰枯遭遇频率，供水区无水可调、用水区无人用水的风险可能增加。气候变异加大，以及极端水文气候事件频次增，强度加大，引发超标准洪水，水库防洪风险加大；暴雨强度、暴雨频次和持续时间增加，溃坝、滑坡、泥石流等灾害发生可能性加大，水库形成巨大冲浪，从而危害大坝安全及诱发地震；另外，气候变化还有加剧水质等水环境恶化风险。

导致大坝溃决的主要起始事件包括漫顶、裂缝、渗流破坏和大坝滑坡等。

23.2　评估技术路线

在收集资料和专家咨询等基础上，结合水利工程的组成特性和工程属性，识别影响工程正常运行的气象风险因子，分析各风险因子的作用机理，分析和评价风险发生的概率，评估技术路线见图 23.1。

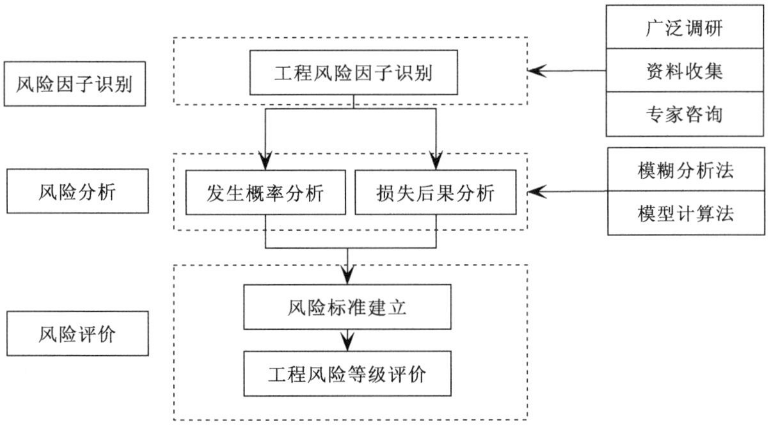

图 23.1　风险评估技术路线图

23.2.1　风险识别

风险识别的目的是研究和分析哪里有风险（什么位置），后果如何（形式、种类），有哪些参数特征。风险识别常用方法有：风险识别询问法、财务报表法、流程分析法、现场勘察法、相关部门配合法、索赔统计记录法、环境分析法等。

影响调水工程提水系统中的泵站工程安全的主要有工程位置、洪水水位和河堤高在内的防洪条件。对于输水河道，高水位和洪水是工程失事的最直接因素。其中漫顶失事主要由于工程设计、施工和运行误差导致堤防高度不足或遭遇超标准洪水，堤前洪水位过高造成洪水漫过堤防。失稳失事主要为堤防滑坡，堤防运行阶段，暴雨强度或水流冲刷力和土体物理特性是主要因素。输水干渠明渠漫顶风险主要因子是高程和最大洪水水位差值，水位骤变大小是引起渠道失稳的风险因子之一。暴雨洪水、低温冻害是工程运行阶段使交叉建筑失效的两个外部因素。蓄水工程失事风险包括以上相关影响风险因子。

影响水库安全的主要气象因子有暴雨引起的洪峰、洪量、过程线形态和峰型，当洪水水位或洪量超过泄洪标准时，可能引起漫顶溃坝。另外，长期枯水运行造成坝前淤积，可能影响闸门正常启闭，如不能正常开启，可能造成漫顶溃坝。风浪通过侵蚀冲刷护坡砌块和垫层、冻融和冻胀通过降低混凝土强度对坝体结构安全造成影响。因此，暴雨洪水、枯水期径流、气温、风等气候要素以及水库大坝防洪标准、深孔或底孔设计、工程建设材料与施工质量等均是影响工程安全和正常运行风险的因素。

枯水期水库运行的风险事件是降水量减少，引起的事故是发电量减少，不能达到目标发电量，另外也有航运风险。对于调水工程，供水区和受水区年降水同时遭遇降水偏丰或偏歉，可能导致调水工程水源区无水可调、受水区水无人用水的风险。

大型水利工程的气象灾害风险因子可概括为两类：一类是气象因子，一类是与工程本身相关的因子。

气象风险因子包括：

多年平均年、月平降水量及各级降水量出现日数，累年时段最大降水量及出现时间；

多年平均年、月平均气温、地温、湿度和气温累年年、月极值及其出现时间；

多年平均年、月水面蒸发量；

多年平均年、月平均风速，年、月最多风向及频率，累年、月最大风速及其出现时间，多年平均年、月大风日数；

多年平均年、月霜、雪、雾、雷暴等天气现象出现日数及霜、雪、雷暴的初、终期；

工程需要的其他气象要素特征值，如气温骤降次数、冻土深度等。

工程本身相关因子：

提水工程位置与防洪条件，如洪水水位值、堤高及系统功率；

输水工程的工程结构（如堤基条件、堤防高度、堤防坡度、临界比降）、荷载情况（如洪水特性与洪水条件）等；

蓄水工程的工程结构（如堤基条件、断面型式）、荷载情况（如洪浪特性）等；

水库调度技术指标：校核洪水位、设计洪水位、防洪高水位、汛期限制水位、正常蓄水位、综合利用的下限水位、死水位、库区土地征用及移民迁建高程、下游防洪系统的安全标准、城市生活及工业供水量、农牧业供水量、水电厂保证出力等；

目标发电量、航运经济效益等。

此外，还应根据具体风险评估内容制定其他评估指标以满足需求。

23.2.2　数据收集

收集流域地理位置、地形地貌、地质、土壤、植被、气候等自然地理资料；

流域面积、形状、水系，河流长度、比降，工程所在河段的河道形态和纵、横断面等特征资料；

气象观测站网分布，降水、蒸发、气温、湿度、风向、风速、日照时数、地温、雾、雷电、霜期、冰期、积雪深度、冻土深度等气象资料；

水文站网分布，设计依据站和主要参证站实测的水位、潮水位、流量、水情及丰、枯水调查考证等资料；

提水工程，堤防、分洪、蓄滞洪工程，决口、溃坝等资料；

工程运行调度方案、装机情况等资料。

流域用水量、耗水量、人口、财产的分布与密度，社会经济发展水平、土地利用状况等人文社会资料。

未来气候情景数据：全球海-气耦合模式或区域气候模式模拟的控制期和未来不同温室气体排放情景数据。

23.2.3　评估指标与方法

1. 评估指标

根据水利工程运行特点和风险因子识别结果，以提水系统的工程安全为目标层，地基特性等级、防洪条件等级为指标层，对提水系统安全风险等级进行评估。以输水河道风险为目标层，洪水特性、洪水条件、堤基条件、断面型式、筑堤材料特性为指标层，对输水河道失事风险等级进行评估。以蓄水工程风险为目标层，洪浪特性、堤基条件、断面型式、筑堤材料和穿堤涵闸为指标层，对蓄水工程运行风险等级进行评估。以河渠交叉建筑物为目标层，以暴雨洪水、地温、工程地理位置、交叉断面以上河道物理特征为指标层，对河渠交叉建筑失效风险等级进行评估。

以发电、航运为目标层，枯水期降水量（入库水量）、目标发电量、航运水位为指标层，对发电风险和航运风险等级进行评估。以供水区、受水区年降水量为指标，评估年降水丰、歉遭遇风险。

2. 评估方法

灾害风险的大小取决于事故的发生概率和事故后果的损失严重程度两方面，目前普遍采用风险矩阵图（图 23.2）的方法将这两个因素的结果结合起来。对于风险评估，目前中外普遍使用的定量计算方法主要有：重现期法、安全系数法、直接积分法、蒙特卡罗模拟法、可靠性指标法、失事树法、均值一次二阶矩法（MFOSM）、改进的均值一次二阶矩法、模糊综合评价法（FCE）、最大熵原理、贝叶斯网络法等。蒙特卡洛法、最大熵原理等方法，只采用先验概率计算风险。贝叶斯网络法是基于贝叶斯条件概率的一种风险分析方法，既能计算先验风险概率，又能充分利用后验新信息进行网络推理计算风险概率，在多变量水文风险分析中具有独特的优势。

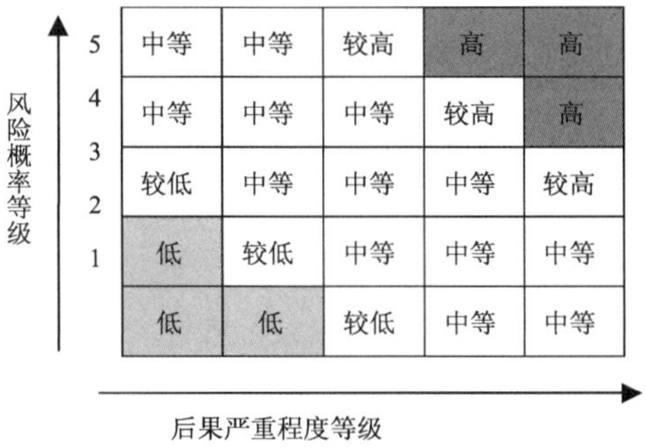

图 23.2　风险评估矩阵

23.3　评估案例

23.3.1　三峡工程枯水期水库运行风险评估

三峡工程在正式施工之前，专家们已经进行过基于当前基准气候背景的可行性论证。研究表明，进入 21 世纪以来的气候变暖已经使一些地区气温和降水的时空分布以及暴雨、洪涝、干旱等极端气候事件的频率、强度等发生了变化。因此，研究三峡地区未来气候变化及其对三峡工程建成后的影响，对于整个长江流域的防洪、航运和发电等都具有十分重要的意义。

下面以枯水期水库运行风险为例说明风险评估的步骤及方法。

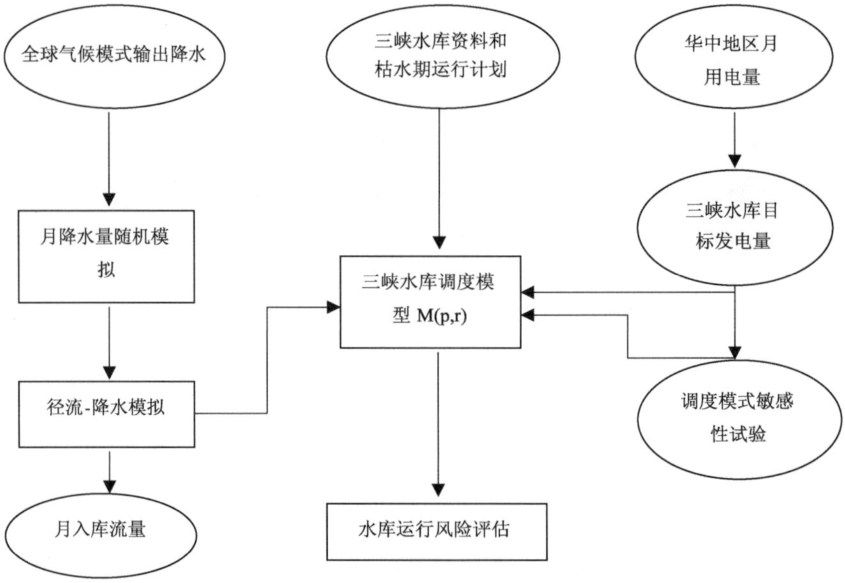

图 23.3　三峡工程建成后枯水期运行风险分析流程图

1. 资料和方法

三峡工程枯水期(10 月至次年 4 月)一般气温较低，蒸发较小，对径流的影响不明显，降水量是影响入库流量的主要因素。观测资料选择宜昌站 1882—1979 年逐月径流量和 1951—

1979 年逐月水位资料，以及华中地区 1986—1994 年月用电量资料和三峡水库的水位、库容和发电能力等资料。未来气候情景为两个全球气候模式输出的月降水量。基于这些资料，利用蒙特卡罗方法，随机生成三峡地区未来气候情景下的月降水量序列并输入调度模型，随机模拟水库的运行，并对模型输出的运行效益指标进行风险分析。

2. 风险因素分析

影响水库调度的因素有人为因素和自然因素，这里着重讨论后者，即由异常气候事件等自然因素造成的自然风险。枯水期三峡水库运行的风险事件是降水量减少，引起的事故是发电量减少。电站电机不能全额出力也是资源的浪费和损失。因为水库发电量不能达到目标发电量是枯水期运行的主要风险事故。

3. 风险指标

在三峡水库枯水期运行风险分析时定义了发电风险指数（I_k）、月发电量期望（L_k）和月发电损失率期望（P_k）等 3 个风险指标。假设月目标发电量为 G_{pk}，月实际发电量为 G_{rk}，则月目标发电量完成率 r_k 为：

$$r_k = \frac{G_{rk}}{G_{pk}} \times 100\% \tag{23.1}$$

相应地，定义月发电损失率为：

$$S_k = 100\% - r_k \tag{23.2}$$

设 $F(r_k)$ 为 r_k 的分布函数，定义月发电风险指数（I_k）为：

$$I_k = F(0.5) \tag{23.3}$$

即 I_k 是月目标发电量完成率小于 50 %的累积概率，是概率形式的风险定量描述。

为结合风险事故引起的损失强度及其发生频率来描述发电风险，文中定义月发电量期望 L_k 为：

$$L_k = \frac{G_{pk}}{100} \times \int_0^{100} f(r_k)\,\mathrm{d}r_k \tag{23.4}$$

相应的月发电损失率期望（P_k）为

$$P_k = \int_0^{100} f(sr_k)\,\mathrm{d}s_k \tag{23.5}$$

式中，$k=1,2,\cdots,7$，分别表示 10，11，…，4 月。$f(r_k)$ 和 $f(s_k)$ 分别表示 r_k 和 s_k 的概率密度函数。

4. 风险评估

风险的定量描述有概率形式、损失期望值形式和风险曲线等。应用式(23.1)～(23.4)，分别计算基准气候与未来气候情景的各个风险指标，绘制发电风险曲线，进而评估各月发电损失风险。

23.3.2　南水北调工程中线降水丰、歉遭遇风险评估

南水北调工程目标是为了解决中国北方地区水资源严重短缺的问题。东线工程主要解决黄、淮、海平原东部地区缺水问题，中线工程主要供水目标是北京、天津、河北地区，西线工程重点解决中国西北地区的缺水问题。南水北调工程风险评估时应关注气候变化可能导致的水源区无水可调、受水区水无人用、水污染、洪水、地震地质灾害等风险。

1. 资料和方法

利用为南水北调中线工程水源区(丹江口以上地区)和 4 个受水区(唐白河、淮河、海河南系、海河北系),资料系列为 1961—2006 年实测降水资料。根据南水北调中线工程水资源调度的实际情况,时间尺度采用调水年(11 月 1 日至次年 10 月 31 日)。基于 GIS 平台采用泰森多边形法计算流域平均降水量,并按照表 23.1 确定丰水年、平水年、歉水年的划分。

将水源区和受水区抽象成网络结点建立贝叶斯网络,网络结点间的条件概率运用 copula 函数联合分布计算(图 23.4),利用贝叶斯网络的推理功能对南水北调中线工程水源区和受水区丰歉遭遇进行风险分析。

在评估未来气候变化下丰枯遭遇风险时,需要提供未来分析时段各调水年流域平均降水量资料,可应用全球气候模式或区域气候模式模拟结果进行估算。

2. 风险评估

考虑到丹江口水库大坝加高后具备多年调节能力,因此在分析调水风险时,将水源区和受水区同时遭遇枯水年作为对调水最不利的状态,视为调水风险,其他丰歉组合状态视为能正常调水状态。

应用上述资料和方法计算 1961—2006 年整个受水遭遇调水概率,其中唐白河 22%、淮河 23%、海河南系 16%、海河北系 15%。可应用气候模式预估数据采用同样方法对于未来风险进行评估。

23.3.3　南水北调工程华北地区本地缺水风险评估

1. 资料和方法

根据 1994—2006 年北京市、天津市和河北省水资源量、用水量、耗水量,然后计算水资源亏缺率,评估这几个地区的本地水资源缺水风险率。如果评估未来水资源风险,则需要收集计算水资源规划相关数据,如用水量和耗水量等数据,采用经验统计模型、概念性水文模型或分布式水文模型进行本地水资源量的估算。

2. 风险指标

Hashimoto 在 1982 年提出可靠性、恢复性和易损性 3 个指标,分别作为描述水资源系统的风险指标。随后在可靠性的基础上衍生了风险率。系统的可靠性是描述供需关系的最直接的指标,表示水资源系统是否可靠。一般可以用可供水量与需水量的满足关系来表示。对于一个系列,可以表示为:

$$a = m/n \tag{23.6}$$

式中,a 表示系统的可靠性,m 表示满足供水的年份,n 表示总的统计年数。

3. 风险评估

应用上述数据计算北京市、天津市和河北省水资源风险率、稳定性和脆弱性几个指标,并对计算结果分析 1994—2006 年三个地区的本地水资源风险。应用未来规划或预估数据评估未来水资源风险。

参考文献

蔡庆华,刘敏,何永坤,等,2010. 长江三峡库区气候变化影响评估报告[R].
《第二次气候变化国家评估报告》编写委员会,2011. 第二次变化国家评估报告[M]. 北京:科学出版社.
耿雷华,姜蓓蕾,刘恒,等,2010. 南水北调中线运行工程风险管理研究[M]. 北京:中国环境出版社.

康玲，何小聪，2011. 南水北调中线降水丰枯遭遇风险分析[J]. 水科学进展，22(1)：44-50.

李爱花，刘恒，耿雷华，等，2009. 水利工程风险分析研究现状综述[J]. 水科学进展，20(3)：453-459.

钮新强，杨启贵，谭界雄，等，2001. 水库大坝安全评价[M]. 北京：中国水利水电出版社.

吴绍洪，戴尔阜，葛全胜，等，2011. 综合风险防洪—中国综合气候变化风险[M]. 北京：科学出版社.

张继权，李宁，2007. 主要气象灾害风险评价与管理的数量化方法及其应用[M]. 北京：北京师范大学出版社.

张建敏，黄朝迎，吴金栋，2001. 三峡工程建成后枯水期运行的气候风险研究[J]. 应用气象学报，12(2)：218-225.

佩塔克，1993. 自然灾害风险评价与减灾政策[M]. 北京：地震出版社.

张士锋，陈俊旭，2009. 华北地区缺水风险研究[J]. 自然资源学报，24(7)：1192-1198.

中国工程院三峡工程阶段性评估项目组. 2010，三峡工程阶段性评估报告. 北京：中国水利水电出版社.

周建方，唐椿炎，许智勇，2009. 事件树、故障树、决策树与贝叶斯网络[J]. 河海大学学报：自然科学版，37(3)：351-355.

PETAK W J，AITKISSON A A，1993. 自然灾害风险评价与减灾政策[M]. 向立云，程晓陶，金泰来，等，译. 北京：地震出版社.

HASHIMOTO T，STEDINGER J R，LOUCKS D P，1982. Reliability，resiliency，and vulnerability criteria forwater resource system performance evaluation[J]. Water resources research，18(1)：14-20.

IPCC，2007. Climate Change 2007：Impacts，adaptation and vulnerability-working group II contribution on IPCC fourth assessment report of the intergovernmental panel on climate change[M]. London：Cambridge university press.

ZHANG J M，1998. Risk analysis and decision of staple crops yield in China[C]. In：Beijing Normal University. Risk Research and Management in Asian Perspective. Beijing ：International Academic Publishers.

第24章

核电工程灾害风险评估技术

黄浩辉(广东省气候中心)

24.0 引言

在经济高速发展的今天，电力的供需缺口变得日趋严重，化石能源的供应危机以及对环境的负面影响也是大多数国家面临的一个紧迫问题。核电作为重要的新能源和清洁能源之一，在经历了日本福岛核电站事件冲击之后，仍然是缓解电力紧张的一个首选措施。

目前，中国已建成的和在建的核电厂均位于沿海地区，热带气旋和龙卷风是影响和威胁核电厂的主要气象灾害。

热带气旋是形成于热带洋面急速旋转的低压大气涡旋。热带洋面的对流云团通过水汽凝结而释放的潜热是热带气旋得以形成、维持和发展的主要能源。在充分发育的强热带气旋内，接近中心的大气压力是最低的，并且可能低于 900 hPa，紧贴着热带气旋风眼周围风力最强(可能达 100 m/s)。热带气旋带来的狂风、暴雨和风暴潮，破坏力巨大，可严重危及工程和生命财产的安全。

龙卷风被认为是自然界最猛烈的风暴，强大的龙卷最大风速可达 120 m/s 或更大，造成难以想象的破坏和巨大损失。龙卷风属小尺度天气系统，接地范围小、移动速度快、生命期短，现有的常规气象监测站网和测量仪器很难客观、完整地观测它们。

为了核电厂的安全，防止外部热带气旋和龙卷风事件对核电厂的潜在威胁，根据核安全导则及有关规范的要求，需要对热带气旋和龙卷风灾害进行风险评估，计算分析相关的重要参数，为核电厂工程可行性研究阶段的设计提供基础依据。

24.1 概念和范围

本评估技术适用于核电厂工程可行性研究阶段对热带气旋和龙卷风灾害的风险评估。

有关概念：

(1)设计基准

为达到核安全重要事项设计标准确定的外部条件设计参数值。

(2)确定论法

大部分参数及其值可用数学方法确定并可由物理关系阐明的一种方法。

(3)概率论法

根据历史资料,采用概率统计分析方法计算气象参数极值或设计基准气象参数的方法。

(4)可能最大热带气旋(PMTC)

也称为设计基准热带气旋,指合理的、最严重的、可能发生的、假想的、平稳状态的、最严重特性组合的热带气旋,包括对厂址产生最大风速或最大可能风暴潮的最不利移动路径特征。

(5)设计基准龙卷风

特定厂址受到强烈旋转的空气柱袭击,最大风速出现概率超过设计基准概率值,设计基准龙卷风由最大风速、气压降速率、总压降等对核电厂安全防护有关的气象参数表征。

24.2　评估技术路线

24.2.1　核电厂可能最大热带气旋计算评估流程

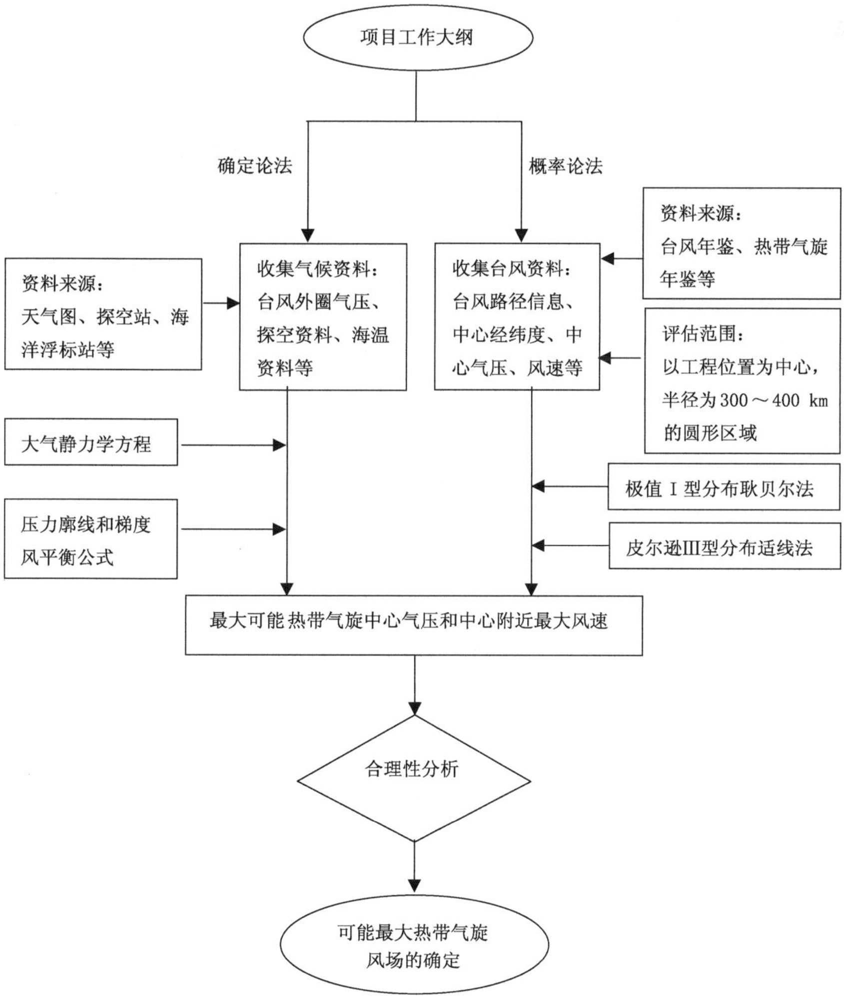

图 24.1　核电厂可能最大热带气旋计算评估工作流程

24.2.2　核电厂设计基准龙卷风计算评估流程

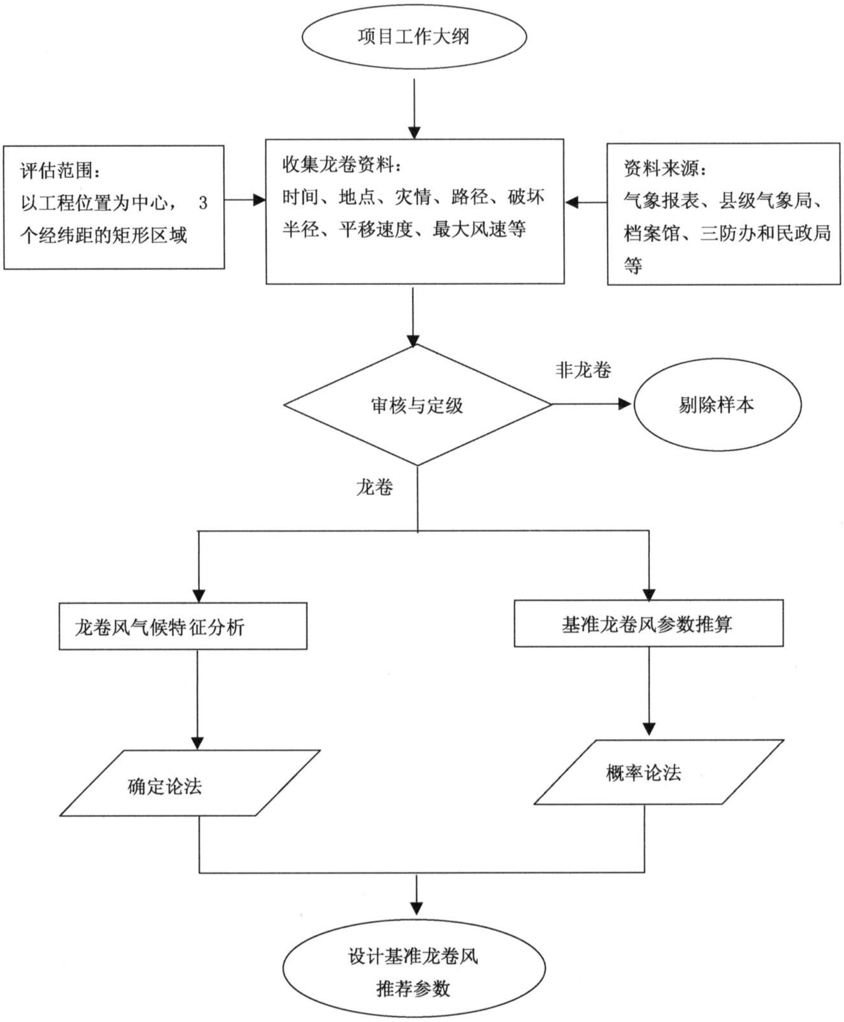

图 24.2　核电厂设计基准龙卷风计算评估工作流程

24.3　评估方法

24.3.1　核电厂可能最大热带气旋评估方法

1. 资料收集

①评估区域

以厂址为中心，直径为300～400 km范围内的区域。

②收集内容

影响评估区域的所有已知的热带气旋路径信息，内容包括热带气旋路径的经纬度、时间、中心气压(P_0)、中心附近最大风速(V_{max})；

评估区域附近海域海平面气压的闭合等压线最外圈气压值；

评估区域内历年 7—8 月的探空资料，包括对流层顶和 100 hPa 等压面的高度、气温；

评估区域内的最高海温。

③资料来源

《台风年鉴》《热带气旋年鉴》、天气图、评估区域内的探空站、海洋浮标站、《海洋水文图集》。

2. 评价 P_0 及 V_{max}的概率论方法

①建立极端台风气压、风速序列

(1)在评估区域内，每年选择一个热带气旋中心最低气压，建立影响厂址的热带气旋中心最低气压序列；

(2)在评估区域内，每年选择一个热带气旋中心最大风速，建立热带气旋中心附近最大风速序列。

②极值概率计算方法

(1)极值Ⅰ型分布耿贝尔法；

(2)皮尔逊Ⅲ型分布适线法。

③重现期设定

根据核电厂的安全设计要求，台风极值设定为千年一遇。

3. 评价 P_0 及 V_{max}的确定论方法

主要依据“核电厂设计基准热带气旋(HAD101/11)”给出的方法进行计算评估。

①评价 P_0 的确定论法

(1)评价在海面上产生最低气压的热带气旋风眼上方的垂直空气柱的条件；

(2)通过压力梯度力和重力的平衡静水压估算出地面压力。即根据大气热力学和流体动力学原理，通过大气静力学方程计算热带气旋的海平面气压 P_0。

②评价 V_{max}的确定论法

(1)确定 V_{max}的参数设定

主要参数包括：气旋边缘的海面压力(P_w)；最大风的半径(R)；热带气旋移动速度(T)；热带气旋的运动方向(θ)；地面气流的流入角(φ)。

(2)可能最大热带气旋最大风速的确定

可能最大热带气旋的最大风速是指热带气旋中心的最大理论梯度风的风速，可采用热带气旋的压力廓线和梯度风平衡公式计算。

4. 可能最大热带气旋风场的确定

①P_0 及 V_{max}的合理性判断

经过概率论和确定论两种方法计算得出的 P_0 及 V_{max}，均应该结合评估区域的天气气候特征、气象站实测资料等，进行合理性分析，选择符合实际情况的结果作为可能最大热带气旋风场的输入参数。

②滞留热带气旋内 10 m 高度处 10 min 平均最大风速的修正

用折减因子 0.9 将理论计算最大风速折算得到 10 m 高度处的 10 min 平均风速。

③陆地影响风速的一般修正

台风由水域进入陆地后，整个台风的强度会减弱：

(1)摩擦的影响会削减风速，对光滑的地带(部分泛滥区)风速削减量约为15%，这种减少一般考虑在离海岸线约15 km范围内发生，山地和林区更大，甚至可达60%。

(2)中心气压的填塞也会降低风速，台风刚登陆5 h后约减少10%，20 h后可达40%。

24.3.2　核电厂设计基准龙卷风评估方法

1. 龙卷风资料收集

①资料收集范围

以厂址为中心，3个经纬度以内的方形区域。

②资料收集来源

龙卷风发生地所属的县(市)级气象局、档案馆、三防办和民政局等相关部门以及发生年代较近的龙卷风灾情现场。

③资料收集内容

资料的收集内容包括龙卷风起讫时间、起讫地点、灾情、路径长度与宽度、最大破坏半径、平移速度、最大风速、旋转风速、气压降、气压降速率、大气压力、飞射物种类、受害地区录像照片及目击者描述、龙卷风灾情调查报告等。

2. 龙卷风资料审核与定级

应组织包括台风、天气预报、雷达气象学、灾害学、工程气象学等行业的资深专家组成专家组，对每一个龙卷风过程进行审核与定级。

(1)资料审核：由专家组根据灾情描述、照片及相应的卫星、雷达回波资料对龙卷风个例加以鉴别，以剔除可能引起类似灾害的雷暴、下击暴流等样本。

(2)龙卷风定级：对确认真实的龙卷风样本，对照富士达F等级分类表进行风速定量评定。可采用专家判定风速的平均值作为该龙卷风样本的风速。

3. 确定设计基准龙卷风参数(确定论法)

根据统计龙卷风气候特征，结合评估区域的天气气候特征，由经验丰富的工程气象专家给出基准龙卷风最大风速。

根据专家确定的风速，可以给出飞射物速度及钢球飞射碰撞动量，再按照美国“ANSI/ANS—2.3.1983”设计基准龙卷风特征参数表，给出最大旋转风速、最大平移风速、最大风速半径、总压力降等参数。

4. 计算设计基准龙卷风参数(概率论法)

根据“核电厂厂址选择的极端气象现象(HAD 101/10)”建议，采用兰金涡流模型和评估区域内面积-强度、事件-强度关系式来推算区域内某一点一年中，经受某一级区间风速的概率和超越额定风速的概率。

计算流程如下：

(1)确定评估区域的面积-强度关系；

(2)确定评估区域的事件-强度关系；

(3)计算评估区域内某个点遭受给定风速范围内某一风速的概率；

(4)确定评估区域内风速大于某个给定阈值的概率。

24.4　评估案例：粤东某核电厂一期工程气象灾害风险评估

24.4.1　可能最大热带气旋

1. 概率论法评估可能最大热带气旋气压、风速

根据以厂址为中心 300 km 范围内的逐年热带气旋最低气压和最大风速资料，利用极值 I 型概率分布函数计算得到评估区域不同重现期的热带气旋最低气压和最大风速。

表 24.1　核电厂热带气旋气压、风速重现期计算结果

重现期(a)	10	50	100	200	500	1000
P_0(hPa)	944.5	922.6	913.4	904.1	892.0	882.8
V_{max}(m/s)	49.6	62.6	68.2	73.7	80.9	86.4

2. 确定论法评估可能最大热带气旋气压

根据厂址附近国家探空站探测资料，将设定参数输入大气静力学方程，计算得到评估区域热带气旋最低气压 P_0=864.8 hPa。

3. 确定可能最大热带气旋参数

综合考虑概率论法和确定论法的计算结果，并结合中外经验公式推导，给出核电厂址的基准热带气旋推荐参数为：

表 24.2　可能最大热带气旋风场推荐参数

评估区域	重现期	1000 年
	可能最大热带气旋中心气压 P_0	882.8 hPa
	可能最大热带气旋风速	86.4 m/s
	滞留热带气旋内 10 m 高度处 10 min 平均最大风速	77.8 m/s
	气旋运动引起的风速修正(台风路径正右侧 10 km 处)	88.2 m/s
厂址附近	经陆地影响修正后的风速	66.2 m/s
	直径 2.5 cm 的钢球飞射碰撞动量	1.479 kg · m/s

24.4.2　设计基准龙卷风评估

1. 确定论法评估设计基准龙卷风

根据现有收集的以核电厂址为中心，3 个经纬度区域内的龙卷风资料，按照美国“ANSI/ANS−2.3.1983”设计基准龙卷风特征参数表，核电厂址评估区域 107 年一遇的龙卷风事件对应的设计参数为：

—最大设计风速：80 m/s

—最大旋转风速：62.0 m/s

—最大平移风速：18.0 m/s

—最大旋转风速半径：97 m

—总压降：51.5 hPa

—最大压降速率:7.8 hPa/s

—最大飞射物速度:28.0 m/s

2. 概率论法评估设计基准龙卷风

采用兰金涡流模型和以核电厂址为中心,3 个经纬度评价区域内面积-强度、事件-强度关系式来推算评价地点一年中,经受某一级(Fj)风速区间风速的概率和超越额定风速 V_K 的概率。

表 24.3　评估区域某点一年中超过 K 级下限风速出现概率

项目 \ 等级 K	1	2	3	4
风速 V_K(m/s)	33	50	70	93
概率 $P(V_K)$	1.94×10^{-6}	6.76×10^{-7}	1.53×10^{-7}	1.99×10^{-8}

3. 设计基准龙卷风等级及风速

从超越额定风速-概率对数曲线图上,得出评价区域的设计基准概率风速为 74.5 m/s。

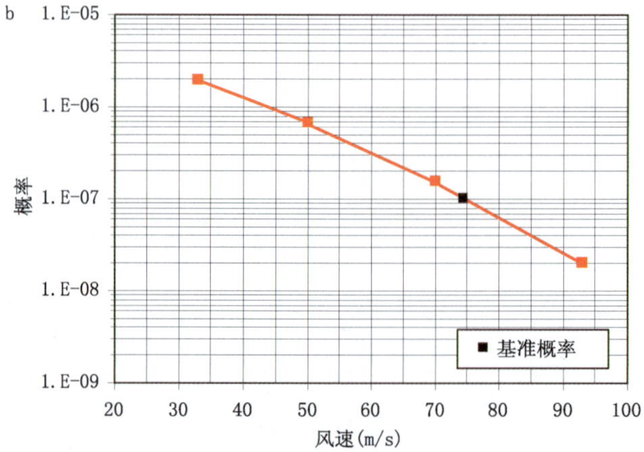

图 24.3　评估区域超越额定风速概率曲线

4. 设计基准龙卷风参数

根据核电厂址为中心,3 个经纬度区域内的龙卷风分级样本,分别采用概率论法和确定论法给出厂址基准龙卷风设计参数,给出推荐参数如表 24.4 所示。

表 24.4　核电厂址基准龙卷风设计参数

参数	概率论法	确定论法	推荐参数
最大设计风速(m/s)	74.5	80	80
最大旋转风速(m/s)	60.1	62.0	62.0
最大平移风速(m/s)	14.4	18.0	18.0
最大压降速率(hPa/s)	5.6	7.8	7.8
总压力降(hPa)	39.7	51.5	51.5
最大旋转风速半径(m)	90	96	96
飞射物的速度(m/s)	26.1	28.0	28.0
飞射物(钢球)的碰撞动量(kg·m/s)	1.666	1.787	1.787

参考文献

蔡菊珍，1998. 可能最大热带气旋中心气压计算研究[J]. 浙江气象科技，19(3)：3-7.

陈联寿，丁一汇，1979. 西北太平洋台风概论[M]. 北京：科学出版社：491.

陈锡璋，1997. 西北太平洋热带气旋强度的若干气候特征[J]. 海洋通报，16(4)：16-25.

陈玉华，李正洪，1989. 极值分布及其在气象上的应用[J]. 气象，15(3)：51-56.

国家核安全局政策法规处，1991. 核电厂厂址选择的极端气象事件：HAD 101/10[S]. 北京：中国法制出版社.

国家核安全局政策法规处，1991. 核电厂设计基准热带气旋：HAD 101/11[S]. 北京：中国法制出版社.

黄勇，李崇银，王颖，2009. 太平洋海气耦合经向模态和西北太平洋热带气旋生成频数的关系[J]. 热带气象学报，25(2)：169-174.

黄勇，李崇银，王颖，2009. 西北太平洋热带气旋频数变化特征及其与还表温度关系的进一步研究[J]. 热带气象学报，25(3)：273-280.

雷小途，徐明，任福民，2007 全球变暖对台风活动影响的研究进展[C]//第十四届全国热带气旋科学研讨会论文摘要集. 中国气象局上海台风研究所编：13-20.

李英，陈联寿，张胜军，2004. 登陆我国热带气旋的统计特征[J]. 热带气象学报，20(1)：14-23.

林惠娟，张耀存，2004. 影响我国热带气旋活动的气候特征及其与太平洋海温的关系[J]. 热带气象学报，20(2)：218-224.

马丽萍，陈联寿，徐祥德，2006. 全球热带气旋活动与全球气候变化相关特征[J]. 热带气象学报，22(2)：147-154.

谭冠日，严济远，朱瑞兆，等，1985. 应用气候[M]. 上海：上海科学技术出版社：138-169.

王东生，屈雅，2007. 西北太平洋和南海热带气旋的气候特征分析[J]. 气象，33(7)：67-74.

王同美，温之平，李彦，等，2003. 登陆广东热带气旋统计及个例的对比分析[J]. 中山大学学报(自然科学版)，42(5)：97-100.

王秀萍，梁军，2006. 近 52 年北上热带气旋的若干气候特征[J]. 气象，32(10)：76-80.

杨元琴，2001. 我国沿海台风百年遇重大灾害的 Poisson 分布特征[J]. 气象，27(10)：8-12.

于玉斌，姚秀萍，2006. 西北太平洋热带气旋强度变化的统计特征[J]. 热带气象学报，22(6)：521-526.

张容焱，李玲，高建芸，等，2011. 影响闽南核电厂热带气旋特征及其最低气压的计算[J]. 热带气象学报，27(5)：745-752.

中国气象局，2006. 热带气旋等级：GB 19201—2006[S]. 北京：气象出版社.

中国气象局，2013. 热带气旋年鉴[M]. 北京：气象出版社.

中央气象局，1972. 台风年鉴[M]. 北京：中央气象局.

周小珊，杨森，杨阳，等，2007. 影响红沿河核电厂区热带气旋特征及最大强度估算[J]. 自然资源学报，22(6)：216-223.

ANSI/ANS－2.3－1983；W1993（W＝Withdrawn）：Standard for Estimating Tornado and Extreme Wind Characteristics at Nuclear Power Sites[S]. American Nuclear Society 555 North Kensington Avenue，La Grange Park，Illinois 60525 USA.

第 25 章

大型桥梁建设风险评估技术

许遐祯、陈兵（江苏省气候中心）
黄世成（江苏省气象科学研究所）

25.0 引言

现代大桥的结构特点是大、轻、高、柔，中国的桥梁建设也正朝这一方向发展，桥位各种气象参数对大桥设计、建设及营运越来越重要，对桥梁结构开展专项气象研究显得十分必要，越来越受到大桥设计、建设及营运部门的重视。

国际上重大工程气象观测分析和风险评估已成为常规，前期桥位气象要素的连续观测是桥位气象参数确定的前提。如 1999 年建成的日本明石海峡大桥，提前了 13 年开展气象观测；直布罗陀海峡大桥（西班牙—摩洛哥）前期气象观测工作达 17 年，而丹麦—瑞典大桥气象观测做了 19 年。

20 世纪 90 年代后期以来，随着中国桥梁建设辉煌期的到来，对大型桥梁建设开展气象专题研究日益得到重视，1996 年江苏省气象科学研究所承担了南京长江第二大桥气象专题研究任务，其后开展了苏通大桥、润扬大桥、南京三桥、南京四桥、崇海大桥、崇启大桥、青岛海湾大桥等气象专题研究，逐步形成比较完整的桥梁气象专题研究路线，取得了一些可喜研究成果，从研究水平来看，江苏的桥梁气象专题研究其广度和深度在国内处于领先水平。与国际上相比，由于体制上的差异，气候特点的差异，应该说各有千秋，在基础资料运用、短期桥位观测数据推算、建设营运期气象保障及结果实用性上优于国外，但国外数值方法研究上明显领先于国内，国内尚未形成一套完整的桥梁气象研究标准和方法，桥梁气象专题研究目前仍属于起步阶段，有些参数确定及计算方法多拘泥于有关现行规范和标准，由于规范注重的是一般性，对特殊情况一般无法涵盖，具体方法上过于笼统，规范本身也存在一些缺陷，国内的桥梁气象研究还不能完全满足桥梁建设的需要，目前，国内气象界正与桥梁工程界加强合作，从实际应用出发，发现和解决问题，相信通过加大科研力度，科研为工程服务，工程促进科研发展，在不长的时间内，桥梁气象研究水平会有一个较快的发展。

25.1 概念和范围

每座桥梁的建设具有各自的特色，桥梁建设气象风险评估为大桥设计提供基础资料，规避设计规划和施工营运风险，它是桥梁设计最终成果的基本条件。

项目研究的目标，就是为大桥设计、建设提供桥区气候背景资料及设计所需的基础资料，避免因风参数取值过大造成不必要的浪费以及取值过小带来的工程风险增大，甚至造成不堪设想的后果。同时，对桥区气象环境的研究，从而完善对施工、营运期气象保障，提高桥位区施工、营运期气象环境预报、预警准确率，及时采取措施，规避气象灾害风险，合理指导施工调度及工期安排，确保大桥建设及营运安全尤显重要，其存在的社会、经济效益将十分明显。

25.2　评估技术路线

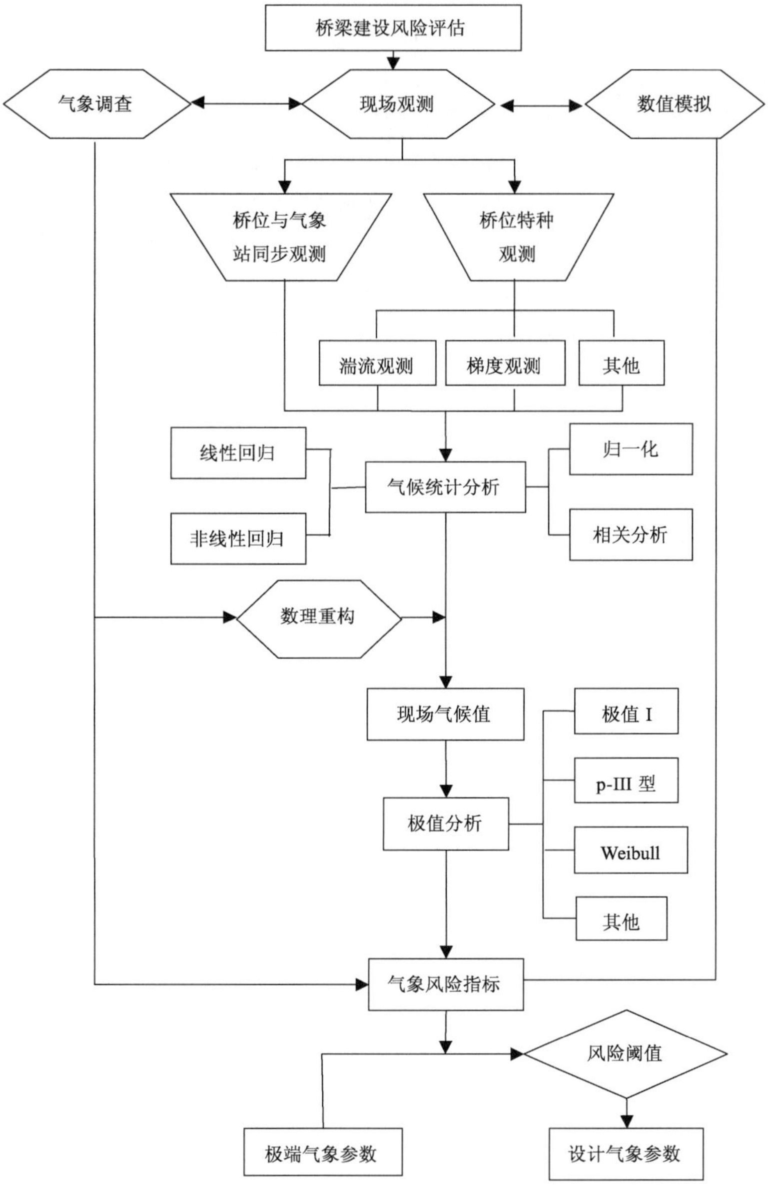

图 25.1　桥梁建设气象风险评估技术流程

25.3 评估方法

25.3.1 气候调查

大型桥梁工程建设一般都会持续数年或更长时间，受到不同天气、气候因素的影响和面临着各种气象灾害的威胁，气象问题渗透到桥梁交通工程建设、营运的各个环节。

多年来，中国桥梁交通工程建设及运营气候背景调查工作尚未形成统一标准，但江苏省气象科学研究所开创了桥梁交通气象论证、风险评估的先河，他们近十年来在近十余座大型桥梁工程的气象保障中，发挥了积极重要作用，研究成果得到众多设计施工单位的认同，一些研究成果达到国际领先水平，并推广到交通气象的其他领域。他们在实际工作也发现，大型工程气象调查由于未形成制度化、规范化，存在不少问题，亟待加强和完善。例如，在一些重大的交通工程建设项目中，施工设计单位未充分考虑工程区的气候背景，在工程选址、施工及运营中不同程度地出现了一些气候与环境问题。特别是有的交通工程建设项目前期气候背景调查不充分，对交通工程区的气候背景了解不清楚，对气候变化给交通工程所造成的影响估计不够充分，未按照当地天气、气候背景采取必要的防御措施，当出现气象灾害时，给工程建设、运营和生态环境带来了严重危害，造成重大经济损失和人员伤亡等灾难性事故。

气候背景调查方法：

根据江苏省气象科学研究所多年来从事桥梁工程区气候背景调查分析的工作经验，可将调查分析工作分为七个阶段：

①确定工程对气象灾害的敏感度。

②拟定气候调查工作大纲。包括调查时段、调查范围、调查项目、参与部门、参与人员。

③详尽的气象资料收集。

④工程区实地踏勘。

⑤现场观测。

⑥气候统计分析。规一化订正、平均值计算、极值计算、一元线性回归、多元线性回归。

⑦辅助手段(访问、专家打分、树木年轮等)。

25.3.2 现场观测和分析

大桥建设风险评估主要是对工程区高影响天气或气象灾害(客观存在)对施工、运营的影响及其程度的评估。全面分析工程所在地域的气候适宜性，恰当评估气象灾害与桥梁工程的相互影响(点、面)，其基础即为工程现场的气象观测。一方面，根据小气候理论，由于近地层自然风受地理和地表情况的影响很大，相距不远的两地，气象要素分布可能存在较大差异，仅采用桥位邻近气象站资料直接推算桥位气象参数是欠科学的。另一方面，根据桥梁设计规范，对于缺乏实测资料的桥位特殊的中小尺度地理环境，现场观测是大桥抗风设计的基本要求。

按照大桥建设的实际需要，现场观测分为常规对比观测和特种观测。对大桥设计所需的桥位区气象参数，通过开展桥位与气象站的常规项目同步观测以及特种观测(如湍流观测、梯度观测)来获取实地数据，通过分析桥位与当地气象站风的异同，运用适当的计算方法计算得到所需的反映桥位实际的各种风参数，尽量减少主观造成的误差。

25.3.3　数学模型模拟

目前在桥梁气象专题研究中数学模型包括气象数值模式方法和气候统计理论模型方法。其中桥梁建设气象风险的数值模式模拟应用不尽成熟，一方面由于提供给模式的初始场分辨率一般较粗，桥位区域覆盖的全球分析资料格点数较少，另一方面由于气象数值模式本身的系统误差、模拟误差等，使得个例模拟结果并不理想。刘聪等曾对苏通大桥桥位江面风速的数值试验风速采用 WRF 模式模拟，表明模式在理想天气情况下模拟的最大风速值与实际值的偏差较小，但模式对降水天气系统下模拟的桥位最大风速比实际值明显要小。可见数值模式方法应用于气象风险评价的可靠性、合理性仍需要大量的实际工作验证。

相对于数值模式，统计理论模型在气象风险评价领域已经具有较多的应用。基于扩散信息理论的模糊数学方法和蒙特卡罗法（MCM）是对桥梁建设气象风险进行数值模拟的有效方法。其中蒙特卡罗法是用来解决数学和物理问题的非确定性的数值方法，这种方法使用一系列随机数来近似解决问题，通过寻找一个概率统计的相似体并用实验取样过程来获得该相似体的近似解的处理数学问题的一种手段。黄世成等应用该方法对苏通大桥桥位工程区的台风风险进行了评估。

25.3.4　建设风险分析

1. 现场气候要素的重构

采用数理重构技术，获得现场的气候要素。设桥址处附近的观测站的已知气象观测参数集设为数据集（矩阵）$X_B(t)$ 和 $X_B(t+t_N)$；已知桥址处观测的数据参数集为 $X_A(t)$，需要外推的桥址处未知气象观测参数集设为（矩阵）$X_A(t+t_N)$，如图 25.2 所示。而 $X_A(t+t_N)$ 事实上就是桥址处所需的气象观测数据的估计值。

资料时间外推问题的一个理论化描述是：存在两段资料时间序列，分别表示为：$X_A(t_0 \leqslant t \leqslant t_N)$，$X_B(t_0 \leqslant t \leqslant t_{N+M})$。也就是说，两段资料时间序列中的一条比另一条要短。我们面临的问题是如何寻找到一个合适的方案再现这部分需要外推资料，即求 $X_A(t+T)$。

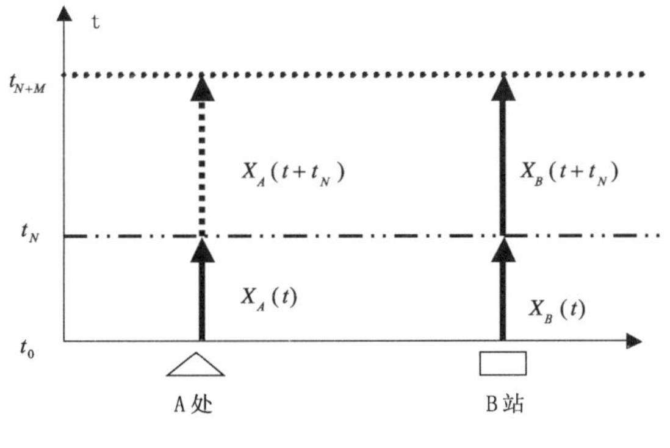

图 25.2　数据重构原理

2. 建设气象风险指标的确定

极端气象条件往往以某些气象参数的极值来表征，大型桥梁的抗风设计是以桥位百年一遇的设计基本风速和基准风速作为设计的依据；大型悬臂式施工则以工程区 30 a 一遇的风速采取相应防范措施。其他公路桥涵，根据工程的使用年限确定相应重现期的设计雨强、设计洪水水位等。根据获得的现场历史气候资料，就可以计算分析大桥建设各类气象风险指标。

(1)极端气象参数计算方法

包括最小二乘法、极值1型、皮尔森—Ⅲ型、柯尔莫哥洛夫检验、ω^2 检验以及 χ^2 检验。可分析的要素包括温度、风速、气压、降水量等气候极值。气候上推算极端气象条件相应气象极值的方法基本是基于极值的概率分布模型来进行的。

(a)皮尔森—Ⅲ分布

皮尔森—Ⅲ分布(以下简称P—Ⅲ分布)具有广泛的概括和模拟能力，在气象上常用来拟合年、月的最大风速和最大日降水量等极值分布。它的概率密度函数和保证率分布函数分别为：

$$f(x)=\frac{\beta^\alpha}{\Gamma(\alpha)}(x-x_0)^{\alpha-1}e^{-\beta(x-x_0)}\qquad \alpha>0, x\geqslant x_0$$

和

$$p(x\geqslant x_p)=\frac{\beta^\alpha}{\Gamma(\alpha)}\int_{x_p}^{\infty}(x-x_0)^{\alpha-1}e^{-\beta(x-x_0)}dx$$

式中，$f(x)$ 为概率密度函数；$p(x)$ 为保证率分布函数；参数 x_0 为随机变量 x 所能取的最小值，α 为形状参数；β 为尺度参数；$\Gamma(\alpha)$ 为 α 的伽玛函数；

由矩法原理，参数 α 、β 和 x_0 可分别用下式计算：

$$\alpha=4/c_s^2$$

$$\beta=2/\sigma c_s$$

$$x_0=m(1-\frac{2c_v}{c_s})$$

式中，m 为数学期望；σ 为均方差；c_s 为偏态系数；c_v 为变差系数。

这些数字特征的估量分别为：

$$\hat{m}=\bar{x}=\frac{1}{n}\sum_{i=1}^{n}x_i$$

$$\hat{\sigma}=s=\sqrt{\frac{1}{n}\sum_{i=1}^{n}(x_i-\bar{x})^2}$$

$$\hat{c}_v=\hat{\sigma}/\hat{m}=s/\bar{x}$$

$$\hat{c}_s=\frac{1}{n}\sum_{i=1}^{n}(x_i-\bar{x})^3\Big/\left(\frac{1}{n}\sum_{i=1}^{n}(x_i-\bar{x})^2\right)^{\frac{3}{2}}$$

以上各统计量中，偏态系数 $(\hat{cs})$ 含有三阶样本矩，故抽样误差较大，样本实测值 $\hat{c}_s$ 与真值 c_s 之间可能会有较大差异，常需要对拟合的线型进行验证及对估计参数 $\hat{c}_v$、$\hat{c}_s$ 进行适当调整，以获得理想的分布曲线。

(b)第Ⅰ型极值分布

给定时段内的随机变量的极值仍然是一个随机变量，其分布称为极值分布。极值分布函数取决于原始分布函数和样本容量。原始分布为指数型分布时，样本极值渐近服从下面的分布函数：

$$F(x)=\exp\{-\exp[-a(x-b)]\}$$

式中，a 为分布的尺度参数；b 为分布的位置参数，即分布的众值。

用 Gumbel 分布拟合气候极值，首先要估计参数 a、b，本项目研究采用耿贝尔法计算（马开玉等，1993）。分别计算样本数为 n 的 x 变量样本均值 $\bar{x}$ 和标准差 σ ：

$$\bar{x} = \frac{1}{n}\sum_{i=1}^{n} x_i, \sigma = \sqrt{\frac{1}{n-1}\sum_{i=1}^{n}(x_i - \bar{x})^2}$$

则

$$a = \frac{c_1}{\sigma}, b = \bar{x} - \frac{c_2}{\alpha}$$

式中，c_1 、c_2 为与样本数 n 有关的方程系数，见表 25.1。

分布函数确定后，就可以求得特定再现期 T 的极值：

$$x = b - \frac{1}{a}\ln\left[-\ln\left(1 - \frac{1}{T}\right)\right]$$

表 25.1　c_1 和 c_2 系数表

n	c_1	c_2	n	c_1	c_2
10	0.94970	0.49520	60	1.17465	0.55208
15	1.02057	0.51820	70	1.18536	0.55477
20	1.06283	0.52355	80	1.19385	0.55688
25	1.09145	0.53086	90	1.20649	0.55860
30	1.11238	0.53622	100	1.20649	0.56002
35	1.12847	0.54034	250	1.24292	0.56878
40	1.14132	0.54362	500	1.25880	0.57240
45	1.15185	0.54630	1000	1.26851	0.57450
50	1.16066	0.54853	∞	1.28255	0.57722

计算过程

中国过去年极值的统计分布沿用苏联的标准，按照皮尔森Ⅲ型曲线来拟合；美国早就采用极值Ⅰ型或Ⅱ型来分析气象极值问题。采用极值Ⅰ型或Ⅱ型分布曲线，主要是因为极值分布在理论上比较合理，而且在数学处理上比较方便。对于不同的气象要素，可能符合不同的分布型。因此，在计算工程气象参数时，首先要充分考虑气象要素满足的分布型，从而根据其分布选择合理的极值计算方法。

(2)设计气象参数

收集工程区大量的气象观测资料及实地试验数据，充分考虑周边地理环境特点，研究分析工程特点，通过统计学、动力学等方法合理确定，对一些非常规的气象参数，需要通过实地试验得到能够反映工程区实际的表征值。这一方面仍有大量的科学问题，需要通过工程技术人员和气象科技人员的协同努力加以解决。

大型桥梁工程建设项目中，都要考虑多年一遇的最大风速，或多年一遇的最低气温等，这样做的目的是使工程项目受气象灾害的影响减轻到最低限度，使所设计的工程在成本控制范围内安全可靠。基于上述的极值计算方法，就可根据实际工程建设需要，计算不同气象要素的极值分布情况。

①极端最高气温推算

收集参证站历年的极端最高气温资料。采用P－Ⅲ分布或极值Ⅰ型的概率分布进行不同重现期极端最高气温的推算，推算方法如上。

②极端最低气温推算

收集参证站历年的极端最低气温资料。将极端最低气温进行变换，变换公式如下：

$$X_{\min}^{*} = -X_{\min}$$

式中，$X_{\min}^{*}$ 为变换后的新气温序列，$X_{\min}$ 为变换前的最低气温序列。

采用P－Ⅲ分布或极值Ⅰ型的概率分布对变换后的气温序列进行推算，推算结果乘以－1即可得到极端最低气温的推算值。

③最大风速推算

若参证站有历年自记风观测记录，则收集参证站历年10 min平均最大风速和测风高度。若参证站有自记风观测记录但有缺测，则收集参证站历年定时观测(4次或3次)2 min平均最大风速、有记录的10 min平均最大风速和测风高度。若参证站无自记风观测记录，只有4次或3次定时风观测的，则收集参证站历年定时观测(4次或3次)2 min平均最大风速和测风高度；收集与参证站相邻并有自记风记录的气象站的定时观测(4次或3次，必须与参证站一致)2 min平均最大风速、10 min平均最大风速和测风高度。

如前所述，近年来由于气象台站观测环境的变化，给风的观测造成很大的影响。同时，各台站的风观测也不一致，很多并非是10 m标准高度。因此，在进行工程设计最大风速推算时，应对风速资料进行归一化订正，使得推算结果更符合实际情况。

④最大降水推算

最大降水的推算类似于降水强度重现期的计算。收集参证站历年的降水量资料，推算最大日降水量则收集历年日最大降水量资料，推算月最大降水量则收集该月历年降水量资料，推算年最大降水量则收集历年年降水量资料。采用P－Ⅲ分布或极值Ⅰ型的概率分布进行最大降水的推算，推算方法见上文。

对于某个极大值，如果就平均而言，可能在百年内出现一次，这个值即为“百年一遇”的极大值，它的重现期就是100年，如果以一年一个最大值 x 作为原始资料，百年中出现极大值 X_p 只有一次，则此极大值的频率是1/100，频率 P 与重现值 T 的关系是：$T=1/P$；同时，$p=P(X \geqslant X_p)=1/T$，根据极大值的频率分布，可以推算出频率 p 对应的极大值 X_p。

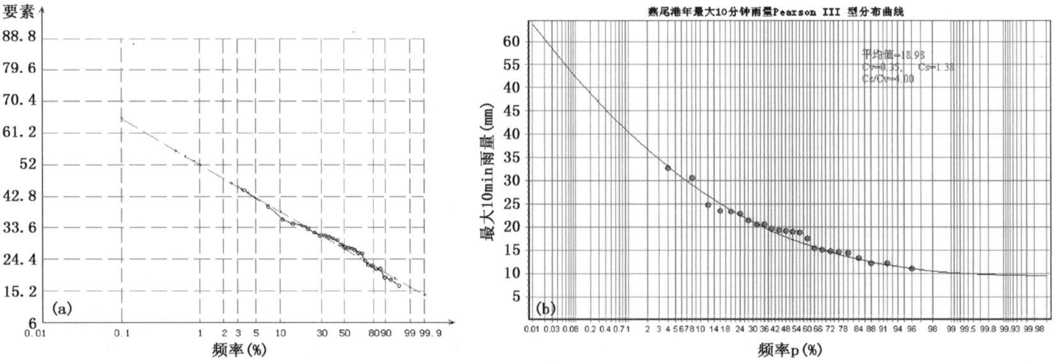

图25.3　降水强度极值－Ⅰ型和P—Ⅲ型分布拟合曲线(a. 20 min，b. 10 min)

由于设计要求的重现期往往超过气象资料的长度，仅根据实测极值的经验频率曲线做外延存在很大的主观性，为了尽量客观化，需对已有的记录拟合出极大值的频率分布，按照拟合频率曲线来客观外延频率曲线，以求取小频率 p 对应的极大值 X_p 。

25.4　评估案例：南京长江三桥建设气象灾害风险评估

近年来，江苏省气象科学研究所在实践基础上，基于上述原理和技术方法，提出了基于空间分析的桥梁工程气象评价方法，对江苏境内沿江多个大型桥梁工程进行了气象评价。下面以南京长江第三大桥为例，简要说明大桥建设的气象风险评估过程。

首先，通过对桥位地区的气象调查，获得工程项目区域的气候背景和灾害性天气分布情况。南京长江第三大桥，其南岸位于南京大胜关，北岸属六合珠江镇西江村，在南京长江大桥上游约 18 km 处。江两岸 4～6 km 范围内是平原圩区，地势开阔，三桥所在处长江的河道走向为西南—东北，南京秋冬季节 9 月至次年 2 月盛行东北风，北岸 7 月盛行西南风，均与大桥走向垂直。经过统计诊断分析，即桥位区域气候属北亚热带南部湿润季风气候，四季分明，夏热冬冷，春温多变，雨热同季，灾害性天气频繁，主要灾害性天气有暴雨、旱涝、连阴雨、雷暴、台风、飑线、高温、寒潮、冰冻、大风、大雪、浓雾、酸雨等。并对大桥关注的气象要素——风做详细分析，内容包括盛行风向、历史极值风速等。

其次，基于空间分析技术对桥位所处的长江上下游的气象要素统计分析表明，对江淮地区气温、降水等要素，空间间隔为 1 时，空间分布有最大的自相关性，$I=0.440$。间隔为 5 时，具有较大的反相关关系，$I=-0.285$。而空间趋势分析（文中以最大风速为例）表明，江苏境内百年一遇的极值大风在苏北连云港沿海、东部长江入海口和长江南京段有高值区，而在海安、无锡两地区是极值风速的低值区。特别是太湖流域北部至长江的低风速区，与以往的认识有所不同（图 25.4）。

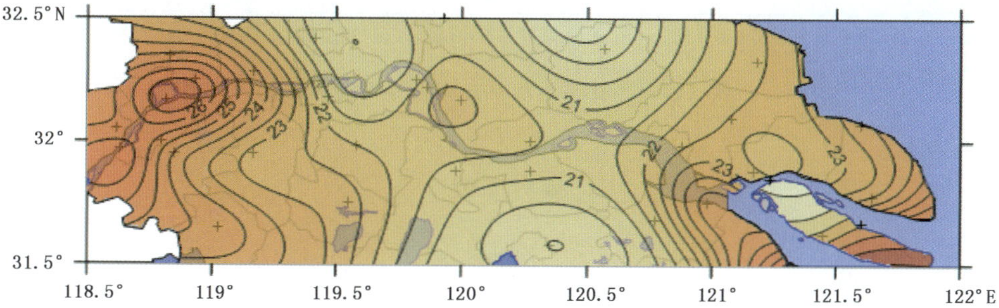

图 25.4　江苏沿江 50 a 一遇最大风速分布

空间统计分析和趋势分析结果也表明，对于长江下游大型工程的气象评价，特别是大风区域内对风敏感的工程评估如大型桥梁等，有必要展开工程现场观测，结合工程邻近气象站资料，采用空间分析方法做出正确的评价。

再次，根据短期同步观测数据集，利用统计学方法，获得桥位地区和邻近气象站的风速（包括 10 min 平均风速、最大风速、极大风速）相关关系。对南京第三大桥桥位风速观测站、南京小教场气象观测站所获取的短期同步实测风速数据，分析获得桥位距地 10 m 高处 10 min 平均风速(Y)与小教场(X)的关系式为 $Y=1.50X+0.9297$,相关系数达到 0.815。

最后,根据上限极值算法计算桥位建设风险指标(不同重现期气象要素极值)。此处以风速为例,分析表明桥位及小教场风速极值的频率分布符合极值—I 型分布,与有关规范一致。但当时桥址处没有气象观测资料,假设直接使用气象站历史资料,推算的桥位百年重现期风速为 26.6 m/s,或仅按照中国风压图估计值为 26.8 m/s,但实际上,通过桥位与气象站近 2 年的同步观测,然后依据上述办法计算订正得到的桥位处百年重现期风速为 31.7 m/s,50 年一遇风速为 29.7 m/s(图 25.5)。

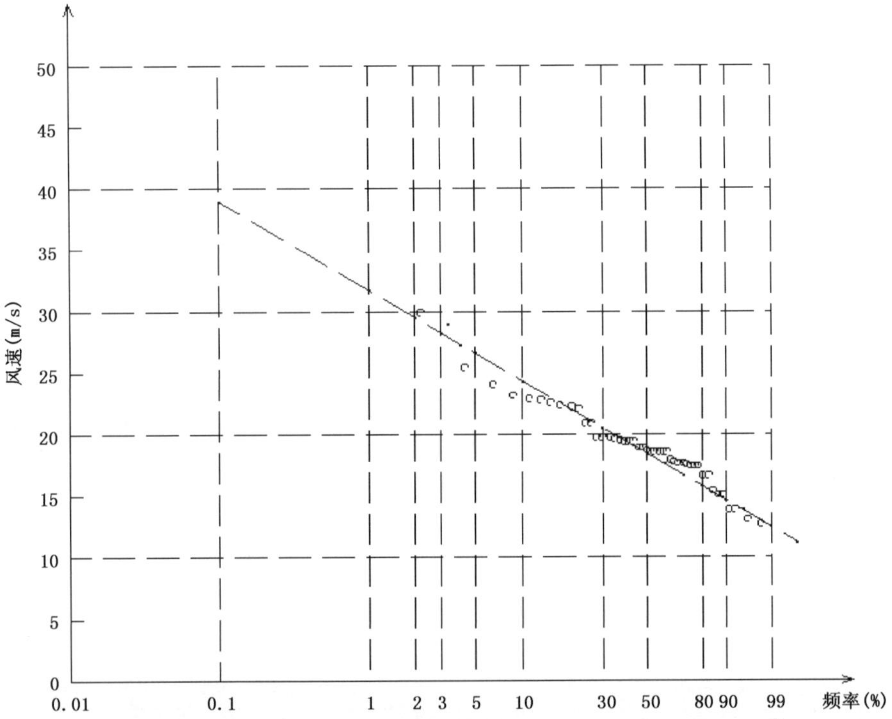

图 25.5　南京第三大桥最上限的极值风速计算结果(全风速)

参考文献

高绍凤,陈万隆,朱超群,等,2001. 应用气候学[M].北京:气象出版社.

黄朝迎,孙冷,2000. 试论气候异常对重大工程建设的影响[J]. 地理学报,55(增刊).

黄世成,周嘉陵,孙磊,等,2008. 汛期强降水对长江下游大型桥梁工程建设的影响评估[C]. 中国气象学会2008年年会极端天气气候事件与应急气象服务分会场论文集.

黄世成,陈兵,许遐祯,2012. 基于空间分析的大型工程气候论证方法研究[J]. 气象与环境学报,28(4):90-95.

黄世成,周嘉陵,程婷,等,2009. 工程区台风大风灾害评估方法的研究与应用——以苏通大桥为例[J]. 防灾减灾工程学报,(3).

黄世成,刘聪,张忠义,2009. 大型桥梁设计基准风速计算方法研究[C]//第六届长三角气象科技论坛论文集. 中国江苏南通:548-552.

黄世成,周嘉陵,任键,等,2009. 长江下游百年一遇的极值风速分布[J]. 应用气象学报,20(4).

黄世成,周嘉陵,刘聪,等,2009. 苏通大桥桥位区江面高压后部大风短期预报模型[C]//中国气象学会第 26 届中国气象学会年会文集.

黄世成,周嘉陵,程婷,等,2008. 苏通大桥工程区台风大风灾害初步评估[C]//中国气象学会 2008 年年会极端天气气候事件与应急气象服务分会场论文集. 中国气象学会:8.

黄世成,周嘉陵,2007. 长江中下游 50 a 降雨量和暴雨日数分布的空间分析[C]//第四届长三角科技论坛论文集(上册). 浙江省气象学会、上海市气象学会、江苏省气象学会.

黄世成,周嘉陵,刘聪,等,2009. 苏通大桥桥位区江面高压后部大风短期预报模型[C]//中国气象学会 2009 年年会.

黄世成,周嘉陵,陈兵,等,2007. 风速资料在大型工程中的应用和订正方法[J]. 防灾减灾工程学报,(3).

刘聪,黄世成,张忠义,等,2006.《南京长江第四大桥气象背景与风参数》研究报告[R]. 江苏省气象科学研究所, 10.

刘聪,黄世成,张忠义,等,2007.《泰州长江过江通道气象背景与风速观测》研究报告[R]. 江苏省气象科学研究所,2.

刘聪,黄世成,张忠义,等,2008.《苏通大桥气象背景与风参数》研究报告[R]. 江苏省气象科学研究所,12.

刘聪,黄世成,张忠义,等,2005.《苏通大桥施工期桥位气象环境监测与预警系统研究与应用》研究报告[R],11.

刘聪,黄世成,朱安祥,等,2006. 苏通长江公路大桥设计风速的计算与分析[J]. 应用气象学报,(1).

刘聪,黄世成,严迎春,2005. 长江南通段江面风的观测分析[J]. 自然灾害学报,(4).

刘聪,顾建,吴国平,等,2004. 基于 GPRS 的远程气象观测数据实时采集传输系统及其应用[J]. 应用气象学报,(6).

刘聪,张忠义,黄世成,2004. 桥梁气象专题研究与服务[J]. 气象科技,(6).

刘聪,黄世成,张忠义,等,2004. 桥梁工程区气象安全保障系统的研究[J]. 中国安全科学学报,(10).

刘聪,秦伟良,江志红,2006. 基于广义极值分布的设计基本风速及其置信限计算[J]. 东南大学学报(自然科学版),36(2):331-334.

许遐祯,潘文卓,缪启龙,2009. 江苏省龙卷风灾害风险评价模型研究[J]. 大气科学学报,32(6).

BENISTON M, STEPHENSON D B, CHRISTENSEN O B, et al, 2007. Future extreme events in European climate: An exploration of regional climate model projections[J]. Climate Change,81(1):91-95.

CHEN A, HE X, XIANG H. 2001. Identification of 18 Flutter Derivatives of Bridge decks[J]. Journal of wind engineering and industrial aerodynamics,90(12—15):2009-2022.

CHEN X, MATSUMOTO M, KAREEM A,2000. Aerodynamic coupling effects on flutter and buffeting of bridges[J]. Journalof engineering mechanics, 126(1) : 17-26.

DING Q, CHEN A, XIANG H,2002. Coupled flutter analysis of long-span bridges by multimode and full-order approaches[J]. Journal of wind engineering and industrial aerodynamics, 90(12-15):1981-1993.

ESTERING D R, HORTON B, et al. 1977. Recent trends in maximum and minimum temperature trends for the globe[J]. Science,277.

GE Y J, XIANG H F, TANAKA H. 1999. Reliability analysis of bridge flutter under extreme winds[C]// Proceedings of the 10th international conference on wind engineering, Copenhagen, Denmark: 879-884.

GE Y J, XIANG H F, TANAKA H. 2000. Application of a reliability analysis model to bridge flutter under extreme winds[J]. Journal of wind engineering and industrial aerodynamics, 86(2): 155-167.

GU M, ZHANG R, XIANG H, 2000. Identification of flutter derivatives of bridge decks[J]. Journal of wind engineering and industrial aerodynamics, 84(2):151-162.

ISERMANN R,1974. Comparison of six onk-line identification and parameter estimation methods[J]. Automatic, 10: 81-103.

ITO M, FUJUNO Y, 1985. A probabilistic study of torsional flutter of suspension bridge under fluctuating wind[C]// Proceedings of the 4th Inernational Confernce on Struct Safety and Reliability: ASCE, 145-160.

MADSEN H O, OSTENFELD-ROSENTHAL P, 1992. Wind criteria for long span bridges, aerodynamics of large bridges[M]. Rotterdam: Balkema.

OSTENFELD K, 1992. Aerodynamics of large bridges[J]. Structural engineering international, 2(3): 186-189.

SARKAR P P, JONES N P, SCANLAN R H, 1992 System identification for estimation of flutter derivatives [J]. Journal of wind engineering and industrial aerodynamics, (41-44): 1243-1254.

SCANLAN R H, 1987. Interpreting aerodynamic modes of cable-stayed bridges[J]. Journal of engineering mechanics, 113(4): 555-575.

SHREVE R L, 1968. Leakage and fluidization in air-layer lubricated avalanches[J]. Geological ociety of America bulletion, 79: 654-657.

SINGH L, JONES N P, Scanlan R H, 1995. Simultaneous identification of 3-DOF aerodynamic parameters[C] //9ICWE. New Delhi: [s. n.],. 972-981.

XIANG H, CHEN A, 2000. Aerodynamic studies of long-span cable-supported bridges in China[C]//Proc of International Conference on Advances in Structural Dynamics. Oxford: Elsevier Science Ltd, 121-134.

XIANG H, GE Y, 2002. Refinements on aerodynamic stability analysis of super long-span bridges[J]. Journal of wind engineering and industrial aerodynamics, 90(12—15): 1493-1515.

第26章

输变线路气象灾害风险评估技术

高正旭(武汉区域气候中心)

26.0 引言

随着电网的发展延伸，通过复杂地形及恶劣气候条件地区的输电线路日益增多。近年来，中国电网的主干线路因大风及覆冰接连发生了倒塔事故。产生上述事故的原因之一是设计时对“微地形、微气象”的认识不足，对沿线风口、峡谷、分水岭等高山局部特殊地段的气象资料掌握不够。在一条几十千米至几百千米长的山区电线路中，山岭纵横、海拔高程悬殊，气象变化显著，小气候特点十分突出，邻近气象台(站)的观测记录不能满足微地形地段线路设计的要求，更难反映局部微地形点的实际气象情况。

微地形对大风形成及电线覆冰强度等气象因子都会产生很大的影响。在微地形对风速增大的影响方面，线路横跨陡峻的河谷，当谷口正迎主导风向时，风速较大；当气流由开阔地区进入狭窄地区时，由于狭管效应，风速增大；突出开阔的山顶，高空强劲的风速受不到周围山脉的阻挡，风速较大。在电线覆冰方面，山脉的走向与坡向不同，覆冰都会有很大的差异，一般迎风坡及开阔地区覆冰重，背风坡及闭塞地区覆冰轻；山体部位不同，电线覆冰也会有明显的差异，一般山顶、分水岭、垭口等地覆冰重，山脚、山腰、山凹等地覆冰较轻；线路靠近江湖水体，水汽充足，覆冰较重，线路远离水体，空气干燥地区覆冰较轻。在山区线路设计中，无论是无冰、轻冰、中冰区或重冰区，都会遇到“微地形”问题。因而电线覆冰具有多样性、局部性的小地形特点。无冰区的局部高山、垭口会出现冻结现象；反之，覆冰地区的局部深沟、河谷也会有不冻结的情况。在山川纵横，垂直高度悬殊，天气变化受地形影响显著的局部地段，电力设计单位与当地气象部门协作，进行“微地形、微气象”考察是十分必要的。正如《电力气候》中说的那样，合理选择气象条件就能得到经济效益，气象条件选择不当就会造成经济损失，这方面的经验教训是很多的。

26.1 概念和范围

输变线路气象灾害风险评估是指根据可能发生的气象灾害、输变线路的设计标准及承载负荷，在灾前预先估测其可能的损失，并指导相关部门进行防范。输变线路气象灾害风险评估可为输变线路设计提供基础资料，为已建线路的修改和未建线路的设计提供参考依据，避免因参数取值过大造成不必要的浪费以及取值过小带来的工程风险增大，甚至造成不堪设想的后果。

26.2 评估技术路线

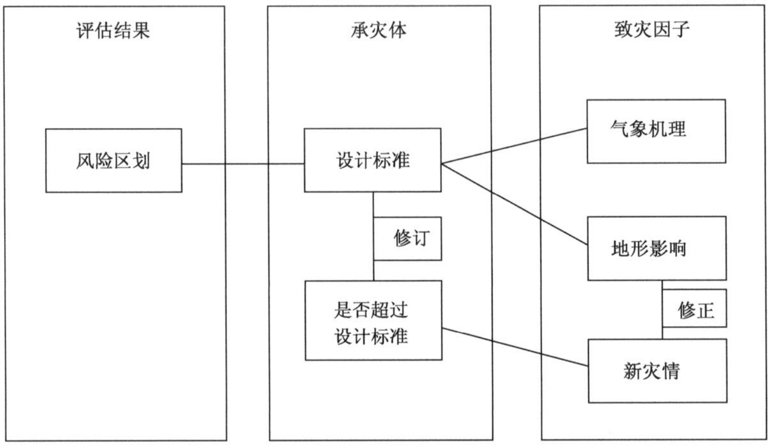

图 26.1　输变线路气象灾害风险评估路线

26.3 评估方法

电力线路灾种类型较为简单，以覆冰、大风、雷击、大雾及其组合灾害为主，如覆冰和大风共同作用可造成覆冰舞动的线路灾害。下面从背景分析、建模、实况灾情的订正、分级标准的建立四个方面进行说明。

26.3.1 电力线路灾害的天气背景分析

不同的灾害种类有其不同的天气背景，完全根据气象要素统计回归而建立的模型，很可能使模型不能准确反映基本的物理影响机制，或错过某类比较重要的影响因子，因此，针对每一个灾种，分析其对应天气现象产生的天气背景，找出其主导影响的气象要素，是在建模前需要做的分析。

26.3.2 电力线路灾害模型的建立

如评估无需特别精细，可考虑仅使用气象要素来建模，首选具有直接影响机制的气象要素，建模以通过信度检验的高相关模型为主，但现在的灾害评估需要的精度均比较高，因此，必须考虑局地微地形和微气象的影响。

微地形方面的订正，以对气象灾害影响较为直观的地形、地貌为主，在与电力部门交流后，基本确定了电力气象灾害中主要的微地形影响因子，分列如下：

表 26.1　电力气象灾害主要的微地形影响因子

灾害种类	主要影响微地形因子
导线覆冰	气流与导线的交角、坡向、水体、海拔、坡度
局地大风	坡度、坡度变率、地形起伏度、海拔、坡向，以及由此组合出来的特殊地形，主要包括抬升性地形、高山分水岭、峡谷大风、垭口等。
持续性大雾	水体、局地污染源、周边地形
覆冰舞动	地形起伏度

在选定气象因子及主要的影响地形因子后，通过统计分析，可对电力气象灾害完成建模。

26.3.3　实况灾情的订正

当有新的灾害实况出现时，需判断灾害的种类，若属于未超出设计标准而观测到的个例，可将其观测实况作为新的样本加入统计分析模型重新建模，从而完成模型的订正；若属于超出设计标准而发生倒塔断线等灾情，则需参考具体线路的设计标准，考虑是否要对设计标准或已有灾害的等级划分提出修订。

因实际灾害发生点不一定正好位于气象观测站附近，因此，可利用细网格嵌套的天气模式反演当时灾情发生时该点的气象要素实况，从而将灾情转化为一次实际观测的样本，通过统计分析，完成对已有模型的订正。

26.3.4　分级标准的建立

利用灾害性天气模型，可完成有详细气象观测资料的测站灾情历史序列的反演，模拟出历史上该站点可能发生灾害的情况，并利用耿贝尔分布、百分位法等数学分布模型，完成分级标准的建立，具体参数的确定，需根据当地电力部门实际承灾能力来确定。

利用灾害性天气模型，可计算选定区域的灾害定量化分布特征，利用前面的分级标准，可完成选定区域灾害性天气分布图的绘制。

26.4　评估案例：南方冰雪灾害对输变线路影响评估

本节主要是在通过收集雨雪冰冻造成的电力事故（事故类型、覆冰厚度、时间、经度、纬度）的基础上，对事故进行分类，利用气象观测站资料和再分析资料，得到不同类事故当时、当地的气象条件，利用统计方法，建立发生覆冰的实际厚度与气象条件、地形高度、气象观测的覆冰厚度的关系，对气象电线结冰观测的长序列资料，利用极值估算方法，得出不同重现期的覆冰设计值，并利用覆冰实际厚度与气象观测的覆冰厚度的关系进行换算，得到灾害预估模型。将要素气象预报值代入评估模型，对可能出现灾害的重现期、风险情况进行预估。预估模型建立流程如图 26.2 所示。

26.4.1　收集由雨雪冰冻造成的电力事故

利用调查法，收集整理湖北电网线、站与低温、冰雪因素有关联典型故障，包括事故类型、覆冰厚度、时间、经度、纬度）统计如表 26.2 所示。

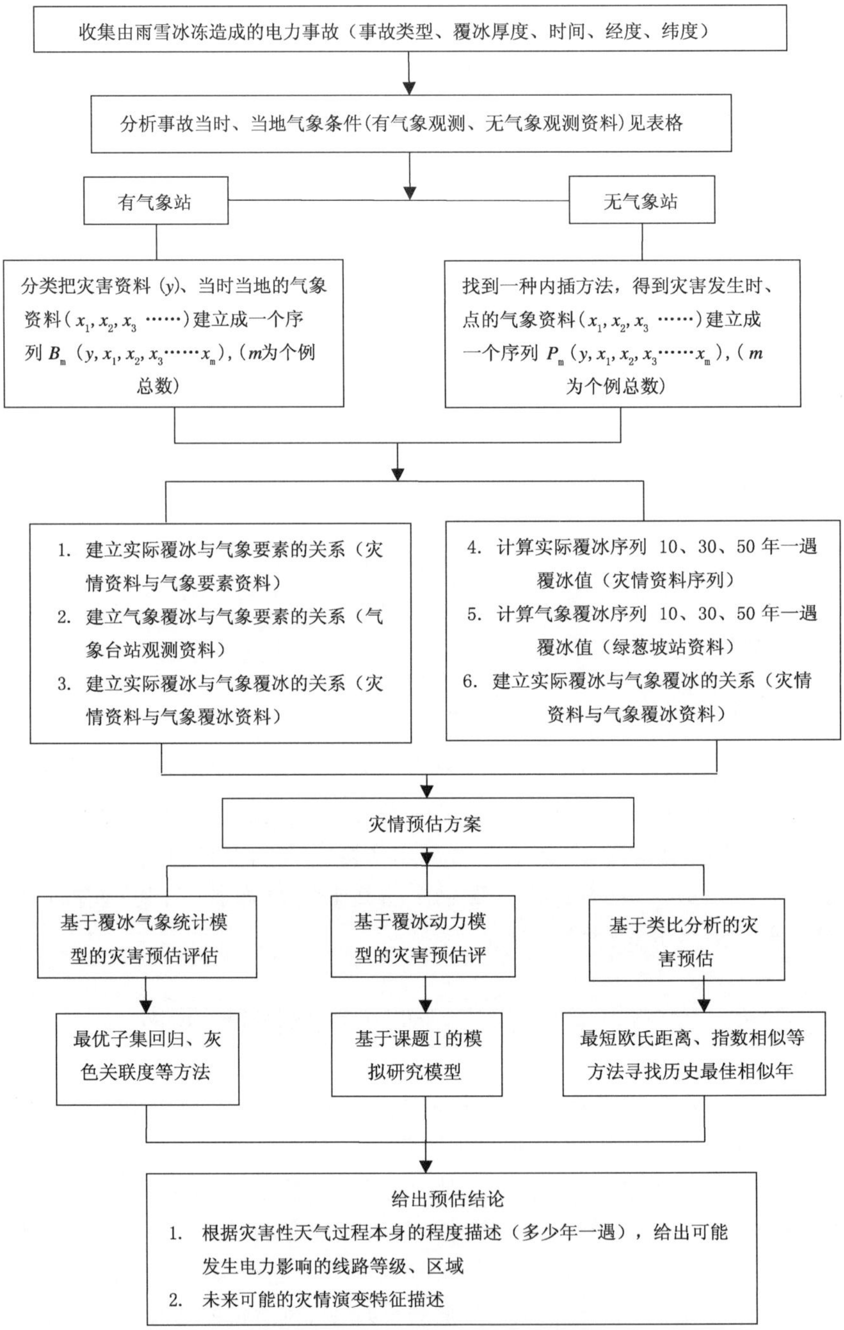

图 26.2　预估模型建立流程图

表 26.2　典型故障统计示意表

地域	线、站名称	电压（kV）	故障时间	故障点	故障类型	经度	纬度	气象站覆冰厚度	气象要素1	气象要素2	气象要素3	气象要素4	故障点高度
咸宁	凤梦	500		#201 倒塔	覆冰	114°30′3.9″E	29°41′38″N						
宜昌	龙斗三回	500	2005-02-15.12:40	#30 杆塔覆冰 15 mm 以上	覆冰	111°40′28″E	30°45′40″N						
荆门	龙政	500	2004-12-24. 16:35	极Ⅰ#179 瓷、极Ⅱ#249 复合绝缘子串冰闪	覆冰	112°17′56.9″E 112°35′11″E	30°45′54″N 30° 46′21″N						
松滋	葛冈	500	2005-02-07 14:26 2005-02-10.14:04	#207—212 绝缘子串冰闪，杆塔覆冰 20 mm	覆冰	111°33′23.6″E	30° 2′42.1″N						
谷城	襄龙线	220	2004-01-03.12:40	#252 雾闪	大雾	111°25′0.9″E	32°15′38.5″N						
	襄龙线	220	2005-03-09.08:02	#368 雾闪	雾、雨雪	111°3′48.2″E	32°30′23.3″N						

26.4.2　覆冰灾害发生时气象序列的建立

覆冰灾害发生地（故障点），往往没有气象观测台站，可用多种方案建立气象序列：

1）建立实际覆冰与气象要素的关系（灾情资料与气象要素资料）

有气象台站资料并对应有覆冰观测资料—如绿葱坡，这时要注意气象覆冰与实际覆冰的换算方法；对最大积冰厚度与标准冰厚换算关系进行订正，本部分主要引用《DL T 5158—2002 电力工程气象勘测技术规程》相关部分进行换算，最终将覆冰资料统一为统一标准下的标准冰厚值。

2）建立气象覆冰与气象要素的关系（气象台站观测资料）

有实际覆冰灾情资料，无气象观测资料，则需要推算当时、当地的气象资料，典型事故时气象要素，运行 MM5 模型，得出当时、当地的气象条件，建立实际覆冰与推算的气象资料的关系；

3)建立实际覆冰与气象覆冰的关系

用该区域的气象站结冰资料,则需建立实际覆冰与台站气象资料的关系,最终结果如下。

电线覆冰的形成离不开一定的气象条件。但现有的观测资料较少,样本数不足,且不规范。在现有资料的实际情况下,采用逐步回归的方式进行拟合,得到 Y(标准冰厚)和 X_i(各气象要素)的拟合公式如下:

1)低海拔地区(200 m 以下)

$Y=5.22X_1-1.72X_2+2.63X_3-5.5X_4-0.89X_5-0.64X_6+2.73X_7-2.51X_8+0.37X_9+1.03X_{10}$,$X_i$ 代表的要素见表 26.3。

表 26.3　X_i 代表要素表

	当天	前 1 天	前 2 天
平均气压	X_1	X_4	
平均气温			X_7
最高气温		X_5	X_8
最低气温	X_2		
水汽压	X_3		
相对湿度		X_6	
最小相对湿度			X_9
平均风速			X_{10}

实际观测资料和拟合资料经相关分析,二者的复相关系数达到了 0.92。

2)高海拔地区(以绿葱坡为代表)

$Y=0.126X_1-0.356X_2+0.269X_3+0.129X_4+0.199X_5$,$X_i$ 代表的要素见表 26.4。

表 26.4　X_i 代表要素表

	当天	前 1 天	前 2 天
最高气温		X_2	
最小相对湿度			X_3
降水量	X_1		X_4
蒸发量			X_5

实际观测资料和拟合资料经相关分析,二者的复相关系数达到了 0.44。

26.4.3　覆冰灾害特征分析

运用物理-统计方法对电线覆冰类型进行分类,研究该地区电线覆冰与不同下垫面、特殊地形、海拔高度、大气环流形势、气象要素的关系。对最大积冰厚度与标准冰厚换算关系进行订正,具体如下。

1. 高程订正

200 m 以下不做高程订正。200 m 以下的高度上冰厚(图 26.3)随高度变化不明显,故 200 m 以下不做高程订正。

200 m 以上高程订正公式。200 m 以上冰厚随高度的变化呈线性趋势,故在地形高程订

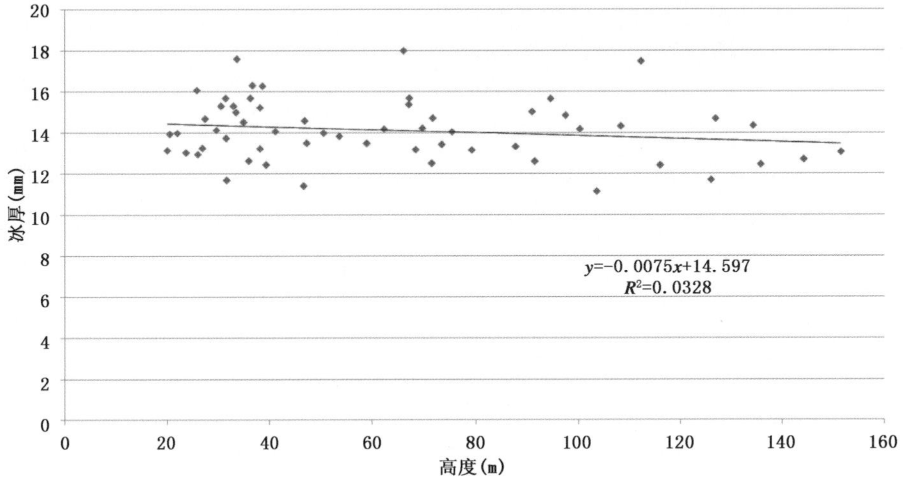

图 26.3　200 m 以下高度上冰厚随高度变化图

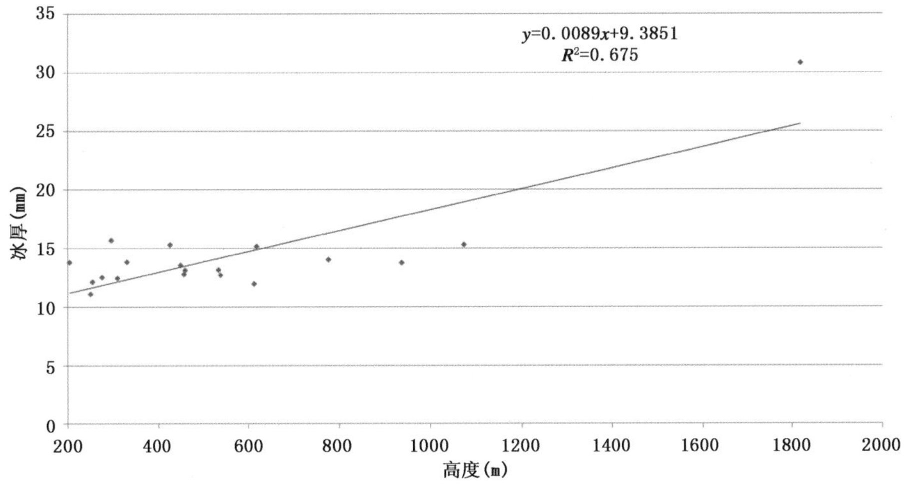

图 26.4　200 m 以上高度上冰厚随高度变化图

正中，200 m 以上具体公式如下：

$$y = 0.0089x + 9.3854$$

式中，y 为覆冰厚度，x 为地形高程。

2. 水体订正

200 m 以下台站的地理位置基本上均位于水体周边，推断水体对 200 m 以下低海拔台站的覆冰有明显影响，结合灾害点与水体距离分析，将水体上的订正系数设为 1.2。订正后的全省覆冰厚度分布图已经显示出江汉平原和鄂东南受水体影响的特征，部分地区的覆冰厚度明显加大。

3. 坡向订正

解析绿葱坡站风向与坡向的夹角所造成的覆冰厚度差异，可见平行时是最小的，垂直时是最大的，与已有文献表述的趋势一致，如图 26.5 所示。当为迎风坡时，订正方程为：

$$y = 0.0131x + 0.5774$$

式中，y 为覆冰厚度增加倍数，x 为迎风坡坡度。

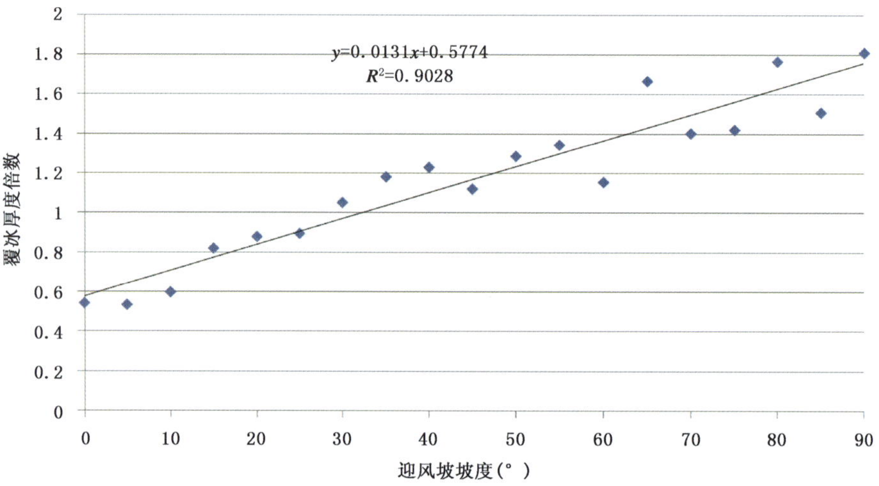

图 26.5　坡向订正

图 26.6 是背风坡的统计数据，可见并无明显的变化规律，这可能是由于背风坡的乱流所致，故背风坡不做订正。

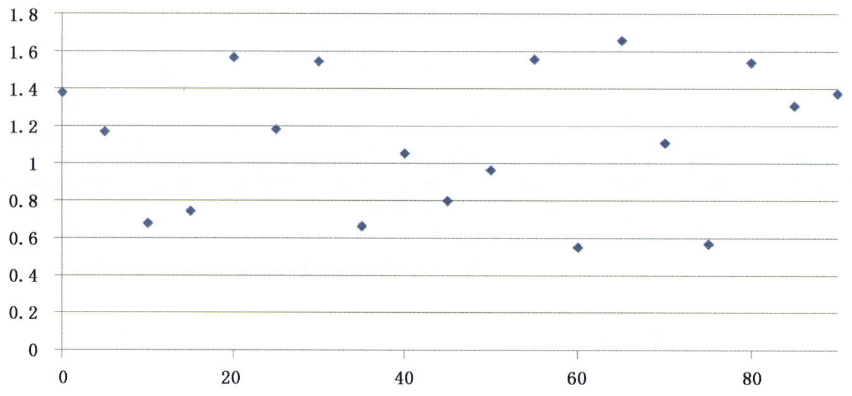

图 26.6　背风坡统计数据图

26.4.4　评估模型的建立

根据前述步骤，最终评估模型建立流程如图 26.7 所示。

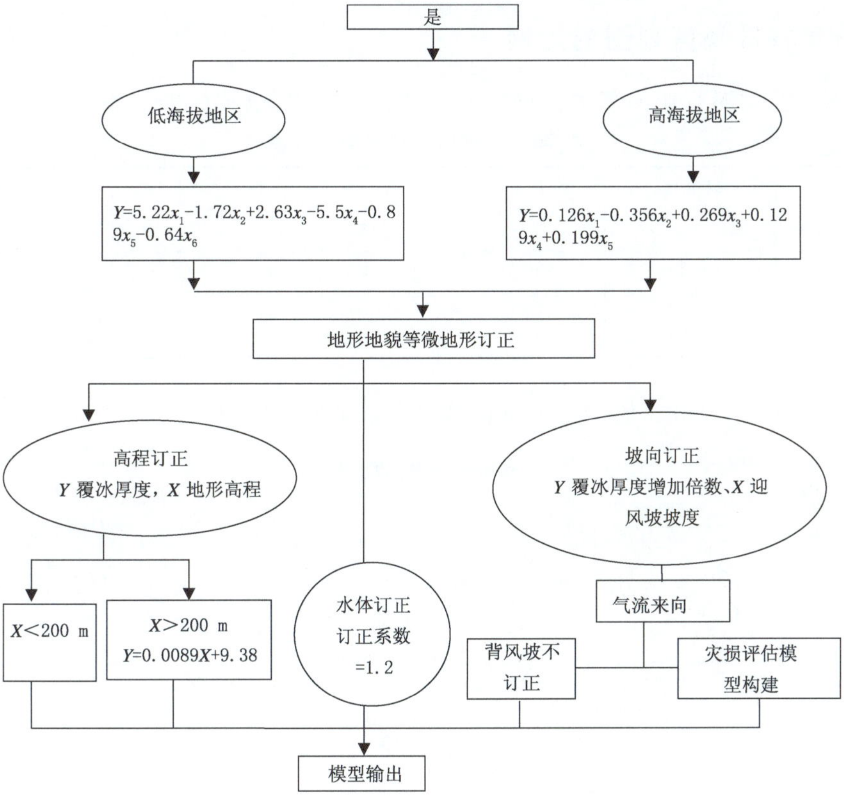

图 26.7 评估模型建立流程图

其计算结果如图 26.8 所示。

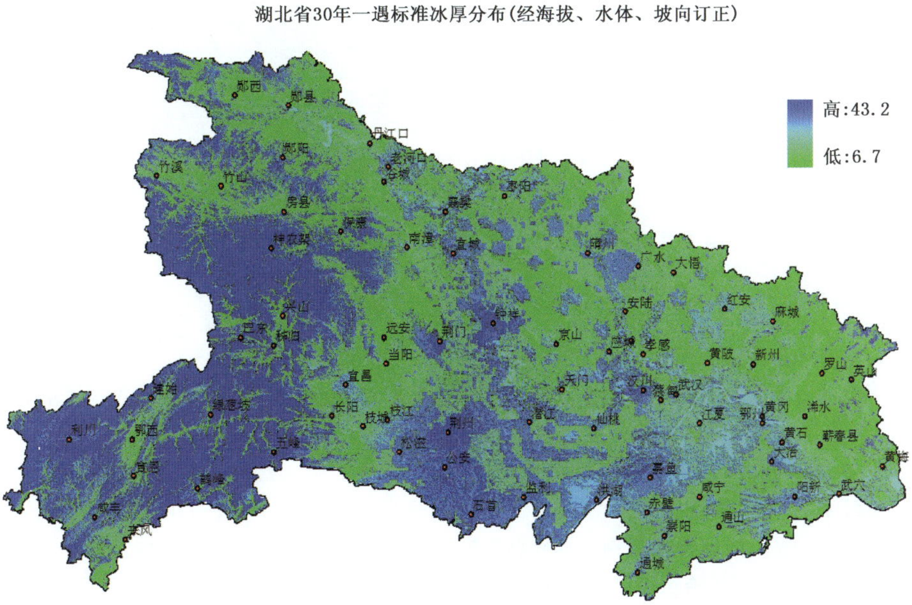

图 26.8 评估模型建立结果图

26.4.5　分级标准及区划图的绘制

国家电网总公司对行业内部的标准冰厚有其自身规定，绘图标准如表 26.5 所示：

表 26.5　冰区分级及着色标准

冰区分类	轻冰区	中冰区		重冰区	特重冰区
冰厚范围(mm)	0～10	10～15	15～20	20～30	＞30
填充颜色(R、G、B)	R220 G220 B220	R255 G255 B 0	R255 G200 B150	R255 G 0 B255	R255 G 60 B 60

根据国网公司设计标准，绘制电力部门冰区分布如图 26.9 所示。

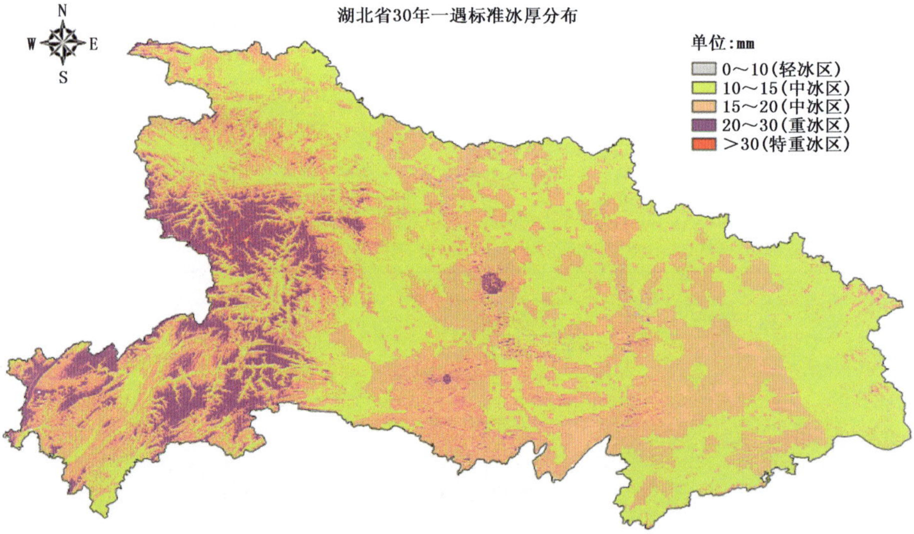

图 26.9　电力部门冰区图

参考文献

黄小红，聂新华，2011. 低温雨雪冰冻天气对输电线路运行的影响分析及防范建议[J]. 井冈山大学学报：自然科学版，32(3)：40-45.

欧阳丽莎，黄新波，2011. 基于灰关联分析微气象因素和导线温度对输电线路导线覆冰的影响[J]. 高压电器，47(03)：31-36.

田辉，路欣，许孟会，等，2010. 低温雨雪冰冻天气对电网覆冰情况分析与防范[C]// 中国气象学会年会重大天气气候事件与应急气象服务分会场.

王守礼，李家垣，1994. 电力气候[M]. 北京：气象出版社.

巫黎明，许遐祯，张洋，等，2010. 江苏省输电线路设计风速误差分析及订正[J]. 电力勘测设计，(5)：27-31.

张博，2014. 辽宁地区雷电活动特征与输电线路防防雷探讨[J]. 农技服务，(4)：88-88.

中华人民共和国国家经济贸易委员会，2013. DL/T 5158—2002 电力工程气象勘测技术规程[M]. 中国电力出版社.

周绍毅，苏志，秦军，等，2010. 基于覆冰模型和 GIS 的广西输电线路覆冰区划分研究[J]. 广西电力，33(2)：11-13.

第 27 章

高速铁路工程风险评估技术

翟建青(国家气候中心)

27.0 引言

高速铁路在中国交通运输中发挥着重要作用,其为重要基础设施,承担国民经济大动脉和大众化交通工具的重任。由于中国是一个自然灾害严重的国家,灾害种类众多,并发生频繁,典型的气候灾害如低温雨雪冰冻、洪水、风雹、强风等对铁路尤其是高速铁路都会造成威胁,高速铁路一旦受灾,工程将受损破坏,运输将被严重干扰,旅客、员工生命财产安全将受到威胁。

27.1 概念和范围

根据灾害风险研究理论可知,气象灾害风险是由极端天气、气候事件(亦称致灾因子)、暴露度和脆弱性构成的非线性函数。因此,可以认为高速铁路灾害风险评估不仅需考虑致灾因子(包括极端和非极端天气气候事件)的严重程度,也需要考虑高速铁路的暴露度和脆弱性的。

高速铁路通常会受到低温雨雪冰冻、大风、强降水、雷电等气象灾害对其的影响,因此对高速铁路工程风险评估工作中主要将其作为灾害影响评估的致灾因子开展评估工作,下面举例说明几种气候灾害对高速铁路的影响。

2008 年初,中国南方发生罕见的大范围低温雨雪冰冻灾害,铁路运输受到严重干扰。自 1 月 25 日起,湖南、江西、贵州等省电力系统接连发生断电,导致京广线近 400 km、沪昆线 600 多千米牵引供电和通信信号供电两套电力系统断电。客货列车大面积、长时间晚点,车站旅客大量积压。

风灾对铁路的影响以兰新铁路为例,据统计(统计至 2002 年),自兰新线通车以来,已发生 30 起由大风引起的列车脱轨、倾覆事故,110 辆货车被大风吹翻,造成巨大经济损失。而高速铁路由于其行车速度远高于普通列车,侧风对行车安全的影响较普通列车更大。

强降水对高速铁路的影响与风灾不同,强降水除可直接诱发各种路基病害外,由于强降水诱发的洪水和滑坡泥石流等次生灾害亦可直接对高速铁路的安全运行形成威胁。

雷电作为一种常见的、具有极大破坏性的自然灾害,其电压通常可达数百万伏,瞬间电流更可高达数十万安培,强大的电压及电流可能导致高速铁路牵引供电和信号设备等寿命降低或者损坏,影响高速铁路的正常安全运行。

27.2 风险评估

27.2.1 风险评估要素

1. 冰雪灾害

冰雪灾害对高速铁路的影响主要表现为由于电线结冰导致高速铁路输电线路与通信线路受损或中断，影响高速铁路的正常运行。可见，冰雪灾害对高速铁路的主要影响表现在输电线路和通信线路的破坏。

冰雪、冻雨极端气候事件对电力系统运行影响的时间尺度一般为几小时至几天，并表现为渐进累加过程；在严重冰雪灾害气象条件下，线路、杆塔、绝缘子等主设备覆冰逐渐增加，机械部件受力逐渐增大，线路受风面积增大，绝缘子绝缘水平降低，系统主设备的安全水平逐渐降低。绝缘子覆冰到一定程度，开始出现闪络跳闸；线路、杆塔持续覆冰增加最终会导致机械部件受力超过极限而发生断线、倒塔，从而对高速铁路的运行产生威胁。可见，开展冰雪灾害对高速铁路影响评估工作，可选取低温雨雪冰冻日数等相关要素作为致灾因子指标。

2. 风灾

强风主要通过影响高速列车的动力学参数（如脱轨系数、减载率、倾覆系数及轮轨横向力等）来造成高速列车的侧翻事故。通常情况下，用来评价强风对高速铁路影响的致灾因子参数大致包括：平均风速、盛行风向、各风向下最大风速、大风日数、瞬时风速、大风风向等。考虑到强风对高速列车的影响，通常会设定某一风速下列车通行最大限速。以京津城际高速铁路为例，当风速大于 15 m/s、小于 20 m/s 时限速 300 km/h，风速大于 20 m/s、小于 25 m/s 时限速 200 km/h，风速大于 25 m/s、小于 30 m/s 时限速 120 km/h，风速大于 30 m/s 列车禁止进入该区段。

3. 强降水

强降水对高速铁路的危害主要是直接引起路基各种病害或强降水引发的山洪、滑坡泥石流等次生灾害对路线的毁坏作用。因此，评估强降水对高速铁路影响主要考虑降水日数、降水强度、致洪临界（面）雨量、引发滑坡泥石流等地质灾害的诱发雨量等致灾因子。

27.2.2 评估内容和方法

高速铁路风险评估需要考虑影响高速铁路的各类气象灾害时、空分布特征。气象灾害的时间特征需要考虑发生频率、年代际变化规律、年内变化规律、变化趋势等。影响高速铁路的气象灾害在空间上也有很大的差异，需要对各主要气象灾害发生频率等进行空间差异评估，可得到影响高速铁路主要气象灾害空间分布特征。

可用于高速铁路风险评估和区划的方法主要有：概率和统计方法、灾害风险评价指数法、综合评价方法、基于信息扩散理论的风险评价方法、基于地理信息系统的风险评价与区划方法、模糊聚类风险区划方法等。

评估中需要先确定评估对象，不同气象灾害对高速铁路的影响范围不同，如强风对高速铁路的影响可能仅需考虑铁路线两边一定距离的缓冲区范围，而山洪对高速铁路的影响则可能需要考虑对铁路线造成影响的山洪沟范围。因此，需要根据各类气象灾害的影响范围选取研究区并搜集相应研究区内的地形、气象、水文等各类要素数据；根据所获取的数据质量和数量，选择合适的气象灾害风险评估方法开展主要气象灾害风险评估工作，对气象灾害的空间分布特征被认为是致灾因子发生特征，同时考虑到高速铁路对某一气象灾害的暴露度及高速铁路自身的脆弱性，将三者评估结果结合得出高速铁路风险评估结果。

参考文献

何华武，2008. 灾害对铁路影响及其防御对策[J]. 中国铁路，10：1-10.

何吉成，徐雨晴，2011. 中国交通、气象部门协作应对灾害性天气气候事件机制分析[J]. 铁路节能环保与安全卫生，1(6)：288-293.

李钰龙，2011. 浅谈铁路大风监测系统[J]. 中国新技术新产品，3：38.

刘丽霞，2010. 高速铁路防灾气象监测系统设计[J]. 计算机测量与控制，18(9)：1979-1981.

李涛，郭风冬，2011. 高速铁路防灾系统建设的思考[J]. 内蒙古科技与经济，13：97-98，103.

马伯轩，2010. 铁路防灾安全监控系统设计方案[J]. 铁道建筑技术，(增)：165-169.

马淑红，马韫娟，2009. 瞬时风速对高速列车安全运行的影响及其控制[J]. 铁道工程学报，1：11-16.

马韫娟，马淑红，刘志明，等，2011. 高速铁路暴雨灾害防控技术研究[J]. 中国科技信息，6：204-210.

石锐华，李伟，2008. 高速铁路的灾害防护设计[J]. 铁道工程学报，6：6-9，19.

田远，2011. 高速铁路安全防灾监控系统领域中国专利申请分析[J]. 中国发明与专利，8：61-64.

张喜荣，王冬，刘爱霞，等，2010. 中国高速铁路建设的现状及其中长期发展研究[J]. 观察家，7：82-85.

张恒旭，刘玉田，2011. 极端冰雪灾害对电力系统运行影响的综合评估[J]. 中国电机工程学报，31(10)：52-58.

张继权，李宁，2007. 主要气象灾害风险评价与管理的数量化方法及其应用[J]. 北京师范大学出版社.

第28章

风电工程风险评估技术

胡铁鑫、韦小丽(吉林省气候中心)

28.0 引言

目前中国能源紧缺的状况仍然没有得到根本性的解决,在这种情况下,风能资源作为一种重要的清洁能源,由于其独特的优势和对于中国能源结构调整的重要意义,近年来,国家把风电行业放在优先发展的位置。中国风能资源储量丰富,主要集中在东北、西北、华北和东部沿海等地区,在内陆也有零星的风资源丰富区,如鄱阳湖畔、洞庭湖西岸等地区。在国家相关政策的持续支持和各方的不懈努力下,风电建设快速发展,风电机组的装机容量和上网电量所占比重不断增大,风电场的建设规模和数量也在逐年大幅度攀升。随着风电项目的蓬勃发展和气候变化的影响,风力发电机组野外运行的特点决定了气候环境条件对其运行状况的影响也越来越明显,使得在现阶段风电项目的进程中的各个方面、环节和阶段,都存在大量的风险。所以,在风电行业的发展中,引进风险评估机制,以保证在较长的生命周期中最大程度地降低风险。

灾害性天气、气候如低温冷冻、高温、雷暴、沙尘暴、大雾、霾、酸雨、积冰、冰雹和台风等的频率和强度等这些影响因素都或多或少地影响风电工程的施工和安全运行,最终影响到一个风电工程的收益情况。因此,要控制风电工程建设和运行的风险,就必须对工程项目进行风险识别、风险分析和风险评估。

28.1 概念和范围

在项目风险管理中,一般将风险定义为:风险是代表不确定事件发生的概率及其后果严重性的函数,即风险主体在一定的条件下,由于条件变化和决策的不确定性,导致行为后果与预期目标发生偏离的可能性。负偏离越大,风险就越大。

这种偏离可由两个参数来描述:其一,偏离的可能性,即事件发生的概率;其二,发生偏离的方向与大小。简单地说,风险可表示为某种不利事件或损失发生的概率及其后果的函数,即$R=F(P, C)$。其中,

R——风险;

P——不利事件或损失发生的概率;

C——不利事件或损失导致的后果。

在风电项目投资过程中，各个方面、各个环节都存在着不同的风险。风电项目在实施过程中会受很多因素影响，主要包括政策风险、经济风险、技术风险、自然风险等。

a. 政策风险：宏观经济的走势、风电电价的补贴、地方电网的接纳能力等。由于风电成本较高，且中国电力市场供需基本处于平衡状态，因此，风电产业的发展取决于政府支持的力度。主要体现在三个方面：第一，根据中国经济发展形势来看，利率走高的趋势较大，因此，对风电投资有较大影响；第二，补贴减弱，自 2010 年起，每年新批准和核准建设的发电项目的电价补贴比上一年递减 2%；混燃发电项目中，常规能源超过 20%的，视同常规能源发电，不享受电价补贴。第三，电网企业接纳风电上网成本偏高，消极应对风电上网。

b. 经济风险：风电场的投资成本，入网电价等。尽管近年来中国风电场的建设成本在逐年下降，现今风电成本均价依然为 0.6 元/(kW·h)，依然相当于火电成本 0.3 元/(kW·h)的 2 倍，成本过高。同时，由于风电属于新兴行业，没有形成规模，电价过高使得风电没有竞争力。

c. 技术风险：风电机组的研发情况。中国风电产业的技术发展与发达国家相比还存在着相当大的差距，无论在研发投入还是在关键技术上都存在明显不足。目前，欧洲 3.6 MW 级机组已经批量安装，美国已成功运行 7 MW 级机组，英国正在研发 10 MW 级的巨型风电机。而中国投入资金主要集中在项目建设上，真正用于研发的非常少，以 2 kW 机组为主，这也使得中国风电技术与国际相比存在很大差距。

d. 自然风险。由于风力发电受自然环境的影响较大，尤其是由于中国受到季风影响，季节风力不同，所以风力发电所具有的不稳定性，严重地影响了风力发电的稳定性。与此同时，应该看到自然资源的特殊性，对风力发电的影响是非常巨大的，长期的无风期或者是严重的自然灾害，都会给风力发电带来相当程度的负面影响。其次，风电场的建设和运行由于受自然因素的影响非常严重，例如沙尘暴、雷电、台风、冰冻、洪水、地震等，其影响因素贯穿项目的始终，这些都是风险管理工作中需要重点考虑的。

因此，从整体上看，风电项目在整个进程中，各个阶段风险因素的重要性都是不同的、且是随时变化的，所以，这些影响因素都或多或少地影响一个项目的成本、收入和产品价格，最终影响到一个项目的收益情况。因此，风电项目的风险分析也应是动态的、随时更新的。因而，必须对其进行科学的评估。这里主要探讨气象因子对风电工程造成的影响，即自然风险评估。

28.2 评估技术路线路

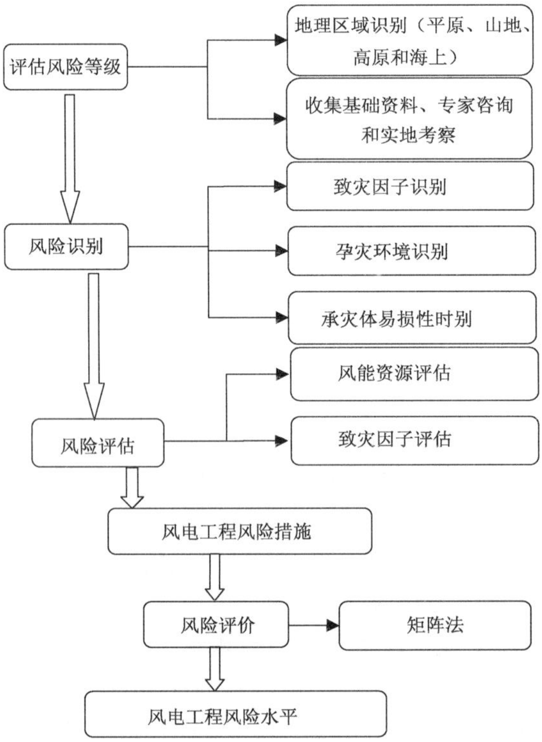

图 28.1　风电工程风险评估图

28.3 评估方法

28.3.1 风电工程地理区域识别

中国现阶段风能资源开发，即风电场工程建设主要集中在两个区域：一是，东北、华北、西北风能资源丰富区，包括东北三省、河北、内蒙古、甘肃、青海和新疆等省、自治区，这些地区为典型的平原风区，这些区域风速相对较稳定，地形较平坦有利于风电工程建设及运行；二是，东南沿海及其岛屿风能丰富带，包括山东、江苏、上海、浙江、福建、广东、广西和海南等省、自治区、直辖市，这些区域受海洋性气候影响显著。因此，需根据风电场所在区域气候特征，对风电工程进行风险评估。此外，西藏地区的高原性气候特征和近年来有些地区利用小地形的环境优势，尝试建立山区风电工程。

28.3.2 基础资料收集整理

1. 气象数据的收集

由于风电工程所处区域不同，灾种也多样化。因此，评估的首要因素是收集特定地区主要气象灾害历史数据，包括灾害的种类、灾害的强度序列、频率序列等，分析各种灾害时、空分布特征。

2. 灾情数据

风电场规模不同受灾程度差别很大，需收集整理历史气象灾害灾情信息，进行广泛的调查研究与分析，如收集灾害的经济损失、受灾风机数等。

3. 风电场规划 GIS 数据

收集风电场水文、地形地貌、植被、下垫面的情况等。

28.3.3　风电工程的风险识别

1. 致灾因子识别

气象灾害的致灾因子识别主要是能够判明风电工程存在哪些灾害因子。对气象灾害致灾因子的分析，主要是分析引发灾害的气象事件出现的时间(包括起始、终止及持续时间)、地点(区域)和强度(量级)。如：低温冷冻、高温、雷暴、沙尘暴、大雾、霾、酸雨、积冰、冰雹和台风等的频率和强度。

2. 孕灾环境识别

主要针对风电场所处区域的地形、地貌、植被、气候背景、主要气象灾害的时、空分布特征进行识别。

3. 承灾体易损性识别

承灾体的易损性主要受两方面的因素影响：自然因素和人为因素。影响风电工程易损性的自然因素包括风电场设备的质量、结构、布局和工程的进程(规划、施工、运行期)等；人为因素是人类对风电工程的维护和重建能力、政府应急响应能力等。一般而言，风电工程的建设投入规模越大，灾害风险也越大。

28.3.4　风电工程的风险估计

风电工程的风险估计就是估计风电项目风险发生的可能性(概率)及其对风电项目的影响程度(风险量)。风险估计采用定性分析和定量分析相结合的估计方法。针对风电工程可采用专家调查法，对风电工程的风险进行定性估计，然后再采用概率法、统计方法进行定量估计。风电工程的风险估计能够定量地把握灾害的可能性和严重性这两个决定工程稳定性的因素，从而能够比较全面地反映灾害对整个风电工程的影响及相应的工程的脆弱性程度及灾害对整个系统的影响。

1)脆弱性估计

风电工程脆弱性被定义为风电工程安全稳定性概念的一种拓展，指的是风电工程承受干扰或者事故的能力，工程在发生可能事故的情况下，不能保持安全稳定运行和正常运行的风险程度。

2)危险性估计

对风险事件发生频率进行估计，存在客观概率估计和主观概率估计。客观概率估计是指应用客观概率对项目风险进行的估计，它利用同一事件，或是类似事件的数据资料，计算出客观概率。主观概率估计：基于经验、知识或类似事件比较的专家推断概率。

1. 风能资源评估方法

风能资源评估主要是在风电场建设前期，对拟建风电场做风资源评估，如实测的年平均风速、风功率密度、有效风能、有效风力小时数、主导风向(偏多风向)、湍流强度等。根据以上参数和邻近的气候条件较一致的气象站常年资料对拟建风电场进行风能资源评估，对实测年为大风年或小风年的评估要审慎，既要考虑到气候变化的连续性，又要考虑气候变化可能的突变性，合理的评价拟建风电场的风能资源情况，减少风速变化对风电工程的风险。

2. 致灾因子评估方法

影响中国风电工程的气象因子主要有低温冷冻、积冰、高温、雷暴、沙尘暴、大雾、霾、酸雨、冰雹和台风等。对风电工程气象参照站的常年气象资料做统计，包括常规的气温、降水及累年影响风电场施工和运行的气象因子的极值和出现频率等，具体见表 28.1。

表 28.1　影响风电场施工和运行的气象因子统计表(19××—20××年)

气象因子	极端高温	极端低温	极端大风	雷电	暴雨	沙尘暴	雾(盐雾)	冰雹	台风
极值									
频率(日/年)	＞30℃	＜－20℃，＜－30℃							
气象因子	平均气温	平均水汽压	相对湿度	降水量	冻土深度	积雪深度	电线积冰		
年值/极值									

根据每项气象因子出现的概率，确定不同灾害性天气对风电工程的危险性等级。风险出现危险性等级标准如表 28.2 所示，此表以结冰灾害为例，出现天数越多，风险威胁等级越高。

表 28.2　结冰灾害对风电工程的影响结冰

结冰频率/(d/a)	威胁等级
＜1	很低
1～10	低
10～30	中
30～60	高
＞60	很高

综合以上气象因子及风能资源情况，结合投资成本，对拟建风电场进行设计，选取风机类型，及对风机合理布局，尽量将风电工程的风险降到最低。

28.3.5　风电工程的风险措施

风险措施是指为最大限度地降低风险事故发生的概率和减小损失幅度而采取的风险处置技术。为了控制风电工程的风险，可采取以下措施：提高风电机组的质量、性能；提高灾害天气防御预警能力；根据不同的有效措施划分有效性等级标准：

很低——措施无效；

低——措施几乎无效；

中——措施有一定效果；

高——措施有效；

很高——措施非常有效。

28.3.6　风险评价

风电工程的风险评价是在风险识别和风险估计的基础上，通过建立相应的指标体系和评价标准，对风险程度及风险量进行划分，根据风险事故可能造成的损失程度将其分成不同的级别，揭示影响风电工程的关键风险因素，以便针对关键风险因素，采取相应的防范对策和措施，把风险等级降到最低。

根据灾害天气的威胁等级和风电工程已采取的防御措施，统计得出该灾害天气对特定风电工程的风险概率，具体见表 28.3、表 28.4。

表 28.3　某种灾害的风险概率表

威胁等级 / 已采取的防御措施有效性等级	很高	高	中等	低	很低
很高	可能	可能	非常可能	非常可能	必然发生
高	不太可能	可能	可能	非常可能	非常可能
中等	不太可能	不太可能	可能	可能	非常可能
低	基本不可能	不太可能	不太可能	可能	可能
很低	基本不可能	基本不可能	不太可能	不太可能	可能

表 28.4　风险概率描述表

等级	描述
必然发生	肯定会发生
非常可能	在大多数情况下很可能发生
可能	在某些时候会发生
不太可能	只有在例外情况下可能会发生
基本不可能	基本不会发生

如果某一风险因素导致事故损失的可能性很大，可能的损失却很小，对于这样的风险没必要采取复杂的处置措施。只有综合考虑了风险发生概率、损失程度和防御成本后，才能根据风险损失期望来制定风险处置策略。在估计了目标风险的概率分布，了解其发生的可能性之后，还要估计单一风险可能造成的损失程度。下面主要介绍矩阵法，具体见表 28.5。

表 28.5　风险等级矩阵

风险概率 / 风险后果等级	很低	低	中等	高	灾难性
必然发生	中	高	极高	极高	极高
非常可能	中	高	高	极高	极高
有可能	低	中	高	高	极高
不太可能	低	低	中	高	极高
基本不可能	低	低	低	中	高

28.4 评估案例

28.4.1 风电机组雷击损害风险评估方法研究

2009年孟德东等对风电机组的雷击进行风险评估，主要采用方法为概率模型法，并提出了风电机组防雷措施的关键技术思路。对雷电风险进行简化和离散处理，得出雷电灾害风险的基本关系式：

$$R = N \times P \times l \tag{28.1}$$

式中，N—防雷对象的年雷击次数；P—雷击损害概率，根据经验的观测样本估计；l—雷击坏的后果，经济指标，R—表示某个防雷保护对象，在某一地区，平均在某一段时间内，在某种防雷系统之下，因为遭受雷击造成的损失。

如果互为多种互不相干的风险存在，表示为：

$$R = f(x) = \sum Rx \qquad x \in X \tag{28.2}$$

式中，X表示雷击及其效应所包含的所有致灾因子。

针对风电工程雷击损害进行风险评估的步骤是：分析风电机组所在地区的雷电频率，风电机组可以接受的雷击频率，风电工程的防雷效率，防雷系统的经济效率，即可利用式(28.1)采用模糊概率法在条件(28.2)的状况下计算出风电机组的雷击风险。

该方法具有可行性，可依据所得概率，进行风险计算，调整风机防雷措施，以确定对风机的防雷贡献最大，对未发生的事件做最合理的准备，达到最优效益。

28.4.2 气候因子对西藏高原风力发电的影响评估

西藏地势高亢、地形复杂，具有独特的高原气候。全区范围内，基本上无年平均风大于等于5.0 m/s的地区。从季节分布看，冬、春季风能较丰富，秋季风能最小。由于西藏无风能资源丰富区，开发大型风力发电机组、实现并网发电的可行性很小。加之西藏地区地广人稀，人口密度不大，大多数镇、乡、村规模不大，彼此距离较远，用电量相对不大，长距离输配电投资和损耗都很大，实现并网发电暂无必要。因此，在西藏推广中、小型风力发电机较可行，具有一定的发展前景。

西藏可利用的风能资源时段性极强，主要集中在冬、春季，如采用单一的风力发电形式，电能质量、可靠性和稳定性难以保证。而且，西藏太阳能资源居全国首位，年日照时数为1500～3400 h，大部分地区辐射总量为6000～8000 MJ/m，直射比例大，年际变化小。开展风、光互补发电，可补充部分时段风能不足，克服太阳能发电造价高的缺点，同时发电质量、可靠性和稳定性会更高。

西藏地势高，气压随高度下降很快，年均气压在652.5 kPa以下，不足海平面的2/3，空气密度0.57～0.89 kg/m。在温度相同的情况下，空气密度与气压成正比，高原空气密度只有平原地区的75%～80%。由贝兹理论，理想叶轮从风源吸收的最大功率计算得出，由相同参数的风机叶轮在相同风速下，在西藏地区只能获得内地地区最大功率的2/3，空气密度对风轮机提取能量的影响已经十分显著。空气密度越低，风机输出功率就越小。由于风机生产厂家提供风电机组的标准功率曲线是在标准大气压下的空气密度条件下测定的。西藏地区空气密度条件下风电机组的实际输出功率曲线与标准功率曲线不同，需修正风电机组的功率曲线，即对风电机组的标准功率曲线乘以修正系数；并且提出，在条件相同情况下，用于西藏地区风力发电的风轮直径要增大到 1.2 倍，才能获得与沿海相同的功率。

西藏地区另一显著气候特点气温年较差小、日较差大。气温的年较差是指一年当中最热月平均气温与最冷月平均气温之差；气温的日较差是指一天中最高气温与最低气温之差。西藏的拉萨、林芝、日喀则等地的平均日较差为 15℃左右。且气温随海拔的升高而降低，按气温划分季节的标准，海拔 4500 m 以上地区四季皆冬，如西藏的那曲年平均气温为－2.1℃。针对这一问题，白树华等提出，(1) 采用主动失速型定桨距风力发电机组。使用主动失速的风力机时，将桨叶节距推进到可获得最大功率位置；当风力发电机组超过额定功率后，桨叶节距主动向失速方向调节，将功率调整到额定值。由于功率曲线在失速范围的变化率比失速前低得多，控制相对容易，输出功率将更平稳。(2) 采用变桨距风力发电机组。对变桨距风力发电机组，由于其桨叶节距角是根据发电机输出功率的反馈信号来控制，不受气流密度变化的影响。无论是温度变化还是海拔引起空气密度变化，变桨距系统都能通过调整叶片角度，获得额定功率输出。

此外，雷击和日照也是影响西藏风力发电机组运行安全的一个重要因素。西藏高原海拔高、气压低、空气干燥，夏天多夜雨，雷暴日数多。高原的雷暴日数比同纬度平原地区多出 2～10 倍，成为北半球同纬度地带雷暴日数最多的雷暴多发地。应加强对风力发电机防雷接地设施的研究与开发，做好防雷设备的保养与维修。西藏地区日照时间长，辐射强，而发电机位于室外高空狭小而封闭的机舱内，通风条件较差。太阳直晒机舱金属外壳，使机舱内温度升高，而电机应是密闭结构，靠电机的外壳散热，因此，风力发电机的散热条件较差。应考虑发电机耐高温的绝缘等级，应选用较高等级的绝缘材料。

参考文献

白树华，卢继平，2006. 西藏高原的气候环境对风力发电的影响分析[J]. 电力建设，27(11)：37-40.

陈晓明，王红梅，刘燕星，等. 海上风电环境影响评估及对策研究[J]. 广东造船，2010，29(6)：26-31.

陈严，张锦源，叶枝全，2005. 风力机在恶劣环境下的可靠性研究方法[J]. 风力发电，(3)：20-24.

陈严，张锦源，叶枝全，2005. 风力机在恶劣环境下的可靠性研究方法[J]. 风力发电，(3)：20-24.

葛珊珊，张韧，2010. 全球气候变化背景下灾害性天气变化及对海上风电的影响[J]. 中国工程科学，(11)：71-77.

梁志强，莫银锋，李添宾，2011. 盐雾对风力发电机组的危害及对策[J]. 电器工业：92-93.

卢史杰，郝捷，张睿，2011. 浙江海上风电初探及展望[J]. 浙江电力，(12)：20-24.

孟德东，2009. 高层建筑电子机房雷电电磁环境分析[J]. 建筑电气，28(6)：43-45.

宋丽莉，毛慧琴，钱光明，等，2006. 热带气旋对风力发电的影响分析[J]. 太阳能学报，(9)：37-40.

孙涵，2011. 基于蒙特卡洛的风电项目风险评价分析[J]. 企业改革与发展理论月刊，(11)：166-169.

孙鹏，王峰，康智俊，2008. 低温对风力发电机组运行影响分析[J]. 内蒙占电力技术，26(5)：8-10.

王长征，郭小芳，2011. 瓜州发展风电的环境影响与效益[J]. 甘肃冶金，(6)：8688.

王帅，2009. 自然环境对风力发电机组安全运行的影响分析[J]. 中国安全生产科学技术，(6)：214-218.

王相明，2006. 低温环境对风力发电机组的影响初探[R]. 新疆金风科技股份有限公司.

张健，刘璋，岳建军，2008. 大湿度低温环境对风力发电场的影响[J]. 能源工程，(6)：37-39.

张礼达，任腊春，2007. 恶劣气候条件对风电机组的影响分析[J]. 水力发电，33(10):67-69.

张礼达,张彦南,2009. 气象灾害对风电场的影响分析[J].电力科学与工程,(11):28-30.

赵宗慈，罗勇，江滢,2011.风电场对气候变化影响研究进展[J]. 气候变化研究进展，07(06):400-406.

SEIFERT H,2003. Technical requirements for rotor blades operating in cold climate[C]//VI BOREAS Conference, Pyhatunturi, Finland.

GANANDER H, RONSTEN G. 2003. Design load aspects due to ice loading on wind turbine blades[C]//Boreas VI, proceedings of the international conference, Pyhätunturi, Finland.

Wind turbine operation: causes for failure[DB/OL]http://euwinetiset uni-kassel. de.

第29章

光伏工程风险评估技术

陈正洪、白永清(武汉区域气候中心)

29.0 引言

伴随着中国经济和社会的发展，以及能源安全、节能减排、减缓全球气候变化的需要，太阳能等可再生资源得到了国家政策的强力扶持，加上国际市场对太阳能光伏产品的需求，中国的太阳能光伏产业迅速发展。近几年，中国太阳能光伏发电发展速度明显加快，2008、2009、2010、2011、2012年累计装机容量分别达到14万、30万、80万、330万、830万kW，发展势头强劲，最近几年都是以超过100%的速率递增，而且大型、并网化趋势明显。2012年，国家能源局制定的《太阳能发电发展"十二五"规划》要求，到2015年年底，太阳能发电装机容量将达到2100万kW以上，年发电量将达到250亿kW·h。2013年，国务院公布的《国务院关于促进光伏产业健康发展的若干意见》指出，到2015年，中国光伏的总装机容量将超过3500万kW，相当于1.5个三峡电站的装机容量，发展目标进一步提高。

中国太阳能资源丰富地区同时也是极端天气频发的区域。西北、华北地区的极端大风和沙尘暴，荒漠化地区的极端高温，东北地区的积雪，南方高山台地的覆冰和雷击等都是影响光伏发电系统安全设计和运行的关键气象环境因素。无论哪种太阳能利用方式，都有大量电气部件、机械装置和建(构)筑物暴露在自然大气中，必然对灾害性天气高度敏感。此外，天气现象是随着时间不断发生变化的，这种变化必然会给太阳能电站发电带来较大的影响。当并网太阳能光伏发电成为电力供应的一个重要组成部分时，天气变化带来的太阳能光伏发电能力的波动将给电网的稳定和安全运行带来严重影响。因此，科学评估中国各地光伏工程各环节的气象灾害风险，采取正确防灾措施，对减轻灾害，保障电站、电网安全，提高太阳能产业经济效益和社会效益具有十分重要的意义。

29.1 风险分析

29.1.1 雷电灾害

光伏电站拥有大量电器部件如光伏电池、防雷汇流箱、逆变器、并网设备等，强雷电流可能危害到这些部件，尤其是南方雷击严重的地区以及防雷设计、安装不合格或未能及时检修的电站部位。

电压高于最大设计电压是光伏发电系统的主要危险。这种过电压由外部事件诱发或者由内部故障引起。在并网和独立发电系统中，引起过电压的外部原因主要是大气雷电放电；在并网系统中，与光伏发电系统连接的电网中的电压波动（瞬间）能够在光伏发电系统内产生过电压；在独立系统中，负载的电压波动也能够在光伏发电系统内产生过电压。

29.1.2 大风灾害

风的荷载会给光伏板安装的稳定状态带来极大的考验。气流对光伏板所产生的升力效应会对光伏板本身结构强度以及光伏板与安装支架的连接、光伏支架与支架基础的连接强度形成最基本的应力考验。尤其是背面气流与正面气流汇合后所形成的涡列现象，会产生剧烈的压力脉动。这种压力脉动荷载极易使地脚安装螺钉或光伏板的螺钉受力处产生疲劳断（撕）裂破坏，导致光伏组件被大风吹翻；极端大风还会降低支架的防腐性能。

29.1.3 沙尘暴、风沙灾害

沙尘暴及风沙带给光伏板最直接危害是击碎、击坏光伏电池，造成发电的损失，其次是造成浮尘等污染物在光伏电池表面的沉积，造成发电量的减少。如果光伏板（方阵单元）采取了较大的安装倾斜角（45°以上），按照土力学原理，则可使部分浮尘自行滑落至地面。若按照倾角在45°以下，就会有相当数量的浮尘附着在光伏板的采光面上，其遮光效应必然对光伏板的工作效率产生严重影响。倾角越小，则尘埃堆积越多，危害越大。

29.1.4 极端高温、低温灾害

极端低温和极端高温都将影响到设备的生存。极端低温会导致地基产生冻胀现象，毁坏基础；极端高温对电池板输出电能不利，气温的升高将导致组件表面温度的升高，组件的发电效率也急剧下降，通常在气候温和地方使用25 a以上的光伏电池，在夏天温度超过45℃的地区，光伏电池使用寿命缩短至几年，造成重大损失。

29.1.5 降（积）雪灾害

中国很多光伏电站地处高寒地区，正常年份，每年的11月初就有降雪天气出现。在较低的气温下，如积雪得不到及时清扫，极易冻结在光伏板上，将阳光完全遮挡，从而造成电厂停产。从危害强度上讲：积雪覆盖远比沙尘要来得猛烈，所造成的停产很难在短时间恢复。由于光伏板的铺设面积过大，在客观条件如清扫力量和清扫手段的限制下，来不及清扫积雪是必然要面对的现实，这是光伏电厂冬季生产所要遇到的最大难题。

29.1.6 冰雹灾害

冰雹对会光伏电站设备造成物理损坏，较大的雹粒或冰凌在下落的过程中会对光伏电池板产生强烈的冲击力，磨蚀太阳能电池板，造成物理损坏，从而影响设备的使用寿命。

29.1.7 山洪地质灾害

中国很多光伏电站地处山区和丘陵地带，有大量松散固体物质，暴雨（强降水）发生时容易

形成具有冲击力的地表径流，引发山洪地质灾害。暴雨(强降水)引发的洪水会造成基础沉降、塌陷，冲毁输电线路，导致光伏阵列变形，进而损坏光伏组件；暴雨(强降水)引发的山洪暴发、泥石流等地质灾害甚至会淹没、摧毁整个电站基础设施，具有很强的瞬间破坏力。

29.1.8　持续阴(雨)危害

持续阴雨最严重的后果是导致光伏电站的发电输出连续数日极小或为 0，导致电站备用电源不足，造成发电和并网损失。

29.2　评估技术路线路

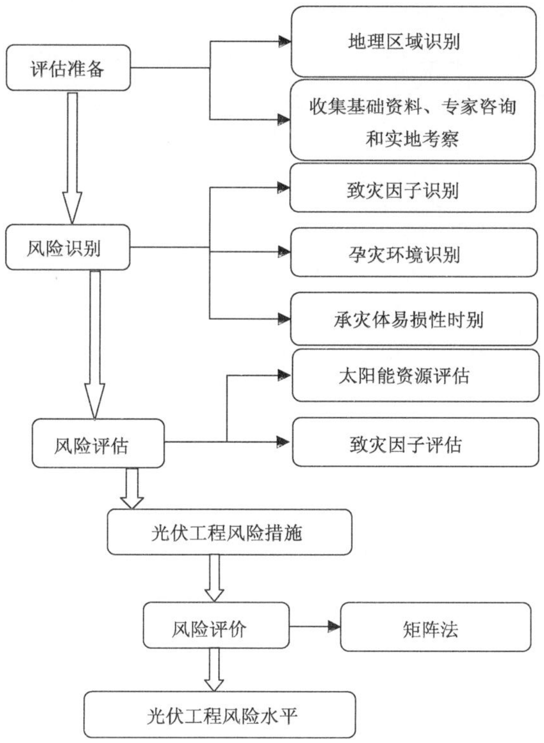

图 29.1　光伏工程风险评估技术路线图

29.3　评估方法

获取与光伏系统运行直接相关数据，收集历史雷电、大风、沙尘暴、极端高低温、强降水、持续阴雨等相关气象要素观测资料，针对中国不同气候和地形特色，研究与太阳能发电设备相关的近地层气象参数特征，分析研究诸多不利因素对太阳能发电造成的影响。结合太阳能不同利用方式特点，开展太阳能发电气象风险评估。对影响太阳能发电的诸多不利气象要素确定其相应的阈值，建立相应的太阳能发电气象灾害指标，制定影响太阳能发电的气象灾害等级标准等。

发展太阳能电站运行过程中的气象灾害预报、预警技术，建立雷电、大风、沙尘暴、极端高低温、强降水、持续阴雨等主要影响太阳能发电的气象灾害监测、预警、预报业务专项服务体系，为光伏产业提供灾害预报、预警指导产品，给出不同气象灾害的影响机制及防御措施，为太阳能电站发电安全稳定运行提供有力的气象科技支撑和优质的气象保障服务。

29.3.1 光伏工程地理区域识别

太阳能产业的开发对象是太阳辐射，因此太阳能资源的丰歉是影响太阳能大规模开发的首要因素，也是评定太阳能潜力的最主要评价因子之一。由于光照产生的电流强度与光强成正比，所以太阳能资源的丰富度主要取决于太阳光强度，而刻画光照强度的物理指标为单位时间太阳总辐射值，因此，采用太阳年总辐射量作为揭示一地太阳能资源丰富程度的最主要评价指标，对中国太阳能资源丰富程度的等级划分结果为：

1. 资源最丰富带。主要分布在青藏高原大部分地区、新疆南部、甘肃西部和内蒙古西部。其总辐射年总量均超过 1750 kW·h/m^2，月际最大和最小可利用日数的比值较小，年变化较稳定，最佳利用时段为上午或中午。

2. 资源很丰富带。主要分布在新疆北部、东北地区大部分地区、内蒙古东部、华北大部分地区、黄土高原大部分地区、甘肃南部、青海东部、川南滇北的一部分以及福建、广东沿海一带和海南岛。总辐射年总量为 1400～1750 kW·h/m^2，可利用时数的年变化也比较稳定，最佳利用时段在中午或上午。

3. 资源丰富带。主要分布在中国东南部丘陵地区、汉水流域以及四川西部、贵州西部、云南的东南角、广西的大部分地区、湖南东部和西部。总辐射年总量为 1050～1400 kW·h/m^2，一年中可利用日数出现了明显的年变化，而且月际最小可利用日数出现的季节已不利于太阳能的利用。最佳利用时段在中午或下午。

4. 资源一般带。是中国太阳能资源最小的地区，主要分布在川黔区阴雨天较多的地区，总辐射年总量小于 1050 kW·h/m^2。

29.3.2 基础资料收集整理

1. 气象数据的收集

由于光伏工程所处区域不同，灾种也多样化。因此，评估的首要因素是收集特定地区主要气象灾害历史数据，包括灾害的种类、灾害的强度序列、频率序列等，分析各种灾害时、空分布特征。

2. 灾情数据

光伏电场规模不同受灾程度差别很大，需收集整理历史气象灾害灾情信息，进行广泛的调查研究与分析，如收集灾害造成的发电小时数、发电量损失、经济损失、受灾设备数等。

3. 光伏电场规划 GIS 数据

收集光伏电场水文、地形地貌、植被、下垫面及周边遮蔽情况等。

29.3.3　光伏工程的风险识别

1. 致灾因子识别

气象灾害的致灾因子识别主要是能够判明光伏工程存在哪些灾害因子。对气象灾害致灾因子的分析，主要是分析引发灾害的气象事件出现的时间(包括起始、终止及持续时间)、地点(区域)和强度(量级)。如:雷电、大风(台风、寒潮大风、雷雨大风)、高温炽热、低温冷冻、沙尘暴、暴雨、暴雪、大雾、霾、酸雨、积冰、冰雹等的频率和强度。

2. 孕灾环境识别

主要针对光伏电场所处区域的地形、地貌、植被、气候背景、主要气象灾害的时、空分布特征进行识别。

3. 承灾体易损性识别

承灾体的易损性主要受两方面的因素影响:自然因素和人为因素。影响光伏工程易损性的自然因素包括光伏电场设备的质量、结构、布局和工程的进程(规划、施工、运行期)等;人为因素是人类对光伏工程的维护和重建能力、政府应急响应能力等。一般而言,光伏工程的建设投入规模越大,灾害风险也越大。

29.3.4　光伏工程的风险估计

光伏工程的风险估计就是估计光伏项目风险发生的可能性(概率)及其对光伏项目的影响程度(风险量)。风险估计采用定性分析和定量分析相结合的估计方法。针对光伏工程可采用专家调查法,对光伏工程的风险进行定性估计,然后再采用概率法、统计方法进行定量估计。光伏工程的风险估计能够定量地把握灾害的可能性和严重性这两个决定工程稳定性的因素,从而能够比较全面地反映灾害对整个光伏工程的影响及相应的工程的脆弱性程度及灾害对整个系统的影响。

(1)脆弱性估计

光伏工程脆弱性被定义为光伏工程安全稳定性概念的一种拓展,指的是光伏工程承受干扰或者事故的能力,工程在发生可能事故的情况下,不能保持安全稳定运行或正常运行的风险程度。

(2)危险性估计

风险事件发生频率估计,存在客观概率估计和主观概率估计。客观概率估计是指应用客观概率对项目风险进行的估计,它利用同一事件,或是类似事件的数据资料,计算出客观概率。主观概率估计:基于经验、知识或类似事件比较的专家推断概率。

1. 太阳能资源评估方法

目前,对太阳能资源评估根据用途不同,侧重点和指标也不尽相同。气象部门多采用三项指标对太阳能资源进行评估,即太阳总辐射年总量、稳定度和直射比,其中稳定度又有两种表达方式。

在进行评估时,所用数据应采用具有气候意义的 30 a 气候平均值。

(1)年总量指标

以太阳总辐射的年总量为指标,进行太阳能资源丰富程度评估,具体等级见表 29.1。

表 29.1　太阳能资源丰富程度等级表

太阳总辐射年总量	资源丰富程度
≥1750 kW·h/(m^2·a)	资源最丰富
6300 MJ/(m^2·a)	
1400～1750 kW·h/(m^2·a)	资源很丰富
5040～6300 MJ/(m^2·a)	
1050～1400 kW·h/(m^2·a)	资源丰富
3780～5040 MJ/(m^2·a)	
<1050 kW·h/(m^2·a)	资源一般
<3780 MJ/(m^2·a)	

(2)稳定度指标

太阳能资源稳定程度可用各月的日照时数大于 6 h 天数的最大值与最小值的比值表示(见下式),其等级见表 29.2。

$$K=\frac{\max(Day_1,Day_2\cdots Day_{12})}{\min(Day_1,Day_2\cdots Day_{12})}$$

式中,K—太阳能资源稳定程度指标,无量纲数;

$Day_1,Day_2\cdots Day_{12}$ —1—12 月各月日照时数大于 6 h 天数;

max( )—求最大值的标准函数;

min( )—求最小值的标准函数。

表 29.2　太阳能资源稳定程度等级表

太阳能资源稳定程度指标	稳定程度
<2	稳定
2～4	较稳定
>4	不稳定

此外,用全年中各月总辐射量(月平均日曝辐量)的最小值与最大值的比值亦可表征总辐射年变化的稳定度,在实际大气中其数值为(0,1),越接近于 1 越稳定。可划分为四个等级:很稳定(A)、稳定(B)、一般(C)、欠稳定(D)。划分标准见表 29.3。

表 29.3　稳定度等级表

等级名称	分级阈值	等级符号
很稳定	[0.47,1)	A
稳定	[0.36,0.47)	B
一般	[0.28,0.36)	C
欠稳定	(0,0.28)	D

太阳总辐射稳定度计算,首先计算多年平均(一般取 30 a 平均)的总辐射各月平均日辐照量,然后求最小值与最大值之比。

(3)直射比指标

总辐射由直接辐射和散射辐射两种形式组成，不同气候类型地区，直接辐射和散射辐射占总辐射的比例有明显差异，不同地区应根据主要辐射形式特点进行开发利用。直射比可以用来表征这一差异，它表示一段时间内直接辐射量与总辐射量之比，在实际大气中其数值为(0，1)，越接近于1，直接辐射所占的比例越高。采用直射比作为衡量指标，将中国太阳能资源分为四个等级：很高(A)、高(B)、中(C)、低(D)，划分标准见表 29.4。

表 29.4　直射比等级表

等级名称	分级阈值	等级符号	等级说明
很高	[0.6,1)	A	直接辐射主导
高	[0.5,0.6)	B	直接辐射较多
中	[0.35,0.5)	C	散射辐射较多
低	(0,0.35)	D	散射辐射主导

年直射比计算时，首先计算水平面直接辐射和总辐射年辐照量的多年平均值(一般取 30 a 平均)，然后求二者之比。

2. 致灾因子评估方法

影响中国光伏工程的气象因子主要有雷电、大风、高温、低温冷冻、暴雨、沙尘暴、雾霾、酸雨、冰雹等。对光伏电工程气象参照站的常年气象资料做统计，包括常规的气温、降水及累年影响光伏电场施工和运行的气象因子的极值和出现频率等，具体见表 29.5。

表 29.5　影响光伏电场施工和运行的气象因子统计表

气象因子	雷电	台风	寒潮大风	雷雨大风	极端高温	极端低温	暴雨	沙尘暴	雾霾	冰雹
极值										
频率(d/a)										
气象因子	平均气温	平均水汽压	相对湿度	降水量	冻土深度	积雪深度	电线积冰	连阴雨		
年值/极值										

根据每项气象因子出现的概率，确定不同灾害性天气对光伏工程的危险性等级。风险出现危险性等级标准(表 29.6)，出现天数越多，风险威胁等级越高。

表 29.6 某种气象灾害对光伏工程的影响

频率(d/a)	威胁等级
<1	很低
1～10	低
10～30	中
30～60	高
>60	很高

综合以上气象因子及太阳能资源情况，结合投资成本，对拟建光伏电场进行设计，选取设备类型，及对设备进行合理布局，尽量将光伏工程的风险降到最低。

29.3.5　光伏工程的风险措施

风险措施是指为最大限度地降低风险事故发生的概率和减小损失幅度而采取的风险处置技术。为了控制光伏工程的风险，可采取以下措施：提高光伏发电器件的质量、安装等级、综合性能；提高灾害天气防御预警能力；根据不同的有效措施划分有效性等级标准：

很低——措施无效；

低——措施几乎无效；

中——措施有一定效果；

高——措施有效；

很高——措施非常有效。

29.3.6　风险评价

光伏工程的风险评价是在风险识别和风险估计的基础上，通过建立相应的指标体系和评价标准，对风险程度及风险量进行划分，根据风险事故可能造成的损失程度将其分成不同的级别，揭示影响光伏工程的关键风险因素，以便针对关键风险因素，采取相应的防范对策和措施，把风险等级降到最低。

根据灾害天气的威胁等级和光伏工程已采取的防御措施，统计得出该灾害天气对特定光伏工程的风险概率，具体见表29.7、表29.8。

表29.7　某种气象灾害的风险概率表

已采取的防御措施有效性等级 / 威胁等级	很高	高	中等	低	很低
很高	可能	可能	非常可能	非常可能	必然发生
高	不太可能	可能	可能	非常可能	非常可能
中等	不太可能	不太可能	可能	可能	非常可能
低	基本不可能	不太可能	不太可能	可能	可能
很低	基本不可能	基本不可能	不太可能	不太可能	可能

表29.8　风险概率描述表

等级	描述
必然发生	肯定会发生
非常可能	在大多数情况下很可能发生
可能	在某些时候会发生
不太可能	只有在例外情况下可能会发生
基本不可能	基本不会发生

如果某一风险因素导致事故损失的可能性很大，可能的损失却很小，对于这样的风险没必要采取复杂的处置措施。只有综合考虑了风险发生概率、损失程度和防御成本后，才能根据风险损失期望来制定风险处置策略。在估计了目标风险的概率分布，了解其发生的可能性之后，

还要估计单一风险可能造成的损失程度。这里主要介绍矩阵法，具体见表 29.9。

表 29.9　风险等级矩阵

风险概率 \ 风险后果评估等级	很低	低	中等	高	灾难性
必然发生	中	高	极高	极高	极高
非常可能	中	高	高	极高	极高
有可能	低	中	高	高	极高
不太可能	低	低	中	高	极高
基本不可能	低	低	低	中	高

29.4　评估案例

风险评价是在风险分析的基础上，在初步分析各类存在的风险因素发生的可能性（发生概率）和破坏性（影响指数）的基础上，结合项目所处的内、外部环境，通过构建科学合理的评价模型，对项目所处的整体风险加以客观衡量。在专家和数据分析的基础上划定项目风险接受水平，并按照该水平将项目存在的各类风险加以分类，汇总形成项目不可接受风险集。

作为一种新型的能源利用模式，光伏建筑项目还处于从实验室向社会推广应用阶段，在理论和技术方面还不够成熟，在电能质量、运行维护及材料设计等环节还需要不断地探索；在经济效益方面，由于应用不够广泛，设备和关键原材料的生产还未能真正形成规模效应，光伏发电装置的生产成本较高；在自然环境方面，极端气候的频繁发生，对光伏发电装置的正常运营也会产生一定的影响；在政策保障方面，政府在对光伏建筑项目政策上的举棋不定，尤其是美国的“双反”、欧盟的总量限制，不仅导致上游制造厂商的减少，无疑对光伏发电项目的投融资和盈利等方面都会产生重大影响。

案例侧重对环境风险进行探讨，识别影响光伏建筑项目的重点风险因素，从地理环境与气象指数和极端环境指数两方面对光伏建筑项目自然环境风险进行细化分析，通过引入三角模糊综合评价法对光伏建筑项目风险进行整体评价。

（1）地理环境与气象指数

光伏工程项目受太阳能资源依赖强烈，太阳能资源衡量主要通过项目所在地区的地理环境与气象指数表征。通常包括经纬度、日照时数、海拔（气压）以及地面空气温、湿度等因素。其中，经纬度、日照时数反映了光伏工程项目所在地区的日照整体水平；海拔气压以及空气地面温、湿度则反映了光伏工程项目所在地区的可利用太阳能资源的质量。

（2）极端环境指数

光伏工程项目特别是并网式光伏发电项目对于稳定性、安全性要求较高。通常情况下太阳能资源丰富地区，地质和气象条件较为复杂和多变，极端环境发生的可能性也较大，因此，需要对光伏建筑项目所在地区极端环境指数加以准确衡量，避免极端环境对光伏建筑项目造成的危害。

综上所述，评价指标体系自然环境风险维度指标包括地理环境与气象指数、极端环境指数两个方面影响因素，经纬度、日照时间、海拔（气压）、地面空气温湿度、地质灾害指数和综合极端气候指数6个指标，见表29.10。

表29.10　光伏工程项目风险综合评价指标体系——自然环境风险维度

风险维度	一级影响因素	二级影响因素	因素解释
自然环境风险	地理环境与气象指数	经纬度	影响日照整体水平
	极端环境指数	日照时数 海拔(气压) 地面空气温、湿度 地质灾害指数 综合极端气候指数	影响日照整体水平 影响太阳能资源质量 影响太阳能资源质量 极端地质灾害发生可能性 极端气候灾害发生可能性

依次统计出技术风险维度、经济风险维度、政策风险维度等综合评价指标体系，基于三角模糊综合评价的光伏工程项目风险评价模型进行光伏工程风险评估，基本步骤如下：

1)光伏建筑项目风险评价指标体系构建；

2)对光伏建筑项目风险集划分；

3)确定光伏建筑项目风险评价指标体系指标权重；

4)确定风险指标的语言权重决策矩阵；

5)确定指标的三角模糊数决策矩阵；

6)模糊决策矩阵的标准化；

7)建立标准化权重决策矩阵；

8)三角模糊数解模糊化；

9)计算总评价结果。

以案例实际数据，解模糊化得到矩阵值，计算得到总评价结果值为72.09。若将模糊评价属性表示为C=(低，较低，中等，较高，非常高)=(50，60，70，80，90)，则按照给定的风险等级衡量，该光伏工程项目高于中等风险。

参考文献

白永清，陈正洪，王明欢，等，2011. 基于WRF模式输出统计的逐时太阳总辐射预报初探[J]. 大气科学学报，34(3)：363-369.

陈昌松，段善旭，殷进军，2009. 基于神经网络的光伏阵列发电预测模型的设计[J]. 电工技术学报，24(9)：153-158.

陈正洪，李芬，王丽娟，等，2011. 并网光伏电站逆变器效率变化特征及其模型模拟研究[J]. 水电能源科学，29(8)：124-127.

陈正洪，李芬，成驰，等，2011. 太阳能光伏发电预报技术原理及其业务系统[M]. 北京：气象出版社.

成驰，陈正洪，李芬，等，2011. 湖北省咸宁市光伏电站太阳能资源评价[J]. 长江流域资源与环境，20(9)：1067-1072.

贾承造，2011. 我国能源前景与能源科技前沿[J]. 高校地质学报，151-160.

李芬，陈正洪，成驰，等，2011. 太阳能光伏发电量预报方法的发展[J]. 气候变化研究进展，7(2)：136-141.

李芬，陈正洪，何明琼，等，2011. 太阳能发电的现状及前景[J]. 水电能源科学，29(12)：188-192.

刘可群，陈正洪，梁益同，等，2008. 日太阳总辐射推算模型[J]. 中国农业气象，29(1)：16-19.

申彦波，赵宗慈，石广玉，2008. 地面太阳辐射的变化、影响因子及其可能的气候效应最新研究进展[J]. 地球科学进展，23(9)：915-923.

申彦波,2010. 近 20 年卫星遥感资料在我国太阳能资源评估中的应用综述[J]. 气象,36(9):111-115.

宋丽莉,毛慧琴,钱光明,等,2006. 热带气旋对风力发电的影响分析[J]. 太阳能学报,(9):37-40.

王炳忠,1983. 中国太阳能资源利用区划[J]. 太阳能学报, 4(3): 221-228.

肖建华,姚正毅,孙家欢,2011. 并网太阳能光伏电站选址研究述评[J]. 中国沙漠,31(6) :1598-1065.

杨解君, 臧扬杨,2011. 中国太阳能资源利用的立法现状及其未来发展[J]. 南京社会科学, (10):97-103.

杨金焕,于化丛,葛亮,2009. 太阳能光伏发电应用技术[M]. 北京: 电子工业出版社.

中华人民共和国国家能源局, 2012. 太阳能发电发展"十二五"规划[J]. 太阳能. (18):6-13.

中华人民共和国国务院,2013. 国务院关于促进光伏产业健康发展的若干意见(节选)[J]. 门窗, (4):1-1.

European Photovoltaic Industry Association (EPIA), 2011. Solar Photovoltaics Competing in the Energy Sector—On the road to competitiveness[R]. 1-36.

European Photovoltaic Industry Association (EPIA), 2011. Solar photovoltaic electricity empowering the world [R]. 1-100.

Intergovernmental Panel on Climate Change (IPCC), 2011. IPCC Special Report on RenewableEnergy Sources and Climate ChangeMitigation. Cambridge:Cambridge University Press, The Global Wind Energy Council(GWEC). Global wind energy outlook 2010[R]. Brussels: GWCC,2010: 1-60.

LI F, CHEN Z H, DENG C H, et al. , 2011. Performance Analysis and Non-Linear Models of PV Grid-Connected Inverter Efficiency // 26th European Photovoltaic Solar Energy Conference and Exhibition, CCH Congress Centre and International Fair Hamburg, Germany, Sept.

第30章

中小学校舍风险评估技术

赵春雨(沈阳区域气候中心)

30.0 引言

校舍安全工程直接关系广大师生的生命安全、社会和谐稳定，是一项功在当代、惠及长远的民生工程。《中小学气象灾害风险评估技术规范》定义了气象灾害风险评估所用术语，划定了暴雨、大风、暴雪、雷电、大风、高温、低温等气象灾害的易发性和危险性标准，明确了所用气象要素的统计方法、风压、雪压、重现期等的计算方法，规定了《中小学校舍安全气象灾害风险评估书》的编写内容和要求。结合建筑业国家标准、行业标准，对影响校舍安全的暴雨、大风、暴雪、雷电、大风、高温、低温等气象灾害提供了具体的、有针对性的、操作性强的防范建议。

30.1 概念和范围

中小学校舍安全工程气象灾害风险评估适用于进行中小学校舍的加固改造、扩建、新建工程时的气象灾害风险评估。

评估主要内容是：阐明校舍建设区和规划区的气候概况，分析中小学校舍工程建设区各种气象灾害的易发性和危险性，提出气象灾害对校舍安全可能造成的影响及防范建议。

评估主要项目包括：暴雨、大风、暴雪、最大冻土深度、雷暴、雪压、风压、最低气温和最高气温等。

30.2　评估技术路线

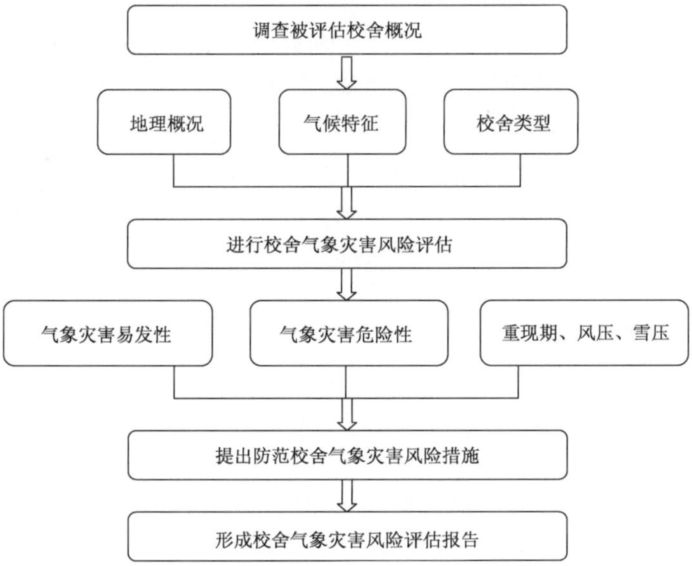

图 30.1　中小学校舍风险评估技术路线

30.3　评估方法

30.3.1　数据

所用的资料全部来源于气象档案馆地面信息化资料。根据资料年代相对较长的原则选择代表性站点。资料选用建站以来的逐日最高气温、逐日最低气温、逐日降水量、逐日降雪量、逐日 10 min 最大风速、年雷暴日数、年大风日数、逐日冻土下界、逐日雪深。

台站数据引用的说明：

引用参数时应注意被评校舍地点与拟引用数据的气象台站的距离、地形等因素对数值的影响。

1. 地势平坦的区域

建设地点与拟引用数据的气象台站水平距离在 50 km 以内，海拔高度差在 100 m 以内时可以直接引用。

超过上述数值时，则应使用与建设地点相邻的两个以上气象台站（含本标准未列入的台站）的气象资料，按内插法取值（内插法可视情况采用直线内插或平面内插）。

2. 地势崎岖的区域

气候受山脉的走向、总体高度、长度、地形形态（山顶、河谷、盆地、山坡）、坡度、坡向等因素的影响，地方性差异较大，选取参数值时宜依据邻近台站（含本标准未列入的台站）的长年代资料和工程现场的观测数据对比取值，或与当地气象部门共同商定。

30.3.2 计算方法

1. 气象要素的统计方法

(1)历年值的统计

历年即逐年、每年。历年值是指统计气象资料时，针对所用记录年代中的每一年求得的不同时段(年、月、日)的统计值(平均值、总量、极值)。

(2)平均值

日平均值：由每日三次(或四次)定时观测值的和，除以观测次数所得的商。

月(旬)平均值：某月(旬)逐日平均值的和，除以月(旬)内所含的日数所得的商。

年平均值：逐月平均值的和，除以 12 所得的商。

(3)总量

日总量：一日内某要素的累计值。

月总量：某月逐日日总量的总和。

年总量：逐月月总量的总和。

(4)极值

日极值：一日内出现的最高(低)值或最大(小)值。

月极值：某月逐日日极值之中的最高(低)值或最大(小)值。

年极值：逐月月极值之中的最高(低)值或最大(小)值。

(5)累年值的统计

累年即多年。累年值是指统计气象资料时，针对整个记录年代求得的不同时段(年、月、日)的统计值(平均值、总量、极值)。

2. 风压和雪压的计算方法

(1)风压

在确定风压时，观察场地应具有代表性。场地的代表性是指下述内容：

1)观测场地周围的地形为空旷平坦；

2)能反映本地区较大范围内的气象特点，避免局部地形和环境的影响。

风速观测数据资料应符合下述要求：

1)应全部取自自记式风速仪的记录资料，对于以往非自记的定时观测资料，均应通过适当修正后采用。

2)将不同风速仪高度和时次时距的年最大风速，统一换算为离地 10 m 高，自记 10 min 平均年最大风速(m/s)。对风速仪高度与标准高度 10 m 相差过大时，可按下式换算到标准高度的风速：

$$\nu = \nu_z \left(\frac{z}{10}\right)^{\alpha}$$

式中，z 为风速仪实际高度(m)；ν_z 为风速仪观测风速(m/s)；α 为空旷平坦地区地面粗糙指数，取 0.16。

使用风杯式测风仪时，必须考虑空气密度受温度、气压影响的修正，可按下述公式确定空气密度：

$$\rho = \frac{0.001276}{1 + 0.00366t}\left(\frac{p - 0.378e}{100000}\right)$$

式中，t 为空气温度(℃)；p 为气压(Pa)；e 为水气压(Pa)。

也可根据所在地的海拔高度 z 按下述公式近似估算空气密度：

$$\rho = 0.00125e^{-0.0001z}$$

选取年最大风速数据时，一般应有 25 a 以上的资料；当无法满足时，至少也不宜少于 10 a 的风速资料。

在计算 50 a 一遇的最大风速 v_0 后，按伯努利公式：

$$\omega_0 = \frac{1}{2}\rho v_0^2$$

确定对应的 50 a 一遇的最大风压。

(2)雪压

在确定雪压时，观察场地应具有代表性。场地的代表性是指下述内容：

1)观察场地周围的地形为空旷平坦；

2)积雪的分布保持均匀；

3)校舍地点应在观察场地的地形范围内，或它们具有相同的地形。

对于积雪局部变异特别大的地区，以及高原地形的山区，应予以专门调查和特殊处理。

当气象台站有雪压记录时，应直接采用最大雪压数据，历年最大雪压数据按每年 7 月到次年 6 月间的最大雪压采用，经概率统计计算 50 a 一遇的最大雪压；当无雪压记录时，可间接采用积雪深度，按下式计算雪压：

$$S = h\rho g$$

式中，h 为积雪深度，指从积雪表面到地面的垂直深度(m)；ρ 为积雪密度(t/m^3)；g 为重力加速度($9.8\ m/s^2$)。

雪密度随积雪深度、积雪时间和当地的地理气候条件等因素的变化有较大幅度的变异，对于无雪压直接记录的台站，可按地区的平均雪密度计算雪压。

当前，大部分气象台(站)收集的都是雪深数据，而相应的积雪密度数据又不齐全。在统计中，当缺乏平行观测的积雪密度时，均以当地的平均密度来估算雪压值，东北地区的平均密度取 150 kg/m^3。

30.3.3　气象灾害评估等级

1. 气象灾害分级方法及等级

气象灾害易发性的划分依据气象灾害发生次数划分为高易发区和次高易发区。

高易发区：气象灾害发生的可能性极大。

次高易发区：气象灾害发生的可能性很大。

气象灾害危险性的划分依据其历史极端值划分为高危险区和次高危险区。

高危险区：气象灾害危害程度极大。

次高危险区：气象灾害危害程度很大。

2. 气象灾害分级标准

各类气象灾害易发性分级标准见表 30.1。

表 30.1　易发性区划划分标准

气象灾害	评估要素	高易发区(d/a)	次高易发区(d/a)
暴雨	暴雨日数	≥3.6	2.8～3.6
大风	大风日数	≥50	30～50
暴雪	暴雪日数	≥0.45	0.35～0.45
雷电	雷暴日数	≥34	31～34
高温	≥35℃高温日数	≥4.5	2.5～4.5
低温	≤－28℃低温日数	≥13	5～13

各类气象灾害危险性分级标准见表 30.2。

表 30.2　危险性区划划分标准

气象灾害	评估要素	高危险区	次高危险区
暴雨	极端日最大降水量	≥300 mm	250～300 mm
大风	极端日最大风速	≥28.5 m/s	25～28.5 m/s
暴雪	极端日最大降雪量	≥40 mm	35～40 mm
高温	极端日最高气温	≥42℃	40～42℃
低温	极端日最低气温	≤－40℃	－40～－35℃

30.3.4　气象灾害防范措施及建议

针对各气象灾害的易发性和危险性提出相应的防范措施和建议。

1. 暴雨

暴雨易发区：

1)应满足雨季防雨、排水和通风要求，注意防潮；

2)在室内地面以下、室外散水坡顶面以上的砌体内，应铺设防潮层。防潮层材料一般情况下宜采用防水水泥砂浆。勒脚部位应采用水泥砂浆粉刷(《砌体结构设计规范》GB50003—2001)；

3)散水的宽度应稍大于屋檐的挑檐尺寸，坡度一般在 3%～5%(《给水排水工程构筑物结构设计规范》GB 50069—2002)；

4)施工时应建明沟将垃圾渗滤液引至沉淀池(《给水排水工程构筑物结构设计规范》GB 50069—2002)。

暴雨危险区：

1)应充分满足防雨、排水和通风要求，注意防暴雨袭击、防潮；

2)对加给结构层的重量和地区气温因素进行综合分析，做好防水层；屋顶、墙面、地下等须采用良好的防水结构设计，须选用高强度高质量的防水材料，采用多道防水设防(《给水排水工程构筑物结构设计规范》GB 50069—2002)；

3)应设计适当的防潮层，油毡防潮层效果较好，抗震设防区应选取混凝土防潮层(《给水排水工程构筑物结构设计规范》GB 50069—2002)；

4)应有良好的地下排水系统和室内自然通风条件，主要房间应有良好朝向(《给水排水工程构筑物结构设计规范》GB 50069—2002)。

2. 大风

大风易发区:

1)总体规划、单体设计和构造处理应以防风为主,建筑材料须选用防风、防风化材料(《高层建筑混凝土结构技术规程》JGJ3—2002);

2)严格按照要求算出风荷载进行组合(《建筑结构荷载规范》GB 50009—2001);

3)在校舍的山墙处设置抗风柱,用以承受墙面上的风荷载(《混凝土结构设计规范》GBJ50010—2002)。

大风危险区:

1)必须避开风口,结构上应当考虑大风的不利作用,提高构件的承载力,房屋外围结构应厚重,应把气窗适当开大些(《高层建筑混凝土结构技术规程》JGJ3—2002);

2)加强节点的锚固,节点应具有足够的变形能力,即良好的延性(《钢结构设计规范》GBJ50017—2003);

3)应保护好周围环境,宜多栽树以形成保护屏障,削减风力。

3. 高温

高温易发区:

1)应满足夏季防热、通风降温要求,总体规划、单体设计和构造处理应有利于良好的自然通风,应避开西晒(《建筑结构设计统一标准》GB50068—2002);

2)应采用砖或耐热材料做成的隔热层,避免结构可能受到炽热熔化金属的侵害(《钢结构设计规范》GBJ50017—2003);

3)严格按照要求设置伸缩缝(《混凝土结构设计规范》GB 50010—2002)。

高温危险区:

1)校舍的总体布置,单体的平、剖面设计和门窗的设计应有利于自然通风,并尽量避免主要使用房间受东、西日晒(《建筑结构设计统一标准》GB 50068—2002);

2)南向房间可利用上层阳台,凹廊,外廊等达到遮阳的目的(《建筑结构设计统一标准》GB 50068—2002);

3)东、西向的房间可适当采用固定式或活动式遮阳设施(《建筑结构设计统一标准》GB 50068—2002);

4)屋顶、东、西外墙的内表面温度应通过验算,保证满足隔热设计标准要求(《建筑结构设计统一标准》GB 50068—2002)。

4. 低温

低温易发区:

1)应充分满足冬季防寒、保温、防冻等要求,混凝土的配合比应考虑抗冻因素(《混凝土结构设计规范》GBJ50010—2002);

2)应采取减少外露面积,加强冬季密闭性,合理利用太阳能等节能措施(《建筑结构设计统一标准》GB 50068—2002);

3)应着重考虑冻土对校舍地基和地下管道的影响,防止冻土融化塌陷及冻胀的危害,及时解决地基土冻胀问题(《膨胀土地区建筑技术规范》GBJ112—87);

4)根据经济条件,加给结构层的重量和地区气温因素进行综合分析,做好保温层(《建筑结构设计统一标准》GB 50068—2002)。

低温危险区：

1)校舍宜设在避风、向阳地段，尽量争取主要房间有较多日照(《建筑结构设计统一标准》GB 50068—2002)；

2)校舍的外表面积与其包围的体积之比(体型系数)应尽可能地小，应尽量不大于0.4(《建筑结构设计统一标准》GB 50068—2002)；

3)控制建筑的窗墙比、做好外墙和屋面等围护结构的保温措施(《建筑结构设计统一标准》GB 50068—2002)；

4)北向窗户的面积应予控制，其他朝向的窗户面积不宜过大，应尽量减少窗户缝隙长度，并加强窗户的密闭性(《建筑结构设计统一标准》GB 50068—2002)；

5)加强采暖设施的安全可靠性。

5. 暴雪

暴雪易发区：

1)设计时严格按照要求算出雪荷载进行组合(《建筑结构荷载规范》GB 50009—2001)；

2)做好建筑的防寒保温措施；

3)注意及时清理积雪。

暴雪危险区：

1)暴雪对轻钢结构的影响较大，雪荷载应严格按照要求考虑(《建筑结构荷载规范》GB 50009—2001)；

2)屋顶承重结构必须要有足够的承载力(《混凝土结构设计规范》GBJ50010—2002)；

3)可考虑坡屋面，必要时增加电热熔雪的措施，以便及时排除屋面的积雪(《建筑结构设计统一标准》GB 50068—2002)。

6. 雷电

雷电易发区：

1)校舍雷电防护措施应严格按照第二类防雷建筑物要求考虑(《建筑物防雷设计规范》GB 50057—1994(2000年版))；

2)电气及电子设备雷电防护等级应严格按照B级要求考虑(《建筑物电子信息系统防雷技术规范》GB 50343—2004)；

3)校园人员密集区域应增设直击雷防护措施；

4)防雷装置应在每次雷击之后进行目测检查，如有损坏立即修复；

5)每年在雷雨季节到来之前，应进行防雷安全检测和风险评估。

30.3.5　气象要素统计表

表 30.3　资料统计年代

<table>
<tr><td rowspan="3">降水</td><td>年平均降水量</td><td></td><td>100 年一遇最大日降水量</td><td></td></tr>
<tr><td>雨日</td><td></td><td>50 年一遇最大日降水量</td><td></td></tr>
<tr><td>一日最大降水量</td><td></td><td></td><td></td></tr>
<tr><td rowspan="2">雪</td><td rowspan="2">最大积雪深度</td><td rowspan="2"></td><td>100 年一遇雪压</td><td rowspan="2"></td></tr>
<tr><td>50 年一遇雪压</td></tr>
<tr><td rowspan="5">大风</td><td>主导风向</td><td></td><td>100 年一遇最大风速</td><td></td></tr>
<tr><td>最大风速</td><td></td><td>50 年一遇最大风速</td><td></td></tr>
<tr><td>最大风速风向</td><td></td><td>100 年一遇风压</td><td></td></tr>
<tr><td>年平均大风日数</td><td rowspan="2"></td><td rowspan="2">50 年一遇风压</td><td rowspan="2"></td></tr>
<tr><td>年最多大风日数</td></tr>
<tr><td rowspan="4">气温</td><td>年平均最高气温</td><td></td><td>100 年一遇最高气温</td><td></td></tr>
<tr><td>年极端最高气温</td><td></td><td>50 年一遇最高气温</td><td></td></tr>
<tr><td>年平均最低气温</td><td></td><td>100 年一遇最低气温</td><td></td></tr>
<tr><td>年极端最低气温</td><td></td><td>50 年一遇最低气温</td><td></td></tr>
<tr><td colspan="2">最大冻土深度</td><td colspan="3"></td></tr>
<tr><td rowspan="2">雷电</td><td>年平均雷暴日数</td><td colspan="3"></td></tr>
<tr><td>年最多雷暴日数</td><td colspan="3"></td></tr>
</table>

30.4　评估案例:辽宁省石湖沟中学校舍安全工程气象灾害风险评估

2009 年沈阳区域气候中心根据《气候可行性论证管理办法》(中国气象局第 18 号)和辽政办发〔2009〕39 号《辽宁省人民政府办公厅关于印发全省中小学校舍安全工程实施方案的通知》,出具石湖沟中学校舍安全工程气象灾害风险评估报告。

30.4.1　气候概况

石湖沟中学位于辽宁省丹东市宽甸县(124°78′ E,40°72′ N),海拔 260.1 m。属温带半湿润季风气候,四季分明、雨量充沛,年平均气温为 7.1℃,最冷月 1 月平均气温－10℃,最热月 7 月平均气温 21℃。年极端最高气温 31℃,年极端最低气温－30℃。年降水量为 1051.3 mm,年日照时数 1853 h,年平均风速约 1.3 m/s。

30.4.2　气象灾害风险评估

1. 暴雨

石湖沟中学处于暴雨高易发区,平均每年发生 3.7 次暴雨,最多一年发生 9 次暴雨。

石湖沟中学处于暴雨次高危险区,1 d 最大降水量最多为 271.1 mm,1 h 最大降水量为 71.4 mm。发生 100 a 一遇的最大过程降水量为 299.8 mm,发生 50 a 一遇的最大过程降水量是 268.5 mm。

2. 大风

石湖沟中学处于大风不易发生地区,平均每年发生 0.2 次大风,最多一年发生 12 次大风。

石湖沟中学处于大风低危险区,10 min 最大风速的极端值为 23 m/s。发生 100 a 一遇的最大风速为 21.2 m/s,发生 50 a 一遇的最大风速是 19.6 m/s。大风较辽宁省其他地区相对较少。但其临海,易受台风影响。虽然受台风影响次数不多,但一旦遭受强台风正面袭击,产生狂风暴雨,会有一定的危险性。

3. 雷暴

石湖沟中学处于雷暴高易发生地区,平均每年发生 29 次雷暴,最多一年发生 42 次雷暴。

4. 高温

石湖沟中学为≥35℃高温不易发生地区,平均每年发生 0.1 次≥35℃的高温,最多一年发生 5 次≥35℃的高温。

石湖沟中学处于高温低危险区,高温的极端值为 36.5℃。发生 100 a 一遇的最高气温为 38.4℃,发生 50 a 一遇的最高气温是 37.5℃,发生 30 a 一遇的最高气温是 36.9℃。

5. 低温

石湖沟中学处于≤－28℃低温不易发生地区,平均每年发生 3.1 次≤－28℃的低温,最多一年发生 21 次≤－28℃的低温日。

石湖沟中学处于低温次高危险区,低温的极端值为－36.7℃。发生 100 a 一遇的低温为－44.3℃,发生 50 a 一遇的低温是－41.7℃。

6. 暴雪

石湖沟中学处于暴雪高易发区,平均每年发生 0.5 次暴雪,最多一年发生 2 次暴雪。

石湖沟中学处于暴雪低危险区,历史上降雪的极端值为 24.7 mm。发生 100 a 一遇的降雪极值为 25.4 mm,发生 50 a 一遇的降雪极值是 22.7 mm。

7. 雪压

石湖沟中学 100 a 一遇的雪压值为 0.61 kN/m^2,50 a 一遇的雪压是 0.54 kN/m^2。可见,石湖沟中学地区是辽宁地区雪压值较大的地区。

8. 风压

石湖沟中学 100 a 一遇的风压值为 0.27 kN/m^2，50 a 一遇的风压是 0.24 kN/m^2。因此，石湖沟中学地区是辽宁地区风压值相对较小的地区。

9. 冻土

石湖沟中学所在地历史上最大冻土深度为 93 cm，是一个冻土层较薄的地区。

综合来看，石湖沟中学所处位置属于暴雨、雷电的高易发区；暴雪的高易发区；低温的次高危险区和雪压的高值区，大风和高温不易发生地区；建议对暴雨、暴雪、低温、雷电等气象灾害采取相应的防范措施。

上述评估中所用的气象要素统计值见表 30.4：

表 30.4　气象要素统计表

资料统计年代：1961—2008 年

降水	年平均降水量	1051.3 mm	100 a 一遇最大日降水量	299.8 mm
	降雨日数	107.9 d	50 a 一遇最大日降水量	268.5 mm
	一日最大降水量	271.1 mm		
雪	最大积雪深度	40 cm	100 a 一遇雪压	0.61 kN/m^2
			50 a 一遇雪压	0.54 kN/m^2
大风	主导风向	NE	100 a 一遇最大风速	21.2 m/s
	最大风速	19 m/s	50 a 一遇最大风速	19.6 m/s
	最大风速风向	NW	100 a 一遇风压	0.27 kN/m^2
	年平均大风日数	2.8 d	50 a 一遇风压	0.24 kN/m^2
	年最多大风日数	12 d		
气温	年平均最高气温	14.3℃	100 a 一遇最高气温	38.4℃
	年极端最高气温	36.5℃	50 a 一遇最高气温	37.5℃
	年平均最低气温	3.3℃	100 a 一遇最低气温	−44.3℃
	年极端最低气温	−36.7℃	50 a 一遇最低气温	−41.7℃
最大冻土深度		93 cm		
雷电	年平均雷暴日数	29 d/a		
	年最多雷暴日数	42 d/a		

30.4.3　气象灾害防范措施及建议

根据气象灾害风险评估结果，提出如下防范措施和建议。

1. 防暴雨措施

(1)应满足雨季防雨、排水和通风要求，注意防潮；

(2)在室内地面以下、室外散水坡顶面以上的砌体内，应铺设防潮层。防潮层材料一般情况下宜采用防水水泥砂浆。勒脚部位应采用水泥砂浆粉刷；(《砌体结构设计规范》GB 50003—2001)

(3)散水的宽度应稍大于屋檐的挑檐尺寸，坡度一般在3%～5%；(《给水排水工程构筑物结构设计规范》GB 500069—2002)

(4)应有良好的地下排水系统和室内自然通风条件，主要房间应有良好朝向；(《给水排水工程构筑物结构设计规范》GB 500069—2002)

(5)对加给结构层的重量和地区气温因素进行综合分析，做好防水层；屋顶、墙面、地下等须采用良好的防水结构设计，须选用高强度高质量的防水材料，采用多道防水设防；(《给水排水工程构筑物结构设计规范》GB 500069—2002)

(6)应设计适当的防潮层，油毡防潮层效果较好，抗震设防区应选取混凝土防潮层；(《给水排水工程构筑物结构设计规范》GB 500069—2002)

(7)施工时应建明沟将垃圾渗滤液引至沉淀池。(《给水排水工程构筑物结构设计规范》GB 500069—2002)

2. 防暴雪措施

(1)暴雪对轻钢结构的影响较大，雪荷载应严格按照《建筑结构荷载规范》(GB 50009—2001)要求考虑；

(2)屋顶承重结构必须要有足够的承载力；(《混凝土结构设计规范》GBJ50010—2002)

可考虑坡屋面，必要时增加电热熔雪的措施，以便及时排除屋面的积雪。(《建筑结构设计统一标准》GB 50068—2002)

3. 防低温措施

(1)校舍宜设在避风、向阳地段，尽量争取主要房间有较多日照；(《建筑结构设计统一标准》GB 50068—2002)

(2)校舍的外表面积与其包围的体积之比(体型系数)应尽可能地小，应尽量不大于0.4；(《建筑结构设计统一标准》GB 50068—2002)

(3)控制建筑的窗墙比、做好外墙和屋面等围护结构的保温措施；(《建筑结构设计统一标准》GB 50068—2002)

(4)北向窗户的面积应予控制，其他朝向的窗户面积不宜过大，应尽量减少窗户缝隙长度，并加强窗户的密闭性；(《建筑结构设计统一标准》GB 50068—2002)

(5)加强采暖设施的安全可靠性。

4. 防雷电措施

(1)建筑物雷电防护措施应严格按照第二类防雷建筑物要求考虑；(《建筑物防雷设计规范》GB 50057—1994 (2000年版))

(2)电气及电子设备雷电防护等级应严格按照B级要求考虑；(《建筑物电子信息系统防

雷技术规范》GB50343—2004）

（3）校园人员密集区域应增设直击雷防护措施；

（4）防雷装置应在每次雷击之后进行目测检查，如有损坏立即修复；

（5）每年在雷雨季节到来之前，应进行防雷安全检测和风险评估。

参考文献

中国气象局，2009. 气候可行性论证管理办法[Z].

中华人民共和国建设部，2002. 高层建筑混凝土结构技术规程：JGJ 3－2002 [S]. 北京：中国建筑工业出版社.

中华人民共和国建设部，2002. 给水排水工程构筑物结构设计规范：GB 50069—2002 [S]. 北京：中国建筑工业出版社.

中华人民共和国建设部，2006. 建筑结构荷载规范：GB 50009—2001[S]. 北京：中国建筑工业出版社.

中华人民共和国住房和城乡建设部，2011. 混凝土结构设计规范：GB 50010—2010 [S]. 北京：中国建筑工业出版社.

中华人民共和国住房和城乡建设部，2011. 建筑物防雷设计规范：GB 50057—2010 [S]. 北京：中国建筑工业出版社.

中华人民共和国住房和城乡建设部，2012. 建筑物电子信息系统防雷技术规范：GB 50343—2012 [S]. 北京：中国建筑工业出版社.

中华人民共和国住房和城乡建设部，2012. 砌体结构设计规范：GB 50003—2011 [S]. 北京：中国建筑工业出版社.

中华人民共和国住房和城乡建设部，2016. 建筑抗震设计规范：GB 50011—2010 [S]. 北京：中国建筑工业出版社.

第 31 章

高层建筑火险风险评估技术

张自银(北京气候中心)

31.0 引言

火灾是指在时间和空间上失去控制的燃烧所造成的灾害。在各种灾害中,火灾是最经常、最普遍的威胁公众安全和社会发展的主要灾害之一。火灾,虽然不能直接归纳为气象灾害,但气象条件也是常见的火灾诱发因素之一,尤其是森林火灾与气象条件关系非常密切。森林中各种可燃物的着火点取决于气象条件的变化情况,如湿度的大小、气温的高低、降水量的多少、风力的强弱等。不同情况的气象条件可能会影响火势的强弱,导致不同等级的森林火险的发生(许以平,2006)。

高层建筑是指超过一定层数或高度的建筑。由于高层建筑层数多、体积大、人员集中,其火灾危险性比普通建筑物大得多。高层建筑防火无论是在国内,还是在国外都日渐进入公共安全视野,已成为当前世界性难题,而目前火灾包括建筑火灾呈上升趋势,已成为国家十分重视、社会普遍关注、迫切需要解决的重大问题之一。据不完全统计,中国现有高层建筑 16.2 万多栋,其中超过 100 m 的超高层建筑就有 1500 余栋。高层建筑由于体积巨大,功能复杂,人员和物资相对集中,极易发生火灾。近年来中外多次发生超高层建筑火灾,造成巨大的生命和财产损失。如:2010 年 11 月,上海某公寓大火致 58 人遇难、70 余人受伤;2009 年 2 月,央视新址北配楼火灾,损失高达 50 亿元。

火灾风险评价是减少和控制火灾发生的基本手段,尤其是对高层建筑物进行火灾危险评价能有效地预防和控制高层建筑火灾事故的发生,因而具有十分重要的理论和实际意义。而构建科学、可行的指标体系,是进行高层建筑火灾危险评价的基础。选择的指标是否全面、客观,指标的确定是否准确、实际,都关系到整个评价结果的实用性和正确性;高层建筑火灾危险评价指标体系是由涉及火灾危险性的相互关联、相互制约的因素构成的一个有机整体。目前,消防部门和许多学者对高层建筑火灾风险做了诸多研究工作,例如郑乐通过统计归类高层建筑火灾事故原因,分析引发火灾的主要原因和起火的重点部位,并采用事故树分析方法,应用安全系统工程理论,判断特定事故,对顶上事件进行演绎分析,层层剖析其发生的基本原因和典型故障,预测引发高层建筑重大或特大火灾事故的可能事件。采用定性和定量分析相结合的方法,对高层建筑火灾风险进行评估分析,并对易失控的初始事件进行量化,得出预防高层建筑火灾基本事件结构的重要度顺序。从安全技术和安全管理两个方面绘制高层建筑火灾防控措施框图，提出有针对性的应对措施和建议，为提高高层建筑预防和控制火灾的能力提供依据。

综合来看，高层建筑火灾事故诱因复杂，救援难度大，如何有效地预防和控制高层建筑的火灾，是消防安全管理工作的重要目标。同时，从气象角度对高层建筑火灾风险进行评估也具有一定的科学和实用意义，例如在高层建筑发生火灾后，气象条件对火灾火势的发展、蔓延具有很重要的作用，决定消防人员从何种方向接近作业面，同时关系到消防人员的灭火工作顺利与否。

31.1 概念和范围

31.1.1 高层建筑的定义

高层建筑，简单来说，就是指超过一定层数或高度的建筑物。高层建筑的起点高度或层数，各国规定不一，且多无绝对、严格的标准。中国旧规范规定：8 层以上的建筑都被称为高层建筑；而目前，接近 20 层的称为中高层，30 层左右接近 100 m 称为高层建筑，而 50 层左右 200 m 以上称为超高层。在新的《高层建筑混凝土结构技术规程》(JGJ3—2002)里规定：10 层及 10 层以上或高度超过 28 m 的钢筋混凝土结构称为高层建筑结构。当建筑高度超过 100 m 时，称为超高层建筑。中国的房屋 6 层及 6 层以上就需要设置电梯，对 10 层以上的房屋就有提出特殊的防火要求的防火规范，因此，中国的《民用建筑设计通则》(GB50352—2005)、《高层民用建筑设计防火规范》(GB 50045－95)将 10 层及 10 层以上的住宅建筑和高度超过 24 m 的公共建筑和综合性建筑统称为高层建筑。

在美国，24.6 m 或 7 层以上视为高层建筑；在日本，31 m 或 8 层及以上视为高层建筑；在英国，把不低于 24.3 m 的建筑视为高层建筑。

31.1.2 火灾的定义、分类及等级划分

火灾是指时间上和空间上失去控制的燃烧所造成的灾害(GB5907－86)。根据可燃物的类型和燃烧特性，火灾可划分为 A、B、C、D、E、F 六类，如表 31.1 所示。

表 31.1 火灾分类

火灾类别	特征
A 类火灾	指固体物质火灾。这种物质往往具有有机物性质，一般在燃烧时能产生灼热的余烬。如木材、棉、毛、麻、纸张火灾等。
B 类火灾	指液体火灾和可熔化的固体火灾。如汽油、煤油、原油、甲醇、乙醇、沥青、石蜡火灾等。
C 类火灾	指气体火灾。如煤气、天然气、甲烷、乙烷、丙烷、氢气火灾等。
D 类火灾	指金属火灾。指钾、钠、镁、钛、锆、锂、铝镁合金火灾等。
E 类火灾	带电火灾。物体带电燃烧的火灾。
F 类火灾	烹饪器具内的烹饪物(如动植物油脂)火灾。

(A、B、C、D 分类出自《中华人民共和国国家标准－火灾分类》，GB4968－85)

为贯彻执行国务院 2007 年 4 月 6 日颁布的《生产安全事故报告和调查处理条例》(国务院令 493 号，自 2007 年 6 月 1 日起施行)，公安部对火灾等级标准做了调整，由以前的 3 个等级划分为 4 个等级，即由原来的特大火灾、重大火灾、一般火灾三个等级调整为特别重大火灾、重

大火灾、较大火灾和一般火灾四个等级，如表 31.2 所示。根据新的等级划分，特别重大火灾是指造成 30 人以上死亡，或者 100 人以上重伤，或者 1 亿元以上直接财产损失的火灾；重大火灾是指造成 10 人以上 30 人以下死亡，或者 50 人以上 100 人以下重伤，或者 5000 万元以上 1 亿元以下直接财产损失的火灾；较大火灾是指造成 3 人以上 10 人以下死亡，或者 10 人以上 50 人以下重伤，或者 1000 万元以上 5000 万元以下直接财产损失的火灾；一般火灾是指造成 3 人以下死亡，或者 10 人以下重伤，或者 1000 万元以下直接财产损失的火灾。

表 31.2　火灾等级划分指标(公安部，公消[2007]234 号)

火灾等级	死亡人数	重伤人数	直接经济损失	2007 年以前标准
特别重大火灾	≥30	≥100	≥1 亿元	≥100 万
重大火灾	≥10	≥50	≥5 千万元	≥30 万
较大火灾	≥3	≥10	≥1 千万元	
一般火灾	<3	<10	<1 千万元	<30 万

31.1.3　高层建筑火灾致灾因子分析

相关研究表明，高层建筑火灾事故影响因素涉及到人、物、环境和管理等诸多因素，是一个复杂的系统工程，系统中各要素相互作用、相互影响、相互渗透。高层建筑起火因素多，从高层建筑火灾案例统计分析来看存在以下特点：(1)火灾发生的原因主要包括电气火灾、吸烟、违规用火等；(2)高层建筑火灾发生的时间大多数发生在夜间；(3)高层建筑易起火的部位依次是客房、人员集中场所(餐厅、商店、咖啡厅、酒吧等)、厨房、其他房间。

例如，2008 年中国建筑发生火灾 6432 次，死亡 2000 余人，伤 2266 人，直接经济损失达到 3.3 亿元。其中，高层建筑火灾达 990 起，针对高层建筑火灾事故原因分析如图 31.1 所示。可以看出，由于电气、用火不慎、吸烟引起的火灾数量位列前三位，分别为 326 次、271 次、196 次，分别占全年中国高层火灾总量的 32.93%、27.37%、19.80%。此外，由动火引起的火灾事故占 7.27%，违章操作引起的火灾事故占 6.06%，犯罪放火占 1.82%，雷击火灾占 0.81%，其他占 3.94%。

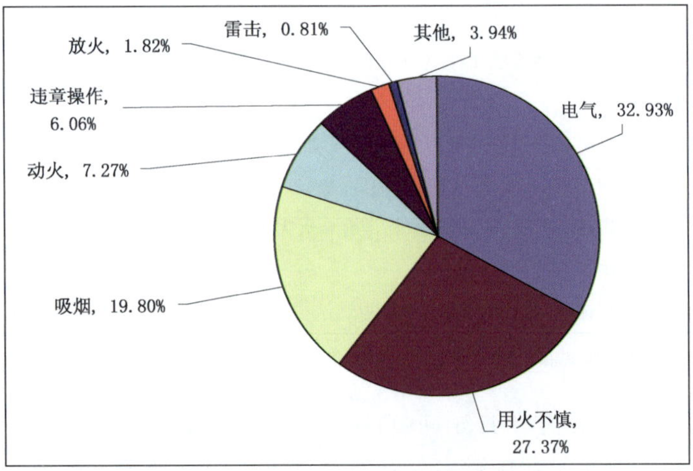

图 31.1　2008 年中国高层建筑火灾事故原因统计图(据郑乐，2009)

31.1.4　高层建筑火灾风险评估的重要意义

由于中国人口众多的基本国情，随着国民经济的快速发展，城市化进程的不断加快，城市土地稀缺、地价不断上涨，城市建筑日益向着高层化、大型化、多功能化发展。加上科学技术的进步，大量的新产品、新材料、新工艺、新技术在建设中应用，使得各大城市，高层建筑数量迅猛增加，超高层建筑也层出不穷。与此同时，预防控制高层建筑火灾的能力却滞后于高层建筑的建设水平。高层建筑一旦着火，往往产生"烟囱效应"，火势蔓延快，人员疏散困难，火灾扑救难度大，极易给人们生命财产安全带来威胁。

火灾风险通常定义为潜在火灾事件产生的后果及其发生的概率，火灾风险评估的基本方法是将为降低火灾危险而投入的费用与风险降低程度进行比较。火灾风险评估是高层建筑防火研究的重要课题之一，火灾风险评估是减少和控制高层建筑火灾的基本手段。因此，做好高层建筑的火灾风险评估工作是一项具有十分重要意义和应用价值的工作，并迫切需要在全国范围内开展对每一栋高层建筑火灾的风险评估。而探讨出一份科学的、规范的、可执行的高层建筑火灾风险评价体系是十分必要的。

31.2　评估技术方法

31.2.1　高层建筑火灾风险评估的技术路线

火灾风险是指潜在火灾事件产生的后果及其发生的概率，火灾风险评估的基本方法是将为降低火灾危险而投入的费用与风险降低程度进行比较。火灾风险的基本表达式为：

$$R = \sum (P_i \times C_i) \tag{31.1}$$

式中，P_i 为单个火灾事件的发生概率；C_i 为该事件产生的预期后果。

评价高层建筑火灾风险的方法有多种，归纳起来可分为定性分析方法、半定量分析方法和定量分析方法。定量分析是以统计方法的事故概率计算和火灾动力学的火灾后果计算为基础的。长期以来，由于火灾事故数据资料的缺乏造成准确计算火灾事故的概率很困难，而且在相当多的场合根本无法得到这种概率。因此，火灾风险评估仍以定性分析方法和半定量分析方法为主。近年来，随着火灾动力学理论的不断完善以及小样本火灾事件统计方法研究的不断深入，定量分析方法中一些关键技术的掌握，定量分析方法已成为当前最引人注目、发展最快的火灾风险评估方法；同时，随着性能化防火设计的发展，人们也需要更加精确的火灾风险评估方法。

图 31.2 给出了高层建筑火灾风险评价的技术路线。当确定对某一栋高层建筑进行火灾风险评价后，首先要确定评价哪些指标，开始设计的时候评价指标尽量全面；然后就是收集资料，资料的收集应尽量全面、丰富，尽量满足所有的评价指标，例如建筑属性包括建筑物高度与层数、功能区布局、材料属性等；第三步就是对收集到的所有资料与对应的评价指标相结合进行数理统计分析，或者还需要一定的数值模拟，以定性分析和定量分析相结合为主要方法；最后是撰写高层建筑火灾风险评估报告，为用户提供高层建筑的火灾风险等级，针对性地给出火灾预防的意见和建议。

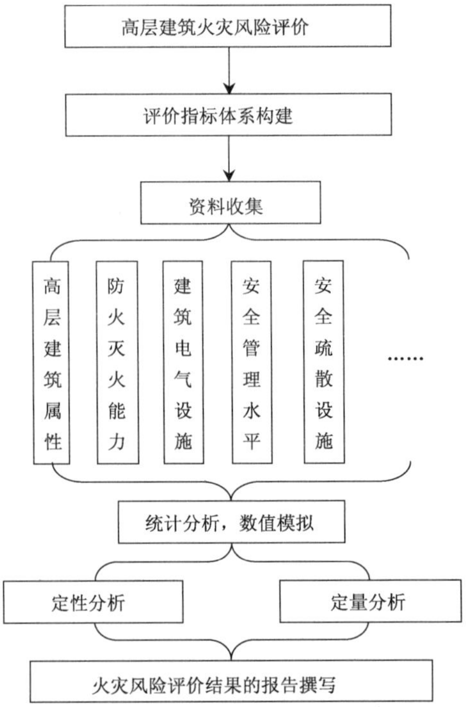

图 31.2　高层建筑火灾风险评估的基本技术流程

31.2.2　高层建筑火灾风险评估的指标体系

当确定对某高层建筑进行火灾风险评估时，首先需要构建高层建筑风险评价的指标体系。火灾风险评估指标系统的构建不仅要考虑到高层建筑消防安全的方方面面，还应考虑到火灾事故发生的不同阶段的特征。刘爱华等研究表明，火灾由初期发展到整栋大楼的过程一般可划分为 5 个阶段：第一阶段是指火灾发生，由于一些原因使得点火源和室内的可燃物接触并发生明火燃烧现象，其事故树图如图 31.3 所示；第二阶段是指火灾初期，其热释放速率相对较小，此时的火灾可以被灭火器或被自动喷淋系统所控制；第三阶段是指火灾进一步发展，室内温度逐渐升高同时产生了大量高温、有毒气体，灭火器和自动喷淋系统已经不能将火灾有效扑灭，必须使用消火栓灭火，并进行人员疏散；第四阶段是指消火栓灭火失效，火灾由起火室蔓延到整个水平防火分区，并有可能发生了轰燃；第五阶段是指火灾突破竖向防火分区，向整个楼层蔓延，使整个楼层成了一具火窟，造成巨大的财产损失；由于火灾烟气蔓延致使大量人员伤亡，并且建筑出现部分倒塌现象。

综合多方面的特性，所以高层建筑火灾风险评估的指标较多，例如刘爱华等给出的火灾风险评价指标是包含建筑布置、耐火等级、火灾荷载、电气防火、疏散通道等内容的一级评价指标 13 个，对应的二级评价指标达 40 多个，如表 31.3 所示。不同研究者构建的高层建筑火灾风险评价指标总的来说是大同小异。温晓虎等从人员因素与建筑物属性、安全疏散设施、报警与灭火系统、建筑物消防安全管理、防火与防烟结构、建筑物电气因素等 6 个方面构建了高层建筑的火灾风险评价指标体系，具体指标达 30 多个，如表 31.4 所示。虽然每栋高层建筑形式和风格各异、材质和功能也略有差异，但总体上现代高层建筑都是基于钢筋混凝土，在装修装饰

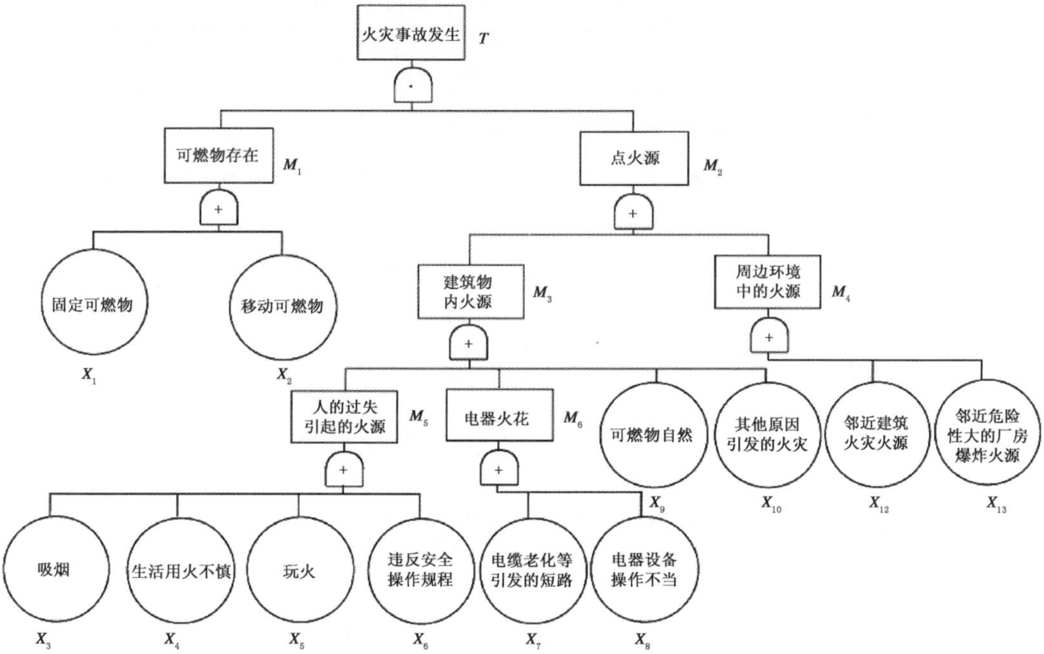

图 31.3　火灾第一阶段事故树图(刘爱华等，2006)

上多使用了各种化学材料，北方建筑大多数都使用保温涂料等。所以在具体的每项高层建筑火灾风险评估项目中，核心的评价指标应大致相同；同时应根据具体的建筑特征和工作需要，可再增加或删减部分评价指。

表 31.3　高层建筑火灾风险评估指标体系一

评价内容	一级评价指标	二级评价指标
建筑防火能力	总图布置	防火间距，周边环境危险性
	耐火等级	建筑结构的耐火等级，装修材料的耐火等级及发烟性
	电气防火	电器设备的防火状况，变/配点设备的安全设施状况，电线/电缆耐火等级
	火灾荷载	火灾荷载密度，火灾荷载分布
	防火分区	水平防火分区，竖向防火分区
	防排烟能力	防排烟设施的完好情况，防排烟系统设计的合理性
建筑灭火能力	消防队灭火能力	消防队员的业务水平，消防设施的先进性，消防车道，消防电梯
	建筑自身的灭火能力	火灾自动报警系统，自动喷淋系统，消防栓系统，其他灭火系统，消防水源，火灾自动报警系统
安全疏散能力	疏散通道	安全疏散路线，安全疏散距离，安全出口数量，安全出口宽度
	疏散设施	安全疏散指示标志，疏散楼梯，应急照明，火警广播引导系统，其他疏散设施，避难层和救生避难设施
安全管理水平	安全制度落实情况	定期检修情况，专职值班情况，防火教育情况
	管理人员业务水平	对消防设施的熟练程度，消防知识与技能，组织能力
	建筑物内其他人员	人员密度，安全意识水平，防火训练情况

表 31.4　高层建筑火灾风险评估指标体系二

评价内容	评价指标
人员因素与建筑物属性 U_1	楼内人员数量 U_{11}，日间人员密度 U_{12}，夜间人员密度 U_{13}，建筑物老化情况 U_{14}，火灾荷载密度 U_{15}，建筑物荷载分布 U_{16}
安全疏散设施 U_2	疏散通道宽度 U_{21}，安全出口数量 U_{22}，安全疏散的距离 U_{23}，疏散通道的结构 U_{24}，疏散指示标志 U_{25}，应急照明系统 U_{26}
报警与灭火系统 U_3	火灾探测系统 U_{31}，火灾应急广播 U_{32}，室内外消防栓系统 U_{33}，自动喷淋灭火系统 U_{34}，室内外消防水池 U_{35}
建筑物消防安全管理 U_4	建筑内人员的消防意识 U_{41}，消防管理人员的业务素质 U_{42}，消防安全教育与培训 U_{43}，消防器材日常维护与管理 U_{44}，消防演习与应急预案编制 U_{45}
防火与防烟结构 U_5	防火分区大小 U_{51}，防火间距 U_{52}，防火门 U_{53}，防火墙与防火卷帘 U_{54}，防雷击设备 U_{55}，防烟分区大小 U_{56}
建筑物电气因素 U_6	装修材料耐火等级 U_{61}，应急电源配备 U_{62}，配电室的防护与管理 U_{63}，消防配电专用线路 U_{64}，照明装置的防火保护 U_{65}，日光灯镇流器 U_{66}

在构建好火险评价指标体系后，把各因素按域或属性分成 s 个子集：

$$U = \sum_{i=1}^{s} u_i \tag{31.2}$$

式中，$u_i = \{u_{i1}, u_{i2}, \cdots, u_{ip}\}$，$i=1,2,3,\cdots,s$。

对每 1 个 u_i 进行单级综合评价：设评语等级论域为 $V=\{v_1, v_2, \cdots, v_m\}$，$m$ 一般取为 5。其中，V_1 为很好，V_2 为较好，V_3 为一般，V_4 为差，V_5 为很差。u_i 中各因素的模糊权重向量为：

$$A_i = (a_{i1}, a_{i2}, \cdots, a_{ip}) \tag{31.3}$$

且 $\sum_{r=1}^{p_i} a_{ir} = 1$。$u_i$ 的单因素评价结果为 R_i（p_i 行，m 列），单级评价模型为：

$$A^{\circ} R_i = (b_{i1}, b_{i2}, \cdots, b_{im}) = B_i, i = 1, 2, 3, 4, 5 \tag{31.4}$$

将 u_i 看作 1 个综合因素，用 B_i 作它的单评价因素评价结果，可得到隶属关系矩阵：

$$R = \begin{bmatrix} R_1 \\ R_2 \\ \vdots \\ R_3 \end{bmatrix} = \begin{bmatrix} b_{11} & b_{12} & \cdots & b_{1m} \\ b_{21} & b_{22} & \cdots & b_{2m} \\ \vdots & \vdots & \vdots & \vdots \\ b_{s1} & b_{s2} & \cdots & b_{sm} \end{bmatrix} \tag{31.5}$$

该综合因素 u_i（$i=1, 2, \cdots, s$）的模糊权向量为 $A=(a_1, a_2, \cdots, a_s)$，则 2 级综合模糊评价模型为：

$$A^{\circ} R = (b_1, b_2, \cdots, b_m) = B \tag{31.6}$$

求最终评价的总分 $f = B^{\circ} S^{\mathrm{T}}$。确定火灾发生的可能性等级见表 31.5 所示。

表 31.5　火灾发生的可能性等级

分值区间	火灾发生可能性等级
10～30	危险
31～50	较危险
51～70	安全一般
71～90	比较安全
91～100	安全

31.3　评估案例

根据前面建立的评价指标体系和高层建筑火灾危险评价模型，以西安某高层建筑为例进行实例应用研究，对其现状进行火灾危险性评价。

（1）高层建筑所在城市气候特征：西安市气候属暖温带半湿润大陆性季风气候，四季分明，夏季炎热多雨，冬季寒冷少雨雪，春秋时有连阴雨天气出现。年平均气温 13.1～13.4℃，年极端最高气温 35～41.8℃，极端最低气温 －16～－20℃；年平均风速 1.8 m/s，全年盛行风向为东北风；年降水量 558～750 mm；年平均相对湿度 70%左右；主要气象灾害有干旱、洪涝、冰雹、大风、干热风和低温冻害等。

（2）高层建筑工程概况：该饭店东、北、南均临城市公路，对外交通便捷，地势平坦。建筑高约 36.6 m，地下层（－4 m），呈矩形群体布置，主要建筑有高层客房楼，多层客房楼，中、西餐厅，宴会厅及舞厅等，中庭设有喷泉、凉亭等景观。建筑标准高，功能全面而复杂，并均装空调设施，故设计按一类高层建筑中危险级进行设防。该高层建筑的主动防火部分、被动防火部分、安全疏散系统、应急救援系统等情况这里不详细介绍。

（3）该高层建筑火灾风险因素集的建立根据前面分析的高层火灾风险评价指标体系构建该高层建筑火灾危险评价因素集 U：

$U=(U_1, U_2, U_3, U_4, U_5)$；

$U_1=(U_{11}, U_{12}, U_{13}, U_{14}, U_{15})$；$U_2=(U_{21}, U_{22}, U_{23}, U_{24}, U_{25})$；

$U_3=(U_{31}, U_{32}, U_{33}, U_{34}, U_{35})$；

$U_4=(U_{41}, U_{42}, U_{43}, U_{44}, U_{45})$；$U_5=(U_{51}, U_{52}, U_{53}, U_{54}, U_{55})$。

确定高层建筑火灾危险性评价等级论域为：

V＝{安全，较安全，安全性一般，较危险，危险}；

对应的评价量为：$V=\{9,7,5,3,1\}$，经模糊处理后危险等级论域为

$\Omega=\{10\sim8, 8\sim6, 6\sim4, 4\sim2, 2\sim0\}$

（4）建立最低层指标的特征矩阵在专家打分环节中，首先要确定专家自身情况和专家自身权重（表略）。最后得到该栋高层建筑火险风险性评价指标量化表，如表 31.6 所示。

表 31.6　高层建筑火险风险性评价指标量化表

一级指标	权重	二级指标	权重	特征值
高层建筑主动防火系统	0.32	火灾报警系统	0.42	7.75
		自动喷淋系统	0.23	7.32
		消防给水系统	0.08	6.67
		其他灭火系统	0.03	5.56
		防排烟系统	0.23	6.28
高层建筑被动防火系统	0.05	防火间距	0.03	6.68
		耐火等级	0.07	7.46
		火灾载荷	0.51	5.80
		电气防火	0.13	6.92
		防火、防烟分区	0.26	7.32
安全疏散系统	0.12	安全疏散路线	0.09	5.96
		安全疏散距离	0.14	6.52
		楼梯及楼梯间设置	0.35	6.04
		其他疏散设备	0.07	0.78
		安全出口数量及宽度	0.35	6.68
应急救援系统	0.32	预案的编制	0.49	6.20
		应急演习	0.08	5.24
		消防队灭火救援能力	0.31	7.48
		应急救灾消防措施	0.12	6.04
消防安全管理及其他	0.19	建筑物内人员消防素质	0.16	5.80
		消防制度的建立与执行	0.47	6.20
		管理人员消防业务水平	0.22	6.12
		建筑物周边环境	0.08	7.08
		当地气候条件	0.05	6.76
		建筑物地理位置	0.02	7.64

(5)评价结果分析及处理：通过分析该饭店的位置结构特点、功能特点、人员特点和消防设施安装分布情况，运用建立的基于模糊模式识别的高层建筑火灾危险模糊综合评价模型进行评估，得到如下结论与建议：

①客房、大厅和地下室的火灾载荷较大，属火灾危险性较大的区域，必须控制可燃物区域。其预防措施为：使用难燃或不燃材料的家具和装修材料；加强管理、严禁存放易燃易爆化学物品，严禁堆放杂物。

②该建筑内的火灾自动报警系统、湿式自动喷水灭火系统等运转正常，系统设置符合国家相关规范的要求，日常的维护和管理工作做得较好，不会对该建筑的自救产生危险。

③该建筑空间形状复杂多样，出入口的位置不是很规则，容易给人员疏散造成困难。预防措施：建筑物内应多设置应急广播，而且还要对其工作人员进行消防培训，使他们熟悉疏散通道与疏散路线，熟悉火灾发生情况下的应急预案，具备疏散指挥、引导能力。

④该建筑的应急救援预案制定情况较好，市政消防供水能力较好，消防队的人员数量、消防设备配备水平较好，消防队到达该建筑所需时间较短。但应急演习很少，应多进行桌面演习，使各部门明确自己的职责，确保应急救援预案的可操作性。

⑤该高层建筑在安全管理方面还存在一定的不足，有待进一步完善提高。对策措施：应提高楼内管理人员的消防业务水平，加强安全知识（技术）培训；积极开展各种形式的防火教育活动来提高建筑内各人员的防火安全意识。

参考文献

曹秀平，2008. 高层建筑火灾风险评估的研究[D]. 沈阳：东北大学.

范维澄，孙金华，陆守香，2004. 火灾风险评估方法学[M]. 北京：科学出版社：1-20.

李克明，2010. 超高层建筑初期火灾人群疏散分析[J]. 中国科技信息，(16)：51-53.

刘爱华，施式亮，吴超，2006. 高层建筑火灾风险评估的指标体系设计[J]. 中国工程科学，8(9)：90-94.

石少华，2007.《生产安全事故报告和调查处理条例》系列解读之五事故调查处理工作的政府领导，分级负责原则[J]. 现代职业安全，(10)：26-27.

仝贵来，2011. 高层建筑典型功能区火灾危险性的数值模拟计算分析[J]. 火灾科学，4(25)：57-60.

温晓虎，贾水库，徐辉，2008. 高层建筑火灾风险评估技术的研究[J]. 工业安全与环保，34(6)：22-23.

谢晓刚，胡忠日，梅秀娟，等. 2009. 火灾风险评估方法及工程实例应用[J]. 消防科学与技术，1(28)：29-32.

许晋阳，2011. 超高层建筑火灾特点及预防[J]. 山西建筑，37(26)：250-251.

许芃，陈亿雄，2009. 浅谈超高层建筑防火问题[J]. 城市建设与商业网点，(29)：337-338.

郑乐，2009. 高层建筑火灾风险分析及对策研究[J]. 中国安全科学学报，19(10)：72-76.

中华人民共和国公安部，1986. 消防基本术语(第一部分)：GB5907—86 [S].

中华人民共和国公安部，2005. 高层民用建筑设计防火规范[S]. 北京：中国计划出版社.

中华人民共和国公安部，2007. 高层民用建筑设计防火规范[S]. 北京：中国计划出版社.

中华人民共和国公安部消防局，2008 年全国火灾形势总体稳定[EB/OL]. http：//www. mps. gov. cn，2009-01-07.

中华人民共和国国务院，2007. 生产安全事故报告和调查处理条例[Z].

中华人民共和国建设部，2002. 高层建筑混凝土结构技术规程[S]. 北京：中国建筑工业出版社.

中华人民共和国建设部，2005. 民用建筑设计通则：GB 50352—2005[S]. 北京：中国建筑工业出版社.

周允基，2004. 超高层建筑物的消防安全概念[J]. 安全，25(3)：7-13.

朱杰，霍然，付永胜，等，2007. 超高层建筑火灾防排烟研究[J]. 消防科学与技术，26(1)：54--57.

DINENO P J，DRYSDALE D，BEYLER C L，2002. The SFPE handbook of fire protection engineering[M]. Bethesda：The National Fire Protection Association.

第 32 章

城市火灾气象风险评估技术

姜创业(陕西省气候中心)

32.0 引言

随着中国经济建设迅猛发展,国家综合实力不断加强,城市化进程逐步加快,一大批高层建筑、大型地下工程、公共聚集场所大量涌现。城市人口数量众多、高层建筑林立、地下空间纵横交错、交通车辆密布、燃气管线密集等,使得传统性和非传统性火灾因素增加,火灾现象越来越复杂,这些因素决定了城市的火灾风险将不断增大,城市发生重大火灾事故的风险迅速增加,事故的危害性成倍增大,对城市经济与社会可持续发展的影响越来越大,城市火灾被列为中国城市的头号威胁。因此,研究城市火灾发生机理、构建城市区域火灾风险评判体系、预测火灾发展事态、对区域火灾风险进行信息化管理,是中外众多安全工作者研究的重要课题。

城市火灾是一种多因素触发事件,除各种偶然性因素外,社会结构的防火水准和自然环境的导燃基础是决定火灾发生高低的基本条件。其中气象因素是重要的外部环境条件,对火灾的发生、防治和损失控制有着重要的影响。研究表明:城市火灾的发生与气温、湿度、风力、降水有着非常密切的关系。因此,有效预报气象条件对城市火险的影响是预防、控制和补救城市火灾的有效保障。

32.1 概念和范围

火灾风险包含火灾危险性(发生火灾的可能性)和火灾危害性(一旦发生火灾可能造成的后果)双重含义。火灾风险评估是指:在火灾风险分析的基础上对火灾风险进行估算,通过对所选择的风险抵御措施进行评估,把所收集和估算的数据转化为准确的结论的过程。火灾风险评估与火灾模拟、火灾风险管理和消防工程之间有密切关系,为其提供定性和定量的分析方法。从工程角度来看,火灾危害性是指凡是根据已有的资料认为能引起火灾或爆炸,或是能为火灾的强度增大或蔓延持续提供燃料,即对人员或财产安全造成威胁的任何情况、工艺过程、材料或形势。火灾危害性分析是在不同的情况下有不同的针对性,目的是确定在一定的条件下有可能发生的可预见性后果。危害性分析可以看作是风险评估的一个构成元素,即风险评估是对危害性发生的可能性进行权衡的一系列危害性分析。

目前,中国在火灾风险评价方面的研究,大部分是以某一企业,或某一特定建筑物为对象的小系统。城市区域火灾风险评估的目的是根据不同的火灾风险级别，配置消防救援力量，指导城市消防系统改造，指导城市消防规划。城市火灾风险评估必须考虑许多因素，包括区域内所存在的对生产安全造成危险的情况、火灾频率、气候条件、人口统计等因素。随着城市规模扩大、综合功能增强，居住区商贸中心、医院、学校、娱乐场所增多，评估对象和评估方法也会相应的改变。

32.2　评估技术路线

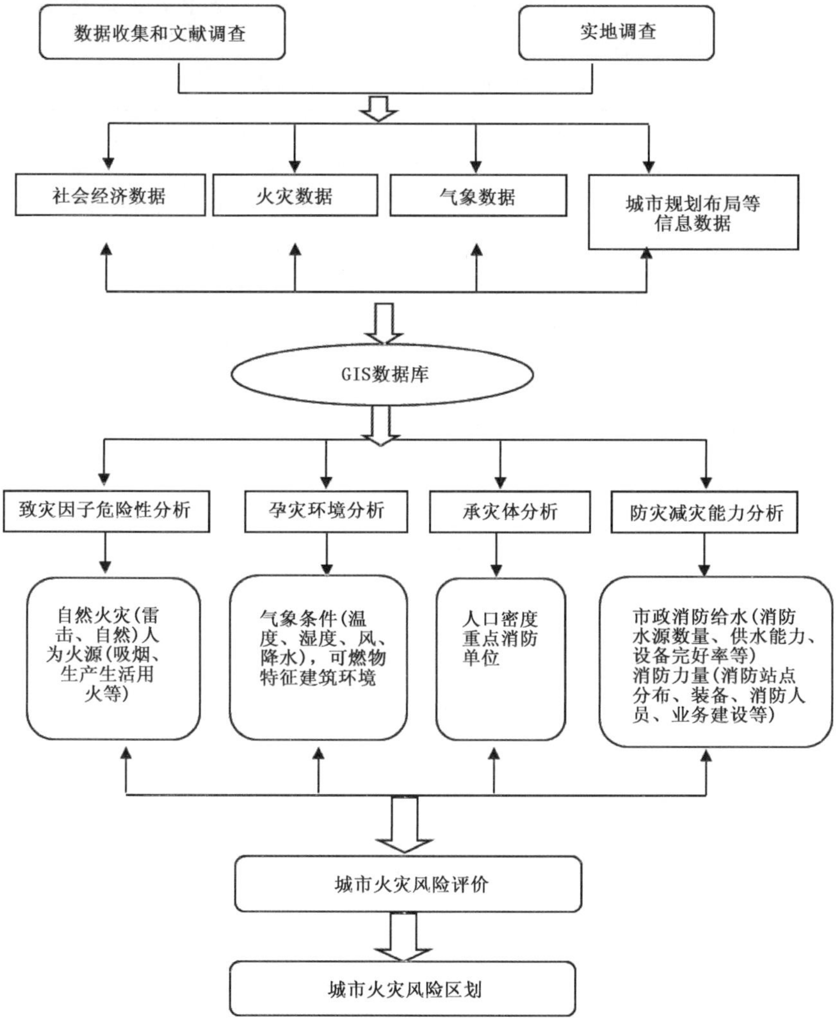

图 32.1　城市火灾气象风险评估的基本技术流程

32.3　评估方法

由于城市火灾风险评价对象的复杂性，影响城市区域火灾风险等级的因素具有多层次性，评价城市区域火灾风险等级的指标体系模型也应具有多层次结构。因此借助 GIS 技术，采用概率统计、加权综合评分和层次分析方法对城市火灾进行评价。

32.3.1　城市火灾风险分析

城市火灾风险是城市火灾危险性及其后果变成现实可能性的定量特性。依据自然灾害风险的形成机理，把城市火灾风险的形成机理概括为致灾因子的危险性、承灾体的暴露性、脆弱性和防灾、减灾能力相互作用的结果。城市火灾风险是对城市火灾发生的可能性评价和对潜在损失的综合评价。危险性、脆弱性越大，城市火灾发生的可能性越大；防灾、减灾能力越强，城市火灾发生的可能性越小。依据城市火灾风险形成机制，在城市火灾风险概念框架基础上建立城市火灾风险评价指标（表 32.1）。

表 32.1　城市火灾风险评价指标

城市火灾风险指数	因子	副因子	指标	权重
城市火灾可能性指标	危险性	起火因素	人口密度 雷暴 高风险建筑 建筑耐火等级 燃气管网密度	
		孕灾环境	温度 湿度 风 连续无降水日数	
	脆弱性	生命脆弱性 经济脆弱性	老人和儿童数量	
	防灾、减灾能力	消防站保护面积 防火设备 反应时间 防火投入 业务建设		
	市政消防给水	水源数量 供水能力 设备完好率		

32.3.2　综合评价方法

为了消除各指标单位的不同给计算带来的不便，对每一指标进行无量纲化处理。

$$I'_{ai} = \frac{I_{ai} - I_{a\min}}{I_{a\max} - I_{a\min}} \tag{32.1}$$

加权综合评价法是假设由于指标 i 量化值的不同，而使每个指标 i 对于特定因子 j 的影响程度存在差异，用公式表达为：

$$C_{vj} = \sum_{i=1}^{m} Q_{vij} W_{ci} \tag{32.2}$$

式中，C_{vj} 是评价因子的总值，Q_{vij} 是对因子 j 的指标 i，W_{ci} 是指标 i 的权重值，通过层次分析法计算得出，m 是评价指标个数。

加权综合评价法综合考虑了各个因子对总体对象的影响程度，是把各个具体的指标的优劣综合起来，用一个数量化指标加以集中，表示整个评价对象的优劣，因此，这种方法适于对技术、决策或方案进行综合分析评价和优选。

32.3.3　城市火灾气象风险分析方法

城市火灾气象风险分析主要方法为：(1)以城市火灾发生的历史数据与气象数据为研究对象，在火灾与气象因素之间的相关性研究的基础上，进一步建立城市火灾发生次数与气象因子之间的统计关系，建立预测模型；(2)对气象因子进行量化，是根据气象灾害风险致灾机理，对影响气象灾害风险的各个因子进行分析，计算出气象灾害风险指数大小，即给出城市火灾气象风险在某一区域发生的概率以及产生的后果。

城市火灾气象风险评估在城市火灾气象风险分析的基础上，建立一系列评估模型，根据气象灾害特征(致灾因子及其强度)、风险区特征和防灾减灾能力，寻求可预见未来时期的各种承灾体的经济损失值、伤亡人数、基础设施损失状况等。

32.4　评估案例

根据西安市公安消防支队火灾资料，1986 年 5 月—1996 年 4 月共发生火灾 8328 次，平均每年 832.8 次。夏季(6—8 月) 年平均发生火灾 290.6 次，占全年的 34.9%，为全年之最，这主要是 6—7 月烧麦杆造成的，无法与气象要素联系分析。冬季(12 月—次年 2 月) 平均发生火灾 239.7 次，为全年的 28.8% ，冬、春、秋季的 44. 2%，是 3 个季节之最，这主要是由于冬季受冷高压控制，降水少，空气干燥；此外，冬季取暖，火源及用电明显增加；火灾发生后，由于天干物燥，极易蔓延。秋季(9—11 月) 平均发生火灾 142.3 次，为全年的 17.1%，冬、春、秋季的 26.2%，是 3 个季节中最低的，这是由于西安市秋季属于秋淋期，降水偏多，不易发生火灾。大多数火灾发生在傍晚前后，这主要是因为居民集中用火用电，火源突然增加。

统计分析火灾发生频次与各气象要素的关系发现：西安市火灾的发生与相对湿度、日降水量、降水日数成反相关，与日最高气温、大风成正相关。

综合考虑影响城市火险的气象要素以及火源，采用多因子综合预报的方法制定出不同的火险指数并建立预报方程：

$$F_e = (T_{\max} + H_{14} + N_{Rain} + W_{14} - Y_{Rain}) \times M \qquad (32.3)$$

式中，F_e 为火险预报等级指数。火灾发生系数 M_i

通过对火险指数 F_e 与实际火灾的统计分析，进行城市火险等级划分(表 32.2)。

表 32.2　西安市火险等级划分

火险等级	火险程度	城市火险综合指数
1	无火险	$F_e \leqslant 15$
2	低度火险	$15 < F_e \leqslant 35$
3	中度火险	$35 < F_e \leqslant 55$
4	高度火险	$55 < F_e \leqslant 75$
5	极度火险	$F_e > 75$

参考文献

陈旭,2008.基于城市火灾风险的公共灭火救援力量优化布局研究[D].沈阳:沈阳航空工业学院.
贺俊杰,吴军,吴美文,2009.城市火灾风险管理框架的研究[J].消防科学与技术,28(06):461-464.
吴立志,2000.城市火灾风险评价的数学模型及其应用[J].中国安全科学学报,10(4):36-40.
吴立志,2000.城市火灾风险评价各指标权重计算[J].消防技术与产品信息,(6):20-21.
易立新,2000.城市火灾风险评价的指标体系设计[J].灾害学,15(4):90-94.
郑双忠,2003.城市火灾风险评估的研究[D].沈阳:东北大学.
周天,2007.城市火灾风险和防火能力研究[D].上海:同济大学.

第33章

城市能源系统灾害风险评估技术

陈莉(哈尔滨市气象局)

33.0 引言

随着经济建设的快速发展,社会与公众对能源供应系统的依赖性愈来愈强。能源系统,从广义上说,所有与能源开发、储存、输送和利用相关的产业和应用部分,都应该属于能源系统。近些年,中外气象灾害对能源系统的破坏越来越多,由于能源系统的特殊属性,能源系统受损所带来的间接经济损失巨大、社会影响深远。比如,油气供应的中断、大范围的电力供应故障导致城镇功能的全面瘫痪:工矿企业停产、供水中断、社会生活陷于混乱,有效的救灾抢险措施难以实施,致使灾情加重。

城市气象灾害一般包括干旱缺水、城市沥涝、高温热浪、风灾、雾灾、雷电灾害、冰雪灾害、冷冻灾害、沙尘暴等。气象灾害的范畴绝不仅限于一般的天气、气候事件所造成的直接损失和影响,还包括由其作为触发因子而产生的次生灾害等所造成的间接损失。目前,670多座城市有400多座不同程度缺水,其中缺水严重的城市达130多座。估计中国因缺水给城市工业产值造成的损失在1200亿元以上,且有逐年增长之势。2003年夏季南方持续高温干旱,城市供水供电十分紧张,许多城市不得不让部分企业停产来保市民生活。1991和2003年淮河洪水都曾给所在区域的城市设施、人民生活和工业生产造成重大损失。

2000年7月北京日平均气温超过30℃的天数多达12 d,而常年不足1 d。7月29日自来水管网供水量突破历史记录,用电负荷已达极限,故障频发。2003年盛夏中国南方因受副热带高压笼罩而持续高温,多数内陆城市出现40℃以上高温,各地城市频繁拉闸限电,为保证居民生活,许多城市的部分工厂停产或半停产。

城市雾灾:电线上污染物较多时,浓雾可导致污闪现象。

雷电灾害分直击雷、感应雷。直击雷主要损坏放电线路上的建筑物、输电线和造成人畜死亡,感应雷主要破坏电子设备。

城市气象灾害不仅产生重大经济损失,还将造成重要的社会、政治影响。城市气象灾害可能导致城市生命线系统越发脆弱,影响到城市及周边地区乃至中国的经济生活和社会稳定。

城市气象灾害往往可以诱发其他灾害发生并与之相互作用,加剧城市灾害的严重程度。如:大雾—雷电—供电中断—自动控制系统失灵—交通堵塞、银行交易停止,高楼供水中断等系统连锁灾害。1992年2月16—19日的大雾造成大面积电网污闪断电,华北电网向北京供电的 8 条高压输电线路中，有 6 条相继掉闸断电，8 个枢纽变电站发生故障，不得不对首钢、石化等 200 个工业用电大户实行停电。

城市热岛效应加剧高温、暴雨、供水短缺、水灾和电网事故等。

2003 年欧洲大陆的高温使多瑙河水位处于 50 a 来的最低水平，奥德河航运中断。河流水位下降使得水电站不能正常运行，塞尔维亚的电力产量因此而下降了 60%。

全球变化可导致城市能源能耗增加，日常用电受到限制。

水资源：极端异常事件的发生，导致洪涝、干旱灾害的频次和强度增加，以及使地表径流发生变化，特别是水资源供需矛盾将会更为突出。但是值得关注的是，伴随着城市用水的紧张，还会出现有关城市发展的其他问题。

33.1 概念和范围

干旱缺水：城市水资源供需矛盾。

城市沥涝：城市排水系统、供水系统受污染。

高温热浪：城市电力供应紧张。

风灾：输变线路出现故障。

雾灾、雷电：输变线路污闪。

冰雪：电线结冰导致电力中断。

严寒：城市电力供应紧张；用煤量大增。

33.2 评估技术路线

(1)灾害风险辨识：在明确灾害风险管理对象和目标的基础上，找出形成灾害风险的来源，收集相关基础资料和数据，建立灾害管理数据库，并确定相关的方法理论和标准，为后续工作奠定基础；

(2)灾害风险分析：主要包括致灾因子分析、暴露要素分析、脆弱性分析、建立灾损曲线及风险建模。

参考文献

陈健，2014. 论铁路交通灾害预警系统[J]. 城市建设理论研究：电子版，(36).

李天祺，赵振东，2007. 能源供应系统结构地震破坏导致的灾害相互作用研究[J]. 世界地震工程，23(01)：21-25.

李天祺，2007. 能源供应系统地震灾害研究[R]. 中国地震局工程力学研究所.

欧阳丽，戴慎志，包存宽，等，2010. 气候变化背景下城市综合防灾规划自适应研究[J]. 灾害学，**25**(S1)：58-62.

王勇华，2009. 城市燃气管网地质灾害风险评价研究[D]. 河北工程大学.

杨凯，吕淑然，张远，2016. 城市燃气输配管网耦合风险研究现状及展望[J]. 灾害学，(01)：162-169.

第4篇

其他篇

第 34 章

气象指数保险技术

苏布达、方玉(国家气候中心)

34.0 引言

伴随着极端天气、气候事件强度、频率及其对社会经济负面影响的增强,人类对气候风险管理工具的需求在不断增加。中国地处东亚季风区,东西、南北气候差异大,自然条件复杂,灾害天气的种类多,受灾范围也很广。而以往的经验表明,政府灾后财政救助支持力度往往不够,且保险赔付常常滞后。

目前,中国少数试点省市开展了气象灾害损失的政府强制保险,但其涉及的灾害保险产品种类少,覆盖地区有限,多数只涉及大公司与大企业,尚缺少一种适合广大中小型企业及个人的气象灾害损失保险产品。传统的保险产品,由于核损赔付手续繁杂,经常诱发法律纠纷,产品的规避风险效率相当低,在中国范围内还没有成熟的气象灾害保险产品及相应的气象灾害风险交易市场。

34.1 气象灾害风险管理工具——气象指数产品

气象指数保险产品所采用的气象指标除了常用的气温、降水外,也可以是风速、台风强度、空气湿度等。与传统的财产损失保险相比,气象指数基于气象站的观测数据,客观性比较强,有利于减少传统保险合同中的信息不对称问题。由于不易被人为操作,既能减少保险合同购买者的道德风险,又能有效地避免保险公司对受保人进行人为筛选(保险术语中所谓的逆反选择)。灾后的损失通常依据气象指数和财产损失的回归方程关系,由气象指数的变化推导计算,避免了传统财险的投入大量人力物力进行大规模灾后损失调查和估算过程,降低了保险产品的交易费、运营和管理费。

但气象指数不能百分之百地反映投保方的实际灾害损失,在使用指数保险产品时,保险公司及投保方都要面对基本风险,有可能发生投保人损失大,但只能得到一小部分赔付,或投保人在没有损失时也能得到陪付的现象。与传统财产保险产品相比,气象指数保险产品不适合多种灾害同时造成的损失。

缺乏被市场公认的产品定价模式是阻碍目前气象灾害风险交易市场进一步发展的主要瓶颈。由于气象指数本身不具有货币价值,首先需要进行气象指数期货交易,使气象指数货币化，再在气象指数期货交易的基础上开发气象指数期货的期权交易。气象指数保险产品的交易市场中，有多种不同的理论定价模型。保险定价一般建立在两个基础上，一个是对损失概率的精细估算，另一个是对保险交易伙伴的风险偏好估计。

基本风险是指数保险产品面临的另一个挑战，是指灾害损失和气象指数回归方程的偏差。基本风险又可以划分为地理基本风险和生产基本风险。例如，在一个区域里，投保户都根据一个气象指数，该赔都赔，该不赔都不赔。而事实上，同一个区域遭到同样的灾害，投保户的受灾状况也可能是不一样的。有的可能没有受灾，也会得到赔偿，有的受灾很严重，但得到的赔偿不足以弥补其灾害损失。通常，保险产品的基本风险越大，规避风险的效率就越低，市场上受欢迎的程度就会下降。

降低基本风险的办法可以从三个方面考虑，第一，在设计气象指数时，尽可能使气象指数和损失之间的回归达到最大。在具体实施上，其中一个重要措施就是要大幅度改善气象站的基础建设，增加气象站的密度。气象站分布的密度取决于气象指数的类型。例如，气温的分布比较均匀，且影响的地区面积一般比较大，气象站的密度就不一定很大。而雨量的分布往往很不均匀，在保险合同覆盖地区，每 50～100 km 就需要一个气象站，以使气象指数和损失的相关系数能超过 0.70。第二，在保险产品定价时，量化赔付率、价格和基本风险的相关关系，将其代入到一个特定的定价模型中，使受保人和保险公司能够合理地共同承担基本风险。与传统的财产保险相比，尽管受保人的实际损失因为基本风险的存在不可能完全受到补偿，但至少一部分或大部分的损失能够得到赔付。而且因为定损比较客观简单，降低了交易费用，气象指数保险产品的风险金额客观上有比较大的下降空间，因此，气象指数保险产品在市场上应该是有很大吸引力。第三个解决办法就是单独设计一个基本风险保险合同，作为气象指数保险合同的附加合同。考虑到气象指数保险产品在中国广大农村地区的应用，对于基本风险比较大且建立气象站比较困难的地区，投保人的基本风险可以采用由政府保险的形式，利用类似传统财产保险核损的方式增加附加合同。

34.2 建立气象指数产品

能否形成一个有效的、有规模的成熟市场，外部条件取决于市场所在地区极端气象灾害事件发生频率与灾害风险种类的多少，气象灾害造成的经济损失比重的高低等因素。中国气候类型多样，情况复杂，气象灾害风险种类繁多，影响范围广，近年来又频繁遭受极端天气、气候的影响。随着全球变暖引发的气候灾害经济损失的逐年上升，相关产品的开发和市场化已引起政府的重视和支持，企业和个人对气象灾害风险保险产品的需求量将会增加，给新兴的气象灾害风险管理工具和气象灾害风险交易市场在中国的运行创造了契机。

除此之外，能否发展出一个适合气象灾害风险交易的市场模式，也是一个关键。因此，怎样建立一体化的市场模式，实现系统风险、地区风险、基本风险的合理转移，促进市场参与者（个人、企业、保险公司和金融市场投资者）合理分担风险，是目前气象灾害风险交易模型的一个重要研究方向。第二个关键是产品的设计。市场的建立和产品的设计是相辅相成的，市场结构决定了产品设计的方向，而具体产品的市场投放，又将影响和调节市场的结构。

国家和地方政府可以将气象指数保险产品和气象灾害风险证券交易纳入抗灾和灾后重建的措施中。政府灾后财政支持和灾后重建往往面临着资金来源不足，款项到位滞后的问题。

遭遇到巨灾时，中央和地方政府会面临很大的财政风险。利用气象指数保险产品，政府可以将灾后重建的财政负担推向市场，第一可保障赔偿资金的及时到位，第二可有效防止资金使用过程中的腐败现象。因此，应在受气象灾害影响较严重的省份，对政府机构和企业进行问卷调查，了解市场需求，尽早开展气象灾害风险交易产品的开发与市场交易试点，并加大力度支持该领域的科学研究，将国家的救灾计划和风险管理措施与气象灾害风险交易市场的发展有机地结合起来，将政府对灾后重建的责任推向市场。

中国气象局国家气候中心早在 2002 年就与德国慕尼黑再保险公司合作探索气象指数保险在中国应用的可行性，2008 年以来又与德国国际合作机构（GIZ）合作开展气象指数保险的可行性研究与试点研究。在中国气象局和中国保险监督委员会的大力支持下，分别开展了台风对福建烟业的影响，低温冷冻对吉林农业的影响等不同气象灾害灾种的气象指数保险系统的探索性研究。这些研究将有助于形成气象灾害风险交易市场雏形，对现有核损为主的保险条例的补充完善以及风险交易市场的健康有序发展都将起到促进作用。

建立气象指数产品的具体步骤：

（1）需求分析：根据气象灾害受灾情况（如受灾面积，受灾人数，经济损失等）历史资料，分析对指数保险业务有需求的区域和领域。要求选取的区域内气象测站分布密度较高，且有至少 30 a 的连续观测资料；区域内有一定数量的投保人员；选择的领域是对该地区社会经济有重要影响的行业部门。

（2）气象站点的分布与数据可用性分析：为减少指数保险产品的基本风险，气象指数的建立要求高时、空分辨率观测资料。除了气象部门人工站数据系统外，研究中也需考虑应用一些隶属于研究机构的气象测站和一些自动气象站观测网络系统的资料。并对数据持续性、均一性进行科学合理的分析。

（3）致灾因子分析：根据气象观测资料，判别区域和领域的主导致灾因子，分析这些致灾因子的强度、频率等。如对一些特定的农作物来说，2—3 月的最低温度；4—6 月的最大风速；5—6 月的最高温度；6—7 月的降水等指标可能就是需要研究的致灾因子。

（4）灾情分析：由于气象指数保险产品不适用于多种灾害同时造成的损失，搜集整理某次极端天气、气候事件造成的经济损失时，灾情分析一定要重点关注单因子事件的损失。

（5）建立气象指数：通过建立灾害损失和气象指标的定量关系，初步确定对应不同灾情级别的气象指标阈值。广泛开展实地调研与问卷调查，核实阈值的适用性，确立气象指数。

参考文献

毛裕定，吴利红，苗长明，等，2007. 浙江省柑橘冻害气象指数保险参考设计[J]. 中国农业气象，28 (2)：226-230.

KARL T R, TRENBERTH K E, 2003. Modern Global Climate Change[J]. Science, 302: 1719-1723.

MUSSHOFF O, ODENING M, XU W, 2011. Management of climate risks in agriculture: will weather derivatives permeate? [J]. Applied economics, 43(9): 1067-1077.

第35章

苹果气象指数技术

王景红(陕西省经济作物气象服务台)

35.0 引言

以苹果种植为主的果业是陕西六大支柱产业之一,在全省"稳粮、优果、兴牧"的农业发展战略中占有非常重要的地位。自2008年以来,陕西苹果种植面积、产量均居中国第一。陕西果区生态气候优势明显,是符合苹果生产气象指标的优生区之一。但同时受大陆性季风气候和地形、地貌影响,气候脆弱,气象灾害种类多、影响大,如花期冻害、越冬期冻害、夏季高温热害、干旱、冰雹等灾害均对陕西苹果产业有一定的影响。其中苹果花期冻害是影响苹果产量、品质和商品率的主导气象灾害之一,尤其20世纪80年代以来,随着气候变暖加剧,苹果花期遭遇低温冻害的几率和强度明显增加,苹果生产风险进一步加大。在此气候背景下,2007年政策性农业保险在陕西起步,首先对苹果灾害保险进行试点,2008年、2009年进一步扩大苹果政策性农业保险试点的规模和范围。陕西省经济作物气象服务台作为政策性农业保险组织实施成员单位之一,提供有关的保险指数风险区划和评估技术支持。主要提供以苹果花期冻害风险等级、风险指数及参保风险分类评估等为主的系列气象科技服务产品,一定程度上避免了农业保险中"一刀切"模式,降低了保险公司与保户双方在查险定损、理赔、估价等方面出现错综复杂的矛盾纠纷的概率;同时也进一步拓展了气象为农服务的领域,一定程度上为促进区域特色经济产业的可持续发展提供了气象保障服务的参考。

35.1 概念和范围

以气象服务为政策性农业保险提供客观的科技支撑,避免农业保险中"一刀切"及保险公司与保户双方在查险定损、理赔、估价等方面出现错综复杂的矛盾纠纷为目的,围绕政策性农业保险对气象服务的需求,进行苹果花期冻害等主要气象灾害风险等级、风险指数模型的研究,建立政策性农业保险气象指数体系与其对应的灾害损失的定量关系模式;在此基础上向保险公司和政府提供精细化的花期冻害风险区划图集产品,保险公司根据该风险区划图集识别不同等级的风险区域,设计不同的保险产品系列。

35.2　评估技术路线

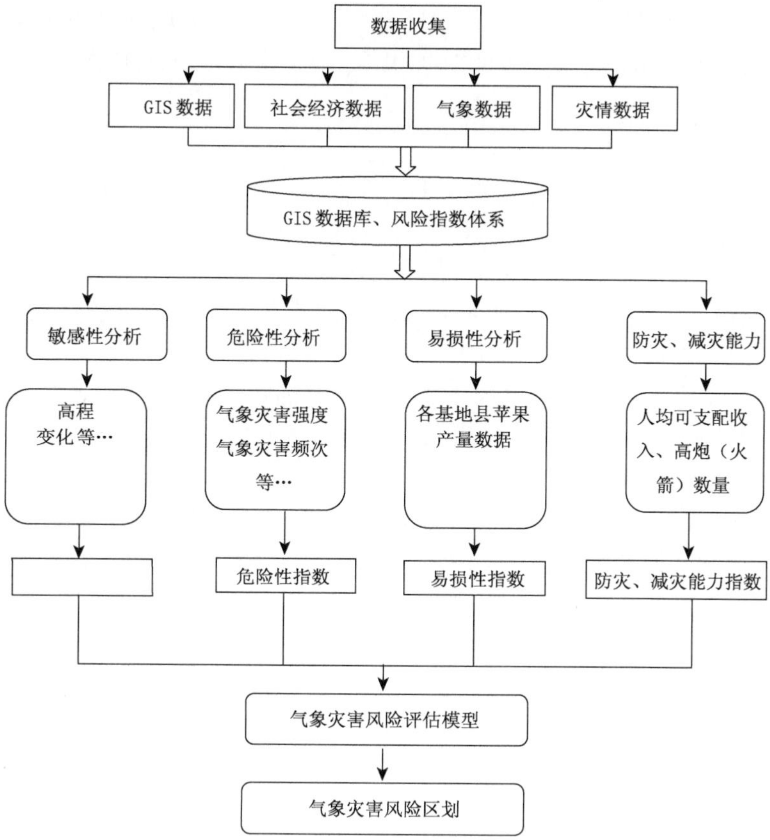

图 35.1　富士系苹果气象灾害风险区划技术流程

35.3　评估方法

35.3.1　数据及其来源

1. 气候数据：1971—2010 年近 40 a，陕西省 96 个气象台站的温度（包括日最高气温、日最低气温）、降水（日平均降水量）、冰雹等常规地面观测资料；该部分数据资料均从陕西省气象局信息中心获得。

2. 灾害调查资料：包括苹果花期冻害、高温热害、越冬期冻害、干旱、连阴雨、冰雹的灾害损失实地调查信息、灾损程度、受灾面积等的调查资料和数据；该部分数据主要由陕西省经济作物气象服务台科技工作人员多年实施实地调查总结所获，同时参考灾害年鉴等相关文献信息所得。

3. 社会经济统计数据：包括从陕西省 2010 年统计年鉴中获得的陕西省 30 个原有苹果果业基地县和 9 个新增苹果果业基地县的苹果种植面积、产量、耕地面积、人均可支配收入、生产总值等统计数据。

4. 地理信息数据:陕西省 1∶25 万地理背景数据层集。主要包括:1∶25 万行政区界(县)矢量图,水体、河流矢量图和居民点等图层,1∶25 万数字高程模型(DEM)。

5. 文献:收集和下载有关苹果 6 种主要气象灾害以及有关风险区划研究方面的文献多篇,对苹果主要气象灾害指标进行分析和本地化验证等,并借鉴相关技术方法。

35.3.2 技术方法

1. 基于风险分析理论体系的陕西富士系苹果气象灾害风险成因分析

根据灾害风险形成理论体系,气象灾害风险是由致灾因子(存在诱发气象灾害的因素)危险性、孕灾环境(形成气象灾害的环境)敏感性、承灾体(气象灾害影响区有人类的居住或分布有社会财产)易损性和防灾、抗灾能力(人们在潜在的或现实的气象灾害威胁面前,采取回避、适应或防御洪涝的对策措施)四部分共同形成的。

陕西省富士系苹果主产区的致灾因子主要考虑气温和降水两方面气候条件导致的 6 种主要气象灾害,分别是越冬期低温冻害、春季花期冻害、整个生育期的干旱灾害、夏季高温热害、秋季果实膨大期的连阴雨灾害和主要生育期的冰雹灾害。孕灾环境的敏感性针对不同的灾害其敏感性有强有弱,根据陕西富士系苹果种植区的实际情况及经验总结,富士系苹果的 6 种气象灾害中仅考虑了越冬期低温冻害、春季花期冻害、夏季高温热害的孕灾环境敏感性,并对该三种灾害的孕灾环境敏感性赋予不同的影响权重。气象造成的危害程度与承受气象灾害的载体有关,它造成的损失大小一般取决于发生地的经济、人口密集程度。根据社会经济统计数据得到地均 GDP、地均人口(人口密度)、耕地面积比重等易损性评价指标;陕西富士系苹果气象灾害承灾体易损性评价指标由各富士系苹果基地县的产量数据归一化后所得。防灾、抗灾能力描述为应对气象灾害所造成的损害而进行的工程和非工程措施。考虑到这些措施和工程的建设必须要有当地政府的经济支持,主要考虑了人均 GDP,另外可根据当地收集数据的情况,尽可能多地考虑到抗灾因素,也可针对不同灾种,选择不同指标;富士系苹果气象灾害防灾、抗灾能力评价指标选用了富士系苹果基地县的人均可支配收入和高炮、火箭数量(此项数据用于冰雹灾害的防灾抗灾、能力评价指标计算中)两项因子。

2. 分灾种风险评估模型的建立

(1)致灾因子危险性风险评估模型

气象灾害致灾因子的危险性主要表现为气象灾害的强度和频次或概率,因而气象灾害危险性可用气象灾害的强度和发生的频次或概率表征。

根据 6 种富士系苹果主要气象灾害各自的成灾机理,分别选用了强度等级、频次或概率等级、强度结合频次或概率的等级划分方法,划分了 6 种气象灾害的轻度灾害、中度灾害、重度灾害三个等级的指标(详见表 35.1),在此基础上依据经验结合专家意见,分别赋予三个不同等级灾害不同的灾损系数,从而得到富士系苹果气象灾害危险性风险指数模型。

$$V_H = sd \times 0.7 + md \times 0.5 + ld \times 0.3$$

式中,V_H 为气象灾害危险性风险指数,用于表示气候致灾因子风险大小,其值越大,则气候致灾风险程度越大;sd、md、ld 分别为重度、中度、轻度气象灾害多年(1971—2010 年)出现概率,0.7、0.5、0.3 分别为重度、中度、轻度灾害的灾损系数(依据灾害种类及致灾特点的不同,其轻、中、重等级灾损系数有所不同)。

(2)分灾种综合风险评估模型的建立

在以上气象致灾因子危险性风险指数计算的基础上，综合考虑气象灾害孕灾环境敏感性、承灾体易损性和防灾、抗灾能力 3 个因子对综合风险的作用和影响：用海拔高度数据作为孕灾环境敏感性影响因素计算依据(仅对越冬期冻害、花期冻害、高温热害 3 种灾害考虑孕灾环境敏感性影响因素)；用各基地县最新富士系苹果产量数据作为承灾体易损性影响指数计算依据；用人均可支配收入数据(针对冰雹灾害使用富士系苹果基地县高炮/火箭数量数据)作为防灾抗灾能力影响指数计算依据。

进而考虑到各风险因子对综合风险构成的贡献和作用大小不同，依据经验和专家意见对每个风险因子分别赋予权重，用经过标准化处理(对致灾因子危险性指数、承灾体易损性指数、防灾抗灾能力指数进行标准化处理，使每组数据均落在[0,1]区间内，标准化公式：$x'=(x-x_{\min})/(x_{\max}-x_{\min})$)的风险指数分别与其权重相乘后再相加，得到综合风险区划指数，具体计算公式为：

$$I_{FDR}=V_H\times w_h+V_S\times w_s+V_E\times w_e+(1-V_R)\times w_r$$

式中，I_{FDR}为综合风险区划指数；V_H，V_S，V_E，V_R 分别为致灾因子危险性指数、承灾体易损性指数、孕灾环境敏感性指数、防灾抗灾能力指数；w_h，w_s，w_e，w_r 分别为致灾因子危险性、承灾体易损性、孕灾环境敏感性、防灾抗灾能力对综合风险的影响权重；4 个权值总和为 1.0，依据不同灾害的风险机理和成灾特点，不同类别灾害的 4 个权值取值各异，主要根据各因子对气象灾害的影响程度大小，结合专家意见和当地实际情况确定(详见表 35.1)。

表 35.1　富士系苹果气象灾害风险区划各风险源及其权重

权重／灾种	富士系苹果不同成灾风险来源的权重系数			
	危险性	易损性	防灾减灾能力	敏感性
越冬期冻害	0.80	0.04	0.08	0.08
花期冻害	0.85	0.04	0.03	0.08
高温热害	0.85	0.04	0.05	0.06
冰雹	0.80	0.10	0.10	
干旱	0.90	0.05	0.05	
连阴雨	0.90	0.05	0.05	

表 35.1 给出了针对不同气象灾害的致灾因子危险性、承灾体易损性、孕灾环境敏感性、防灾抗灾能力对综合风险的影响权重。依此方法计算得到的 6 种富士系苹果气象灾害综合风险区划指数值。

35.4　评估案例：陕西苹果花期冻害政策性农业保险风险区划及评估

35.4.1　苹果花期冻害指标来源及灾损系数等的确定

根据陕西苹果基地县物候信息，将关中及渭北花期冻害分析时段定为 4 月上旬—中旬，延安及以北定为 4 月中下旬，分两个时段对相应基地县的气候数据进行分析，计算花期冻害发生概率等。苹果花期冻害指标来源于相关文献，但结合本地历史灾害的灾损信息等进行了本地化验证和修订。不同灾害等级灾损系数与不同致灾风险源致灾权重主要来自经验估计结合专家意见而给出，详见表 35.2。

表 35.2　陕西富士系苹果花期冻害综合风险区划指标

<table>
<tr><th rowspan="2">灾害类型</th><th rowspan="2">分析时段</th><th rowspan="2">风险来源</th><th rowspan="2">因子</th><th colspan="3">成灾等级指标及灾损系数</th><th rowspan="2">各风险源致灾权重</th></tr>
<tr><th>等级</th><th>指标</th><th>灾损系数</th></tr>
<tr><td rowspan="6">花期冻害</td><td rowspan="4">4 月上旬—中旬（渭北及关中）</td><td rowspan="3">气候危险性</td><td rowspan="3">极端最低气温(℃)</td><td>轻</td><td>$-2<T_{\min}\leqslant 0$</td><td>0.3</td><td rowspan="3">0.8</td></tr>
<tr><td>中</td><td>$-4<T_{\min}\leqslant -2$</td><td>0.5</td></tr>
<tr><td>重</td><td>$T_{\min}\leqslant -4$</td><td>0.7</td></tr>
<tr><td>承灾体易损性</td><td>产量规模</td><td colspan="3">以各基地县最新富士系苹果产量数据经标准化处理后所得指数序列为承灾体易损性影响指数</td><td>0.04</td></tr>
<tr><td rowspan="2">4 月中旬—下旬（延安及以北）</td><td>防灾减灾能力</td><td>经济能力</td><td colspan="3">以各基地县人均可支配收入数据经标准化处理后所得指数序列为防灾、抗灾能力影响指数</td><td>0.08</td></tr>
<tr><td>环境敏感性</td><td>海拔高度(m)</td><td colspan="2">$H\leqslant 1000$
$1000<H\leqslant 1400$
$1400<H$</td><td>0
$(H-1000)/400$
1</td><td>0.08</td></tr>
</table>

35.4.2　区划评述

重度风险区主要分布在陕西省果区西部沿白于山、子午岭和陇山，海拔 1400 m 以上的部分地区，包括吴起、志丹、富县、旬邑、陇县、凤县、陈仓，宜川等境内部分地区。该区地理位置分布偏北，地势较高，春季冷空气活动强度大、频率高，冷空气活动过程中低温极值极低是花期冻害发生的主要原因。该区重度花期冻害 2～5 a 1 遇，同时存在 2～3 a 1 遇的中度花期冻害，约 5 年 1 遇的轻度花期冻害（详见图 35.2）。

中度风险区主要分布在延安中部、西部和渭北西部，海拔 1100～1400 m 的部分地区。此区海拔略偏高，春季冷空气活动较为频繁，冷空气活动的频次和强度综合叠加可导致富士系苹果花期冻害。该区中度花期冻害 3～4 a 1 遇，同时存在最多 4 a 1 遇的重度冻害及 3～4 a 1 遇的轻度花期冻害。

轻度风险区主要分布在黄河沿岸以西、渭河沿岸以北，海拔约 700～1100 m 的地区，包括延安东部的大部分地区和渭北中度风险区南部的带状分布区域。该区海拔较重度和中度风险区略低，地理位置或偏东或偏南，富士系苹果花期冷空气活动势力弱、强度较低，易造成富士系苹果轻度花期冻害。该区轻度花期冻害约 3 a 1 遇，同时存在 6～10 a 1 遇的中度花期冻害，重度花期冻害发生概率极低。

基本无风险区主要分布在黄河沿岸以西、渭河沿岸以北，海拔 700 m 以下地区。此区海拔较低，富士系苹果花期冷空气活动频率小、强度低，春季气温回升早，富士系苹果开花期基本无中度及以上冻害发生。

35.4.3　陕西富士系苹果花期极端最低气温分布

表 35.3　陕西富士系苹果花期极端最低气温(℃)

站名	极端最低气温(℃)	年份	日期	站名	极端最低气温(℃)	年份	日期
凤县	−8.9	1979	4月2日	合阳	−5.2	1975	4月1日
淳化	−8.5	1972	4月1日	宜川	−5.1	2010	4月13日
吴起	−8.2	2010	4月13日	彬县	−5.1	1972	4月1日
旬邑	−8.0	1972	4月1日	千阳	−5.1	1979	4月2日
富县	−7.8	2010	4月13日	陇县	−5.0	1979	4月2日
长武	−7.6	1972	4月1日	洛川	−4.8	1979	4月12日
志丹	−7.5	2010	4月13日	凤翔	−4.7	1974	4月2日
安塞	−7.1	2010	4月13日	铜川	−4.6	1972	4月1日
甘泉	−7.1	2010	4月13日	耀州	−4.1	1972	4月1日
延长	−7.0	2010	4月13日	白水	−3.9	1974	4月2日
宜君	−6.8	1972	4月1日	岐山	−3.9	1974	4月2日
子长	−6.5	2010	4月13日	陈仓	−3.7	1979	4月2日
永寿	−6.5	1972	4月1日	礼泉	−3.7	1972	4月1日
延川	−5.8	2010	4月13日	乾县	−3.6	1972	4月1日
子洲	−5.8	2010	4月13日	扶风	−3.2	1974	4月2日
米脂	−5.7	2010	4月13日	澄城	−3.0	2007	4月3日
绥德	−5.4	2010	4月13日	富平	−2.6	1975	4月1日
洛川	−5.3	1972	4月9日	韩城	−1.0	2010	4月13日
宝塔	−5.2	2010	4月13日				

35.4.4　成果应用说明

对一个地区来说，如果灾害风险指数很高，果农当然愿意参保，保险公司几乎年年理赔，农业保险肯定不可能持续发展。若灾害风险指数很低，大多数年份无灾，仅个别年份有灾，保险公司当然愿意承保，而果农年年投入保费而得不到理赔，农业保险也不可能持续发展。政策性农业保险是分散保户果业生产风险行之有效的方法，但由于种植环境的复杂性和灾害等级的不确定性，保险公司和果农往往在查险、定损、理赔、估价等方面存在较大的分歧和矛盾。为了减少矛盾，促进和谐，实现保户和保险公司双赢，有必要根据果树关键生育期气象灾害风险区划研究中得到的风险指数及等级划分和气象保险指数提出更为科学的险种设计及费率厘定以确定参保费用和赔付依据。原则上保险公司可根据气象灾害选择风险指数 10%～80%的区域和灾害设计产品。

本区划成果主要向以下保险工作领域提供参考或依据：

险种设计：针对不同地区不同等级的花期冻害发生概率，设计不同类型的保险产品。

保费设计：保险公司可将每种产品参保费用和理赔标准分 3 个等级，确定不同的保费标准和理赔标准。投保人可以根据所属区域风险等级指数及发生特点选择不同级别的参保费用。

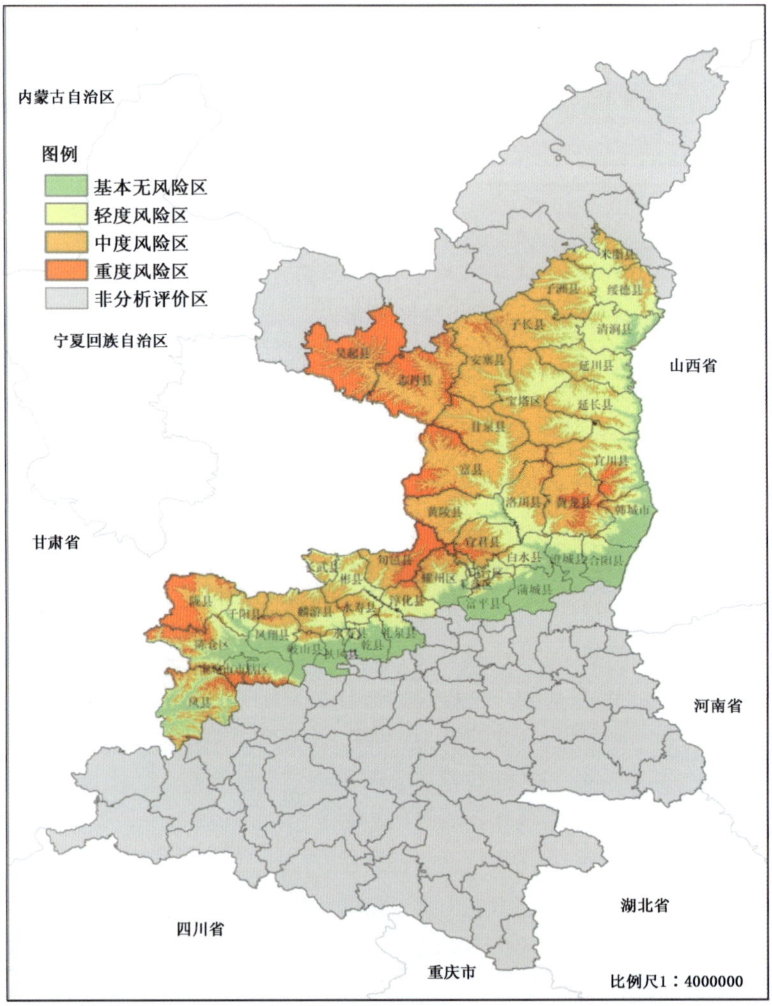

图 35.2　陕西富士系苹果花期冻害综合风险分布

产品投放区域及保险时段：保险公司可根据各县风险等级指数及相应灾害发生的特点选择产品投放区域及保险时段。

理赔依据：依据气象台站提供的观测数据是否达到气象保险指数要求作为客观定量的理赔标准（详见表 35.4）。

表 35.4　苹果花期冻害气象保险指数设计及应用

序号	风险等级（指数）	气象保险指数设计	发生特点	产品投放区域	保险时段
1	高风险等级 $Y \geqslant 0.68$	$T_{min} \leqslant -4℃$	重度花期冻害 2～5 a 一遇，同时存在 2～3 a 一遇的中度花期冻害，约 5 a 一遇的轻度花期冻害	沿白于山、子午岭和陇山，海拔约 1400 m 以上的部分地区，包括吴起、志丹、富县、旬邑、陇县、凤县、陈仓，宜川等境内部分地区	4 月上、中、下及 5 月上旬

续表

序号	风险等级(指数)	气象保险指数设计	发生特点	产品投放区域	保险时段
2	中等风险等级 $0.48<Y\leqslant 0.68$	$-4℃<T_{min}\leqslant -2℃$	中度花期冻害 3～4 a 1 遇，同时存在最多 4 a 1 遇的重度冻害及 3～4 a 1 遇的轻度花期冻害	延安中部、西部和渭北西部，海拔 1100～1400 m 的部分地区	4 月上、中、下及 5 月上旬
3	低风险等级 $0.28<Y\leqslant 0.48$	$-2℃<T_D\leqslant 0℃$	轻度花期冻害约 3 a 1 遇，同时存在 6～10 a 1 遇的中度花期冻害，重度花期冻害发生概率极低	黄河沿岸以西、渭河沿岸以北，海拔约 700～1100 m 的地区，包括延安东部的大部分地区和渭北中度风险区南部的带状分布区域	4 月上、中、下及 5 月上旬

参考文献

曹前进，2005. 农业保险创新是解决农业保险问题的出路[J]. 财经科学，8(3)：155-160.

霍治国，李世奎，王素艳，等，2003. 主要农业气象灾害风险评估技术及其应用研究[J]. 自然资源学报，18(6)：692-703.

金志凤，刘发挥，2002. 冻害对浙江柑桔产量的影响[J]. 中国农业气象，23(3)：34-38.

李健，刘映宁，李美荣，等，2008. 陕西果树花期低温冻害特征及防御对策[J]. 气象科技，36(3)：318-322.

李娜，霍治国，贺楠，等，2010. 华南地区香蕉、荔枝寒害的气候风险区划[J]. 应用生态学报，21(5)：1244-1251.

刘璐，郭兆夏，柴芊，等，2009. 陕西省苹果花期冻害风险评估[J]. 干旱地区农业研究，27(5)：251-255.

刘映宁，贺文丽，李艳丽，等，2010. 陕西果区苹果花期冻害农业保险风险指数的设计[J]. 中国农业气象，31(1)：125-129.

毛裕定，吴利红，苗长明，等，2007. 浙江省柑桔冻害气象指数保险参考设计[J]. 中国农业气象，28(2)：226-230.

孙旭映，俞亚勋，闫敬泽，等，2004. 甘肃冰雹灾害对农业影响及其防御对策研究[J]. 中国农业气象，25(3)：33-36.

杨松，秦晓燕，刘俊朴，等，2005. 河套灌区农业生产中的几种主要灾害及减灾对策[J]. 中国农业气象，26(1)：61-63.

姚小英，王全福，朱德强，等，2004. 陇东南葡萄生态气候及种植风险决策[J]. 中国农业气象，25(1)：57-59.

朱琳，王万瑞，任宗启，等，2003. 陕北仁用杏的花期霜冻气候风险分析及区划[J]. 中国农业气象，24(2)：49-51.

第36章

柑橘冻害风险评估技术

殷剑敏(江西省气候中心)

36.0 引言

柑橘,是橘、柑、橙、金柑、柠檬、柚、枳等的总称。目前柑橘种植带主要分布在海拔高度低于 800 m 的秦岭以南地区。这些区域以亚热带季风气候为主,气候温和,雨量较充沛,热量资源丰富,无霜期长,适宜柑橘的种植。

柑橘药、食两用,优良品种繁多,经济效益高,近些年柑橘产业不断扩大,成为重要的经济林果之一。影响中国亚热带地区柑桔生产的关键问题是冷害。由于季风和地形因素影响,当冬季有强冷空气入侵中国南方时,柑橘便会遭受不同程度冻害,特别是鄂、湘、赣等地,12 月、1 月最低气温会降至 −5～−10℃,轻者造成柑橘植株局地、局部冻害,叶片受损,重者大范围落叶、枯枝、甚至死树。分析评估各地柑橘冻害风险,进而提出趋利避害措施,可为柑橘产业调整布局、开发新种植基地、推广高产和高经济效益品种、冻害防御等提供科学依据。

36.1 概念和范围

柑橘发生冻害的生物学机理为:植株细胞内和细胞间隙出现结冰,冰晶的形成和解冻过快对细胞造成损伤,细胞蛋白质变性或发生不可逆的凝胶化,细胞结构破坏,植株代谢失调。

冻害程度受气象条件、植株特性、土壤特性、地形地势等因素的共同制约。气象条件(低温)是冻害发生的主导因素,植株是冻害的承灾体,其他条件作用在承灾体上共同制约着冻害的程度。在评估过程中,以冻害诱发因素——低温作为研究的主体。研究过程中,需要考虑的因素包括:柑橘抗寒能力差异性、低温的强度和持续时间。

冻害发生地区主要集中在江南、西南地区东部和江汉等地。华南、西南、江南局地冬季温度高,低于 0℃天气极少发生,不易发生冻害。与之相反,北部柑橘主要种植区在遇到强冷空气时,发生低温冻害可能性大,需要进行冻害风险评估。

36.2　评估技术路线

柑橘冻害风险区划技术路线如图 36.1 所示。

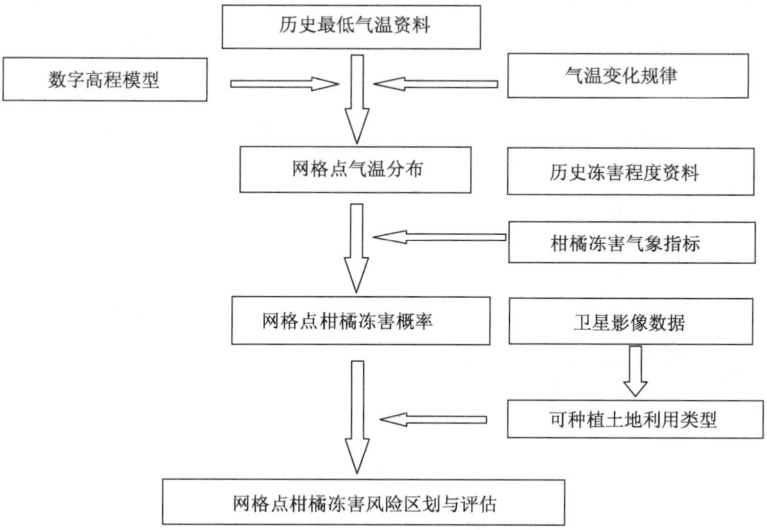

图 36.1　柑橘冻害风险评估技术流程

36.3　评估方法

36.3.1　数据的收集和整理，确定研究的时间区间

收集柑橘种植区长期最低气温资料，确认不同品种可能受冻低温出现的月份，并把其作为研究时间区间；收集高分辨率地理信息数据（数字高程模型），分辨率建议采用 1∶50000 的比例尺，对应网格大小为 25 m×25 m；收集遥感影像数据，建议采用高分辨率（20 m×20 m）的美国陆地资源卫星资料（TM）。

36.3.2　建立柑橘冻害气象指标体系

收集长期柑橘冻害数据，根据历史冻害发生时植株的外在形态、产量变化、受冻面积、低温的强度和持续时间等灾害详情划分冻害级别，再结合同期最低气温建立不同品种基于最低气温的柑橘冻害气象指标体系。

36.3.3　计算细网格点冬季逐日最低气温数据

柑橘种植区地形差异显著，气象要素观测点个数偏少，观测到的最低气温观测资料不能代表全区域的气温特征。因此，需要调查分析冬季时当地气温直减率随时间和海拔的变化。在此基础上，基于当地数字高程模型，计算不同地形条件下最低气温分布。计算公式如下：

$$T_{i,j}(t) = T_0(t) - (H_{i,j} - H_0) \times \gamma \tag{36.1}$$

式中，$T_{i,j}$ 为第(i,j)个网格点某一天(t)的最低气温，$H_{i,j}$ 为该网格点的海拔高度，$T_0(t)$为选择站点当天(t)的最低气温，H_0 为选择站点的海拔高度，γ 为每年冬季的温度垂直递减率。

36.3.4　确定网格点冻害级别和发生概率

对网格点最低气温按照柑橘冻害指标体系划分冻害级别，并统计不同级别冻害发生频次$(S_{i,j})$，计算发生频率$(p_{i,j})$。

频率计算公式：

$$p_{i,j} = S_{i,j}/N \tag{36.2}$$

式中，N 为资料年代数。

一般认为，当资料年代足够长时，可以用频率代替概率，即柑橘冻害发生频率$(p_{i,j})$近似认为是冻害发生的概率$(P_{i,j})$。

$$P_{i,j} = p_{i,j} \tag{36.3}$$

36.3.5　网格点冻害气候风险计算

根据各网格点不同等级冻害发生的概率，计算该等级冻害的每个网格点的重现期，得到冻害气候风险分布图，以表征当地柑橘种植的气候风险。

36.3.6　可种植土地利用类型解译

对遥感数据首先进行几何校正。应用GPS考察的现场样点资料(稻田、水体、果园、森林、裸地、草地、城市、其他未用地)作为训练样区，再根据不同的波段组合建立解译标志，由计算机进行自动监督分类，提取各种地类信息，并将可种植柑橘的旱地、灌林地、疏林地、草地等合并，去除基本农田、25°以上的坡地，生成柑橘可种植土地利用类型专题图。

36.3.7　柑橘可种植区冻害风险分布图的制作和分析

把冻害气候风险分布图和柑橘可种植土地利用类型专题图叠加分析，得到柑橘可种植区冻害风险分布图。根据冻害风险重现期和冻害承受能力，在未种植区开辟新的柑橘种植基地，而冻害风险较高地区更换耐寒柑橘品种，降低冻害可能造成的损失。

36.3.8　低温天气下柑橘冻害预报和灾害评估

当低温致灾天气可能发生时，使用实时最低气温和预报最低气温，根据上述36.3.1—36.3.7的技术流程和方法，分析当前降温过程中各处柑橘种植区的最低气温、灾害级别、灾害损失，完成柑橘冻害预报和灾害评估。

36.4　评估案例

以“南丰蜜橘冻害的气候指标及风险评估”为例，殷剑敏等利用1961—2000年冬季极端最低气温资料(图36.2)，结合南丰蜜橘历年冻害情况（表36.1)，确定12月、1月为研究时间段，并建立南丰蜜橘冻害的气候指标（表36.2)。

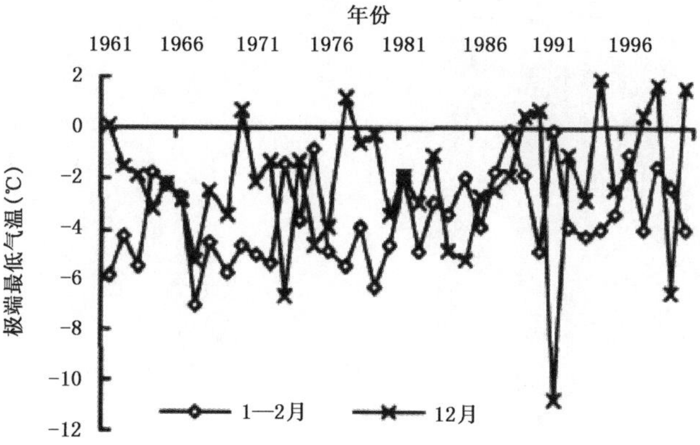

图 36.2　1961—2000 年 12 月、1—2 月南丰县历年极端最低气温变化

表 36.1　1957—2000 年南丰蜜橘冻害情况

	低温过程	冻害情况
1	1966 年 12 月—1967 年 1 月	南丰柑橘幼树受冻严重
2	1969 年 1—2 月	南丰柑橘冻死约 50000 株(包括)
3	1973 年 12 月	南丰柑橘受冻,程度较轻
4	1977 年 1—2 月	赣北柑橘受冻严重,减产 50%,赣东偏南的南丰蜜橘受冻相对较轻
5	1985 年 12 月	南丰山区、下坡低洼地柑橘受冻严重,部分橘树冻死。
6	1991 年 12 月	南丰蜜橘大冻害,全县冻死柑橘树 4365.4 hm^2,占 80.3%
7	1999 年 12 月	南丰蜜橘发生中轻度冻害

表 36.2　南丰县蜜橘冻害气象指标

	无冻害	轻度冻害	中度冻害	重度冻害
极端最低气温(℃)	＞－5.0	－5.0～－7.0	－7.0～－9.0	＜－9.0

根据“亚热带东部丘陵山区农业气候资源及其合理利用研究”课题组的观测和研究,认为南丰 1 月和 12 月最低气温随高度成线性递减规律,递减率分别为 0.0013 ℃/m 和 0.0025 ℃/m。结合式(36.1),应用 GIS 小网格推算技术,得到网格点气温分布($T_{i,j}(t)$)。其中网格的分辨率和地理信息系统一致,采用 1∶50000 比例尺,网格大小为 25 m×25 m。

网格点温度 $T_{i,j}(t)$与表 36.1 中轻度、中度和重度冻害指标的上限和下限值比较,得到网格点上每年冬季可能发生冻害的次数,逐年累加后得到各网格点达到各等级冻害标准的累计次数($S_{i,j}$),通过式(36.2)计算得到网格点达到各级冻害标准的频率和概率($P_{i,j}$)。

根据各网格点不同等级冻害出现的概率($P_{i,j}$),计算得到该等级冻害的每个网格点的重现期,表征当地蜜橘种植的气候风险。由于重度冻害很少,把重度和中度冻害合并,得到南丰县蜜橘轻度冻害和中重度冻害气候风险分布(图 36.3)。

选用 20 m×20 m 的 TM 影像遥感数据中,将可种植蜜橘的旱地、灌林地、疏林地、草地等合并,去除 25°以上的坡地、水体等地形,叠加在冻害气候风险分布图基础上,生成南丰蜜橘可

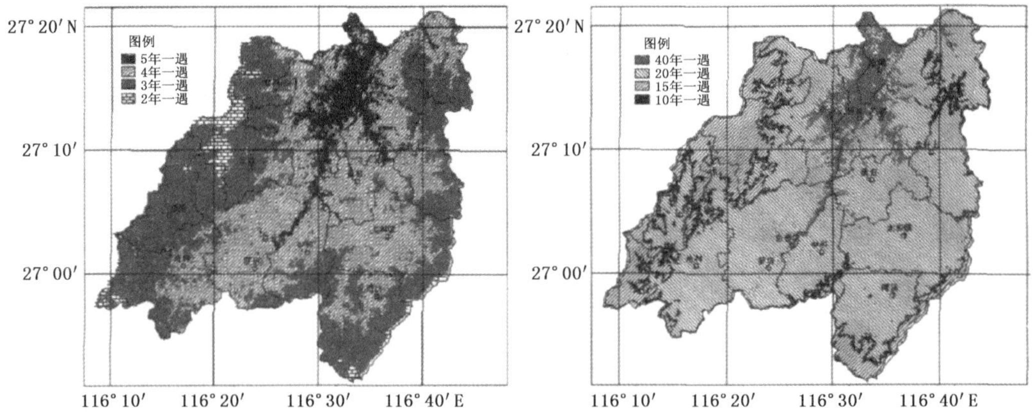

图 36.3　南丰蜜橘各级冻害的气候风险分布

（a.轻度冻害，b.中重度冻害）

种植区冻害气候风险专题图。

结果显示，南丰蜜橘受轻度冻害的气候风险在海拔较低的主产区一般为 4～5 a 一遇；中度和重度冻害区域主要为 20 a 一遇区和 40 a 一遇区，而蜜橘的收益期一般为 15 a，可见，南丰县具有比较优越的蜜橘种植气候条件，种植蜜橘的气候风险较小。南丰县蜜橘可种植总面积为 28143 hm^2，实际种植面积为 20052.5 hm^2；可见，若不考虑冻害风险，南丰县还有 8091 hm^2 的面积可用于发展蜜橘种植产业。

参考文献

陈尚漠，黄寿波，温福光，1988. 果树气象学[M]. 北京：气象出版社，173-180.

董谢琼，徐虹，杨晓鹏，等，2005. 基于 GIS 的云南省烤烟种植区划方法研究[J]. 中国农业气象，26(1)：16-19.

段海来，千怀遂，李明霞，等，2010. 中国亚热带地区柑桔的气候适宜性[J]. 应用生态学报，21(8)：1915-1925.

何寿仁，1993. 南丰柑桔冻害分析和预报[J]. 江西气象科技，(2)：21-25.

李洁，宁大同，程红光，等，2007. 基于 3S 技术的干旱灾害评估研究进展[J]. 中国农业气象，28(1)：112-116.

李振轮，谢德体，2003. 柑橘生长与生态因子的关系研究进展[J]. 中国农学通报，19(6)：181-184，189.

马晓群，徐敏，张爱民，等，2002. 合肥市两系杂交水稻制种气候风险评估[J]. 安徽农业科学，(2)：28-32.

苏永秀，李政，孙涵，2006. 基于 GIS 的广西甘蔗种植气候区划[J]. 中国农业气象，27(3)：252-255.

孙文堂，苗春生，沈建国，等，2004. 基于 GIS 的马铃薯种植气候区划及风险区划的研究[J]. 南京气象学院学报，27(5)：650-659.

涂方旭，况雪源，2002. 应用小网格气候分析方法制作广西柑橘气候区划[J]. 广西农业科学，(6)：295-298.

吴洪颜，张旭晖，黄文杰，2003. 地理信息技术在干旱分析中的应用[J]. 气象科学，(2)：237-244.

殷剑敏，2007. 气候变化对南丰县蜜桔种植分布的影响[J]. 中国农业气象，28(2)：190-194.

殷剑敏，缪启龙，李迎春，等，2008. 南丰蜜桔冻害的气候指标及风险评估[J]. 中国农业气象，29(4)：507-510.

殷剑敏，魏丽，王怀清，2001. 两系杂交稻制种基地气候风险评估的研究[J]. 应用气象学报，12(4)：469-477.

张哂哂，陈正法，1993. 柑桔冻害与防冻技术的研究进展[J]. 中国农学通报，9(6)：1-5.

后 记

撰写 4 年之久的《气象灾害风险评估技术指南》脱稿送出版社，顿时觉得轻松。本书是在国家气候中心牵头组织的全国气象灾害风险评估和预警研究的基础上，总结、精选和摘选了气象灾害风险评估中常用的方法和典型案例。内容涉及区域规划、气象灾种、重大工程与其他等多个方面，同时也包含风险评估的技术路线与实际案例。但是，由于灾害风险评估和预警的科学研究涉及面广，特别是风险评估理论和方法本身的争议较大，相关研究积累不多，业务应用案例更少。本书不足之处在所难免，恳请广大读者在使用中及时反馈意见，也希望各个部门在具体风险评估应用中提出修改意见或提供本地化的应用案例，以便于进一步改进和完善。

衷心感谢本书各章节撰稿人为本书的完成付出了辛勤劳动和大量心血。感谢国家气候中心祝昌汉研究员和气象出版社张锐锐编辑对手稿的多次修改和完善。

姜彤

2018 年 3 月

缩略词

AHP(analytic hierarchy process)层次分析法

CMI(Crop Moisture Index)作物湿度指数

CSREX(Chinese Managing the Risks of Extreme Events and Disasters to Advance Climate Change Adaptation)中国极端天气气候事件和灾害风险管理与适应国家评估报告

DEM(digital Elevation Model) 数字高程模型

EDRI(Ecological Disaster Risk Index)生态灾害风险指数

EPA (U. S Environmental Protection Agency) 美国环境保护署

GAR(Global Assessment Report on Disaster Risk Reduction)国际减轻灾害风险评估报告

GDP(Gross Domestic Product)国内生产总值

IPCC(Intergovernmental Panel on Climate Change)政府间气候变化专门委员会

PDSI(Palmer Drought Severity Index)帕尔默干旱指数

SRTM (Shuttle Radar Topography Mission) 航天飞机雷达地形测绘使命

UNISDR(United Nations International Strategy for Disaster Reduction)联合国国际减灾战略

UNEP(United Nations Environment Programme)联合国环境规划署

WMO(World Meteorological Organization)世界气象组织

名词解释

极端天气、气候事件(climate extremes,extreme weather or climate event):天气或气候变量值高于(或低于)该变量观测值区间的上限(或下限)端附近的某一阈值时的事件,其发生概率一般小于10%。

承灾体(hazard-affected body):遭受灾害的主体,主要指人类自身或其生存资源和环境。

暴露度(exposure):承灾体受到致灾因子不利影响的范围或数量。范围越大或数量越多,暴露度越大。

脆弱性(vulnerability):承灾体的内在属性,其大小取决于承灾体对致灾因子不利影响的敏感程度及其自身的应对能力。敏感程度越高或应对能力越弱,脆弱性越大。

极端降水事件(extreme precipitation events):一般指一定地区在一定时间内出现的历史上罕见的降水时间事件,是一种小概率事件,通常给定一个极端降水阈值,当某日降水量大于阈值时即视为发生了极端降水。

气象风险评估(weather risk assessment):是在气象灾害风险分析的基础上,建立一系列评估模型,根据气象灾害特征(致灾因子及其强度)、风险区特征和防灾、减灾能力,寻求可预见未来时期的各种承灾体的经济损失值、伤亡人数、作物减灾面积、减产量、基础设施损失状况等。

风险措施(risk measures):指最大限度地降低风险事故发生的概率和减小损失幅度而采取的风险处置技术。

信息扩散理论(information diffusion theory):是一种对样本进行集值化的模糊数学处理方法,它可以将单值样本变成集值样本。

干旱(drought):"异常干燥的天气持续",降水量显著低于正常记录水平并足以造成水分严重失衡。干旱是相对的,它与特定的与降水有关的活动关系密切。

城市热岛(urban heat island):与城市中的气温明显高于外围郊区的现象,其与城市下垫面、热保持效应、地面反照率变化等相关。

风暴潮(storm surge):指在某一特定地点,由极端天气条件(如低气压或强风)引起海水高度暂时上升的现象,常被定义为超出潮汐变化的预期水位。

蒸散量(evapotranspiration):是指农田土壤蒸发和植物蒸腾总耗水量。

雨岛效应(rain island effect):是指大城市内高层建筑使空气循环不畅,盛夏空调、汽车尾气加重热量超常排放使城市上空形成热气流且越积越厚,最终导致形成降水的现象。

洪涝(flood):指水溢出河流、湖泊等水体原有界限的现象,或指水在某地异常聚集的现象,包括河洪、山洪、城市内涝、海岸带洪水以及冰湖溃决产生的洪涝等。

热带气旋(tropical cyclone):是发生在热带、亚热带地区海面上的气旋性环流,是地球物理环境中最具破坏性的天气系统之一。

热浪(heat wave):一段时间内出现的使人不适的异常炎热天气。

雾(fog):是由无数悬浮于低空的细小水滴或冰晶组成并使水平能见度小于 1 km 的天气现象。

输变线路气象灾害风险评估(lines meteorological disaster risk assessment):是指根据可能发生的气象灾害、输变线路的设计标准及承载负荷,在灾前预先估测其可能的损失,并指导相关部门进行防范。

风电工程风险估计(wind power project risk estimate):是估计风电项目风险发生的可能性(概率)及其对风电项目的影响程度(风险量)。

风电工程脆弱性(wind power engineering vulnerability):为风电工程安全稳定性概念的一种拓展,指的是风电工程承受干扰或者事故的能力,工程在发生可能事故的情况下,不能保持安全稳定运行和正常运行的风险程度。

火灾(fire disaster):是指在时间和空间上失去控制的燃烧所造成的灾害。

高层建筑(high-rise building):是指超过一定层数或高度的建筑。

火灾风险(fire risk):是指潜在火灾事件产生的后果及其发生的概率。

火灾风险评估(fire risk assessment):是指在火灾风险分析的基础上对火灾风险进行估算,通过对所选择的风险抵御措施进行评估,把所收集和估算的数据转化为准确的结论的过程。

牧区雪灾(snow disaster in pastoral area):也称白灾,是指草原牧区由于降雪过多、积雪过厚和雪层维持时间过久,或雪面覆冰,形成冰壳,牲畜吃草、行走困难,对畜牧业以及交通等造成的危害。

牧区雪灾风险(pastoral areas to a snow disaster risk):是根据牧区抗灾力、积雪致灾力和家畜承灾体的状况等因素来评估能够抵御雪灾的能力。